全国一级建造师执业资格考试优选教材

市政公用工程管理与实务

一级建造师考试研究中心 主编

中国建材工业出版社

图书在版编目（CIP）数据

市政公用工程管理与实务／一级建造师考试研究中心主编．--北京：中国建材工业出版社，2023.4
全国一级建造师执业资格考试优选教材
ISBN 978-7-5160-3740-9

Ⅰ.①市… Ⅱ.①一… Ⅲ.①市政工程—建筑师—资格考试—自学参考资料 Ⅳ.①TU99

中国国家版本馆 CIP 数据核字（2023）第 051214 号

市政公用工程管理与实务
SHIZHENG GONGYONG GONGCHENG GUANLI YU SHIWU
一级建造师考试研究中心　主编

出版发行：中国建材工业出版社
地　　址：北京市海淀区三里河路 11 号
邮　　编：100831
经　　销：全国各地新华书店
印　　刷：北京印刷集团有限责任公司
开　　本：787mm×1092mm　1/16
印　　张：21.25
字　　数：500 千字
版　　次：2023 年 4 月第 1 版
印　　次：2023 年 4 月第 1 次
定　　价：60.00 元

本社网址：www.jccbs.com，微信公众号：zgjcgycbs
请选用正版图书，采购、销售盗版图书属违法行为
版权专有，盗版必究。本社法律顾问：北京天驰君泰律师事务所，张杰律师
举报信箱：zhangjie@tiantailaw.com　　举报电话：(010)57811389
本书如有印装质量问题，由我社市场营销部负责调换，联系电话：(010)57811387

本书编委会

江昔平　高　兴　李向国　刘平玉　刘晓东
戚振强　王建波　许名标　陈国鑫　陈　维
黄东宇　李敬伟　刘林佳

前 言

注册建造师是以专业技术为依托、以工程项目管理为主业的注册执业人士。自2002年原人事部、建设部联合印发《建造师执业资格制度暂行规定》以来,建造师执业资格证书便成为从事建设工程项目总承包和担任施工项目负责人的最低门槛。

在我国,建造师作为从事建设工程项目总承包和施工项目的负责人,在建设工程领域起着至关重要的作用。一级建造师证书是建设工程行业一种执业资格证明,是担任大中型工程项目经理的前提条件,因此,近年来受到广大从业人员的强烈追捧。

一级建造师执业资格考试由四个科目组成,即建设工程法规及相关知识、建设工程项目管理、建设工程经济、专业工程管理与实务,具体考试情况如下表所示。

(单位:分)

考试科目	考试时间	题型题量	总分值
建设工程法规及相关知识	3小时(14:00—17:00)	单选(70×1)+多选(30×2)	130
建设工程项目管理	3小时(9:00—12:00)	单选(70×1)+多选(30×2)	130
建设工程经济	2小时(9:00—11:00)	单选(60×1)+多选(20×2)	100
专业工程管理与实务	4小时(14:00—18:00)	单选(20×1)+多选(10×2)+案例(3×20+2×30)	160

注:本系列教材将专业工程管理与实务分为建筑工程管理与实务、市政公用工程管理与实务、公路工程管理与实务。

为了帮助考生顺利通过考试,优路教育整合了自身优势资源,在精研考纲和真题的基础上,结合优路教育多年积淀的培训经验,以及专业高校教材和标准规范,精心编写了《全国一级建造师执业资格考试优选教材》。本系列教材具有以下特点:

1. 真题为基　编排科学

真题是最优质的参考资料。在编写过程中,本系列教材以考纲为本,在精研历年真题的基础上,按照"单题为点、多点为面、多面成体"的原则,巧妙地利用高校教材和标准、规范,组织编排了相关内容。这样做的好处是既能精准地提炼考点,又能摒弃大量无用的知识。同时,依据考频、考向等,对教材内容进行优化,做到重难点突出、内容适用。

2. 结合培训　方法实用

能解答题目的方法才是好方法。在编写过程中,优路教育利用自身优质培训资源,对考纲内容进行了教研、优化,对考试内容进行了凝练和图表化,并且专设"考情概述""备考提示"等栏目,使考试内容易于理解、掌握。同时,针对实务类理论与实践相结合的特点,增加大量实物图。上述一系列措施使学习记忆性考试转变为技能性考试,减轻考生学习负担,提高学习效率。

3. 学练结合　循环提升

做题是检验学习效果的必要手段。本系列教材在内文中有针对性地穿插历年真题,在课后专设"强化练习",并附详尽解析,方便考生在学中练、在练中测,以测促学,循环学练,以此提高做题的正确率,增强应试信心。

编　者

2023年1月

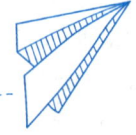

人们常说"未来可期",

那什么是可期的未来?

我想,

大概就是——

不断努力,努力,再努力!

让热爱从不降温!

让生活慢慢变成我们喜欢的样子吧!

目录

市政公用工程管理与实务 · 用好点滴时间 掌握每一个知识

- 应试指导 ·········· 001
- **第 1 章　城镇道路工程** ·········· 008
  - 专题 1　城镇道路工程结构与材料／009
  - 专题 2　城镇道路路基施工／022
  - 专题 3　城镇道路基层施工／027
  - 专题 4　城镇道路面层施工／032
  - 强化练习／041
  - 参考答案及解析／049
- **第 2 章　城市桥梁工程** ·········· 053
  - 专题 1　城市桥梁结构形式及通用施工技术／054
  - 专题 2　城市桥梁下部结构施工／082
  - 专题 3　城市桥梁上部结构施工／094
  - 专题 4　管涵和箱涵施工／107
  - 强化练习／110
  - 参考答案及解析／116
- **第 3 章　城市轨道交通工程** ·········· 119
  - 专题 1　城市轨道交通工程结构与特点／120
  - 专题 2　明挖基坑施工／128
  - 专题 3　盾构法施工／143
  - 专题 4　喷锚暗挖（矿山）法施工／151
  - 强化练习／159
  - 参考答案及解析／164
- **第 4 章　城市给水排水工程** ·········· 167
  - 专题 1　给水排水场站工程结构与特点／168
  - 专题 2　给水排水场站工程施工／176
  - 强化练习／187
  - 参考答案及解析／191
- **第 5 章　城市管道工程** ·········· 194
  - 专题 1　城市给水排水管道工程施工／195
  - 专题 2　城市供热管道工程施工／207
  - 专题 3　城市燃气管道工程施工／214
  - 专题 4　城市综合管廊／222
  - 强化练习／228
  - 参考答案及解析／232

第6章　生活垃圾处理工程 ……………… 235
专题　生活垃圾填埋处理工程施工 / 235
强化练习 / 246
参考答案及解析 / 247

第7章　施工测量与监控量测 ……………… 248
专题1　施工测量 / 248
专题2　监控量测 / 256
强化练习 / 258
参考答案及解析 / 259

第8章　市政公用工程项目施工管理 ……… 260
专题1　市政公用工程施工招标投标管理 / 261
专题2　市政公用工程造价管理 / 264
专题3　市政公用工程合同管理 / 266
专题4　市政公用工程施工成本管理 / 269
专题5　市政公用工程施工组织设计 / 271
专题6　市政公用工程施工现场管理 / 278
专题7　市政公用工程施工进度管理 / 286
专题8　城镇道路工程质量检查与验收 / 288
专题9　城市桥梁工程质量检查与验收 / 292
专题10　城市轨道交通工程质量检查与验收 / 301
专题11　城市给水排水场站工程质量检查与验收 / 302
专题12　城市管道工程质量检查与验收 / 303
专题13　市政公用工程施工安全管理 / 307
专题14　明挖基坑施工安全事故预防 / 314
专题15　市政公用工程竣工验收备案 / 316
强化练习 / 319
参考答案及解析 / 322

第9章　市政公用工程项目施工相关法规与标准 ……………… 325
专题1　相关法律法规 / 325
专题2　相关技术标准 / 327
强化练习 / 329
参考答案及解析 / 329

应试指导

内容分析

"市政公用工程管理与实务"注重于教材知识的理解和综合知识的应用,市政科目是所有专业工程管理与实务中考试用书"原文"考查最少的一科。试题灵活多变,要注重各工程知识点的综合运用,识别并规避隐藏的"坑"。考生在学习的过程中应对整本书形成一个系统框架,也可通过查看专业施工技术资料加深对教材内容的理解。《市政公用工程管理与实务》包括技术、管理、法规三部分。具体如下图所示。

扫码领取视频课程

近 5 年考试真题统计表 （单位:分）

序号	专题名	2022	2021	2020	2019	2018
1	城市道路工程	33	25	12	27	11
2	城市桥梁工程	23	65	22	38	29
3	城市轨道交通工程	21	9	12	23	14
4	城市给水排水工程	29	6	29	26	14
5	城市管道工程	17	10	10	14	27
6	生活垃圾处理工程	1	1	1	1	1
7	施工测量与监控量测	1	3	1	9	4
8	市政公用工程项目施工管理	35	14	56	17	41
9	市政公用工程项目施工相关法规与标准	0	1	1	0	0

题型分析

题型题量分值统计表 （单位:分）

考试科目	考试时间	题型题量	总分值	合格线
建设工程法规及相关知识	3 小时 (14:00—17:00)	单选(70×1=70) 多选(30×2=60)	130	78

(续表)

考试科目	考试时间	题型题量	总分值	合格线
建设工程项目管理	3 小时 (9:00—11:00)	单选(70×1=70) 多选(30×2=60)	130	78
建设工程经济	2 小时 (9:00—11:00)	单选(60×1=60) 多选(20×2=40)	100	60
市政公用工程管理与实务	4 小时 (14:00—17:00)	单选(20×1=20) 多选(10×2=20) 案例(3×20+2×30=120)	160	96

从上表可以看出，"市政公用工程管理与实务"科目考试的题型为单选题、多选题和实务操作与案例分析题。其中，单选题和多选题为客观题，实务操作与案例分析题为主观题。

1. 客观题

客观题即单选题和多选题，其中，单选题为4选1，选对给分；多选题有5个选项，有2~4个符合题意，多选或错选不得分，少选则所选的每一项得0.5分。客观题的考查较为基础，主要考查考生对基本理论原理、概念和方法的理解和记忆。

(1) 直接选择法

对考题内容熟悉，可以直接从备选项中选出正确的选项，节约时间。

[2022年真题·单选] 沥青材料在外力作用下发生变形而不被破坏的能力是沥青的（　　）性能。

A. 黏结性　　　　B. 感温性　　　　C. 耐久性　　　　D. 塑性

[答案]　D

[解析]　塑性是指沥青材料在外力作用下发生变形而不被破坏的能力，即反映沥青抵抗开裂的能力。故选D。

(2) 错误排除法

错误排除法常用于选择题，是常见的做题技巧。对于那些没有绝对把握、不能"一举中的"的考题，要根据自己掌握知识的深度和复习经验，对错误的备选答案逐个进行排除。找出其他选项错误的理由，最后剩下的选项就是正确的。

[2022年真题·单选] 由总监理工程师组织施工单位项目负责人和项目技术质量负责人进行验收的项目是（　　）。

A. 检验批　　　　B. 分项工程　　　　C. 分部工程　　　　D. 单位工程

[答案]　C

[解析]　选项AB错误，检验批及分项工程应由专业监理工程师组织施工单位项目专业质量(技术)负责人等进行验收。选项D错误，单位工程完工后，施工单位应组织有关人员进行自检，总监理工程师应组织各专业监理工程师对工程质量进行竣工预验收。故选C。

（3）经验推断法

经验推断法是根据积累的知识和经验对题目作出判断和预测。做选择题时,可以根据实践经验,通过类推和比较,选出正确选项。

[2022年真题·单选] 设置在热力管道的补偿器,阀门两侧只允许管道有轴向移动的支架是（　　）。

A. 导向支架　　　　　　　　B. 悬吊支架

C. 滚动支架　　　　　　　　D. 滑动支架

[答案] A

[解析] 导向支架的作用是使管道在支架上滑动时不致偏离管轴线。一般设置在补偿器、阀门两侧或其他只允许管道有轴向移动的地方。故选A。

（4）宁缺毋滥法

宁缺毋滥法用于多项选择题。对于多项选择题,"宁可少答,不可多答",即只选择有把握的选项,对于没有把握的选项宁可不选。

[2022年真题·单选] 水下混凝土灌注导管在安装使用时,应检查的项目有（　　）。

A. 导管厚度　　　　　　　　B. 水密承压试验

C. 气密承压试验　　　　　　D. 接头抗拉试验

E. 接头抗压试验

[答案] ABD

[解析] 灌注导管在安装前应有专人负责检查,可采用肉眼观察和敲打听声相结合的方法进行,检查项目主要有灌注导管是否存在孔洞和裂缝,接头是否密封、厚度是否合格。灌注导管使用前应进行水密承压和接头抗拉试验,严禁用气压。故选ABD。

2. 主观题

主观题即实务操作与案例分析题,其中,前三道每大题20分,后两道每大题30分。该题型具有一定命题规律,即案例一考实操,案例二考进度,案例三考质量、法规,案例四考合同、成本、资源。

（1）简答题

如果教材有准确的答案,必须以教材为准。如果没有,这种问题一定要回归材料,把材料中的做法列举出来进行分析,再加上具体的规范或法规。考生在考场上如果记不住具体的规范或法规时,一定不要任意"编写",保守做法是加上"根据有关法规、规范"。

[2022年真题·案例节选]

背景资料

某公司承接一市政管道工程,穿越既有道路,全长75m,采用直径2000mm的泥水平衡机械顶管施工,道路两侧设工作井和接收井。其工作井剖面图如图所示。两工作井均采用沉井法施工,开挖前采用管井降水。设计要求沉井分层浇筑,分层下沉,分层高度不大于6m。

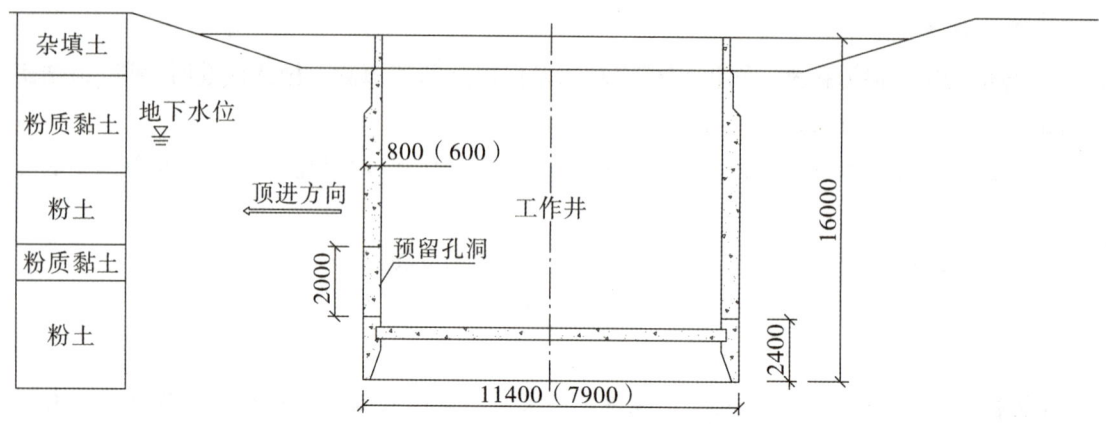

沉井剖面示意图(单位:mm)

[问题]

写出沉井混凝土浇筑的原则和重点振捣的部位。

[答案]

(1)沉井混凝土浇筑原则:混凝土应对称、均匀、水平连续分层浇筑,并应防止沉井偏斜。

(2)应该重点振捣的部位:钢筋密集部位和预留孔底部。

(2)改错题

这种问题首先要明确观点,解答思路是先指出问题的不妥,然后写出正确的做法,答题切忌模棱两可,直接回答对或者不对。

[2021年真题·案例节选]

背景资料

某区养护管理单位在雨期到来之前,例行城市道路与管道巡视检查,在 K1+120 和 K1+160 步行街路段沥青路面发现多处裂纹及路面严重变形。经 CCTV 影像显示,两井之间的钢筋混凝土平接口抹带脱落,形成管口漏水。

…………

养护单位接到巡视检查结果处置通知后,将该路段采取 1.5m 低围挡封闭施工,方便行人通行,设置安全护栏将施工区域隔离,设置不同的安全警示标志、道路安全警告牌、夜间挂闪烁灯示警,并派养护工人维护现场行人交通。

[问题]

项目部在对施工现场安全管理采取的措施中,有几处描述不正确,请改正。

[解析] 共有 3 处不正确。

错误之处一:该路段采取 1.5m 低围挡封闭施工。

正确做法:应采取高度不小于 2.5m 的围挡封闭。

错误之处二:设置安全护栏将施工区域隔离。

正确做法：应选用砌体、金属板材等硬质材料隔离施工区域。

错误之处三：派养护工人维护现场行人交通。

正确做法：应指派专职交通疏导员维护现场行人交通。

（3）计算题

市政专业的计算题多出在图形或文字计算，既有依据图形的计算题，又有纯文字描述的计算题。解答市政专业计算题时要读懂背景资料，写出计算过程，不能直接给出答案，因为计算过程是有分值的。

[2021年真题·案例节选]

背景材料

某项目部承接一项河道整治项目，其中一段景观挡土墙，长为50m，连接既有景观挡土墙。该项目平均分5个施工段施工，端缝为20mm。第一施工段临河侧需沉6根基础方桩，基础方桩按"梅花形"布置（如下图所示）。围堰与沉桩工程同时开工，依次进行挡土墙施工，最后完成新建路面施工与栏杆安装。

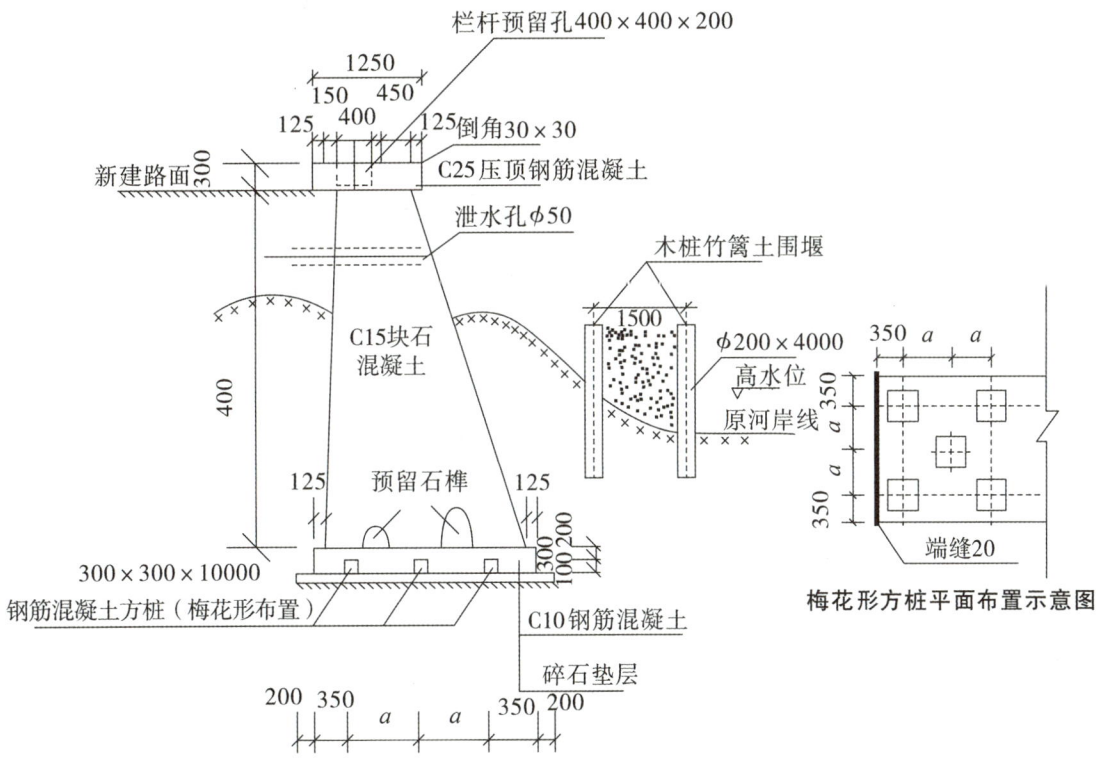

挡土墙断面示意图（单位：mm）

[问题]

计算 a 的数值与第一段挡土墙基础方桩的根数。

[答案]

（1）$a = (10000 - 350 - 350) \div (6 - 1) \div 2 = 930 (\text{mm})$。

(2)6+6+5=17(根)。

(4)图形题

图形题考核的工程示意图虽说不直接出现在教材上,但基本上还是与教材所介绍的知识点关联,并且给出的图形也与所考核专业中最基本的常识相关。题目多为图形某节点部位名称,并简述其作用,正常情况下,只要可以描述出名称,作用的采分点就不会旁落。需要考生平时多看图,考试中即便遇到陌生图,也可通过分析得出答案。

[2018年真题·案例节选]

背景资料

某公司承建一座城市桥梁工程。该桥跨越山区季节性流水沟谷,上部结构为三跨式钢筋混凝土结构,重力式U形桥台,基础均采用扩大基础;桥面铺装自下而上为厚8m钢筋混凝土整平层+防水层+粘层+厚7cm沥青混凝土面层。桥面设计高程为99.630m。桥梁立面布置如图所示。

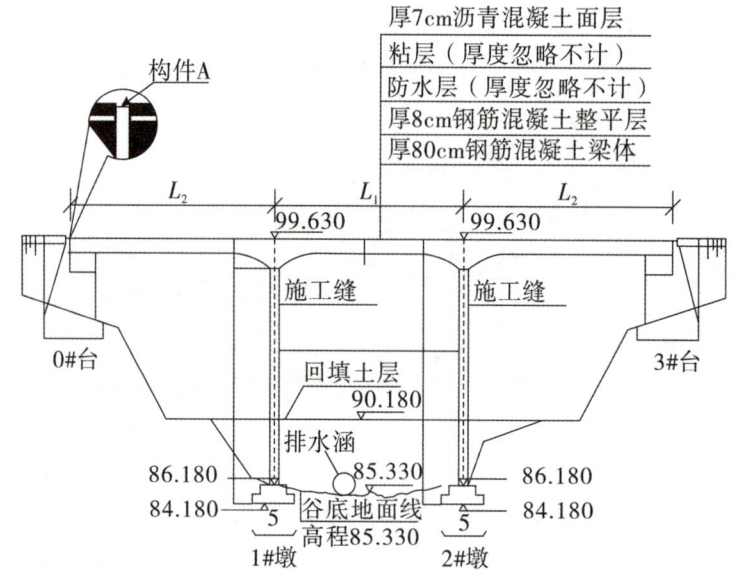

桥梁平面布局示意图(高程单位:m;尺寸单位:cm)

[问题]

1. 写出图中构件A的名称。

2. 根据上图判断,按桥梁结构特点,该桥梁属于哪种类型?简述该类型桥梁的主要受力特点。

[答案]

1. 伸缩装置(伸缩缝)。

2. 钢架桥;梁和柱的连接处具有很大的刚性,在竖向荷载作用下,梁部主要受弯,而在柱脚处也具有水平反力,其受力状态介于梁桥和拱桥之间。

(5)工序题

工序类题目是当前市政最热门的考核形式。工序类题目又可以划分为工序补充题、工序排序题和按照施工顺序补充工序题这三个类别。工序补充题这类题型出现得较早,考点很多不在教材中,但是属于施工中的常识内容,具备典型的市政考试特点。

[2022年真题·案例节选]

背景资料

某公司承接一市政管道工程,穿越既有道路,全长75m……

项目部编制的沉井施工方案如下:

(1)测量定位后,在刃脚部位铺设砂垫层,铺垫木后进行刃脚部位钢筋绑扎、模板安装、浇筑混凝土。

(2)刃脚部位施工完成后,每节沉井按照满堂支架→钢筋制作→A→B→C→内外支架加固→浇筑混凝土的工艺流程进行施工。

[问题]

沉井分几次制作(含刃脚部分)?写出施工方案(2)中A、B、C代表的工序名称。

[解析]

(1)4次。

(2)A:预留孔安装。B:钢板止水带安装。C:内外模板安装。

备考建议

1. 熟读教材,整理笔记

考生可以根据看书画出的重点进行归纳整理,根据自己的读书习惯和思路归纳总结一份考点笔记。同时在归纳总结的时候要学会合并同类项,或者对比记忆法,也就是将教材上概念相似、容易混淆记忆的知识点总结到一起,前后对比学习,这样效率会提高很多。

2. 做真题、找感觉,强化巩固

教材中的知识点掌握之后,立即开始做一到两遍历年真题,不要求闭卷,但是务必知道每一道题考的哪个知识点,自己是否掌握,并做好标记,可以通过查看自己的错题进行查漏补缺。

3. 重点消化,反复记忆

通过做题发现自己的易错点,看问题都出在哪里,哪句话是出题点,命题趋势是什么,这样就能找到自己的薄弱点,再带着这些问题去复习,同时根据自己整理的笔记大纲,按照自己的思路再去回想,记忆就相对容易。

第 1 章 城镇道路工程

考情概述

本章作为市政实务的开篇,主要考查城镇道路工程施工技术相关知识,琐碎知识点较多。本章知识点在近 5 年考试中平均为 22 分左右。在备考时,除挡土墙以选择题考查为主外,其余均有考查案例题的可能。考生需要在理解的基础上多加记忆。

扫码领取视频课程

近 5 年考试真题分值统计表 （单位:分）

序号	专题名	2022	2021	2020	2019	2018
1	城镇道路工程结构与材料	10	14	5	4	4
2	城镇道路路基施工	5	1	2	7	1
3	城镇道路基层施工	1	10	0	2	2
4	城镇道路面层施工	17	0	5	14	4

思维导图

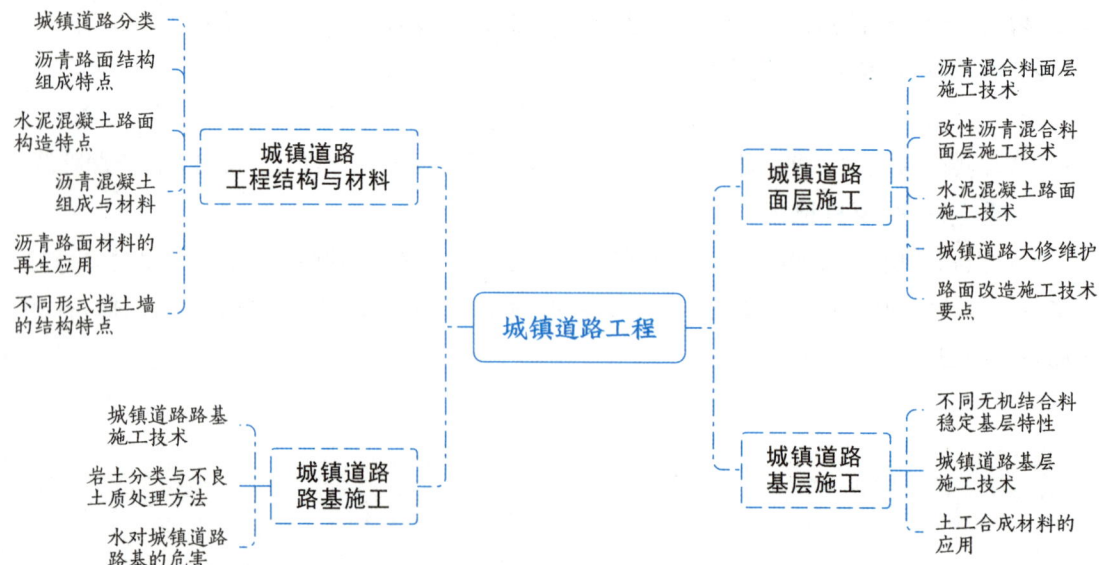

专题 1　城镇道路工程结构与材料

备考提示▷ 本专题主要以理解记忆为主,了解道路常识,掌握各类路面关键词,主要考查选择题,挡土墙部分的知识可能考查案例题。

[考点 1]　**城镇道路分类**

1. 城镇道路分类

我国城镇道路按道路在道路网中的地位、交通功能以及对沿线的服务功能等,分为快速路、主干路、次干路和支路四个等级,如下表所示。

等级	道路出入口与连接性	分隔带设置	横断面形式	设计车速（km/h）	设计使用年限(年)
快速路	全部控制出入,连续通行;两侧不应设置大流量出入口	必须设	双、四幅路	60～100	20
主干路	以交通为主,连接主要分区;两侧不宜设大流量出入口	应设	三、四幅路	40～60	20
次干路	主集散交通,兼服务功能;与主干路结合组成干路网	可设	单、双幅路	30～50	15
支路	局部交通,服务为主	不设	单幅路	20～40	10～15

　　快速路　　　　　　　主干路　　　　　　　次干路　　　　　　　支路

2. 城镇道路路面分类

(1)按力学特性分类

类型	力学特征	影响因素	代表路面
柔性路面	荷载作用下产生的弯沉变形较大、抗弯强度小	极限垂直变形和弯拉应变	沥青路面
刚性路面	荷载作用下产生板体作用,抗弯拉强度大,弯沉变形很小	极限弯拉强度	水泥混凝土路面

（2）按路面结构类型分类

路面类型	内容	适用道路
沥青路面	沥青混凝土	各交通等级道路
	沥青贯入式	支路、停车场
	沥青表面处治	
水泥混凝土路面	普通混凝土	各交通等级道路
	钢筋混凝土	
	连续配筋混凝土	
	钢纤维混凝土	

沥青路面

水泥混凝土路面

◉ **精选真题**

[2016年真题·单选] 在行车荷载作用下产生板体作用，抗弯拉强度大，弯沉变形很小的路面是(　　)。

A. 沥青混合料
B. 次高级路面
C. 水泥混凝土
D. 天然石材

[答案] C

[解析] 本题其实就是在AC两项之间二选一。水泥混凝土路面作为刚性路面的主要代表，其特点是抗弯拉强度大，弯沉变形很小，在行车荷载作用下产生板体作用，它的破坏取决于极限弯拉强度。而沥青混合料路面是柔性路面，弯沉变形较大、抗弯强度小，在反复荷载作用下产生累积变形，它的破坏取决于极限垂直变形和弯拉应变。选项BD是干扰项。故选C。

[考点2] **沥青路面结构组成特点**

城镇沥青路面的道路结构由面层、基层和路基组成。对路面材料的强度、刚度和稳定度的要求随深度的增加而降低。

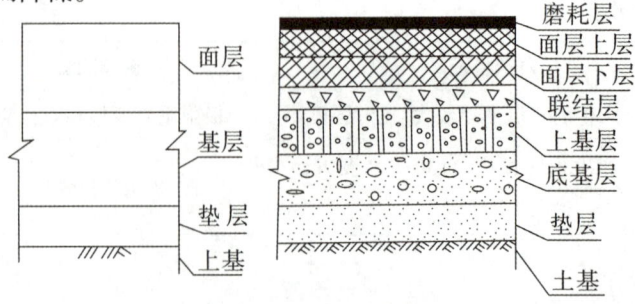

沥青路面结构组成图

1. 路基

根据材料的不同,路基可分为土方路基、石方路基和特殊土路基。路基的性能指标包括整体稳定性和变形量控制。

2. 垫层

垫层主要设置在温度和湿度状况不良的路段上,以改善路面结构的使用性能。季节性冰冻地区,应设置防冻垫层。垫层的性能指标包括:

(1)垫层宜采用砂、砂砾等颗粒材料;

(2)排水垫层应与边缘排水系统相连接,厚度>150mm,宽度≥基层底面的宽度。

3. 基层

基层可分为基层和底基层。根据道路交通等级和路基抗冲刷能力来选择基层材料。湿润和多雨地区,宜采用排水基层。

基层材料	从属	适用条件	包含
无机结合料稳定粒料	半刚性基层	交通量大、轴载重的道路	石灰稳定土类基层、石灰粉煤灰稳定砂砾基层、石灰粉煤灰钢渣稳定土类基层、水泥稳定土类基层
级配型材料	柔性基层	城市次干路及其以下道路基层	级配砂砾与级配砾石基层

基层是路面结构中的承重层,主要承受车辆荷载的竖向力,并把面层下传的应力扩散到路基。基层的性能指标:

(1)应满足结构强度、扩散荷载的能力以及水稳性和抗冻性的要求。

(2)不透水性好。底基层顶面宜铺设沥青封层或防水土工织物;排水基层下应设置由水泥稳定粒料或密级配粒料组成的不透水底基层。

4. 面层

高级沥青路面面层可划分为上(表)面层、中面层、下(底)面层。沥青路面面层类型,如下表所示。

类型	适用范围
热拌沥青混合料面层	包括SMA和OGFC等,适用于各种等级道路的面层
冷拌沥青混合料面层	适用支路及以下面层,沥青路面的基层、连接层或整平层;冷拌改性沥青可用于沥青路面的坑槽冷补
沥青贯入式面层	宜用作次干路以下道路面层,厚度不宜超过100mm
沥青表面处治面层	防水层、磨耗层、防滑层或改善碎(砾)石路面

面层直接同行车和大气相接触,承受行车荷载引起的竖向力、水平力和冲击力的作用。面层的主要性能指标如下表所示。

使用指标	承载能力	平整度	温度稳定性	抗滑能力	噪声量
描述	具备相当高的强度和刚度	提高行车速度和舒适性	较低的温度、湿度敏感度	行车安全	营造静谧的环境

为降噪排水，上面层采用 OGFC 沥青混合料，用以排水；中面层、下面层等采用密级配沥青混合料，保证整个面层的不透水性。

🌐 **精选真题**

1.[2019年真题·单选] 行车荷载和自然因素对路面结构的影响,随着深度的增加而(　　)。

　　A. 逐渐增加　　　　B. 逐渐减弱　　　　C. 保持一致　　　　D. 不相关

[答案]　B

[解析]　行车荷载和自然因素对路面结构的影响,随着深度的增加而逐渐减弱。故选 B。

2.[2018年真题·单选] 基层是路面结构中的承重层,承受车辆荷载的(　　),并把面层下传的应力扩散到路基。

　　A. 竖向力　　　　B. 冲击力　　　　C. 水平力　　　　D. 剪切力

[答案]　A

[解析]　本题如果没有记住教材,可以用排除法去掉部分选项。例如基层和水平力是完全风马牛不相及的关系；冲击力虽然主要也是向下的,但是题干描述的是"车辆荷载的×××",不管车辆运行速度快与慢,向下的力基本上都是持续的,而不是像夯机或者夯锤一样的砸击,所以冲击力的选项也可以排除；相对而言,剪切力比较容易和竖向力混淆,不过剪切力一般在桥梁结构上支座附近较大,而一旦梁的下面有支撑,剪切力就会非常小,而基层下面就是路基,所以剪切力也不是最适合本题题意的选择。综上所述,最后确定竖向力是最恰当的选项。故选 A。

3.[2021年真题·多选] 水泥混凝土路面基层材料选用的依据有(　　)。

　　A. 道路交通等级　　　　　　　　B. 路基抗冲刷能力

　　C. 地基承载力　　　　　　　　　D. 路基的断面形式

　　E. 压实机具

[答案]　AB

[解析]　应根据道路交通等级和路基抗冲刷能力来选择基层材料。故选 AB。

[考点 3] **水泥混凝土路面构造特点**

水泥混凝土路面结构的组成包括路基、垫层、基层和面层,如下图所示。

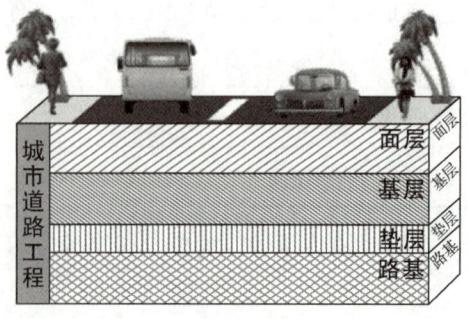

1. 垫层

垫层类型	设置条件	材料
防冻垫层	季节性冰冻地区,设计总厚度<最小防冻厚度	砂、砂砾等颗粒材料
排水垫层	水文地质不良,路基土湿度较大	
半刚性垫层	路基可能产生不均匀沉降或变形	无机结合稳定粒料或土类材料

垫层的宽度应与路基宽度相同,其最小厚度为150mm。

2. 基层

（1）基层的作用

①防止或减轻唧泥、板底脱空和错台等病害；

②控制或减少路基不均匀冻胀或体积变形对混凝土面层产生的不利影响；

③为混凝土面层提供稳定而坚实的基础,并改善接缝的传荷能力。

唧泥

错台

（2）基层的选用原则

基层根据道路交通等级和路基抗冲刷能力来选择。

道路交通等级	基层材料
特重交通	贫混凝土、碾压混凝土或沥青混凝土
重交通	水泥稳定粒料或沥青稳定碎石
中、轻交通	水泥或石灰粉煤灰稳定粒料或级配粒料
湿润、多雨地区,繁重交通路段	排水基层

（3）基层的宽度

应根据混凝土面层施工方式的不同,比混凝土面层每侧至少宽出300mm（小型机具施工时）或500mm（轨模式摊铺机施工时）或650mm（滑模式摊铺机施工时）。

3. 面层

水泥混凝土面层应具有足够的强度、耐久性(抗冻性)。目前我国较多采用普通(素)混凝土。

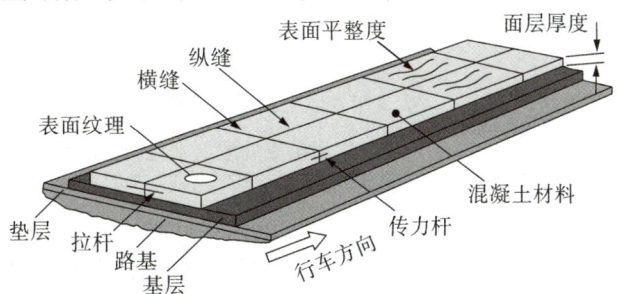

为防止胀缩作用导致裂缝或翘曲,混凝土板设有垂直相交的纵向和横向缝,将混凝土板分为矩形板。一般相邻的接缝对齐,不错缝。

项目	接缝	要点	连接钢筋
纵缝	纵向施工缝(真缝)	一次摊铺小于路面宽度时,应设置带拉杆的平缝形式的纵向施工缝	拉杆螺纹
	纵向缩缝(假缝)	一次摊铺宽度大于4.5m时,应设带拉杆的纵向缩缝	
横缝	横向胀缝(真缝)	邻近桥梁或其他固定构筑物处、板厚改变处、小半径平曲线处须设置胀缝。缝宽20mm;必设传力杆;缝隙下部设胀缝板、上部灌注嵌缝料	传力杆光圈
	横向缩缝(假缝)	缝宽4~6mm;快速路、主干路的横向缩缝应加设传力杆	
	横向施工缝(真缝)	尽可能选在缩缝或胀缝处	

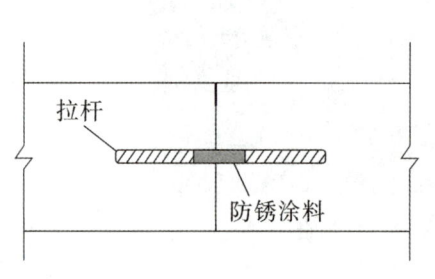

纵向施工缝　　　　　横向胀缝

无传力杆的缩缝　　　有传力杆的缩缝

4. 主要原材料的选择

(1)水泥

水泥的选用,如下表所示。

道路等级	水泥类型
重交通以上道路、快速路、主干道	42.5级及以上的道路硅酸盐水泥或硅酸盐水泥、普通硅酸盐水泥
其他道路	采用矿渣硅酸盐水泥,其强度等级不宜低于32.5级

(2)粗集料

碎砾石不应大于26.5mm,碎石不应大于31.5mm,砾石不宜大于19.0mm。

(3)砂子

宜采用质地坚硬,细度模数在 2.5 以上,符合级配规定的洁净粗砂、中砂。海砂不得直接用于混凝土面层。

(4)填缝材料

填缝材料宜用树脂类、橡胶类、聚氯乙烯胶泥类、改性沥青类填缝材料,并宜加入耐老化剂。

胀缝板宜用厚 20mm、水稳定性好的柔性板材制作,并做防腐处理。

🌐 **精选真题**

1.[2017 年真题·单选] 城市主干道的水泥混凝土路面不宜选择的主要原材料是( )。

A. 42.5 级以上硅酸盐水泥 B. 粒径小于 19.0mm 的砂砾

C. 粒径小于 31.5mm 碎石 D. 细度模数在 2.5 以上的淡化海砂

[答案] D

[解析] 在正常情况下,选择题出现数字都是某一个数字是错误的,这类题目含金量不是太高,但是本题的关键点不在数字,而在"淡化的海砂"海砂即便被淡化,其中依然有氯离子,氯离子对于混凝土的耐久性是极为不利的,而且还会发生碱集料反应。所以淡化海砂不应用于城市快速路、主干路、次干路,可用于支路。故选 D。

2.[2019 年真题·多选] 刚性路面施工时,应在( )处设置胀缝。

A. 检查井周围 B. 纵向施工缝

C. 小半径平曲线 D. 板厚改变

E. 邻近桥梁

[答案] CDE

[解析] 胀缝是施工时预留的空间缝隙,在胀缝处混凝土面板完全断开,其设置目的是为混凝土板的膨胀提供伸长的余地,从而避免产生过大的热压拉力。一般设置在邻近桥梁或其他固定构筑物处、板厚改变处、小半径平曲线处等。而在检查井周围,为了使其与混凝土路面连接紧密,需要配筋补强。故选 CDE。

[考点 4] **沥青混凝土组成与材料**

1. 简介

沥青混合料是一种复合材料,主要由沥青、粗集料、细集料、矿粉组成,有的还加入聚合物和木纤维素。

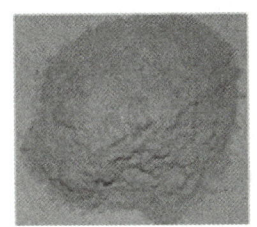   

按级配原则构成的沥青混合料,其结构组成通常有下列三种形式。

结构形式	特点	典型代表
悬浮—密实	内摩擦角 φ 较小,黏聚力 c 较大,高温稳定性较差	AC 型沥青混合料
骨架—空隙	内摩擦角 φ 较高,黏聚力 c 较低,嵌挤能力强	沥青碎石混合料(AM);OGFC 排水沥青混合料
骨架—密实	内摩擦角 φ 较高,黏聚力 c 也较高	沥青玛琋脂碎石混合料(SMA)

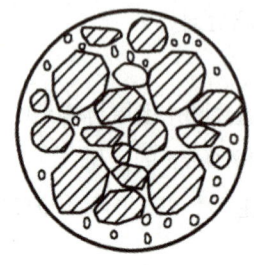 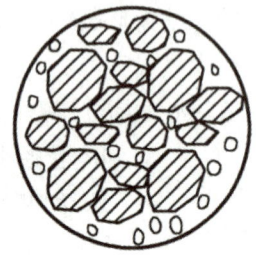 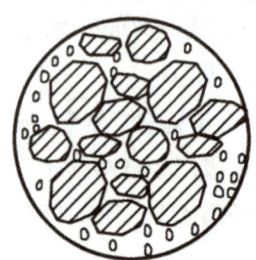

悬浮—密实结构　　骨架—空隙结构　　骨架—密实结构

沥青混合料的结构组成示意图

2. 主要材料与性能

(1)沥青。

城镇道路面层宜优先采用 A 级沥青,不宜使用煤沥青。

技术性能	内容	性能要求
黏结性	外力下抗变形能力	稠度大(针入度小):高等级、高温持续时间长、重载、行车速度慢。稠度小:冬季寒冷地区,交通量小。优先高温:高、低温性能冲突
感温性	黏度随温度变化	针入度大:日温差、年温差大。软化点高:高等级、高温持续时间长、重载、行车缓慢
耐久性	沥青的老化	采用薄膜烘箱加热试验、水煮法试验
塑性	抵抗开裂的能力	10℃或 15℃延度,低温延度越大,抗开裂性能越好
安全性	加热软化时的安全温度	沥青越软,闪点越小

(2)粗集料。粗集料应洁净、干燥、表面粗糙,符合规范要求。

(3)细集料。热拌密级沥青混合料中天然砂用量不宜超过集料总量的 20%,SMA、OGFC 不宜使用天然砂。

(4)矿粉。城市快速路、主干道的沥青路面不宜采用粉煤灰做填料。

(5)纤维稳定剂。不宜使用石棉纤维;纤维稳定剂 250℃不变质。

3. 热拌沥青混合料

类型	特点	适用范围
普通沥青混合料(AC)	具有黏结性、感温性、耐久性、塑性、安全性	城镇次干路、辅路或人行道
改性沥青混合料	高温抗车辙、低温抗开裂、耐磨耗、寿命长	城镇快速路、城市主干道
沥青玛琋脂碎石混合料(SMA)	抗变形能力强,耐久性较好	

(续表)

类型	特点	适用范围
改性沥青玛琋脂碎石混合料	各方面性能均有较大提高	交通量大、轴重增加,严格实行分车道单向行驶的城镇快速路、主干路

🌐 **精选真题**

1. [2021年真题·单选] 重载交通、停车场等行车速度慢的路段,宜选用(　　)的沥青。

    A. 针入度大,软化点高　　　　　　B. 针入度小,软化点高
    C. 针入度大,软化点低　　　　　　D. 针入度小,软化点低

[答案]　B

[解析]　对高等级道路,夏季高温持续时间长、重载交通、停车场等行车速度慢的路段,尤其是汽车荷载剪应力大的结构层,宜采用稠度大(针入度小)的沥青;高等级道路,夏季高温持续时间长的地区、重载交通、停车站、有信号灯控制的交叉路口、车速较慢的路段或部位需选用软化点高的沥青。故选B。

2. [2019年真题·单选] 沥青玛琋脂碎石混合料的结构类型属于(　　)结构。

    A. 骨架—密实　　B. 悬浮—密实　　C. 骨架—空隙　　D. 悬浮—空隙

[答案]　A

[解析]　本题只要知道骨架—密实结构是综合悬浮—密实和骨架—空隙结构优点而组成的结构,就不难选出正确答案,因为其典型代表就是沥青玛琋脂混合料(SMA)。至于悬浮—空隙结构在这里是用来迷惑考生的,考核对沥青混合料结构类型的认知清晰度。故选A。

3. [2020年真题·多选] 下列沥青混合料中,属于骨架—空隙结构的有(　　)。

    A. 普通沥青混合料　　　　　　　B. 沥青碎石混合料
    C. 改性沥青混合料　　　　　　　D. OGFC排水沥青混合料
    E. 沥青玛琋脂碎石混合料

[答案]　BD

[解析]　教材中关于悬浮—密实、集料—空隙、骨架—密实三种结构介绍得比较详细:悬浮—密实结构内摩擦角 φ 较小,但黏聚力 c 较大;骨架—空隙结构内摩擦角 φ 较大,但黏聚力 c 较小;沥青碎石混合料(AM)和OGFC排水沥青混合料是这种结构的典型代表。而骨架—密实则结合了两者的优点,内摩擦角 φ 和黏聚力 c 都比较大。故选BD。

[考点 5]　**沥青路面材料的再生应用**

沥青路面材料的再生,关键在于沥青的再生,是沥青老化的逆过程。

1. **再生剂技术要求**

(1)具有软化与渗透能力,即适当的黏度。

(2)具有良好的流变性质。

(3)具有溶解分散沥青质的能力,即应富含芳香酚。

(4)具有较高的表面张力。

(5)必须具有良好的耐热化和耐候性。

[速记] 张耐耐酚流黏(张奶奶分榴莲)。

2. 再生沥青混合料生产工艺

(1)再生沥青混合料最佳沥青用量的确定方法采用马歇尔试验方法。

(2)再生沥青混合料性能试验指标有空隙率、矿料间隙率、饱和度、马歇尔稳定度、流值等。

(3)再生沥青混合料的检测项目有残留马歇尔稳定度、冻融劈裂抗拉强度比、车辙试验动稳定度等。

⊕ 精选真题

[2020年真题·单选] 再生沥青混合料生产工艺中的性能试验指标除了矿料间隙率、饱和度,还有(　　)。

A. 空隙率　　　　　　　　　　B. 配合比

C. 马歇尔稳定度　　　　　　　D. 车辙试验稳定度

E. 流值

[答案] ACE

[解析] 再生沥青混合料性能试验指标有空隙率、矿料间隙率、饱和度、马歇尔稳定度、流值等。这里需要注意再生沥青混合料的检测项目有车辙试验动稳定度、残留马歇尔稳定度、冻融劈裂抗拉强度比等,这两者一般会结合在一起进行考核,注意不要混淆。故选ACE。

[考点6] 不同形式挡土墙的结构特点

1. 常见挡土墙的结构形式及特点

按照挡土墙结构形式及结构特点,可分为重力式、衡重式、悬臂式、扶壁式、柱板式、锚杆式、自立式、加筋土等不同挡土墙,其结构形式及结构特点简述如下表所示。

挡土墙结构形式及分类

类型	结构示意图	结构特点
重力式	(路中心线)	(1)依靠墙体**自重**抵挡土压力作用; (2)一般用浆砌片(块)石砌筑,缺乏石料地区可用混凝土砌块或现场浇筑混凝土; (3)形式简单,就地取材,施工简便
	(墙趾、钢筋、凸榫)	(1)依靠墙体**自重**抵挡土压力作用; (2)在墙背设少量钢筋,并将墙趾展宽(必要时设少量钢筋)或基底设凸榫抗滑动; (3)可减薄墙体厚度,节省混凝土用量

(续表)

类型	结构示意图	结构特点
衡重式		(1)上墙利用**衡重台**上填土的下压作用和全墙重心的后移增加墙体稳定; (2)墙胸坡陡,下墙倾斜,可降低墙高,减少基础开挖
钢筋混凝土悬臂式		(1)采用钢筋混凝土材料,由立壁、墙趾板、墙踵板三部分组成; (2)墙高时,立壁下部弯矩大,配筋多,不经济
钢筋混凝土扶壁式		(1)沿墙长,隔适当距离加筑肋板(扶壁),使墙面与墙踵板连接; (2)比悬臂式受力条件好,在高墙时较悬臂式经济
带卸荷板的柱板式		(1)由立杆、底梁、拉杆、挡板和基座组成,借卸荷板上的土重平衡全墙; (2)基础开挖较悬臂式少; (3)可预制拼装,快速施工
锚杆式		(1)由肋柱、挡板和锚杆组成,靠锚杆固定在岩体内拉住肋柱; (2)锚头为楔缝式或砂浆锚杆
自立式 (尾杆式)		(1)由拉杆、挡板、立柱、锚锭块组成,靠填土本身和拉杆、锚锭块形成整体稳定; (2)结构轻便、工程量节省,可以预制、拼装,施工快速、便捷; (3)基础处理简单,有利于地基软弱处进行填土施工

类型	结构示意图	结构特点
加筋土	（面板、拉筋、填土、基础示意图）	(1)加筋土挡墙是填土、拉筋和面板三者的结合体。拉筋与土之间的摩擦力及面板对填土的约束,使拉筋与填土结合成一个整体的柔性结构,能适应较大变形,可用于软弱地基,耐震性能好于刚性结构; (2)可解决很高的垂直填土,减小占地面积; (3)挡土面板、加筋条定型预制,现场拼装,土体分层填筑,施工简便、快速、工期短; (4)造价较低; (5)立面美观,造型轻巧,与周围环境协调

2. 挡土墙的结构受力

被动土压力(墙推土)＞静止土压力(挡土墙无移动趋势)＞主动土压力(土推墙)。

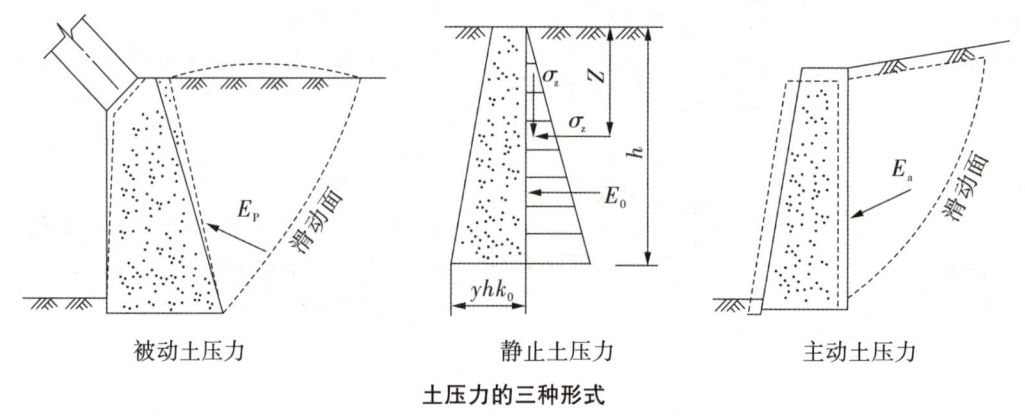

土压力的三种形式

🌐 精选真题

1.[2021年真题·单选] 利用立柱、挡板挡土,依靠填土本身、拉杆及固定在可靠地基上的锚锭块维持整体稳定的挡土建筑物是(　　)。

A. 扶壁式挡土墙　　　　　　　　B. 带卸荷板的柱板式挡土墙

C. 锚杆式挡土墙　　　　　　　　D. 自立式挡土墙

[答案]　D

[解析]　自立式挡土墙是利用板桩挡土,依靠填土本身、拉杆及固定在可靠地基上的锚锭块维持整体稳定的挡土建筑物。故选D。

2.[2017年真题·单选] 关于加筋土挡墙结构特点的说法,错误的是(　　)。

A. 填土、拉筋、面板结合成柔性结构　　B. 依靠挡土面板的自重抵挡土压力作用

C. 能适应较大变形,可用于软弱地基　　D. 构件可定型预制,现场拼装

[答案]　B

[解析] 加筋土挡墙是填土、拉筋和面板三者的结合体。拉筋与土之间的摩擦力及面板对填土的约束,使拉筋与填土结合成一个整体的柔性结构,能适应较大变形,可用于软弱地基,耐震性能好于刚性结构。挡土面板、加筋条定型预制,现场拼装,土体分层填筑,施工简便、快速、工期短。故选B。

3. [2021 年真题·案例节选]
背景资料

某项目部承接一项河道整治项目,其中一段景观挡土墙,长为50m,连接既有景观挡土墙。该项目平均分5个施工段施工,端缝为20mm。第一施工段临河侧需沉6根基础方桩,基础方桩按"梅花形"布置(如下图所示)。

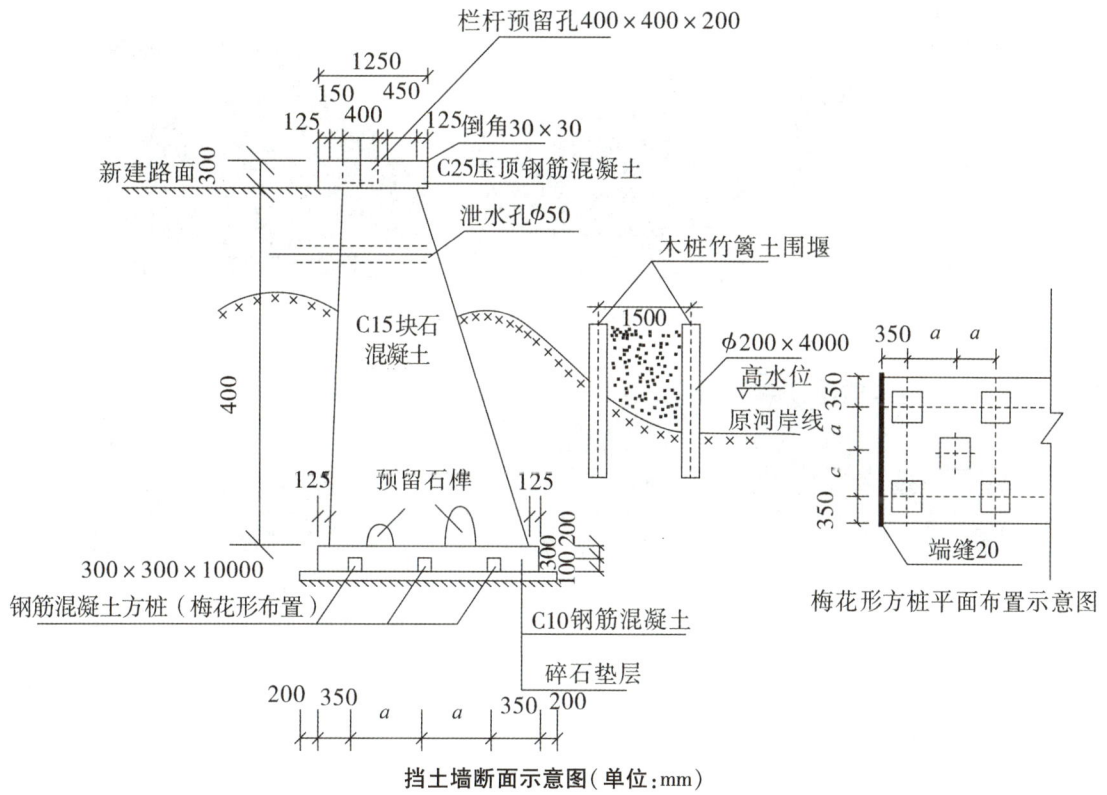

挡土墙断面示意图(单位:mm)

[问题]
根据上图,该挡土墙结构形式属哪种类型? 端缝属于哪种类型?
[答案]
(1)重力式挡土墙;(2)沉降缝(变形缝)。

专题 2　城镇道路路基施工

备考提示▷ 本专题的知识点以记忆为主,重点掌握路基施工技术要求、不良土质的处理方法,涉及沟槽开挖回填、多种管道施工顺序、管顶压实等内容,可考查案例题。

[考点 1]　城镇道路路基施工技术

城市道路路基工程包括路基(路床)本身及有关的土(石)方、沿线的涵洞挡土墙、路肩、边坡、各类管线等项目。

土石方　　　沿线的涵洞　　　挡土墙

路肩　　　边坡　　　排水管线

1. 基本流程

(1)准备工作

①按照交通管理部门批准的交通导行方案设置围挡,导行临时交通。

②施工前,应根据工程地质勘察报告,对路基土进行天然含水量、液限、塑限、标准击实、CBR试验。

(2)附属构筑物

①新建的地下管线施工必须遵循"先地下,后地上""先深后浅"的原则。

②既有地下管线等构筑物的拆改、加固保护。

(3)路基(土、石方)施工

开挖路堑、填筑路堤,整平路基、压实路基、修整路床,修建防护工程等。

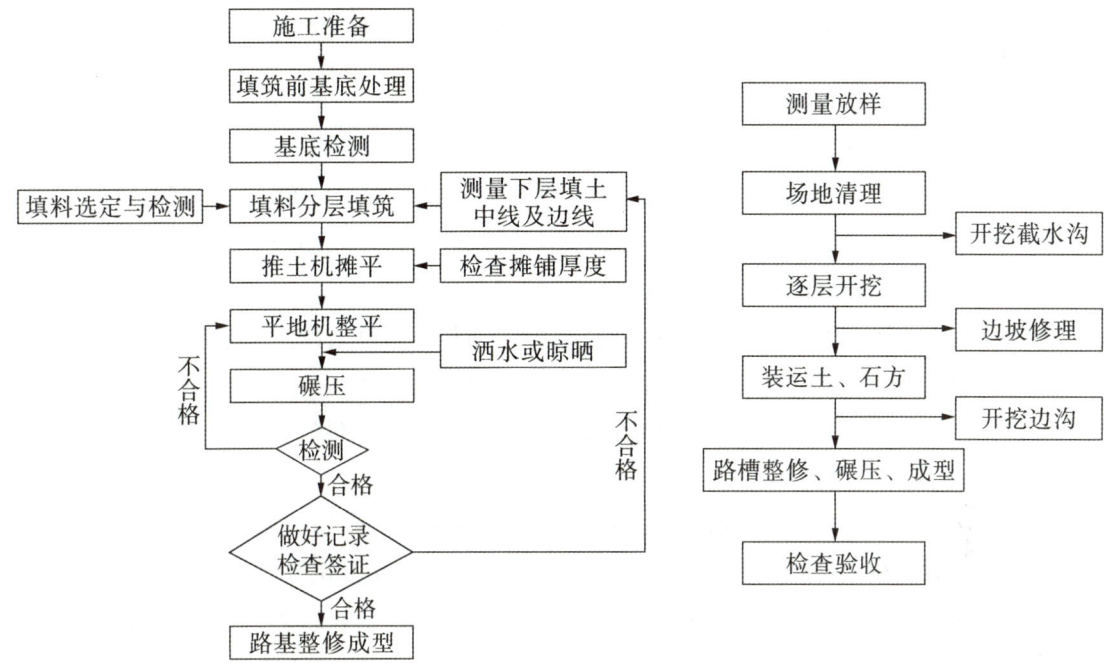

填方路基　　　　　　　　　挖方路基

2. 施工要点

（1）填土路基

当原地面标高低于设计路基标高时,需要填筑土方(填方路基)。

①排除原地面积水、清除树根、杂草、淤泥等。应妥善处理坟坑、井穴、树根坑的坑槽,分层填实至原地面高。

②填方段内应事先找平,当地面横向坡度陡于1:5时,需修成台阶形式,每层台阶高度**不宜大于300mm**,宽度不应小于1.0m。

③根据测量中心线桩和下坡脚桩,**分层填土、压实**。

④碾压前检查铺筑土层的宽度、厚度及含水量,合格后即可碾压。碾压"**先轻后重**",最后碾压应采用**不小于12t级**的压路机。

⑤填方高度内的管涵顶面填土**500mm以上**才能用压路机碾压。

⑥路基填方高度应按设计标高增加**预沉量值**。

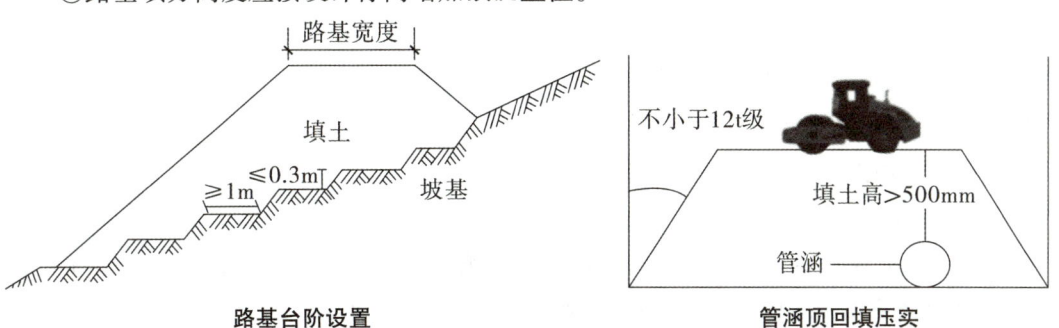

路基台阶设置　　　　　　　　管涵顶回填压实

(2) 挖土路基

当路基设计标高低于原地面标高时,需要挖土成型。

①根据测量中线和边桩开挖。

②挖土时应**自上向下分层开挖**,**严禁掏洞开挖**。机械开挖时,必须避开构筑物、管线,在距管道边 1m 范围内应采用人工开挖;在距**直埋缆线 2m 范围内必须采用人工开挖**。挖方段**不得超挖**,应留有碾压到设计标高的压实量。

③压路机**不小于 12t** 级,碾压应自路两边向路中心进行,直至表面无明显轮迹为止。

④碾压时,应视土的干湿程度而采取**洒水或换土**、**晾晒**等措施。

⑤过街雨水支管沟槽及检查井周围应用**石灰土或石灰粉煤灰砂砾**填实。

(3) 石方路基

①修筑填石路堤应进行地表清理,先**码砌边部**,**然后逐层水平填筑**石料,确保边坡稳定。

②先修筑**试验段**,以确定松铺厚度、压实机具组合、压实遍数及沉降差等**施工参数**。

③填石路堤宜选用 **12t 以上的振动压路机**、25t 以上轮胎压路机或 2.5t 的夯锤压(夯)实。

④路基范围内管线、构筑物四周的沟槽宜**回填土料**。

3. 质量检查与验收

(1) 主控项目为压实度和弯沉值。

(2) 一般项目有路床纵断高程、中线偏位、平整度、宽度、横坡及路堤边坡等要求。

🌐 **精选真题**

1. [2016 年真题·单选] 下列工程项目中,不属于城镇道路路基工程的项目是(　　)。

   A. 涵洞　　　　　　　　　　　B. 挡土墙

   C. 路肩　　　　　　　　　　　D. 水泥稳定土基层

   [答案] D

   [解析] 典型的归类题目,即便没有记住,也可以从"水泥稳定土基层"中的基层两个字看出来答案。城市道路路基工程包括路基(路床)本身及有关的土(石)方、沿线的涵洞、挡土墙、路肩、边坡、各类管线等项目。故选 D。

2. [2019 年真题·多选] 关于填土路基施工要点的说法,正确的有(　　)。

   A. 原地面标高低于设计路基标高时,需要填筑土方

   B. 土层填筑后,立即采用 8t 级压路机碾压

   C. 填筑前,应妥善处理井穴、树根等

   D. 填方高度应按设计标高增加预沉量值

   E. 管涵顶面填土 300mm 以上才能用压路机碾压

   [答案] ACD

   [解析] 选项 B 错误,土层填筑后,最后碾压应采用不小于 12t 级的压路机。选项 E 错误,填方高度内的管涵顶面填土 500m 以上才能用压路机碾压。故选 ACD。

[考点 2] 岩土分类与不良土质处理方法

1. 土的性能参数

液性指数 I_L：土的天然含水量与塑限之差值对塑性指数之比值。

$$I_L = (\omega - \omega_P)/I_P$$

按液性指数值对细粒土调度状态的分类

液性指数	$I_L < 0$	$0 \leq I_L < 0.5$	$0.5 \leq I_L < 1.0$	$I_L \geq 1.0$
稠度状态	坚硬、半坚硬	硬塑	软塑	流塑

2. 不良土质路基的处理方法

土质种类	特点	病害	处理方法
软土	天然含水量较高、孔隙比大、透水性差、压缩性高、强度低	沉降过大引起路基开裂	表层处理法、换填法、重压法、垂直排水固结法等；具体可采取置换土、抛石挤淤、砂垫层置换、反压护道、砂桩、粉喷桩、塑料排水板及土工织物等
湿陷性黄土	土质较均匀、结构疏松、孔隙发育、遇水结构破坏，强度降低	路基变形、凹陷、开裂	换土法、强夯法、挤密法、预浸法、化学加固法等
膨胀土	吸水膨胀，失水收缩	路基发生变形、位移、开裂、隆起	灰土桩、水泥桩或用其他无机结合料对膨胀土路基进行加固和改良；换填或堆载预压对路基进行加固；防水和保温措施

🌐 精选真题

1. [2021年真题·单选] 液性指数 $I_L = 0.8$ 的土，软硬状态是（　　）。

　　A. 坚硬　　　　B. 硬塑　　　　C. 软塑　　　　D. 流塑

[答案]　C

[解析]　液性指数：土的天然含水量与塑限之差值对塑性指数之比值，可用以判别土的软硬程度：$I_L < 0$ 为坚硬、半坚硬状态，$0 \leq I_L < 0.5$ 为硬塑状态，$0.5 \leq I_L < 1.0$ 为软塑状态，$I_L \geq 1.0$ 为流塑状态。题中液性指数为0.8，介于0.5与1.0之间，所以为软塑状态。故选C。

2. [2020年真题·单选] 淤泥、淤泥质土及天然强度低、（　　）的黏土统称为软土。

　　A. 压缩性高、透水性大　　　　　　B. 压缩性高、透水性小

　　C. 压缩性低、透水性大　　　　　　D. 压缩性低、透水性小

[答案]　B

[解析]　软土是指淤泥、淤泥质土及天然强度低、压缩性高、透水性小的黏土统称为软土。它的特点是天然含水量较高、孔隙比大、透水性差、压缩性高、强度低。故选B。

3. [2017年真题·单选] 湿陷性黄土路基的处理方法不包括(　　)。
A. 换土法　　　　B. 强夯法　　　　C. 砂桩法　　　　D. 挤密法

[答案] C

[解析] 砂桩法是软土路基的处理方法之一。各种土的处理考核频率颇高,其处理方法不好记忆,其实本题可以直接分析得出,题说的是"不包括",那么首先"换土法"就可以第一个排除,因为不管是软土、湿陷性黄土还是膨胀土,换土、换填都是可以解决的;至于说后面强夯法和挤密法道理上都是差不多的,只要选用其中一种,另一种也就可以采用。所以这里唯一不确定的就是砂桩法。故选C。

[考点3] 水对城镇道路路基的危害

地下水对道路路基施工、运行与维护造成危害的诸多因素中,影响最大、最持久。根据地下水的埋藏条件可将地下水分为上层滞水、潜水、承压水。

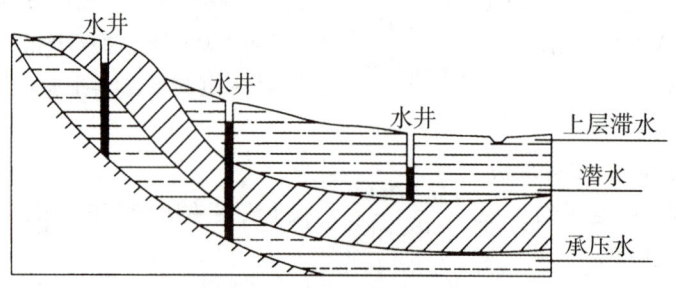

地下水埋藏条件与分类示意图

(1)潜水。分布广,与道路等市政公用工程关系密切。在干旱和半干旱的平原地区,若潜水的矿化度较高且埋藏较浅,应注意土的盐渍化。

(2)上层滞水。分布范围有限,但接近地表,水位受气候、季节影响大,大幅度的水位变化会给工程施工带来困难。

(3)承压水。存在于地下两个隔水层之间,具有一定的水头高度,一般需注意其向上的排泄,即对潜水和地表水的补给或以上升泉的形式出露。

🌐 精选真题

[2020年真题·单选] 存在于地下两隔水层之间,具有一定水头高度的水,称为(　　)。
A. 上层滞水　　　B. 潜水　　　　C. 承压水　　　D. 毛细水

[答案] C

[解析] 本题可以从定义判断,也可以依据图形记忆。从工程地质的角度,地下水根据埋藏条件可分为上层滞水、潜水和承压水。承压水存在于地下两个隔水层之间,并且具有一定的水头高度。故选C。

专题 3　城镇道路基层施工

备考提示▷ 本专题需掌握基层施工流程和施工要点,通过对比记忆加深理解。关于基层运输、摊铺、压实、质量检查验收等知识点可能在案例题中以改错题、简答题等形式考核。

[考点 1]　不同无机结合料稳定基层特性

1. 无机结合料稳定基层

目前大量采用**结构较密实**、**孔隙率较小**、**透水性较小**、**水稳性较好**,适宜于机械化施工、技术经济较合理的水泥、石灰及工业废渣稳定材料施工基层。这类基层通常被称为无机结合料稳定基层。

水泥稳定碎石基层

石灰土基层

石灰粉煤灰稳定碎石基层

2. 常用的基层材料

常用的基层材料包括石灰稳定土、水泥稳定土、石灰工业废渣稳定土等基层。

基层材料	特点	强度	适用范围
石灰稳定土(石灰土)	良好板体性。干缩、温缩明显,易开裂	强度随龄期增长,温度低于5℃时强度几乎不增长	高级路面的底基层
水泥稳定土(水泥土)	良好板体性,水稳性和抗冻性比石灰土好	初期强度高,强度随龄期增长	高级路面的底基层
石灰工业废渣稳定土(二灰土)	良好的力学性能、板体性、水稳性和一定的抗冻性	粉煤灰用量越多,早期强度越低,温度低于4℃时几乎不增长	高级路面的基层与底基层

各类稳定土基层性能排名:

(1)抗冻性和抗收缩:二灰土基层＞水泥土基层＞石灰土基层。

(2)早期强度:水泥土基层＞石灰土基层＞二灰土基层。

(3)水稳性:水泥土基层＞石灰土基层。

🌐 **精选真题**

[2018年真题·多选] 通常被称为无机结合料稳定基层的材料一般都具有(　　),技术经济较合理,且适宜机械化施工的特点。

A. 结构较密实　　　　　　　　B. 孔隙率较小

C. 干缩系数较大　　　　　　　D. 水稳定性较好

E. 透水性较小

[答案] ABDE

[解析] 通过分类可以选择出来,选项 ABDE 都属于无机结合料稳定基层材料的优点,只有 C 选项不同。故选 ABDE。

[考点 2] 城镇道路基层施工技术

1. 石灰稳定土基层与水泥稳定土基层

施工流程为施工准备→混合料拌和→运输→摊铺→压实→养护。

(1)材料。石灰、水泥、土、集料拌和用水等原材料应进行检验,并按照要求进行材料配合比设计。

(2)拌和。城区施工应采用**厂拌**(异地集中拌和)方式,不得使用路拌方式。宜用**强制式拌和机**进行拌和,拌和应均匀。根据原材料含水量变化、集料的颗粒组成变化、施工温度的变化、运输距离及时调整拌和用水量。

厂拌

强制式拌和机

(3)运输。运输中应防止水分蒸发和扬尘污染环境。

(4)摊铺。拌成的稳定土类混合料应及时运送到铺筑现场,水泥稳定土材料自搅拌至摊铺完成,不应超过 3h。厂拌石灰土类混合料摊辅时路床应湿润。宜在春末和气温较高季节施工,施工最低气温为 5℃。

(5)压实。摊铺好的稳定土应**当天碾压成活**,碾压时的含水量宜在最佳含水量的允许范围内。水泥稳定土宜在水泥初凝前碾压成型。直线和不设超高的平曲线段,应由**两侧向中心碾压**;设超高的平曲线段,应由内侧向外侧碾压。纵、横接缝(槎)均应设直槎。纵向接缝宜设在路中线处,横向接缝应尽量减少。

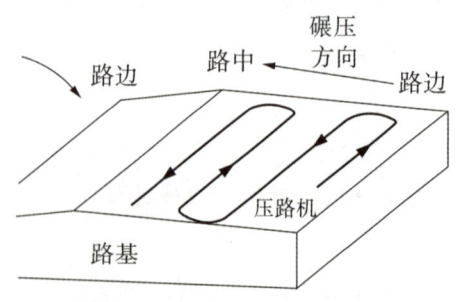

路基压实先低后高过渡示意图

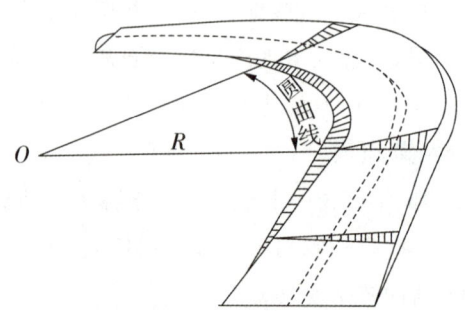

设置超高的平曲线段示意图

(6)养护。压实成活后应**立即洒水(或覆盖)养护**。稳定养护期应封闭交通。

2. 石灰粉煤灰稳定砂砾(碎石)基层(二灰混合料)

(1)材料。对石灰、粉煤灰等原材料应进行质量检验,符合要求后方可使用。

(2)拌和。拌和时应先将石灰、粉煤灰拌和均匀,再加入砂砾(碎石)和水均匀拌和。混合料含水量宜略大于最佳含水量。

(3)运输。运送混合料应覆盖苫布,防止水分蒸发和遗撒、扬尘。

(4)摊铺。在**春末和夏季**组织施工,施工期的日最低气温应在5℃以上,根据试验确定的松铺系数控制虚铺厚度。

(5)压实。混合料**每层最大压实厚度为200mm**,且不宜小于100mm。碾压时采用**先轻型**、**后重型**压路机碾压。**禁止用薄层贴补**的方法进行找平。

(6)养护。混合料的养护采用**湿养**,始终保持表面潮湿,也可采用沥青乳液和沥青下封层进行养护,养护期视季节而定,常温下不宜少于7天。

3. 级配砂砾(碎石)、级配砾石(碎砾石)基层

(1)材料与拌和。所用原材料的压碎值、含泥量、细长扁平颗粒含量、级配等符合要求。

(2)拌和。采用厂拌方式,强制式拌和机拌制。

(3)运输。运输中应采取防止遗撒和防扬尘措施。

(4)摊铺。宜采用机械摊铺,摊铺应均匀一致,发生粗、细集料离析("梅花""砂窝")现象时,应及时翻拌均匀。

(5)压实。压实系数均应通过试验段确定,每层应按虚铺厚度一次铺齐,颗粒分布应均匀,厚度一致。碾压前和碾压中应适量洒水。控制碾压速度,碾压至轮迹不大于5mm,表面平整、坚实。

(6)养护。未铺装上层前不得开放交通。

⊕ 精选真题

[2019年真题·多选] 石灰稳定土集中拌和时,影响拌和用水量的因素有( )。

A. 施工压实设备变化 B. 施工温度的变化
C. 原材料含水量变化 D. 集料的颗粒组成变化
E. 运输距离变化

[答案] BCDE

[解析] 石灰稳定土集中拌和时,应根据原材料含水量变化、集料的颗粒组成变化、施工温度的变化、运输距离及时调整拌和用水量。施工压实设备变化,只能影响混合料最终的压实度,并不能影响混合料中的水分;相反,只有在混合料达到最佳含水量时,压实施工才能达到最佳效果。故选BCDE。

[考点3] 土工合成材料的应用

土工合成材料可分为土工织物、土工膜、特种土工合成材料和复合型土工合成材料等类型。具体如下图所示。

  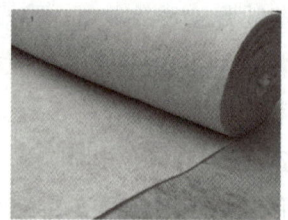

土工格栅　　　　　土工模　　　　　土工织物

1. 路堤加筋

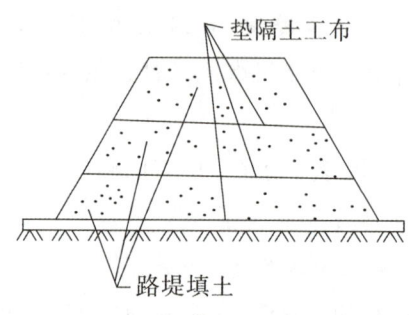

路堤加筋示意图

（1）目的。提高路堤的稳定性。

（2）材料。土工格栅、土工织物、土工网。

（3）材料要求。对于土工织物，应具有足够的抗拉强度、较高的撕破强度、顶破强度和握持强度等。

⊕ 精选真题

[2021年真题·多选] 土工合成材料用于路堤加筋时应考虑的指标有（　　）强度。

A. 抗拉　　　　　　　　　　　B. 撕破

C. 抗压　　　　　　　　　　　D. 顶破

E. 握持

[答案] ABDE

[解析] 土工格栅、土工织物、土工网等土工合成材料均可用于路堤加筋，其中土工格栅宜选择强度高，变形小、糙度大的产品。土工合成材料应具有足够的抗拉强度，较高的撕破强度、顶破强度和握持强度等性能。故选ABDE。

2. 台背路基填土加筋

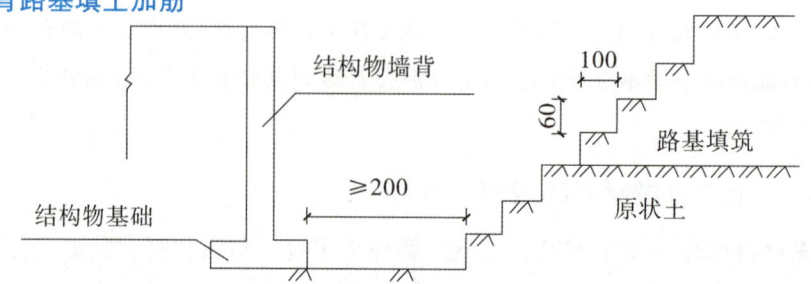

台背路基填土加筋示意图

(1)目的。减小路基与结构物之间的不均匀沉降。

(2)材料。台背填料应有良好的水稳性与压实性能,宜选择碎石土或砾石土。

(3)施工顺序。清地表→地基压实→锚固土工合成材料、摊铺、张紧并定位→分层摊铺、压实填料至下一层土工合成材料的铺设标高。

3. 路面裂缝防治

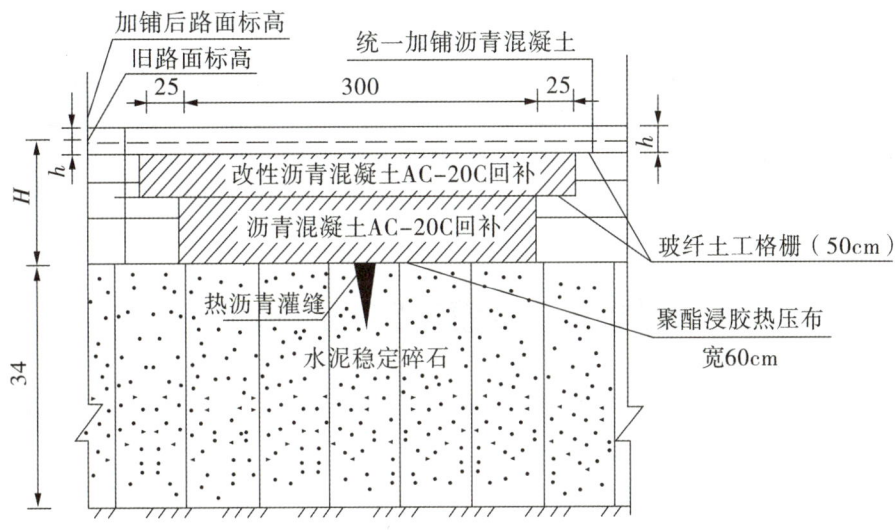

土工合成材料在裂缝防治中的应用示意图

(1)目的。减少或延缓由旧路面对沥青加铺层的反射裂缝,或半刚性基层对沥青面层的反射裂缝。

(2)材料。玻纤网、土工织物等。

(3)材料要求。满足抗拉强度、最大负荷延伸率、网孔尺寸、单位面积质量等技术要求。

用土工合成材料和沥青混凝土面层对旧沥青路面裂缝进行防治,首先要对旧路进行**外观评定和弯沉值**测定,进而确定旧路处理和新料加铺方案。

4. 路基防护

路基防护主要包括坡面防护和冲刷防护。

路堤坡面防护

堤坝抗冲刷防护

5. 过滤与排水

土工合成材料作为过滤体和排水体可用于暗沟、渗沟及坡面防护等道路工程结构中。

🌐 精选真题

[2017年真题·多选] 用于路面裂缝防治的土工合成材料应满足的技术要求有( )。

A. 抗拉强度
B. 最大负荷延伸率
C. 单位面积质量
D. 网孔尺寸
E. 搭接长度

[答案] ABCD

[解析] 用于裂缝防治的玻纤网和土工织物应分别满足抗拉强度、最大负荷延伸率、网孔尺寸、单位面积质量等技术要求。关于路面裂缝防治的知识点后期应多加关注,在案例中可能会出现。故选ABCD。

专题4 城镇道路面层施工

备考提示▷ 本专题需掌握关于各类面层施工中的准备、运输、摊铺、压实、成型等工序技术要求,易结合案例题考核改错题或补充题。

[考点1] 沥青混合料面层施工技术

热拌沥青混合料路面施工工艺包括沥青混合料的运输、摊铺、压实成型、接缝、开放交通等内容。

1. 施工准备

(1)透层、粘层、封层

透层、粘层与封层的位置如下图所示。

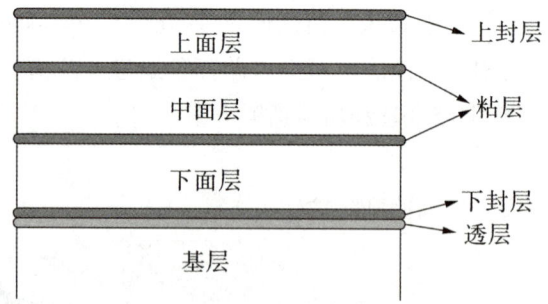

透层、粘层、封层设置要求

名称	作用	材料	位置	施工时间
透层	渗透	液体沥青或乳化沥青	基层表面	在透层油完全渗入基层后
粘层	黏结	(改性)乳化沥青或石油沥青	沥青面层之间、沥青层与水泥混凝土之间	在摊铺面层当天洒布
封层	封闭养护	乳化沥青或改性乳化沥青	面层表面	上封层的上面层施工后;下封层的透层施工后

(2)运输与布料

对于高等级道路,等候的运料车**宜在5辆以上**。运料车应在摊铺机前100～300mm外空挡等候。车厢喷洒一薄层隔离剂或防黏结剂,宜用**篷布覆盖保温**、**防雨和防污染**。沥青混合料不符合施工温度要求或结团成块、已遭雨淋不得使用。

🌐 精选真题

[2019年真题·案例节选]

背景资料

……交通部门批准的交通导行方案要求:施工时间为夜间22:30至次日5:30,不断路施工。为加快施工速度,保证每日5:30前恢复交通,项目部拟提前一天采用机械洒布乳化沥青,为第二天沥青面层摊铺创造条件。

[问题]

改正项目部为加快施工速度所采取的措施的错误之处。

[答案]

粘层油应在施工面层的当天洒布,若夜间洒布粘层油应当夜施工面层。

2. 机械摊铺

(1)摊铺机的受料斗应涂刷薄层隔离剂或防结剂。

履带式

轮胎式

(2)快速路、主干路宜采用联合摊铺,其表面层宜采用多机全幅摊铺。每台摊铺机的摊铺宽度不宜超过**6m**(双车道),通常采用2台或多台摊铺机前后错开10～20m呈梯队方式同步摊铺,两幅之间应有30～60mm宽度的搭接,并应避开车道轮迹带。

(3)摊铺机开工时应提前0.5～1h预热熨平板,使其不低于100℃。

(4)摊铺机必须缓慢、均匀、连续不间断地摊铺,不得随意变换速度或中途停顿。

(5)摊铺机应采用自动找平方式。上面层宜采用导梁或平衡梁的控制方式。

钢丝绳引导

平衡梁

(6)最低摊铺温度根据铺筑层厚度、气温、沥青混合料种类、风速及下卧层表面温度来确定。松铺系数应通过试铺试压确定。

3. 压实成型与接缝

(1)压实成型

①严格控制初压、**复压**、**终压**(包括成型)时机。压实层最大厚度≤100mm。

②碾压速度做到**慢而均匀**,且符合规范要求。

③碾压温度根据沥青混合料种类、压路机、气温、层厚等因素经试验段试压确定。

④碾压时应将压路机的驱动轮面向摊铺机,从外侧向中心碾压,在超高路段和坡道上则由低处向高处碾压。复压紧跟初压,终压紧接复压。碾压路段总长度宜为60~80m。

初压、复压、终压对比

压实类型	压路机种类	压实方法	压实遍数
初压	钢轮	驱动轮面向摊铺机	1~2遍
复压	密集配:重型轮胎。粗集料:振动	层厚大:高频大振幅。层厚薄:低振幅	4~6遍
终压	双轮钢筒式	无明显轮迹为止	不宜少于2遍

钢轮压路机

振动压路机

轮胎压路机

三轮钢筒式压路机

⑤压路机钢轮刷隔离剂或防黏结剂防粘轮,**严禁刷柴油**。

⑥压路机不得在未碾压成型路段上转向、掉头、加水或停留。在当天成型的路面上,不得停放各种机械设备或车辆,不得散落矿料、油料及杂物。

(2)接缝

①纵向接缝

上、下层的纵缝应错开150mm(热接缝)或300~400mm(冷接缝)。相邻两幅及上、下层的横向接缝均应错位1m以上。

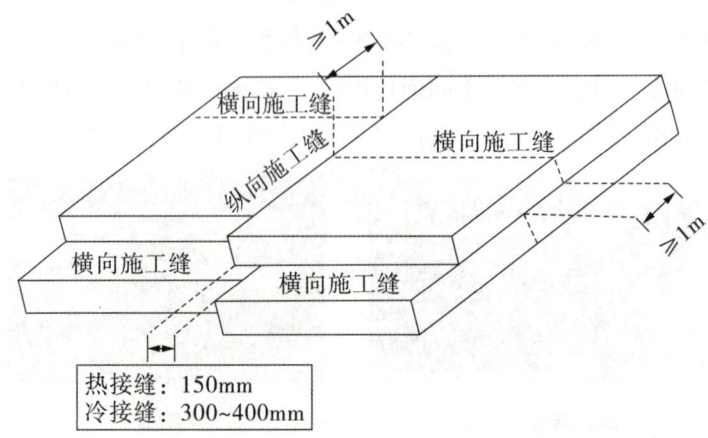

冷接缝处理的施工顺序为**刨出毛楂→涂粘层油→铺新料软化下层→铲走重叠部分→跨缝压密**。

②横向接缝

高等级道路的表面层横向接缝应采用垂直的平接缝,以下各层和其他等级的道路的各层可采用斜接缝。

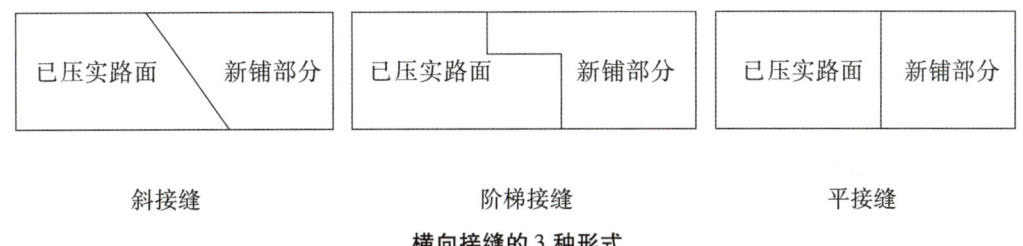

横向接缝的 3 种形式

横向施工缝施工顺序为厚度、平整度检查→刨除厚度不足部分→清缝→刷粘层油→铺新料软化接楂→先横向后纵向碾压。

4. 开放交通

热拌沥青混合料路面应待摊铺层自然降温至表面温度**低于 50℃**后,方可开放交通。

🌐 精选真题

1. [2022 年真题·单选] 密级配沥青混凝土混合料复压宜优先选用(　　)进行碾压。

A. 钢轮压路机　　　　　　　　B. 重型轮胎压路机
C. 振动压路机　　　　　　　　D. 双轮钢筒式压路机

[答案] B

[解析] 密级配沥青混凝土混合料复压宜优先采用重型轮胎压路机进行碾压,以增加密实性,其总质量不宜小于 25t。对粗集料为主的混合料,宜优先采用振动压路机复压。故选 B。

2. [2020 年真题·单选] 以粗集料为主的沥青混合料复压宜优先选用(　　)。

A. 振动压路机　　　　　　　　B. 钢轮压路机
C. 重型轮胎压路机　　　　　　D. 双轮钢筒式压路机

[答案] A

[解析] 以粗集料为主的混合料,宜优先采用振动压路机复压。轮胎压路机是一种揉搓式的压实,压实效果好,而且能够去除钢轮压实产生的细小裂缝,但是粗集料为主的沥青混合料集料空隙率相对比较大,当使用重型轮胎压路机时,容易把混合料中的沥青、矿粉、细集料等从混合料空隙中挤出。而振动压路机采用机械或液压传动,能集中力量压实凸起部分,压实平整度高,效果好。故选 A。

3. [2020 年真题·案例节选]

背景资料

某单位承建城镇主干道大修工程……项目部完成 AC-25 下面层施工后对纵向接缝进行简单清扫便开始摊铺 AC-20 中面层,最后转换交通进行右幅施工。由于右幅道路基层没有破损现象,考虑到工期紧,在沥青摊铺前对既有路面铣刨、修补后,项目部申请全路线封闭施工。报告批准后开始进行上面层摊铺工作。

[问题]

请指出沥青摊铺工作的不妥之处,并给出正确做法。

[答案]

不妥之处:纵向接缝进行简单清扫错误。

正确做法:将右幅沥青混合料刨出毛槎,并清洗干净,干燥后涂刷粘层油,再铺新料,新料跨缝摊铺与已铺层重叠50~100mm,软化下层后铲走重叠部分,再跨缝压实挤紧。

4. [2019年真题·案例节选]

背景资料

甲公司中标某城镇道路工程,设计道路等级为城市主干路,全长560m,横断面形式为三幅路,机动车道为双向六车道,路面面层结构设计采用沥青混凝土,上面层为厚40mmSMA-13,中面层为厚60mmAC-20,下面层为厚80mmAC-25。

施工过程中发生如下事件:

··········

事件三:甲公司编制的沥青混凝土施工方案包括以下要点:

(1)上面层摊铺分左、右幅施工,每幅摊铺采用一次成型的施工方案,2台摊铺机呈梯队方式推进,并保持摊铺机组前后错开40~50m距离。

(2)上面层碾压时,初压采用振动压路机,复压采用轮胎压路机,终压采用双轮钢筒式压路机。

(3)该工程属于城市主干路,沥青混凝土面层碾压结束后需要快速开放交通,终压完成后拟洒水加快路面的降温速度。

[问题]

··········

指出事件三中的错误之处并改正。

[答案]

(1)上面层摊铺分左、右幅施工错误。

正确做法:表面层宜采用多机全幅摊铺,以减少施工接缝。

(2)2台摊铺机前后错开40~50m距离错误。

正确做法:多台摊铺机前后错开10~20m呈梯队方式同步摊铺。

(3)上面层初压采用振动压路机,复压采用轮胎压路机错误。

正确做法:上面层为SMA,不得采用轮胎压路机碾压。初压应采用钢筒式压路机或关闭振动状态的振动压路机,复压采用振动压路机。

(4)终压完成后拟洒水加快路面的降温速度错误。

正确做法:终压完成,待摊铺层自然降温至表面温度低于50℃后,方可开放交通。

[考点2] 改性沥青混合料面层施工技术

1. 生产

（1）改性沥青生产温度应根据**改性沥青品种、黏度、气候条件、铺装层的厚度**确定。改性沥青混合料宜采用**间歇式**拌和设备生产。

（2）沥青混合料拌和时间根据具体情况经试拌确定，以沥青均匀包裹集料为度。

（3）改性沥青混合料贮存过程中混合料温降**不得大于10℃**，且具有沥青滴漏功能。贮存时间不宜超过24h；改性沥青SMA混合料只限当天使用，OGFC混合料宜随拌随用。

2. 施工

（1）摊铺

①在喷洒有粘层油的路面上铺筑改性沥青混合料或SMA时，宜使用履带式摊铺机。摊铺机的受料斗应涂刷薄层隔离剂或防黏结剂。摊铺温度不低于160℃。

②摊铺速度宜放慢至1~3m/min。松铺系数应通过试验段取得。

③摊铺机应采用自动找平方式，中、下面层宜采用钢丝绳或导梁引导的高程控制方式，上面层宜采用非接触式平衡梁。

（2）压实与成型

压实痕迹

初压、复压、终压

①初压开始温度不低于150℃，碾压终了的表面温度应**不低于90~120℃**。

②宜采用振动压路机或钢筒压路机，不得用轮胎压路机。OGFC混合料采用12t级以上钢筒式压路机碾压。

③振动压路机应遵循"紧跟、慢压、高频、低幅"的原则。

（3）接缝

应尽量避免出现冷接缝。摊铺时有充足运料车，使纵向接缝成为热接缝。冷接缝处理顺序为当天施工冷却前垂直切割→冲净干燥→第2天刷粘层油→铺新料。

[考点3] 水泥混凝土路面施工技术

1. 混凝土配合比设计、搅拌和运输

（1）混凝土配合比设计。混凝土的配合比设计在兼顾经济性的同时应满足弯拉强度、工作性、耐久性三项指标要求。

（2）搅拌。优选间歇式拌和设备，并在投入生产前进行标定和试拌。搅拌过程中，应对拌

和物的水胶比及稳定性、坍落度及均匀性、坍落度损失率、振动黏度系数、含气量、泌水率、湿密度、离析等项目进行检验与控制,均应符合质量标准的要求。

(3)运输。应根据施工进度、运量、运距及路况,选配车型和车辆总数。

2. 混凝土面板施工

(1)模板

宜使用钢模板,每1m设置1处支撑装置。支模前应核对路面标高、面板分块、胀缝和构造物位置。严禁在基层上挖槽嵌入模板。模板表面应涂隔离剂,接头应粘贴胶带或塑料薄膜密封。

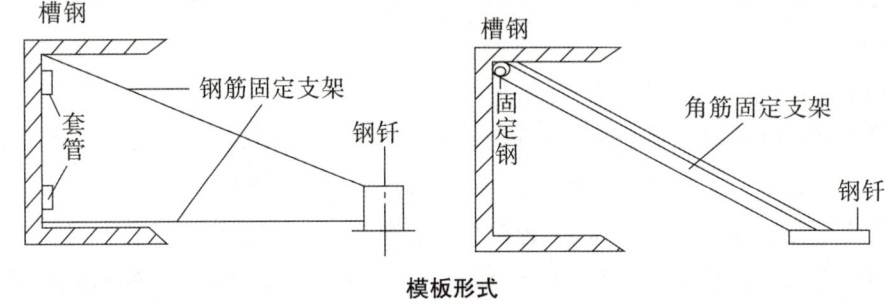

模板形式

(2)钢筋设置

钢筋网、角隅钢筋等安装应牢固、位置准确。胀缝传力杆应与胀缝板、提缝板一起安装。

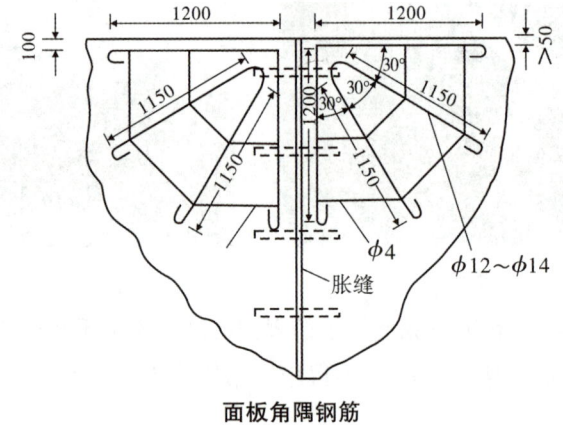

面板角隅钢筋

(3)摊铺与振动

三辊轴机组铺筑混凝土面层时,辊轴直径应与摊铺层厚度匹配,且必须同时配备一台安装插入式振捣器组的排式振捣机。混凝土面层分两次摊铺时,上层混凝土的摊铺应在下层混凝土初凝前完成,且下层厚度宜为总厚度的3/5;一块混凝土板应一次连续浇筑完毕,并按要求做好振捣。

三辊轴机

(4)接缝

①胀缝的设置。胀缝补强钢筋支架、胀缝板和传力杆。

②传力杆的固定安装。**端头木模固定传力杆安装方法**,宜用混凝土板不连续浇筑时设置的胀缝;**支架固定传力杆安装方法**,宜用于混凝土板连续浇筑时设置的胀缝。

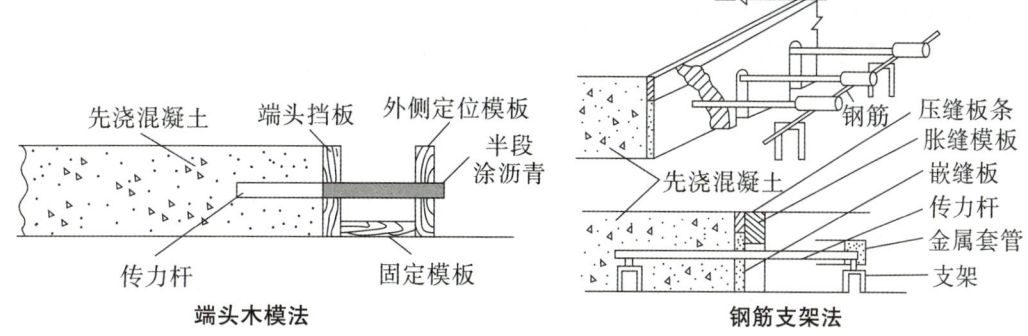

端头木模法　　　　　　　　钢筋支架法

③缩缝的设置。缩缝应在混凝土达到设计强度的25%～30%时,采用切缝机进行切割施工,宽度4～6mm。切缝深度与面层厚度的关系,如下图所示。

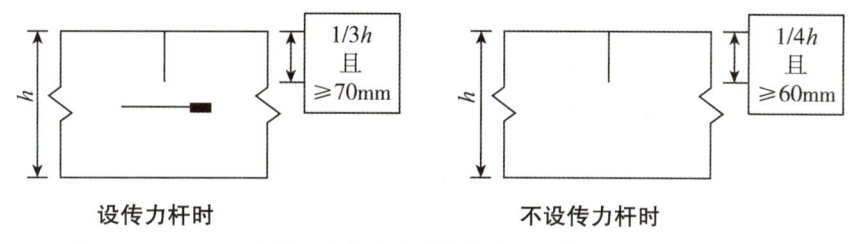

切缝深度与面层厚度的关系示意图

注:h 为面层厚度。

④填料缝的设置。填缝料的充实度根据施工季节而定,常温施工与路面平,冬期施工宜略低于板面。

(5)养护

养护时,可采取喷洒养护剂或保湿覆盖等方式;养护时间应根据混凝土弯拉强度增长情况而定,不宜小于设计弯拉强度的80%,一般宜为14～21天。应特别注重前7天的保湿(温)养护。

(6)开放交通

在混凝土达到设计弯拉强度40%以后,可允许行人通过。在面层混凝土完全达到设计弯拉强度且填缝完成前,不得开放交通。

[考点4] 城镇道路大修维护

1. 微表处理施工要求

(1)适用条件

原有路面结构满足使用要求,强度满足设计要求、路面基本无损坏,经微表处理后可恢复面层的使用功能。微表处理技术应用于城镇道路维护,可达到延长道路使用期目的,且工程投资少、工期短。

(2)施工要求

可采用半幅施工半幅行,气温25～30℃时养护30min,微表处理施工前安排试验段≥200mm。

2. 旧路加铺沥青混合料面层工艺

(1) 旧沥青路面作为基层加铺沥青混合料面层(黑加黑)

①旧沥青路面作为基层加铺沥青混合料面层时，应对原有路面进行调查处理、整平或补强，符合设计要求。

②填补旧沥青路面，凹坑应按高程控制、分层摊铺，每层最大厚度不宜超100mm。

(2) 旧水泥混凝土路作为基层加铺沥青混合料面层(白加黑)

①旧水泥混凝土路作为基层加铺沥青混合料面层时，应对原有水泥混凝土路面进行处理、整平或补强，符合设计要求。

②对旧水泥混凝土路面层的胀缝、缩缝、裂缝应清理干净，并采取防反射裂缝措施。

3. 加铺沥青面层技术要点

(1) 面层水平变形反射裂缝预防措施

在沥青混凝土加铺层与旧水泥混凝土路面之间设置应力消减层，具有延缓和抑制反射裂缝产生的效果。

(2) 面层垂直变形破坏预防措施

①在大修前对局部破损部位进行修补，应将这些破损部位彻底剔除并重新修复；不需要将板体整块凿除重新浇筑，采用局部修补的方法即可。

②使用沥青密封膏处理旧水泥混凝土板缝。沥青密封膏具有很好的黏结力和抗水平与垂直变形能力。可以有效防止雨水渗入结构而引发冻胀。填充密封膏的厚度不小于40mm。

(3) 基底处理要求

处理方法	原理	做法	特点
开挖式	换填基底材料	将破坏部位凿除，换填基底并压实后，重新浇筑混凝土	工艺简单，修复也比较彻底，但对交通影响较大，适合交通不繁忙的路段
非开挖式	注浆填充脱空部位的空洞	采用从地面钻孔注浆的方法进行基底处理	是使用比较广泛和成功的方法，处理前用探地雷达进行详细探查

[考点 5] 路面改造施工技术要点

对于路面强度足够且断板和错台病害少的旧路面，可直接加铺沥青混凝土。改造设计时需对原有路面进行调查，调查方法有地质雷达、弯沉或者取芯检测等。

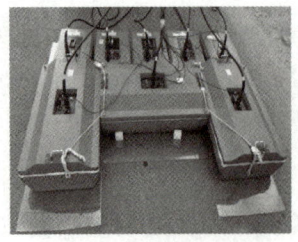
地质雷达

弯沉

取芯检测

1. 病害处理

大部分的水泥混凝土路面在板缝处都有破损,如不进行修补就直接作为道路基层,会使沥青路面产生反射裂缝;需人工凿除路面酥空、空鼓、破损的部分,露出坚实的部分。修补范围内的剔凿深度应在5cm以上。涂刷界面剂并用**早强补偿收缩混凝土**进行**灌注**。

如原水泥路面发生错台或板块网状开裂,应首先考虑是原路基质量出现问题致使水泥混凝土路面不再适合作为道路基层。应凿除整个板块,**重新夯实路基**。

2. 加铺沥青混凝土面层

原有水泥混凝土路面作为道路基层加铺沥青混凝土面层时,应注意原有雨水管以及检查井的位置和高程,为配合沥青混凝土加铺应调整检查井高程。加铺前可以采用**洒布沥青粘层油摊铺土工布等**方式对旧路面进行处理。

🌐 精选真题

[2017年真题·案例节选]

背景资料

··········

事件四:旧水泥混凝土路面加铺前,项目部进行了外观调查,并采用探地雷达对道板下状况进行扫描探测,将旧水泥混凝土道板的现状分为三种状态:A 为基本完好;B 为道板面上存在接缝和裂缝;C 为局部道板底脱空,道板局部断裂或碎裂。

[问题]

事件四中,在加铺沥青混凝土前,对 C 状态的道板应采取哪些处理措施?

[答案]

(1)道板局部断裂和碎裂部位:将破坏部位凿除,换填基底并压实后,重新浇筑混凝土。

(2)局部道板底脱空部位:采用从地面钻孔注浆的方法进行基底处理,处理前应采用探地雷达进行详细探查。

强化练习

一、单项选择题

1. 行车荷载作用下水泥混凝土路面的力学特性为( )。
   A. 弯沉变形较大,抗弯拉强度大
   B. 弯沉变形较大,抗弯拉强度小
   C. 弯沉变形很小,抗弯拉强度大
   D. 弯沉变形很小,抗弯拉强度小

2. 城市主干道沥青路面不宜采用( )。
   A. SMA
   B. 温拌沥青混合料
   C. 冷拌沥青混合料
   D. 抗车辙沥青混合料

3. 下列沥青路面结构层中,主要作用为改善土质的湿度和温度情况的是( )。
   A. 中面层   B. 下面层
   C. 基层   D. 垫层

4. 路面结构中的承重层是( )。
   A. 基层   B. 上面层
   C. 下面层   D. 垫层

5. 表征沥青路面材料稳定性能的路面使用指

标的是( )。
- A. 平整度
- B. 温度稳定性
- C. 抗滑能力
- D. 降噪排水

6. AC 型沥青混合料结构具有( )的特点。
- A. 黏聚力低,内摩擦角小
- B. 黏聚力低,内摩擦角大
- C. 黏聚力高,内摩擦角小
- D. 黏聚力高,内摩擦角大

7. 改性沥青混合料所具有的优点中,说法错误的是( )。
- A. 较长的使用寿命
- B. 较高的耐磨耗能力
- C. 较大的抗弯拉能力
- D. 良好的低温抗开裂能力

8. 下图所示挡土墙的结构形式为( )。

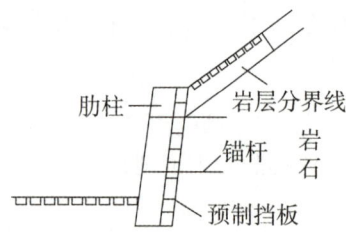

- A. 重力式
- B. 悬臂式
- C. 锚杆式
- D. 自立式

9. 下列挡土墙承受的土压力,排序正确的是( )。
- A. 静止土压力 < 主动土压力 < 被动土压力
- B. 主动土压力 < 被动土压力 < 静止土压力
- C. 主动土压力 < 静止土压力 < 被动土压力
- D. 被动土压力 < 主动土压力 < 静止土压力

10. 下列基层材料中,可作为高等级路面基层的是( )。
- A. 二灰稳定粒料
- B. 石灰稳定土
- C. 石灰粉煤灰稳定土
- D. 水泥稳定土

11. 桥台后背 0.8~1.0m 范围内回填,不应采用的材料的是( )。
- A. 黏质粉土
- B. 级配砂砾
- C. 石灰粉煤灰稳定砂砾
- D. 水泥稳定砂砾

12. 下列关于改性沥青混合料面层的说法中错误的是( )。
- A. 改性 SMA 一般情况下,摊铺温度不低于 160°
- B. 改性沥青混合料的贮存时间不宜超过 48h
- C. 改性沥青 SMA 混合料只限当天使用
- D. OGFC 混合料宜随拌随用

13. 道路无机结合料稳定基层中,二灰稳定土的( )高于石灰土。
- A. 板体性
- B. 早期强度
- C. 抗冻性
- D. 干缩性

14. 《城镇道路工程施工与质量验收规范》中规定,热拌沥青混合料路面应待摊铺层自然降温至表面温度低于( )后,方可开放交通。
- A. 70℃
- B. 60℃
- C. 50℃
- D. 65℃

二、多项选择题

1. 下列城市道路基层中,属于柔性基层的有( )。
- A. 级配碎石基层
- B. 级配砂砾基层
- C. 沥青碎石基层
- D. 水泥稳定碎石基层
- E. 石灰粉煤灰稳定砂砾基层

2. 路面基层的性能指标包括( )。
- A. 强度
- B. 扩散荷载的能力
- C. 水稳定性
- D. 抗滑

E. 低噪

3. 下列城市道路路面病害中,属于水泥混凝土路面病害的有( )。
   A. 唧泥   B. 拥包
   C. 错台   D. 板底脱空
   E. 车辙变形

4. 下列属于路基施工前需要做的试验项目有( )。
   A. 标准贯入度试验 B. CBR 试验
   C. 液限   D. 孔隙率
   E. 天然含水量

5. 下列路基质量验收项目属于主控项目的有( )。
   A. 横坡   B. 宽度
   C. 压实度   D. 平整度
   E. 弯沉值

6. 深厚的湿陷性黄土路基,可采用( )处理。
   A. 堆载预压法   B. 换土法
   C. 强夯法   D. 排水固结法
   E. 灰土挤密法

7. 水泥混凝土路面的混凝土配合比设计在兼顾经济性的同时应满足的指标要求有( )。
   A. 弯拉强度   B. 抗压强度
   C. 工作性   D. 耐久性
   E. 安全性

三、实务操作与案例分析题

案例(一)

背景资料

某项目承建一城市主干路施工,其道路横断面如图所示。

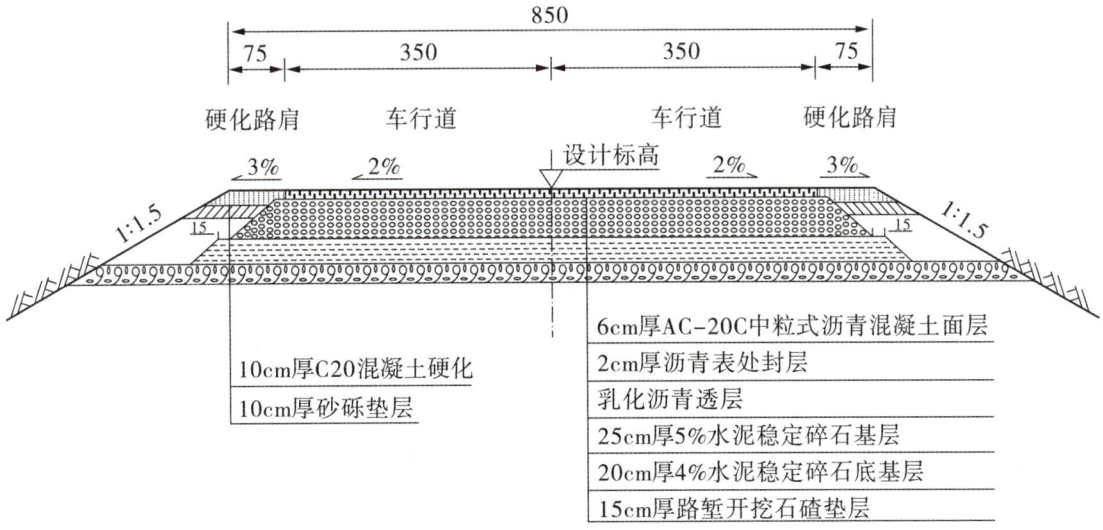

图1 道路横断面示意图

施工中发生如下事件:

事件一:基层施工队伍进场后进行配合比设计并报送拌和站进行水泥稳定土混合料生产,为避免影响交通采取夜间运输材料、白天进行施工的方法,施工完成后检测压实度及弯沉值,符合要求后转入下道工序。

事件二:完成稳定基层施工后,测定表面平整度不符合要求,拟采用薄层贴补法进行处理以保证平整。后期由于交通需求量增大，为缓解社会交通压力，计划直接开放某路口段基层。

[问题]

1. 水泥稳定碎石基层与底基层应如何控制施工分层？有何施工要求？
2. 指出事件中施工方的错误做法并改正。

案例（二）

背景资料

某公司承建的市政桥梁工程中，桥梁引道与现有城市次干道呈T形平面交叉，次干道边坡坡率1:2，采用植草防护；引道位于种植滩地，线位上现存池塘一处（长15m，宽12m，深1.5m）；引道两侧边坡采用挡土墙支护；桥台采用重力式桥台，基础为直径120cm混凝土钻孔灌注桩。引道纵断面如图1所示，挡土墙横截面如图2所示。

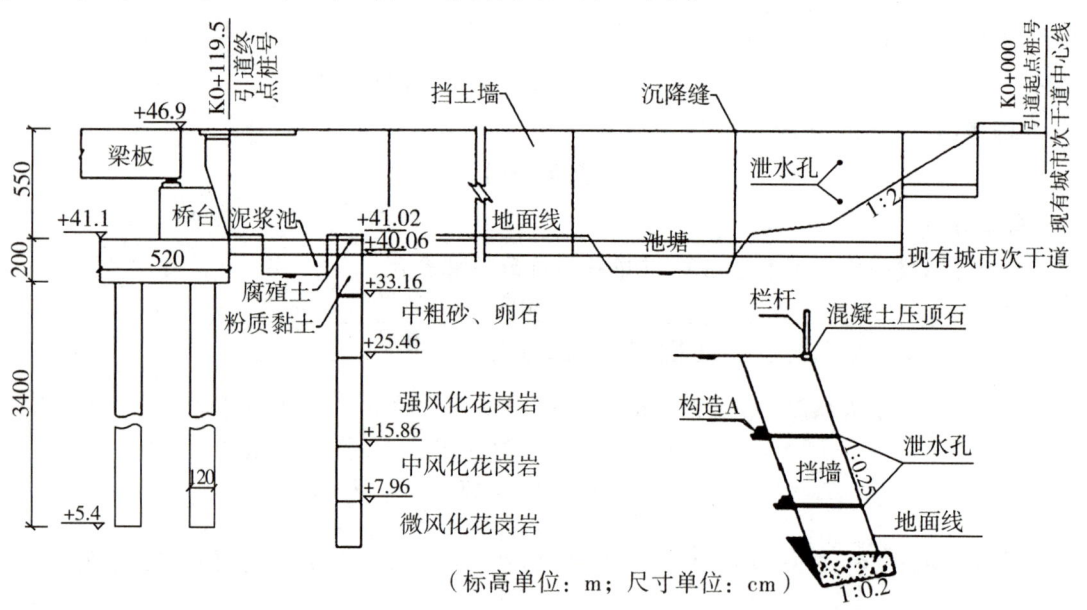

图1　引道纵断面示意图　　　　图2　挡土墙横截面示意图

项目部编制的引道路堤及桥台施工方案有如下内容：

引道路堤在挡土墙及桥台施工完成后进行，路基用合格的土方从现有城市次干道倾倒入路基后用机械摊铺碾压成型。施工工艺流程如下所示。

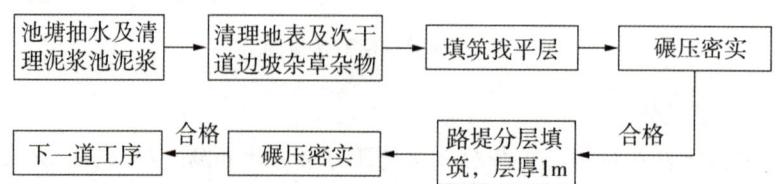

监理工程师在审查施工方案时指出：施工方案中施工组织存在不妥之处；施工工艺流程存在较多缺漏和错误，要求项目部改正。

[问题]

1. 指出施工方案中引道路堤填土施工组织存在的不妥之处,并改正。
2. 结合图1,补充、改正施工方案中施工工艺流程的缺漏和错误之处。
3. 图2所示挡土墙属于哪种结构形式(类型)？写出图2中构造A的名称。

案例(三)

背景资料

某公司中标修建城市新建主干道,全长2.5km,双向四车道。其结构从下至上为20cm厚石灰稳定碎石底基层、38cm厚水泥稳定碎石基层、8cm厚粗粒式沥青混合料底面层、6cm厚中粒式沥青混合料中面层、4cm厚细粒式沥青混合料表面层。项目部选择的施工机械主要有挖掘机、铲运机、压路机、洒水车、平地机、自卸汽车。施工方案中:石灰稳定碎石底基层直线段采用由中间向两边的方式进行碾压;沥青混合料摊铺时应对温度随时检查;用轮胎压路机初压,碾压速度控制在1.5~2.0km/h。施工现场设立了公示牌,内容包括工程概况牌、安全生产文明施工牌、安全纪律牌。

[问题]

1. 补充施工机械中缺少的主要机械。
2. 请给出正确的底基层碾压方法和沥青混合料初压设备。
3. 沥青混合料碾压温度是依据什么因素确定的？

案例(四)

资料背景

某公司承建某山城道路工程,该工程K2+350m~K2+620m一段道路处于半山坡位置,上坡陡峭,设计采用道路一侧为挡土墙支护形式,见下图。为保证挡土墙后的积水可以有效排除,在挡土墙上设置了PVC管道的泄水孔,且在挡土墙与土体之间砌筑片石,作为反滤层。另外在挡土墙后背的根部和顶部位置设置了黏土隔水层。

项目部编制的施工方案对挡土墙施工做了如下安排:

(1)下墙(H_2高度范围)施工工艺流程为夯实地基→浇筑垫层→回填墙后土方及填筑黏土隔水层→砌筑片石反滤层及片石后土方回填→片石反滤层及黏土隔水层外侧水泥砂浆抹面→绑扎挡土墙钢筋→安放泄水管→支设挡土墙面板模板→浇筑混凝土→养护→拆除模板。

(2)上墙(H_2高度范围)施工工艺流程为绑钢筋→安放泄水管道→支设内外模板→浇筑混凝土→养护→拆模→砌筑片石反滤层→回填土方→回填黏土隔水层→道路施工。

开工前,项目部与现场监理根据《城镇道路工程施工与质量验收规范》(CJJ 1—2008)确定了本工程的分部、分项工程和检验批,作为施工质量检查、验收的基础。

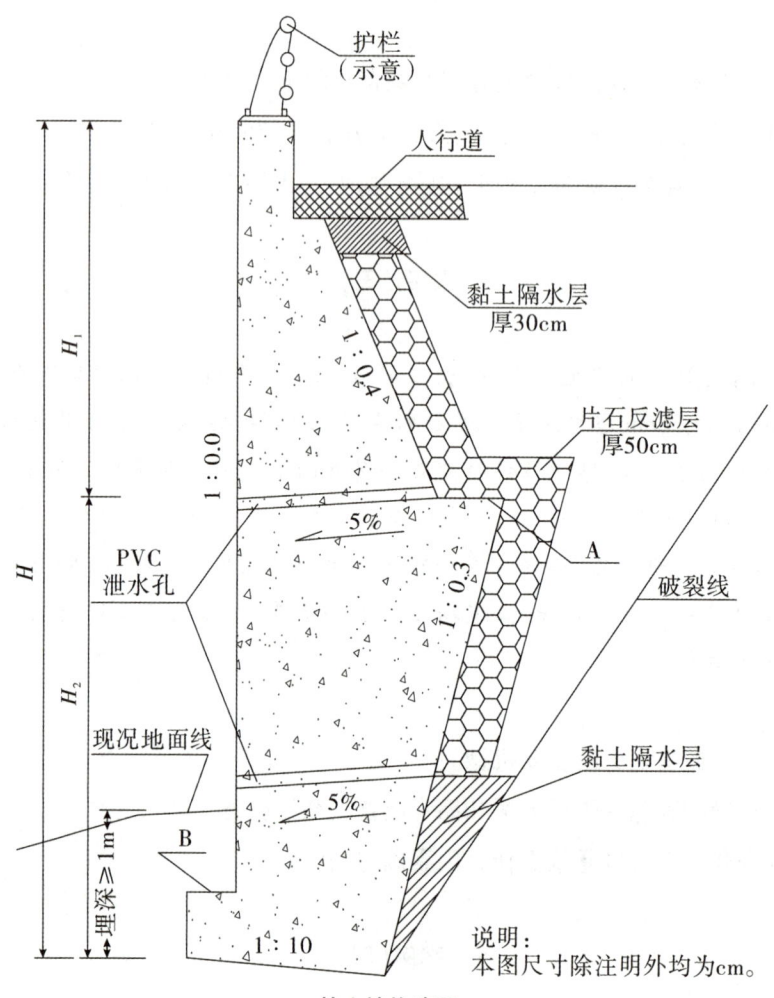

挡土墙构造图

[问题]

1. 本工程设计的挡土墙是哪一种形式？简述这种挡土墙的特点。
2. 说出图中 A、B 的名称，简述其在挡土墙中的作用。
3. 简述施工单位施工方案中对上墙和下墙采取不同的施工工艺流程的理由。
4. 依据《城镇道路工程施工与质量验收规范》（CJJ 1—2008），说出本工程挡土墙的分项工程有哪些？

案例（五）

背景资料

某公司承建一快速路工程，道路中央隔离带宽 2.5m，采用 A 路缘石，路缘石外露 0.15m，要求在通车前栽植树木，主路边采用 B 路缘石。下图为道路工程 K2+350m 断面图，两侧排水沟为钢筋混凝土预制 U 形槽。U 形槽壁厚 0.1m，内部净高 1m，现场安装。护坡采用六角护坡砖砌筑。

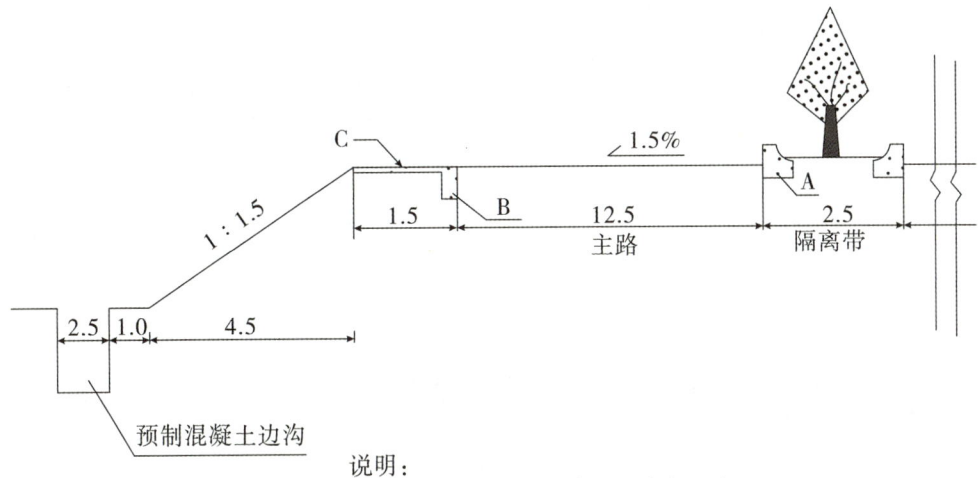

说明：
1. 道路K2+350m位置路面设计高程为70.87m。
2. 本图中单位为m。

道路 K2+350 断面图

[问题]

1. 列式计算道路桩号 K2+350m 位置边沟底高程（主路及 C 部位坡度均为 1.5%）。

2. 本工程中道路附属构筑物中的分项工程有哪些？

3. 图中 C 的名称是什么？在道路中设置 C 的作用是什么？C 属于哪一个分部工程中的分项工程？

4. 本工程 A、B 为哪一种路缘石？根据这两种路缘石的特点，说明本工程为什么采用这两种路缘石。

5. 简述两侧排水 U 形槽施工工序。

案例（六）

背景资料

A 公司承接了 3.5km 城市主干道工程施工，道路结构、横断面如下图所示。

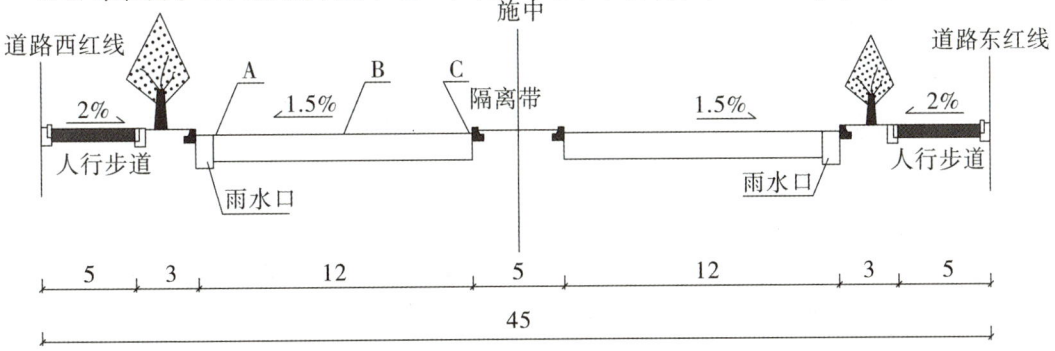

说明：1. K0+500m 道路设计高程 45.245m；
2. 单位：m。

道路 K0+500m 横断面

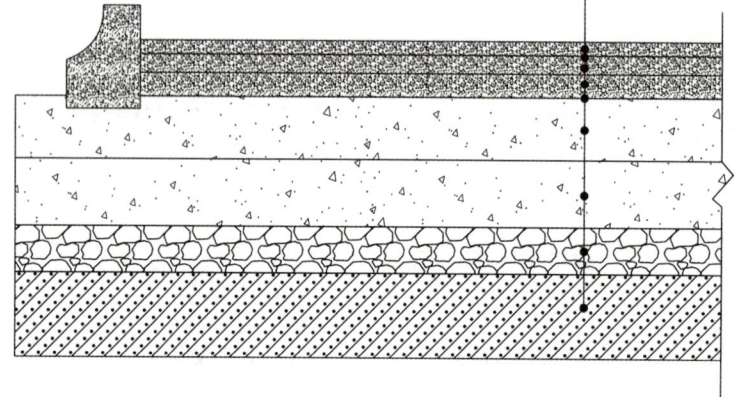

西侧道路路中位置有雨水管线，路基和基层施工中将雨水检查井和雨水口周围的施工作为本次施工的重点，要求采取可靠的措施保证压实度。

路面施工过程中，施工单位对上面层的压实十分重视，确定了质量控制关键点，并就压实工序做出如下书面要求：①初压采用双钢轮振动压路机静压 1~2 遍，初压开始温度不低于 140℃；②复压采用双钢轮振动压路机，碾压采取低频率、高振幅的方式快速碾压，为保证密实度，要求振动压路机碾压 4 遍；③终压采用轮胎压路机静压 1~2 遍，终压结束温度不低于 80℃；④为保证搭接位置路面质量，要求相邻碾压重叠宽度应大于 30cm；⑤为保证沥青混合料碾压过程中不粘轮，应用洒水车及时向混合料喷雾状水。

因改性 SMA 面层不能当天完成，需在面层上留设横向冷接缝，施工单位对接缝位置按照相关规范进行了处理。

[问题]

1. 道路横断面图中，道路高程是指 A、B、C 当中哪一个具体位置？在实际中，路宽是否包括路缘石的宽度？
2. 道路结构图中，X、Y 代表什么？说明其施工注意事项。
3. 在施工过程中，雨水检查井和雨水口周围应如何处理才能有效保证其压实度？
4. 施工单位对上面层碾压的规定有不合理的地方，请改正。
5. SMA 冷接缝如何处理才可以保证其质量？

案例(七)

背景资料

某城市主干道路改扩建工程,线路长度1.98km;随路敷设雨、污水和燃气管线,道路基层为360mm厚石灰粉煤灰稳定碎石,底基层300mm厚12%石灰土。施工范围内需拆迁较多房屋,合同工期为当年4月16日至9月15日。

由于工程施工环境复杂,管线与道路施工互相干扰,现场发生如下事件:

事件一:根据管线施工需处理地下障碍物的情况,项目技术负责人编制施工组织设计变更方案,经项目负责人审批后执行。

事件二:为保障摊铺石灰粉煤灰稳定碎石基层的施工进度,在现场大量暂存石灰粉煤灰稳定碎石,摊铺碾压时已超过24h,基层成型后,发现石灰粉煤灰稳定碎石基层表面松散,集料明显离析。

事件三:基层养护期间,路口处有重型车辆通行,事后清理表面浮土发现局部有坑凹现象,现场采用薄层贴补石灰粉煤灰稳定碎石进行找平,以保证基层的平整度。

[问题]

1. 施工组织设计变更审批程序是否妥当?如不妥当,写出正确审批程序。
2. 石灰粉煤灰稳定碎石的使用是否正确?如不正确,写出正确做法。
3. 指出事件三有哪些违规之处?有什么主要危害?

参考答案及解析

一、单项选择题

1. C [解析]以水泥混凝土路面为代表的刚性路面在行车荷载作用下产生板体作用,抗弯拉强度大,弯沉变形很小,呈现出较大的刚性,它的破坏取决于极限弯拉强度。

2. C [解析]冷拌沥青混合料适用于支路及其以下道路的面层、支路的表面层以及各级沥青路面的基层、连接层或整平层。

3. D [解析]垫层主要设置在温度和湿度状况不良的路段上,以改善路面结构的使用性能。

4. A [解析]基层是路面结构中的承重层,主要承受车辆荷载的竖向力,并把由面层下传的应力扩散到路基。

5. B [解析]温度稳定性:路面材料特别是表面层材料,长期受到水文、温度、大气因素的作用,材料强度会下降,材料性状会变化。为此,路面必须保持较高的稳定性,即具有较低的温度、湿度敏感度。

6. C [解析]悬浮—密实结构:具有较大的黏聚力,但内摩擦角较小,高温稳定性较差,如AC型沥青混合料。

7. C [解析]改性沥青混合料具有较高的高温抗车辙能力,良好的低温抗开裂能力,较高的耐磨耗能力和较长的使用寿命。

8. C [解析]锚杆式挡土墙由肋柱、挡板和锚杆组成。

9. C [解析]三种土压力中,主动土压力最小;静止土压力其次;被动土压力最大,位移也最大。

10. A [解析]只有二灰稳定粒料可用于高级路面的基层与底基层,其他材料只能用于高级路面的底基层。

11. A [解析]台背填料应有良好的水稳定性与压实性能,以碎石土、砾石土为宜。

12. B [解析]改性沥青混合料的贮存时间不宜超过24h。

13. C [解析]二灰稳定土有良好的力学性能、板体性、水稳性和一定的抗冻性,其抗冻性能比石灰土高很多。二灰稳定土也具有明显的收缩特性,但小于水泥土和石灰土,也被禁止用于高级路面的基层,而只能做底基层。

14. C [解析]热拌沥青混合料路面应待摊铺层自然降温至表面温度低于50℃后,方可开放交通。

二、多项选择题

1. ABC [解析]级配砂砾及级配砾石基层属于柔性基层。无机结合料稳定粒料基层,包括水泥稳定类、石灰稳定类、石灰粉煤灰(二灰)稳定类,属于半刚性基层。

2. ABC [解析]基层应满足结构强度、扩散荷载的能力以及水稳性和抗冻性的要求,不透水性好。

3. ACD [解析]水泥混凝土道路基层作用:防止或减轻由于唧泥产生板底脱空和错台等病害。

4. BCE [解析]路基施工前,应根据工程地质勘察报告,对路基土进行天然含水量、液限、塑限、标准击实、CBR等试验。

5. CE [解析]路基质量验收主控项目有压实度、弯沉值;一般项目有路床纵断面高程、中线偏位、平整度、宽度、横坡及路堤边坡等要求。

6. BCE [解析]湿陷性黄土路基处理施工除采用防止地表水下渗的措施外,可根据工程具体情况采取换土法、强夯法、挤密法、预浸法、化学加固法等方法因地制宜地进行处理。

7. ACD [解析]水泥混凝土路面的混凝土配合比设计在兼顾经济性的同时应满足弯拉强度、工作性、耐久性三项技术要求。

三、实务操作与案例分析题

案例(一)

1. 水泥稳定碎石基层图示厚度为25cm,应分两层;水泥稳定碎石底基层图示厚度为20cm,可单层施工;分层摊铺时,应在下层养护7天后,方可摊铺上层。

2. 事件一:
(1)进行配合比设计报送拌和站不妥,应报监理审核;
(2)夜间运输、白天施工不妥,自搅拌至摊铺完成不应超过3h;
(3)检测压实度及弯沉值并转入下道工序不妥,未检查原材料与7天无侧限抗压强度。

事件二:
(1)采用薄层贴补法不妥,严禁使用薄层贴补,缺失厚度较薄可采用上部面层直接补充;
(2)直接开放某路口段基层不妥,应保证7d养护成型,并洒布沥青乳液,洒石屑粉料进行磨耗层铺设形成保护。

案例(二)

1. (1)合格的用土在填筑前还需要进行检测含水量以及腐殖土淤泥的杂质不超标。
(2)土方不能直接从城市次干道倾倒入路基,土方进出施工现场需要覆盖,防止遗撒,造成大气污染,应该运至施工现场内存放,运至施工现场当天不能摊铺的土方必须覆盖,防止扬尘。
(3)从次干道上直接倒土会影响现况交通,容易发生交通事故。

2. (1)"池塘抽水及清理泥浆池泥浆"后存在缺漏,还应分层填实至原地面高。
(2)"清理地表及次干道边坡杂草杂物"存在缺漏,次干道还需修筑成台阶形式,每层台阶高度不宜大于300mm,宽度不应小于1.0m。
(3)"填筑找平层"再"碾压密实"后存在缺漏,还应修筑试验段,以确定施工参数。
(4)"路堤分层填筑,层厚1m"存在错误,路堤填土的每层厚度人工夯实不能超过200mm,机械压实不超过300mm,最大不能超过400mm。
(5)"路堤分层填筑"后再"碾压密实"存在错误,应分层填筑、分层压实。
(6)"进入下一道工序"前存在缺漏,还应进行路基施工质量的检查与验收。

3. 图2所示挡土墙属于重力式挡土墙。构造A:反滤层。

案例(三)

1. 主要缺少的机械还有推土机、摊铺机、装载机、小型夯实机械、嵌丁料洒布车、沥青洒布车。
2. (1)底基层碾压方法:直线和不设超高的平曲线段,应由两侧向中心碾压;设超高的平曲线段,应由内侧向外侧碾压。
   (2)沥青混合料初压设备:钢轮压路机。
3. 确定沥青混合料碾压温度的因素:沥青种类、沥青混合料种类、压路机、气温、层厚等。

案例(四)

1. (1)本工程的挡土墙为衡重式挡土墙。
   (2)该挡土墙的特点:上墙利用衡重台上填土的下压作用和全墙重心的后移增加墙身稳定;墙胸坡陡,下墙倾斜,可降低墙高,减少基础开挖。
2. A为衡重台,作用是在台上填土后,土体下压,使挡土墙的全墙重心后移而抵抗土体侧压力,利用结构形式特点减少混凝土方量使用。
   B为墙趾,作用是增加抗倾覆力臂而获得更大的抗倾覆力矩;加大墙体支撑面积从而减小地基应力。
3. 下墙整体重心比较靠后,如果施工中采用先支模浇筑混凝土,可能造成墙体后移失稳。故采用墙后土体先回填,砌筑片石,水泥砂浆抹面后作为挡土墙单侧外模,再绑钢筋后支设另一侧模板的措施。
   上墙施工时,因上墙角度与下墙角度相反,且下墙施工完成后,墙体的整体稳定性可以得到保证,故采用墙体正常施工顺序。最后进行片石反滤层砌筑和土方回填的方式施工。
4. 本工程挡土墙分项工程有:地基;基础;墙(钢筋、模板、混凝土);滤层、泄水孔;回填土;栏杆。

案例(五)

1. $70.87 - (12.5 + 1.5) \times 0.015 - 4.5 \div 1.5 - 1 = 66.66(m)$。
2. 附属构筑物中的分项工程有路缘石、排水沟、护坡。
3. (1)C的名称是路肩。
   (2)设置路肩的作用是保护支撑路面;对边坡进行防护和加固;保护道路的稳定;防止水对路基侵蚀。
   (3)C属于路基分部工程中的分项工程。
4. A属于立缘石(L形),B属于平缘石。
   理由:中央绿化隔离带有绿化树木,需要经常浇水,利用立缘石可以挡水;因为快速路一般需要路面排水,平缘石排水效果较好。
5. 测量放线、沟槽开挖、基础处理、垫层施工、铺筑结合层、U形槽安装、调整(高程、轴线)、U形槽勾缝、外侧回填土。

案例(六)

1. C点的高程为道路设计高程,道路设计宽度不包括路缘石宽度。
2. (1)X为沥青乳液透层油,Y为粘层油。
   (2)施工注意事项:
   ①不能在雨雪大风环境下施工。
   ②试洒确定用量,洒布均匀。
   ③透层油提前一天喷洒。
   ④粘层油当天洒布。
3. 在施工过程中,雨水口和雨水检查井周围因场地狭小,应采用小型夯实机具夯实;回填材料应采用石灰土或石灰粉煤灰砂砾回填。
4. (1)改性沥青初压温度应不低于150℃。
   (2)应采取高频率、低振幅的方式慢速碾压,碾压遍数要根据试验确定。
   (3)改性沥青不得采用轮胎压路机,碾压终了温度应不低于90~120℃。
   (4)相邻碾压重叠宽度应为100~200mm。
   (5)不粘轮措施应为对压路机钢轮刷隔离剂或防黏结剂,或向碾压轮上喷淋添加少量表面活性剂的雾状水。
5. (1)沥青混合料冷却前切除端部不平整部位。
   (2)上下接缝保证错开1m以上。
   (3)接槎部位放木板或者方木垫平。
   (4)铺新料前接槎涂刷粘层油,并将接槎部位加热。
   (5)接槎处先横向骑缝碾压,再进行纵向碾压。

案例(七)

1. 不妥当。主要是施工组织设计变更方案的审批程序不符合有关规定。
   正确做法:施工组织设计编制后应由企业技术负责人审批,有变更时要办理变更手续;变更的施工组织设计仍由企业技术负责人审批。

2. 不正确。厂拌石灰粉煤灰稳定碎石混合料,自拌和开始至摊铺有时限要求。

   正确做法:拌成的混合料堆放时间不得超过24h,否则将影响石灰粉煤灰稳定碎石混合料的强度,影响基层的施工质量。

3. (1)有两处违反施工规范的规定:

   ①养护期间应封闭交通,严禁重型车辆通行。

   ②严禁采用薄层贴补方式进行找平。

   (2)其危害主要有:

   ①基层养护期间有重型车辆通行,会影响石灰粉煤灰稳定碎石基层的强度增长和平整度。

   ②采用石灰粉煤灰稳定碎石薄层贴补方式进行找平,将破坏道路基层的整体性,造成路面面层的局部破损。

第 2 章 城市桥梁工程

考情概述

本章是市政公用工程实务考核的主角,是命题的重中之重,需要考生重点学习掌握施工工法、流程以及各类质量问题的应对措施。本章知识点在近 5 年考试中平均为 35 分左右。在备考时,考生必须精通原理,回归施工现场。

扫码领取视频课程

近 5 年考试真题分值统计表

（单位:分）

序号	专题名	2022	2021	2020	2019	2018
1	城市桥梁结构形式及通用施工技术	3	33	4	19	14
2	城市桥梁下部结构施工	3	10	16	6	0
3	城市桥梁上部结构施工	16	2	2	13	15
4	管涵和箱涵施工	1	20	0	0	0

思维导图

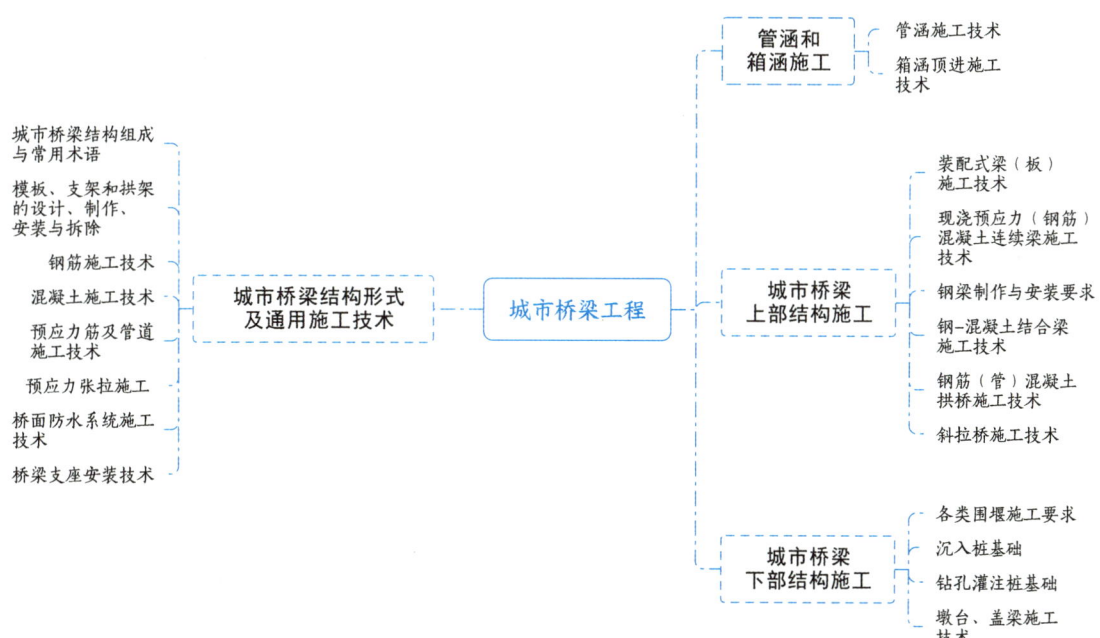

专题1 城市桥梁结构形式及通用施工技术

备考提示▷ 本专题介绍桥梁工程基础知识。模板支架、钢筋、混凝土、预应力等通用施工技术要求,具有多专业通用性和考核的可能性,支座、伸缩装置常考查案例识图题。

[考点1] 城市桥梁结构组成与常用术语

1. 桥梁基本组成

桥梁一般由上部结构、下部结构、支座和附属设施四个基本部分组成。

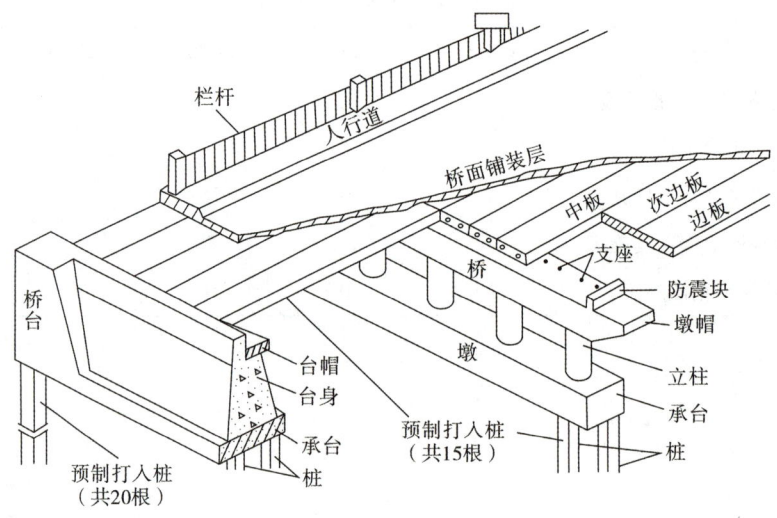

桥梁结构组成示意图

其中桥梁主体结构组成及作用如下表所示。

分类	结构组成		作用
受力结构	上部结构		跨越障碍物,直接接受行车荷载
	支座		传递荷载,保证变位空间
	下部结构	桥墩	支承桥跨结构
		桥台	一侧防止路堤滑塌,另一侧支撑桥跨结构端部
		墩台基础	保证墩台安全,将荷载传递至地基
功能结构	附属结构	桥面系	桥面铺装、防水排水系统、栏杆或防撞栏杆、灯光照明等
		伸缩缝	设置在上部结构之间或上部结构与桥台端墙之间的缝隙;保证结构的变位,使行车顺适
		锥形护坡	保护路堤边坡不受冲击
		桥头搭板	防止因桥梁与道路不均匀沉降而产生的桥头跳车病害

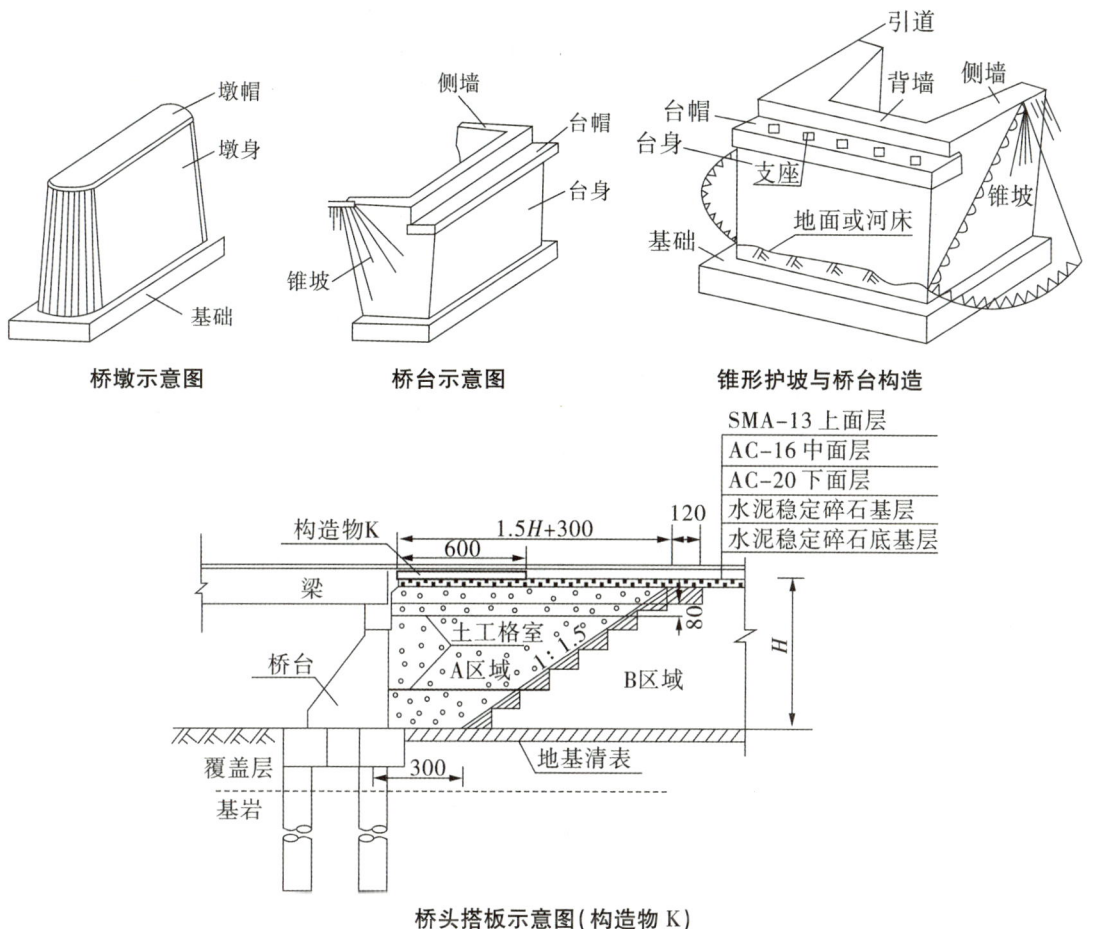

桥墩示意图　　桥台示意图　　锥形护坡与桥台构造

桥头搭板示意图（构造物 K）

注：本图尺寸均以 cm 为单位。

2. 常用术语

桥梁相关常用术语如下表所示。

桥梁相关常用术语

桥梁术语	区分点
净跨径(L_0)	相邻桥墩（台）间净距，或拱桥拱脚截面最低点之间的水平距离
计算跨径(L_1)	相邻两个支座中心之间的距离
总跨径($\sum L_0$)	各孔净跨径之和
桥梁长度(L_T)	桥梁两端两个桥台的侧墙或八字墙后端点之间的距离
桥梁高度	桥面与低水位之间的高差或桥面与桥下线路路面之间的距离
桥下净空高度(H)	设计洪水水位、计算通航水位至桥跨最下缘之间距离
建筑高度(h)	桥上行车路面标高至桥跨结构最下缘之间距离
拱轴线	拱券各截面形心点的连线
净矢高	从拱顶截面下缘至相邻两拱脚截面下缘最低点之连线的垂直距离

(续表)

桥梁术语	区分点
计算矢高	从拱顶截面形心至相邻两拱脚截面形心之连线的垂直距离
矢跨比	也称拱矢度,计算矢高与计算跨径之比
涵洞	多孔跨径全长不到8m和单孔跨径不到5m的泄水结构物

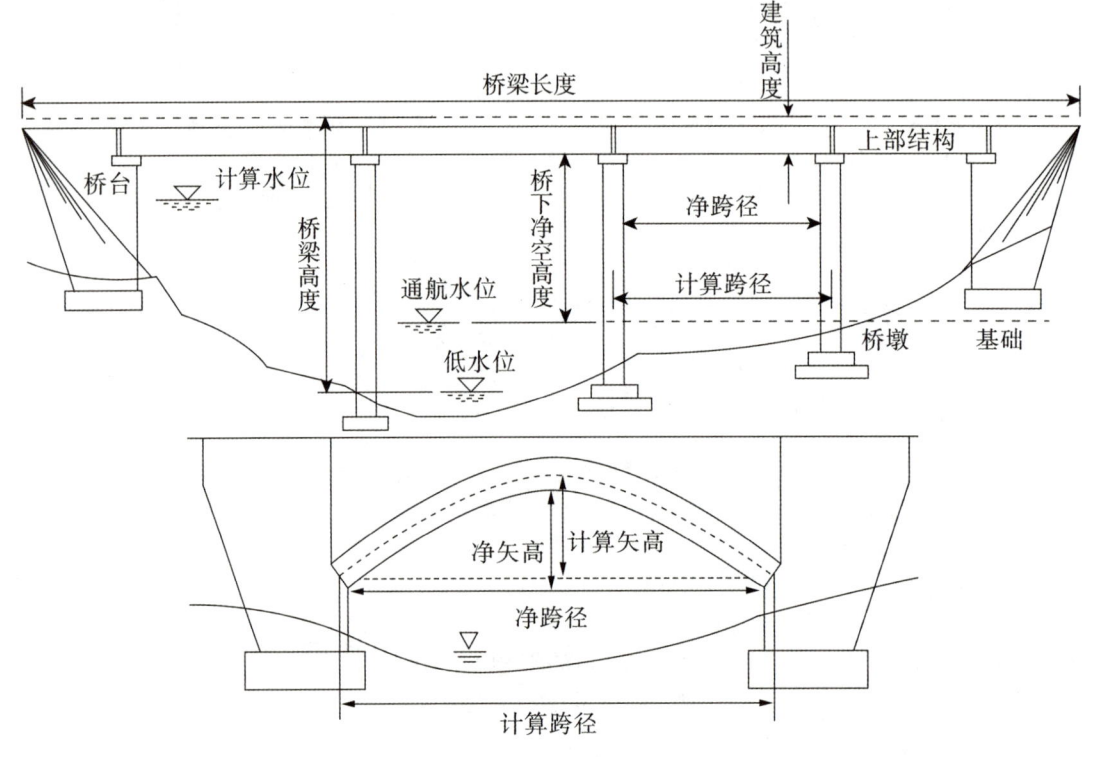

桥梁术语示意图

3. 桥梁的主要类型

(1)按照结构体系分类

分类	承重结构	特点
梁式桥	梁	①竖向荷载作用下无水平反力; ②与同跨径的其他结构体系相比,梁内产生的弯矩最大
拱式桥	拱券或拱肋	①竖向荷载作用下,桥墩或桥台承受水平推力; ②以受压为主
刚架桥	梁或板和立柱或竖墙整体结合形成的刚架结构	①梁主要受弯,柱脚处有水平反力; ②相同跨径和荷载作用下正弯矩小于梁式桥,建筑高度可降低
悬索桥	悬索	①自重轻,构造简单,受力明确; ②刚度差,车辆动荷载和风荷载作用下变形和振动较大
组合体系桥	—	①由几个不同体系的结构组合而成; ②常见的为连续刚构,梁、拱组合等,包括斜拉桥

梁式桥

拱式桥

刚架桥

悬索桥

组合体系桥

(2)其他分类方式

①桥梁按多孔跨径总长或单孔跨径长度,可分为特大桥、大桥、中桥、小桥。具体分类如下表所示。

桥梁分类	多孔跨径总长 $L(m)$	单孔跨径 $L_0(m)$
特大桥	$L > 1000$	$L_0 > 150$
大桥	$1000 \geqslant L \geqslant 100$	$150 \geqslant L_0 \geqslant 40$
中桥	$100 > L > 30$	$40 > L_0 \geqslant 20$
小桥	$30 \geqslant L \geqslant 8$	$20 > L_0 \geqslant 5$

②桥梁按用途可分为公路桥、铁路桥、公铁两用桥、农用桥、人行桥、运水桥(渡槽)及其他专用桥梁(如通过管路、电缆等)。

③桥梁按照主要承重结构的材料,可分为木桥、钢筋混凝土桥、预应力混凝土桥、圬工桥(包括砖石、混凝土桥)和钢桥。

④桥梁按跨越障碍的性质,可分为跨河桥、跨线桥(立体交叉)、高架桥和栈桥。

⑤桥梁按上部结构的行车道位置,可分为上承式桥、中承式桥和下承式桥。

上承式桥　　　　　　　中承式桥　　　　　　　下承式桥

◉ 精选真题

1.[2019年真题·单选] 人行桥是按(　　)进行分类的。
A. 用途　　　　B. 跨径　　　　C. 材料　　　　D. 人行道位置

[答案] A

[解析] 人行桥即允许行人通过的桥,是按用途划分的,另外还有公路桥、铁路桥、农用桥、运水桥(渡槽)及其他专用桥梁等。本题D选项是干扰项。故选A。

2.[2019年真题·案例节选]

背景资料

某公司承建一座城市快速路跨河桥梁……桥梁立面布置如图所示。

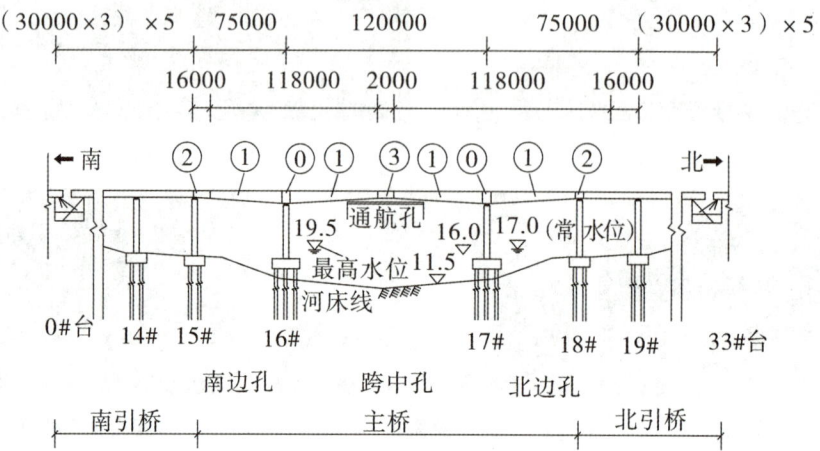

桥梁立面布置及主桥上部结构施工区段划分示意图（高程单位：m；尺寸单位：mm）

[问题]

列式计算该桥多孔跨径总长；根据计算结果指出该桥所属的桥梁分类。

[答案]

(1)该桥多孔跨径总长 = (30m×3)×5 + 75m + 120m + 75m + (30m×3)×5 = 1170m。

(2)该桥梁属于特大桥。

3.[2018年真题·案例节选]

背景资料

某公司承建一座城市桥梁工程……桥梁立面布置如下图所示。

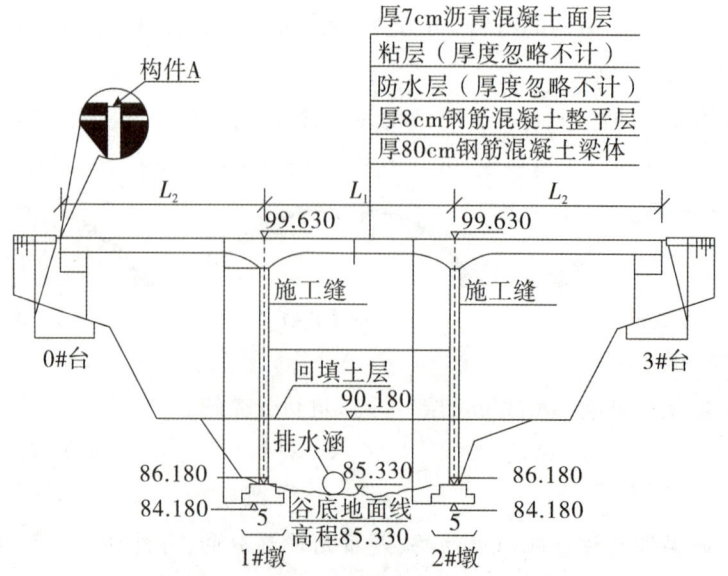

桥梁平面布局示意图（高程单位：m；尺寸单位：cm）

[问题]

1. 写出图中构件 A 的名称。

2. 根据上图判断,按桥梁结构特点,该桥梁属于哪种类型? 简述该类型桥梁的主要受力特点。

[答案]

1. 构件 A:伸缩装置(伸缩缝)。

2. 刚架桥:梁和柱的连接处具有很大的刚性,在竖向荷载作用下,梁部主要受弯,而在柱脚处也具有水平反力,其受力状态介于梁式桥和拱式桥之间。

[考点2] 模板、支架和拱架的设计、制作、安装与拆除

1. 模板、支架和拱架的设计与验算

(1)模板、支架和拱架应结构简单、制造与装拆方便,应具有足够的承载能力、刚度和稳定性。

(2)设计模板、支架和拱架时应按下表进行荷载组合。

模板构件名称	荷载组合	
	计算强度	验算刚度
梁、板、拱的底模及支承板、拱架、支架等	①②③④⑦⑧	①②⑦⑧
缘石、人行道、栏杆、柱、梁板、拱等侧模板	④⑤	⑤
基础、墩台等厚大结构物的侧模板	⑤⑥	⑤

注:表中代号意思如下:

①模板、拱架和支架自重;

②新浇筑混凝土、钢筋混凝土或圬工、砌体的自重力;

③施工人员及施工材料、机具等行走运输或堆放的荷载;

④振捣荷载;

⑤新浇筑混凝土对侧面模板的压力;

⑥倾倒混凝土的水平冲击荷载;

⑦水中支架承受的水流压力、波浪力、流冰压力、船只及漂浮物撞击力;

⑧其他可能产生的荷载:风雪、冬期施工保温设施荷载等。

(3)验算模板、支架和拱架的抗倾覆稳定时,各施工阶段的稳定系数≥13。

支架

拱架

(4)验算模板、支架和拱架的刚度时,其变形值不得超过下列规定。

①结构表面外露的模板挠度为模板构件跨度的1/400。

②结构表面隐蔽的模板挠度为模板构件跨度的1/250。

③拱架和支架受载后挠曲的杆件,其弹性挠度为相应结构跨度的1/400。

④钢模板的面板变形值为1.5mm。

⑤钢模板的钢棱、柱箍变形值为 $L/500$ 及 $B/500$（L:计算跨度；B:柱宽度）。

碗扣式钢管支架

盘扣式钢管支架

(5)模板、支架和拱架在设计中应设施工预拱度。施工预拱度应考虑下列因素：

①设计文件规定的结构预拱度。

②支架和拱架承受全部施工荷载引起的弹性变形。

③受载后由于杆件接头处的挤压和卸落设备压缩而产生的非弹性变形。

④支架、拱架基础受载后的沉降。

钢模板

门架式钢管支架

(6)支架的地基与基础设计应对地基承载力进行计算。

❖ 精选真题

1.[2021年真题·单选] 现浇混凝土箱梁支架设计时,计算强度及验算刚度均应使用的荷载是( )。

A. 混凝土箱梁的自重
B. 施工材料机具的荷载
C. 振捣混凝土时的荷载
D. 倾倒混凝土时的水平向冲击荷载

[答案] A

[解析] 计算强度及验算刚度均应使用的荷载是新浇筑混凝土、钢筋混凝土圬工、砌体的自重力。故选A。

2.[2018年真题·案例节选]

背景资料

……项目部编制的施工方案有如下内容：

(1)拱券采用碗扣式钢管满堂支架施工方案,并对拱架设置施工预拱度。

[问题]

施工方案(1)中,拱架施工预拱度的设置应考虑哪些因素？

[答案]

（1）设计文件规定的结构预拱度；

（2）拱架承受全部施工荷载引起的弹性变形；

（3）受载后由于杆件接头处的挤压和卸落设备压缩而产生的非弹性变形；

（4）拱架基础受载后的沉降。

2. 模板、支架和拱架的制作与安装

（1）支架和拱架搭设之前，预压地基合格并形成记录。

（2）支架立柱必须落在有足够承载力的地基上，立柱底端必须放置垫板或混凝土垫块。支架地基严禁被水浸泡，冬期施工必须采取**防止冻胀**的措施。

（3）支架通行孔的两边应加护桩，夜间应设警示灯。施工中易受漂流物冲撞的河中支架应设牢固的**防护设施**。

整体钢模板　　　　　　　　　　　支架通行孔的防护

（4）施工脚手架、便桥须设立独立的支撑体系，不得与支架或拱架共用同一支撑结构。

（5）安设支架、拱架过程中，**应随安装随架设临时支撑**。采用多层支架时，支架的横垫板应水平，立柱应铅直，上下层立柱应在同一中心线上。

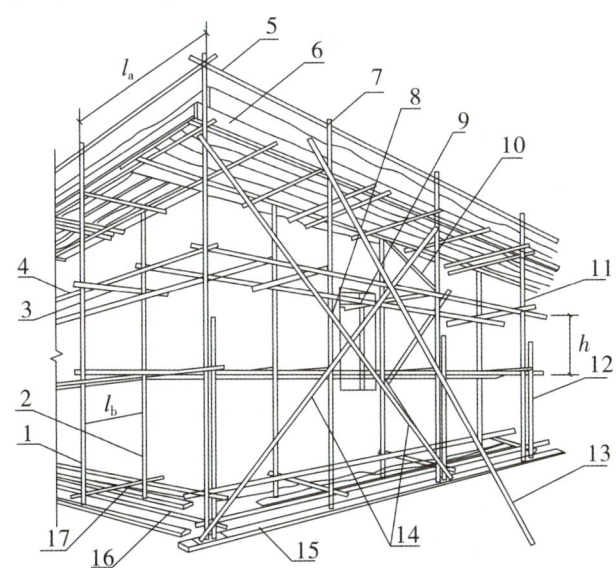

1—外立杆；2—内立杆；3—横向水平杆；4—纵向水平杆；5—栏杆；6—挡脚板；7—直角扣件；8—旋转扣件；9—连墙杆；10—横向斜撑；11—主立杆；12—副立杆；13—抛撑；14—剪刀撑；15—垫板；16—纵向扫地杆；17—横向扫地杆

(6)支架、拱架安装完毕,经检验合格后方可安装模板。安装模板应与钢筋工序配合进行,妨碍绑扎钢筋的模板,应待钢筋工序结束再安装。安装墩台模板时,其底部应与基础预埋件连接牢固,上部应采用拉杆固定。模板在安装过程中必须设置防倾覆装置。

充气胶囊　　　　　　　　预压支架

(7)当采用充气胶囊做空心构件芯模时,模板安装应符合下列规定:

①胶囊在使用前应经检查确认**无漏气**。

②从浇筑混凝土到胶囊放气止,应保持**气压稳定**。

③使用胶囊内模时,应采用定位箍筋与模板连接固定,**防止上浮和偏移**。

④胶囊放气时间应经试验确定,**以混凝土强度达到能保持构件不变形为度**。

(8)浇筑混凝土和砌筑前,应对模板、支架和拱架进行**检查和验收**,合格后方可施工。

精选真题

1. [2018年真题·多选] 采用充气胶囊做空心构件芯模时,下列说法正确的有( )。

A. 胶囊使用前应经检查确认无漏气

B. 从浇筑混凝土到胶囊放气止,应保持气压稳定

C. 使用胶囊内模时不应固定其位置

D. 胶囊放气时间应经试验确定

E. 胶囊放气时间以混凝土强度达到保持构件不变形为度

[答案] ABDE

[解析] 本题考核的知识点比较偏,不过按常识可以选出来。选项C明显不正确,使用充气胶囊做内模时,充气后胶囊比较轻,在钢筋骨架内很容易晃动,如果不进行固定,浇筑混凝土时就容易跑模,造成空心板梁的混凝土尺寸不合格,或者混凝土浇筑不到位,发生露筋、蜂窝等现象。故选ABDE。

2. [2018年真题·案例节选]

背景资料

项目部编制的施工方案有如下内容……

上部结构采用碗扣式钢管满堂支架施工方案。根据现场地形特点及施工便道布置情况,采用杂土对沟谷一次性进行回填,回填后经整平碾压,场地高程为90.180m,并在其上进行支架搭设施工,支架立柱放置于20cm×20cm棱木上。支架搭设完成后采用土袋进行堆载预压。

支架搭设完成后,项目部立即按施工方案要求的预压荷载对支架采用土袋进行堆载预压,其间遇较长时间大雨,场地积水。项目部对支架预压情况进行连续监测,数据显示各点的沉降

量均超过规范规定,导致预压失败。此后,项目部采用相应整改措施,并严格按规范规定重新开展支架施工与预压工作。

[问题]

试分析项目部支架预压失败的可能原因。

[答案]

(1)场地回填杂填土,未按要求进行分层填筑、碾压密实,导致基础(地基)承载力不足。

(2)场地未设置排水沟等排水、隔水措施,场地积水,导致基础(地基)承载力下降。

(3)未按规范要求进行支架基础预压。

(4)受雨天影响,预压土袋吸水增重(或预压荷载超重)。

3. 模板、支架和拱架的拆除

(1)拆除顺序

模板、支架和拱架拆除应遵循**先支后拆**、**后支先拆**的原则。

(2)拆除时间

①非承重侧模应在混凝土强度能保证结构棱角不损坏时方可拆除,混凝土强度宜为2.5MPa及以上。

②芯模和预留孔道内模应在混凝土抗压强度能保证结构表面不发生塌陷和裂缝时,方可拔出。

③预应力混凝土结构的侧模应在张拉前拆除;底模应在结构建立预应力后拆除。

(3)承重模板的拆模时间

构件类型	构件跨度 L(m)	达到设计的混凝土立方体抗压强度标准值的百分率(%)
板	≤2	≥50
	2<L≤8	≥75
	>8	≥100
梁、拱、壳	≤8	≥75
	>8	≥100
悬臂构件	—	≥100

[考点 3] 钢筋施工技术

1. 一般规定

(1)钢筋应按不同钢种、等级、牌号、规格及生产厂家分批验收,确认合格后方可使用。

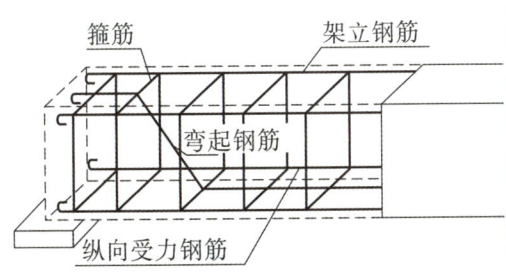

梁钢筋骨架　　　　　　板钢筋骨架

（2）当钢筋需要代换时，应由原设计单位做变更设计。

（3）预制构件的吊环必须采用未经冷拉的热轧光圆钢筋制作，不得以其他钢筋替代，且拉力≤65MPa。

（4）在浇筑混凝土之前应对钢筋进行隐蔽工程验收，确认符合设计要求。

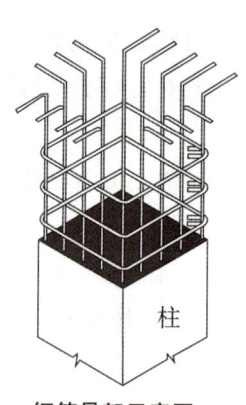

钢筋骨架示意图

◈ 精选真题

[2019年真题·单选] 下列分项工程中，应进行隐蔽验收的是（　　）工程。

A. 支架搭设　　　　　　　B. 基坑降水
C. 基础钢筋　　　　　　　D. 基础模板

[答案] C

[解析] 在浇筑混凝土之前应对钢筋进行隐蔽工程验收，确认符合设计要求并形成记录。本题中选项AD都是施工中的辅助措施，相应部分施工完毕是需要拆除的；而选项B只作为施工辅助措施，与隐蔽工程没有关系。故选C。

2. 钢筋加工

（1）钢筋弯制前宜优先选用机械方法调直。

（2）钢筋下料后应按种类和使用部位分别**挂牌标明**。宜采用数控化机械设备在专用厂房中集中下料、加工；加工后的钢筋，表面不应有削弱钢筋截面的伤痕。

（3）箍筋弯钩的弯曲直径应大于被箍主钢筋的直径，且HPB300不得小于箍筋直径的2.5倍，HRB400不得小于箍筋直径的5倍；弯钩平直部分的长度，一般结构不宜小于箍筋直径的5倍，抗震结构不得小于箍筋直径的10倍。

（4）钢筋宜在常温状态下弯制，不宜加热。宜从中部开始逐步向两端弯制，弯钩应一次弯成。

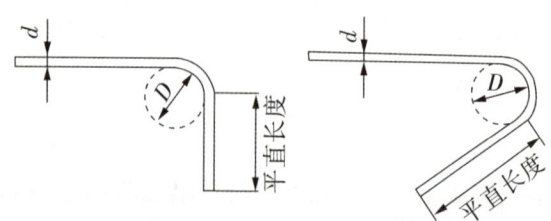

◈ 精选真题

[2016年真题·多选] 关于钢筋加工的说法，正确的有（　　）。

A. 钢筋弯制前应将钢筋制作成弧形
B. 受力钢筋的末端弯钩应符合设计和规范要求
C. 箍筋末端弯钩平直部分的长度，可根据钢筋材料的长度确定
D. 钢筋应在加热的情况下弯制
E. 钢筋弯钩应一次弯制成型

[答案] BE

[解析] 选项 A 错误,钢筋弯制前应调直。选项 C 错误,箍筋末端弯钩形式应符合设计要求或规范规定,箍筋末端弯钩平直部分的长度,一般结构不宜小于箍筋直径的 5 倍,有抗震要求的结构不得小于箍筋直径的 10 倍。选项 D 错误,钢筋宜在常温状态下弯制,不宜加热。故选 BE。

3. 钢筋连接

(1) 热轧钢筋接头

①钢筋接头宜采用**焊接接头**或**机械连接接头**。

焊接接头

机械接头

②焊接接头应优先选择闪光对焊。

③当普通混凝土中钢筋直径≤22mm 时,在无焊接条件时,可采用绑扎连接,但受拉构件中的主钢筋不得采用绑扎连接。

④钢筋骨架和钢筋网片的交叉点焊接宜采用**电阻点焊**。

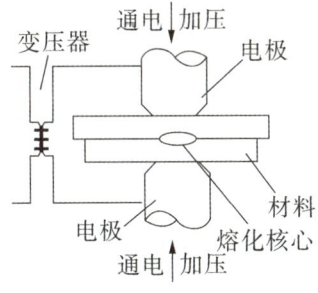
电阻点焊示意图

绑扎连接

⑤钢筋与钢板的 T 形连接,宜采用**埋弧压力焊**或**电弧焊**。

埋弧压力焊

电弧焊

(2) 钢筋接头设置

①在同一根钢筋上宜少设接头。

②钢筋接头应设在受力较小区段,不宜位于构件的最大弯矩处。

③在任一焊接或绑扎接头长度区段内,同一根钢筋不得有两个接头。

④接头末端至钢筋弯起点的距离不得小于钢筋直径的 10 倍。

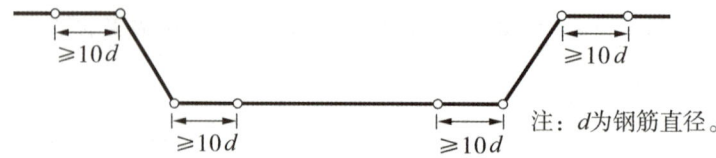

注:d为钢筋直径。

⑤施工中钢筋受力分不清受拉、受压的,**按受拉处理**。

⑥钢筋接头部位横向净距≥钢筋直径,且≥25mm。

⑦钢筋机械连接接头在混凝土结构中要求充分发挥钢筋强度或对延性要求高的部位应选用Ⅱ级或Ⅰ级接头;当在**同一连接区段内钢筋接头面积百分率为 100％时,应选用Ⅰ级接头**。

🌐 精选真题

[2018 年真题·单选] 钢筋工程施工中,当钢筋受力不明确时应按( )处理。

A. 受拉 B. 受压 C. 受剪 D. 受扭

[答案] A

[解析] 钢筋的抗拉强度试验是进场前必须做的很重要的力学试验之一,对受力不明确的钢筋按受拉处理,是从最不利情况出发,增加了保险系数。故选 A。

4. 钢筋骨架和钢筋网的组成与安装

(1)现场绑扎钢筋

①钢筋的交叉点应采用绑丝绑牢,必要时可**辅以点焊**。

②钢筋网的外围两行钢筋交叉点应全部扎牢,中间部分可间隔交错扎牢。双向受力的钢筋网,交叉点必须全部扎牢。

③钢筋骨架的多层钢筋之间,应用**短钢筋支垫**,确保位置准确。

(2)钢筋的混凝土保护层厚度

①普通钢筋和预应力直线形钢筋的最小混凝土保护层厚度不得小于钢筋公称直径。后张法构件预应力直线形钢筋不得小于其管道直径的 1/2。

②当受拉区主筋的混凝土保护层厚度＞50mm 时,应在保护层内设置直径不小于 6mm、**间距不大于 100mm** 的钢筋网。

③钢筋机械连接件的最小保护层厚度不得小于 20mm。

④钢筋与模板之间设置垫块,确保钢筋的保护层厚度,垫块与钢筋绑扎牢固、错开布置。

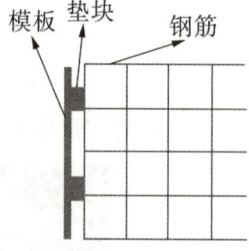

🌐 精选真题

[2020 年真题·单选] 现场绑扎钢筋时,不需要全部用绑丝绑扎的交叉点是( )。

A. 受力钢筋的交叉点

B. 单向受力钢筋网片外围两行钢筋交叉点

C. 单向受力钢筋网片中间部分交叉点

D. 双向受力钢筋的交叉点

[答案] C

[解析] 钢筋网的外围两行钢筋交叉点应全部扎牢，中间部分交叉点可间隔交错扎牢；双向受力的钢筋是指横向和纵向钢筋都是受力筋，为了保证受力钢筋不位移，绑扎时横向和纵向钢筋的每个交叉点就必须全部扎牢。故选 C。

[考点 4] 混凝土施工技术

1. 混凝土的抗压强度

在进行混凝土强度试配和质量评定时，混凝土的抗压强度应以边长 150mm 的立方体标准试件测定。

2. 混凝土原材料

(1) 混凝土原材料

混凝土原材料包括**水泥、粗细集料、矿物掺和料、外加剂和水**。

(2) 矿物掺和料

配制高强混凝土的矿物掺和料可选用优质粉煤灰、磨细矿渣粉、硅粉和磨细天然沸石粉。

(3) 外加剂

常用外加剂有**减水剂、早强剂、缓凝剂、引气剂、防冻剂、膨胀剂、防水剂、混凝土泵送剂、喷射混凝土用的速凝剂**等。

3. 混凝土施工

(1) 混凝土计量

各种计量器具应按计量法的规定定期检定，保持计量准确。对集料含水量的检测，每一工作班不应少于一次。雨期施工应增加测定次数，根据集料实际含水量调整砂石料和水的用量。

(2) 混凝土的搅拌

混凝土拌和物应均匀，颜色一致，不得有离析和泌水现象。坍落度应在搅拌地点和浇筑地点分别随机取样检测，每一工作班或每一单元结构物不应少于 2 次，评定以浇筑地点的测值为准。如混凝土拌和物从搅拌机出料起至浇筑入模的时间不超过 15min，其坍落度可仅在搅拌地点检测。

(3) 混凝土的运输

①混凝土的运输能力应满足混凝土凝结速度和浇筑速度的要求，使浇筑工作不间断。

②运送混凝土拌和物的容器或管道应不漏浆、不吸水，内壁光滑平整，能保证卸料及输送畅通。**严禁在运输过程中向混凝土拌和物中加水。**

③混凝土拌和物在运输过程中，应保持均匀性，不产生分层、离析等现象，如出现分层、离析现象，则应对混凝土拌和物进行二次快速搅拌。

④预拌混凝土从搅拌机卸入搅拌运输车至卸料时的运输时间不宜大于 90min，如需延长运

送时间,则应采取相应的有效技术措施,并应通过试验验证。

混凝土运输

混凝土泵车

(4)混凝土的浇筑

①混凝土浇筑前的检查

浇筑混凝土前,应检查模板、支架的承载力、刚度、稳定性,检查钢筋及预埋件的位置、规格。在浇筑新混凝土时,相接面应凿毛,并清洗干净,表面湿润但不得有积水。

②混凝土浇筑施工

混凝土一次浇筑量要适应各施工环节的实际能力,以保证混凝土的连续浇筑。对于大方量混凝土浇筑,应事先制定浇筑方案。

混凝土运输、浇筑及间歇的全部时间不应超过混凝土的初凝时间。同一施工段的混凝土应连续浇筑,并应在底层混凝土初凝之前将上一层混凝土浇筑完毕。采用振捣器振捣混凝土时,以混凝土表面呈现浮浆、不出现气泡和不再沉落为准。

混凝土浇筑

混凝土振捣

(5)混凝土的养护

洒水养护的时间:采用硅酸盐、普通硅酸盐或矿渣硅酸盐水泥的混凝土,不少于 **7 天**;掺用缓凝剂或有抗渗等要求以及高强度混凝土,不少于 **14 天**。气温低于5℃时,应采取保温措施,不得洒水养护混凝土。

保温覆盖

洒水养护

🌐 精选真题

[2021年真题·多选] 配制高强度混凝土时,可选用的矿物掺和料有( )。

A. 优质粉煤灰　　　　　　　　B. 磨圆的砾石
C. 磨细的矿渣粉　　　　　　　D. 硅粉
E. 膨润土

[答案] ACD

[解析] 配制高强度混凝土的矿物掺和料可选用优质粉煤灰、磨细矿渣粉、硅粉和磨细天然沸石粉。故选 ACD。

[考点5] 预应力筋及管道施工技术

1. 预应力筋

(1)钢丝、钢绞线及精轧螺纹钢筋进场验收要求如下表所示。

类型	分批数量	外观检查	力学检查	
钢丝、钢绞线	≤60t	逐盘检查外形、尺寸、表面质量	合格品中取3盘进行力学性能试验和其他试验	不合格品,双倍试样复验;仍有不合格品,逐盘检验
精轧螺纹钢筋	≤60t	逐根进行外观检查	合格品中取2根进行拉伸试验	不合格品,双倍试样复验;仍有不合格品,该批不合格

　　钢丝　　　　　　　　钢绞线　　　　　　　精轧螺纹钢筋

(2)预应力筋必须保持清洁。长期存放,必须安排定期外观检查。

(3)存放的仓库应干燥、防潮、通风良好、无腐蚀气体和介质。存放在室外时不得直接堆放在地面上,必须垫高、覆盖、防腐蚀、防雨露,时间不宜超过6个月。

(4)预应力筋的制作:

①下料长度计算确定,考虑孔道(台座)长度、锚(夹)具长度、千斤顶长度、墩头预留量、冷拉伸长值、弹性回缩值、张拉伸长值和外露长度等因素。

②预应力筋宜使用砂轮锯或切断机切断,不得采用电弧切割。

2. 管道与孔道

(1)在桥梁的某些特殊部位,设计无要求时,可采用符合要求的平滑钢管或高密度聚乙烯管,其管壁厚不得小于2mm。

(2)管道的内横截面面积至少应是预应力筋净截面面积的2.0倍。不足这一面积时,应通过试验验证其可否进行正常压浆作业。超长钢束的管道也应通过试验确定其面积比。

(3)管道按批进行检验。

管道类型	批次	检验批数量
金属螺旋管	同一生产厂家、同一批钢带	累计半年或50000m为一批
塑料管	同配方、同工艺、同设备连续生产	不超过10000m为一批

3. 锚具、夹具和连接器

(1)基本要求

预应力筋用锚具、夹具、连接器和锚垫板表面应无污物、锈蚀、机械损伤和裂纹。后张预应力锚具分为夹片式(单孔、多孔)、支承式(墩头锚、螺母锚)、握裹式(挤压锚、压花锚)、组合式(热铸锚、冷铸锚)。适用于高强度预应力筋的锚具(或连接器),可低用,反之不行。

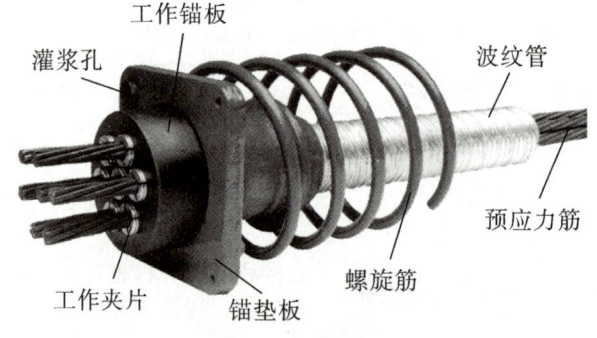

多孔夹片式锚具

(2)验收规定

①锚具、夹具及连接器进场验收时,应进行外观检查、硬度检验和静载锚固性能试验。

②锚具、夹片应以不超过1000套为一个验收批。连接器的每个验收批不宜超过500套。

锚具、夹具及连接器检查

检查内容	检验频率	检验方法
外观检查	抽取10%且不少于10套	存在不合格品,取双倍复检; 仍有不合格品,逐套检查,合格者方可使用
硬度检验	锚具抽取5%且不少于5套; 夹片每套至少抽5片,每个零件测试3点	存在不合格品,取双倍复检; 仍有不合格品,逐个检查,合格者方可使用
静载锚固性能试验	抽取6套组成3个组装件(大桥、特大桥质量证明资料不全/不正确/有疑点)	存在不合格品,取双倍复检,仍有不合格品,则该批不合格; 中小桥梁可由锚具生产厂提供试验报告

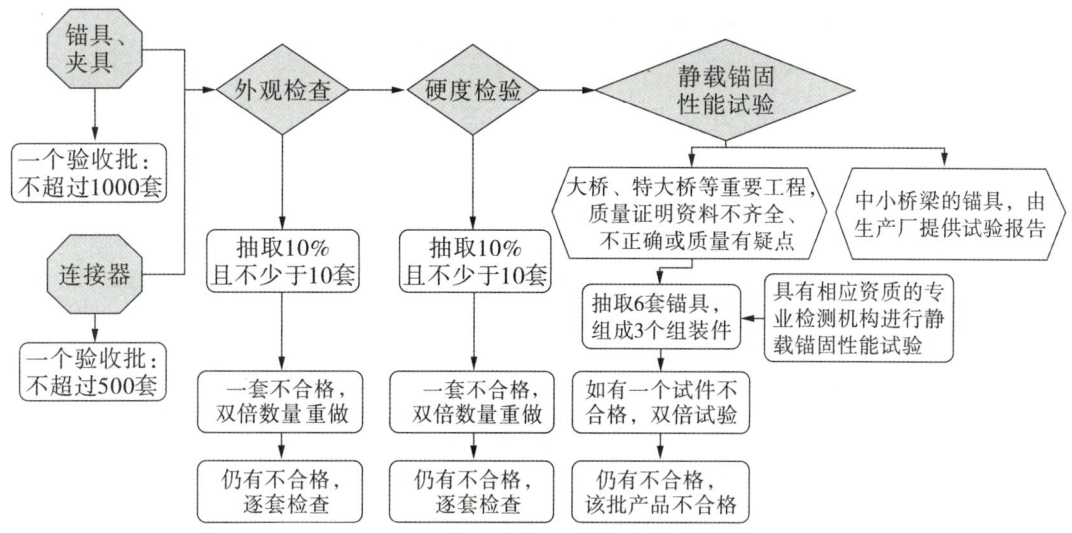

锚具、夹具及连接器进场验收流程图

4. 预应力混凝土配制与浇筑

（1）配制

①预应力混凝土应优先采用硅酸盐水泥、普通硅酸盐水泥，不宜使用矿渣硅酸盐水泥，不得使用火山灰质硅酸盐水泥及粉煤灰硅酸盐水泥。

②混凝土中严禁使用含氯化物的外加剂及引气剂或引气型减水剂。

③从各种材料引入混凝土中的氯离子最大含量不宜超过水泥用量的 0.06%。超过 0.06% 时，宜采取**掺加阻锈剂、增加保护层厚度、提高混凝土密实度**等防锈措施。

（2）浇筑

浇筑混凝土时，对预应力筋锚固区及钢筋密集部位，应加强振捣。对先张构件应避免振动器碰撞预应力筋，对后张构件应避免振动器碰撞预应力筋的管道。

◈ 精选真题

[2016年真题·单选] 预应力混凝土应优先采用（　　）水泥。

A. 火山灰质硅酸盐　　　　　　　B. 硅酸盐

C. 矿渣硅酸盐　　　　　　　　　D. 粉煤灰硅酸盐

[答案] B

[解析] 预应力混凝土应优先采用硅酸盐水泥、普通硅酸盐水泥，不宜使用矿渣硅酸盐水泥，不得使用火山灰质硅酸盐水泥及粉煤灰硅酸盐水泥。故选 B。

考点 6　预应力张拉施工

1. 基本规定

预应力筋采用应力控制方法张拉时，应以伸长值进行校核。设计无要求时，实际伸长值与理论伸长值之差应控制在 6% 以内。预应力张拉时，应先调整到初应力（G_0），该初应力（σ_{com}）宜为张拉控制应力的 10%~15%，伸长值应从初应力时开始量测。

2. 先张法（先张拉后浇筑）预应力施工

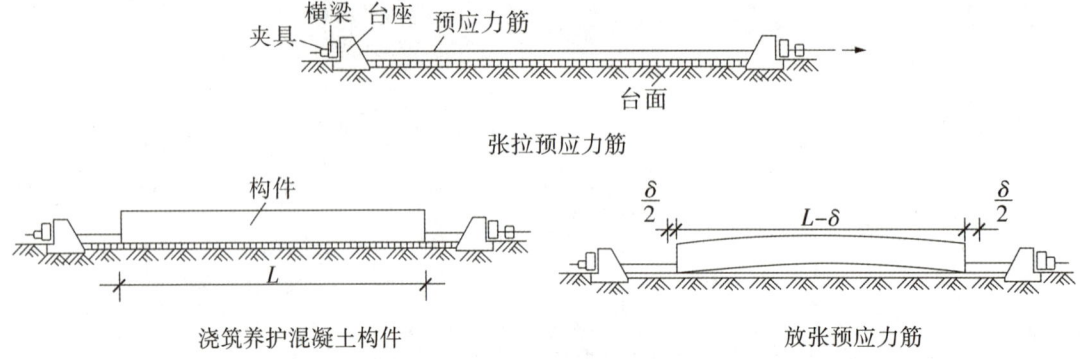

先张法施工示意图

（1）张拉台座应具有足够的强度和刚度，其抗倾覆安全系数不得小于1.5，抗滑移安全系数不得小于1.3。张拉横梁受力后的最大挠度不得大于2mm。锚板受力中心应与预应力筋合力中心一致。

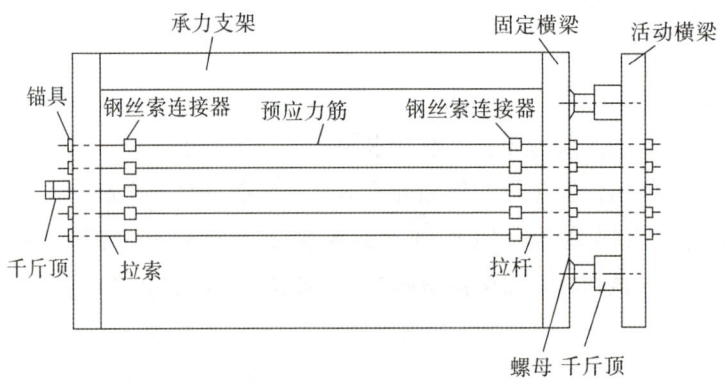

先张法张拉台座布置图

（2）张拉钢筋时，为保证施工安全，应在超张拉放张至$0.9\sigma_{com}$时安装模板、普通钢筋及预埋件等。

（3）同时张拉多根预应力筋时，各根预应力筋的初始应力应一致。张拉过程中应使活动横梁与固定横梁始终保持平行。

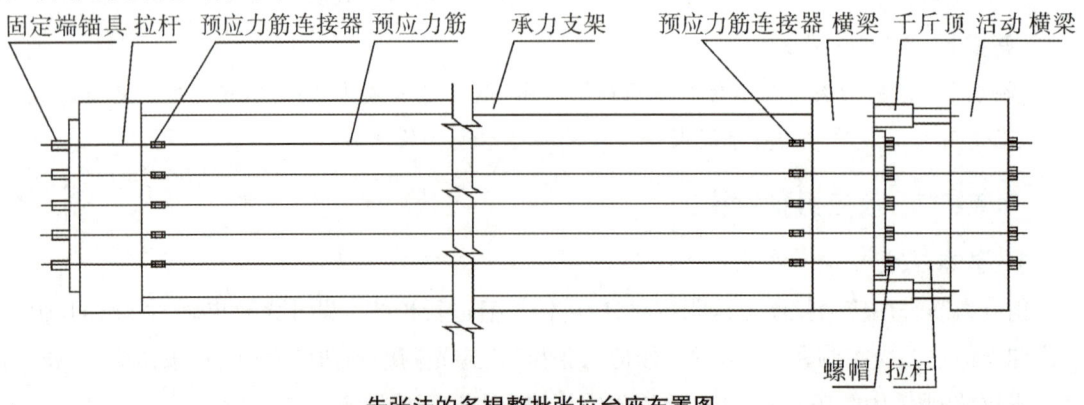

先张法的多根整批张拉台座布置图

（4）张拉过程中，预应力筋的断丝、断筋数量不得超过下表规定。

预应力筋种类	项目	控制值
钢筋	断筋	不允许
钢丝、钢绞线	同一构件内断丝数不得超过总数的	1%

（5）设计无要求时，放张时混凝土强度不得低于设计强度等级值的75%。应分阶段、对称、交错地放张。放张前，应将限制位移的模板拆除。

3. 后张法（先浇筑后张拉）预应力施工

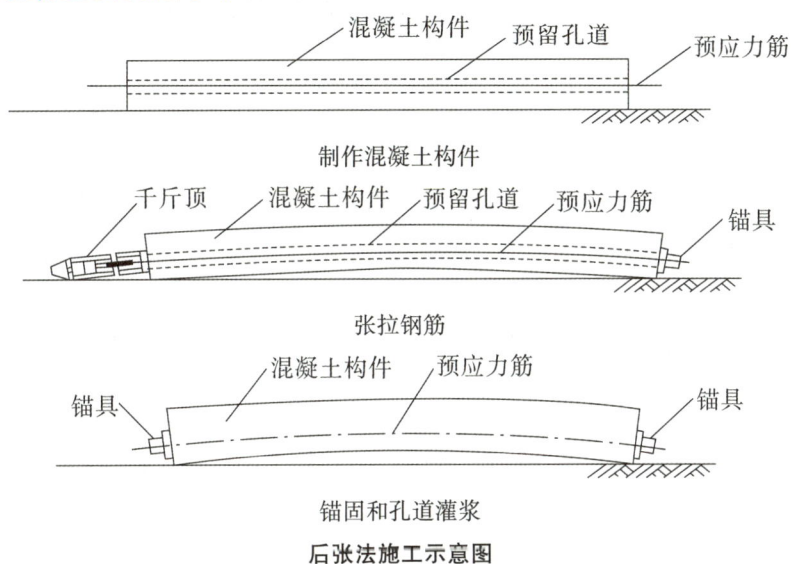

后张法施工示意图

（1）预应力管道安装要求

①管道应采用**定位钢筋**牢固地定位于设计位置。（防止浇混凝土时对管道的扰动）

②金属管道接头应采用**套管连接**，连接套管宜采用大一个直径型号的同类管道，且应与金属管道封裹严密。

③管道应留压浆孔与溢浆孔；曲线孔道的波峰部位应留**排气孔**；在**最低部位**宜留排水孔。

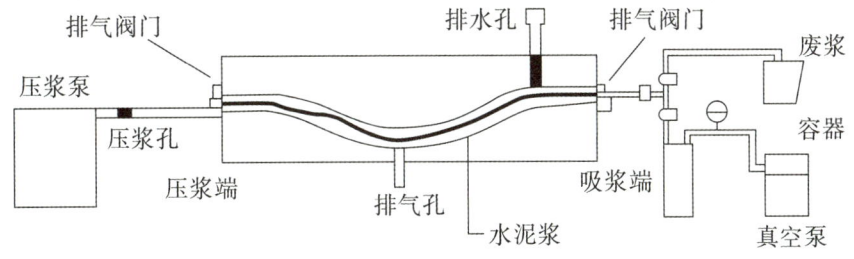

管道压浆示意图

④管道安装就位后应立即通孔检查，发现堵塞应及时疏通。管道经检查合格后应及时将其端面封堵，防止杂物进入。

（2）预应力筋张拉要求

①设计无要求时，混凝土强度≥设计强度的75%且拆除限制位移的模板后，方可张拉。

②曲线或长度≥25m 的直线,两端张拉;小于 25m 直线,一端张拉。当同一截面中有多束一端张拉的预应力筋时,张拉端宜均匀交错地设置在结构的两端。

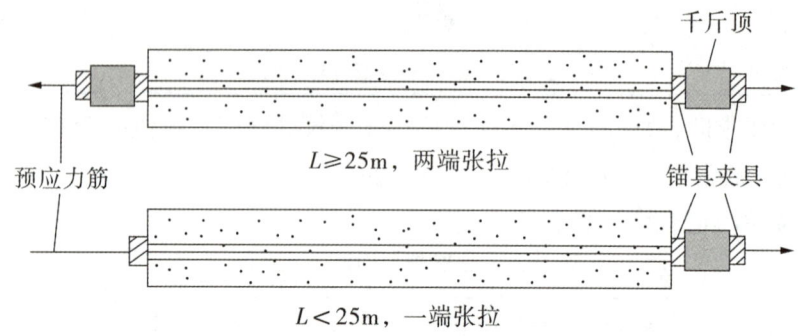

预应力筋张拉端设置示意图

③预应力筋的张拉顺序应符合设计要求。当设计无要求时,可采取分批、分阶段对称张拉。宜先中间,后上、下或两侧。

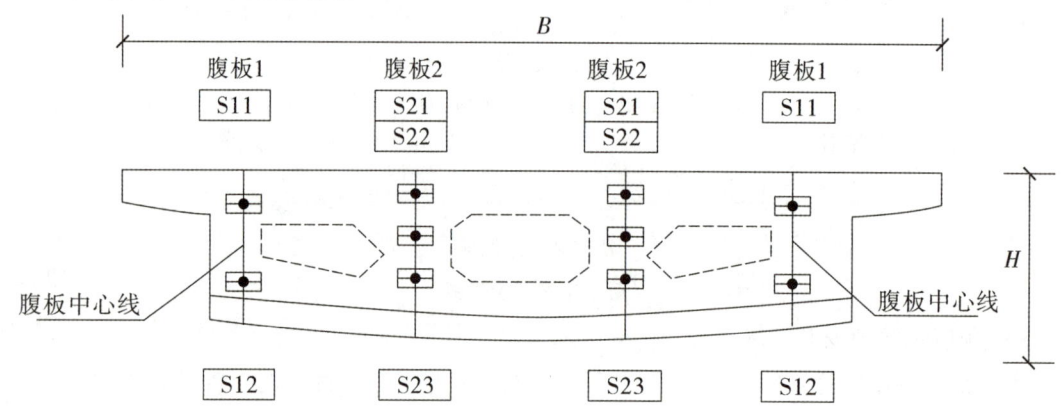

④张拉过程中预应力筋断丝、滑丝、断筋数量要求如下表所示。

后张法预应力筋断丝、滑丝、断筋控制值

预应力筋种类	项目	控制值
钢丝束、钢绞线束	每束钢丝断丝、滑丝	1 根
	每束钢绞线断丝、滑丝	1 丝
	每个断面断丝之和不超过该断面钢丝总数的	1%
钢筋	断筋	不允许

4. 孔道压浆

(1)预应力筋张拉后,应及时进行孔道压浆,多跨连续有连接器的预应力筋孔道,应张拉完一段灌注一段。孔道压浆宜采用水泥浆(设计无要求时,水泥浆强度≥30MPa)。

(2)压浆作业,每一工作班应留取不少于 3 组试块,标养 28 天,以其抗压强度作为水泥浆质量的评定依据。

(3)压浆过程中及压浆后48h内,结构混凝土的温度不得低于5℃,否则应采取保温措施。当白天气温高于35℃时,压浆宜在夜间进行。

(4)埋设在结构内的锚具,压浆后应及时浇筑封锚混凝土。封锚混凝土的强度不宜低于结构混凝土强度等级的80%,且不低于30MPa。

(5)孔道内的水泥浆强度达到设计要求后方可吊移预制构件;设计未要求时,应不低于水泥浆设计强度的75%。

◉ 精选真题

1.[2022年真题·单选] 先张法同时张拉多根预应力筋时,各根预应力筋的(　　)应一致。

A. 长度　　　　　　　　　　B. 高度位置

C. 初始伸长量　　　　　　　D. 初始应力

[答案] D

[解析] 同时张拉多根预应力筋时,各根预应力筋的初始应力应一致。张拉过程中应使活动横梁与固定横梁始终保持平行。故选D。

2.[2017年真题·案例节选]

背景资料

某公司承建一座城市桥梁工程,双向四车道,桥跨布置为4联×(5×20m),上部结构为预应力混凝土空心板,横断面布置空心板共24片,桥墩构造横断面如图1所示。空心板中板的预应力钢绞线设计有N1、N2两种型式,均由同规格的单根钢绞线索组成,空心板中板构造及钢绞线索布置如图2所示。

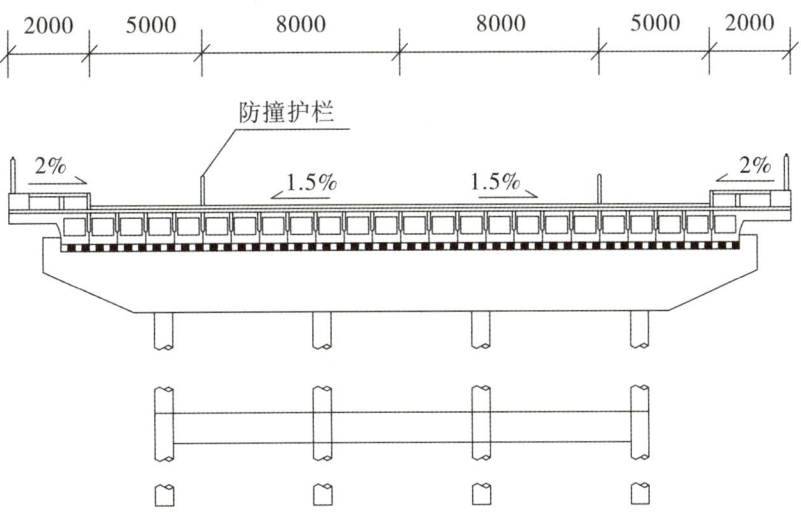

图1　桥墩构造横断面示意图(尺寸单位:mm)

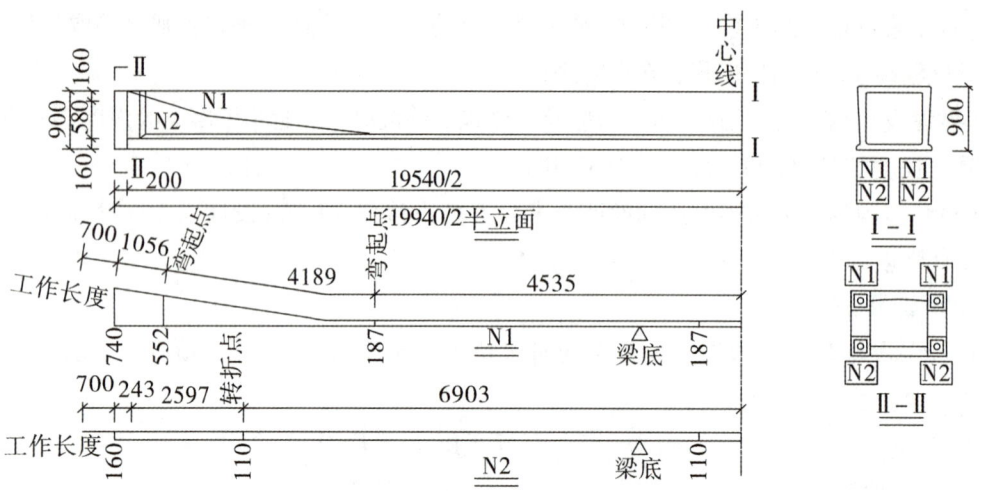

图 2　空心板中板构造及钢绞线索布置半立面示意图(尺寸单位:mm)

项目部编制的空心板专项施工方案有如下内容:

(1)钢绞线采购进场时,材料员对钢绞线的包装、标志等资料进行查验,合格后入库存放。随后,项目部组织开展钢绞线见证取样送检工作,检测项目包括表面质量等。

(2)计算全桥空心板预应力钢绞线用量。

(3)空心板预制侧模和芯模均采用定型钢模板。混凝土浇筑完成后及时组织对侧模及芯模进行拆除,以便最大程度地满足空心板预制进度。

(4)空心板浇筑混凝土施工时,项目部对混凝土拌和物进行质量控制,分别在混凝土拌和站和预制厂浇筑地点随机取样检测混凝土拌和物的坍落度,其值分别为 A 和 B,并对坍落度测值进行评定。

[问题]

1. 结合图 2,分别指出空心板预应力体系属于先张法和后张法、有黏结和无黏结预应力体系中的哪种体系?

2. 指出钢绞线存放的仓库需具备的条件。

3. 补充施工方案(1)中钢绞线入库时材料员还需查验的资料;写出钢绞线见证取样还需检测的项目。

4. 列式计算全桥空心板中板的钢绞线用量。(单位为 m,计算结果保留 3 位小数)

[答案]

1.(1)后张法。

(2)有黏结预应力体系。

2. 存放的仓库应干燥、防潮、通风良好、无腐蚀气体和介质。

3. 还需查验的资料:质量证明文件、规格。见证取样还需检测的项目:外形、尺寸、力学性能试验。

4. N1 长度:$2×(4535+4189+1056+700)=20960(mm)$。N2 长度:$2×(6903+2597+$

243+700)=20886(mm)。一片空心板需要钢线长度:2×(20.96+20.886)=83.692(m)。全桥空心板中板数量:22×4×5=440(片)。全桥空心板中板的钢绞线用量:440×83.692=36824.480(m)。

3. [2017年真题·案例节选]

背景资料

某公司承建一座城市桥梁工程。该桥上部结构为16×20m预应力混凝土空心板,每跨布置空心板30片。

进场后,项目部编制了实施性总体施工组织设计,内容包括:

(1)根据现场条件和设计图纸要求,建设空心板预制场。预制台座采用槽式长线台座,横向连续设置8条预制台座,每条台座1次可预制空心板4片,预制台座构造如图1所示。

(2)将空心板的预制工作分解成:①清理模板、台座;②涂刷隔离剂;③钢筋、钢绞线安装;④切除多余钢绞线;⑤隔离套管封堵;⑥整体放张;⑦整体张拉;⑧拆除模板;⑨安装模板;⑩浇筑混凝土;⑪养护;⑫吊运存放等12道施工工序。同时确定了施工工艺流程,如图2所示。

(注:①~⑫为各道施工工序代号)

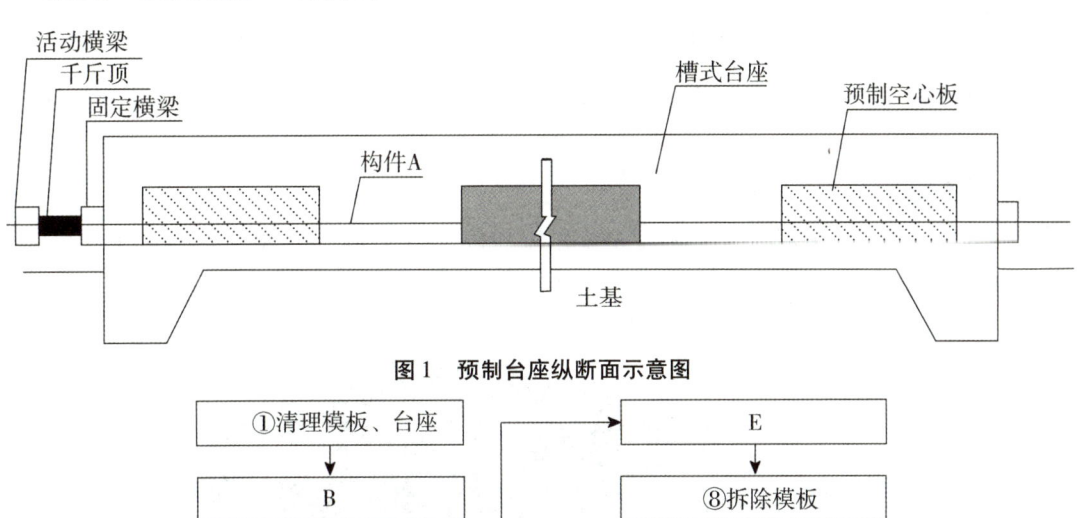

图1 预制台座纵断面示意图

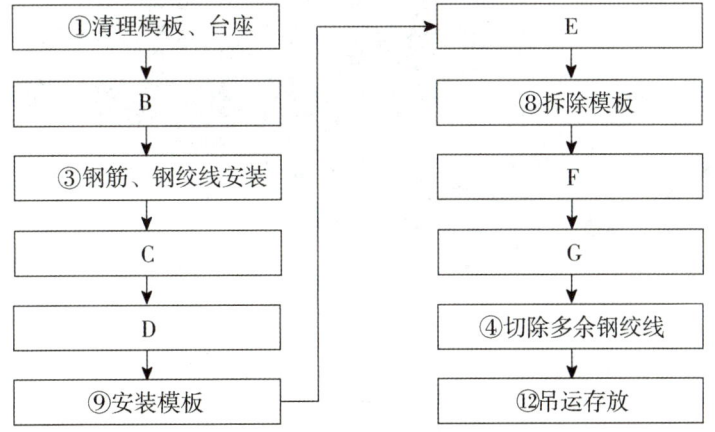

图2 空心板预制施工工艺流程框图

[问题]

1. 根据图1预制台座的结构型式,指出该空心板的预应力体系属于哪种型式?写出构件

A 的名称。

2. 写出图 2 中空心板施工工艺流程框图中施工工序 B、C、D、E、F、G 的名称。(选用背景资料给出的施工工序①~⑫的代号或名称作答)

[答案]

1. 先张法;A 为钢绞线。

2. B:②。C:⑦。D:⑤。E:⑩。F:⑪。G:⑥。

[考点 7] 桥面防水系统施工技术

1. 基层要求

基层混凝土强度达到 80% 以上,才能继续开展防水施工项目。对防水材料的要求如下表所示。

防水材料	粗糙度	基层平整度
防水卷材	基层混凝土表面的粗糙度应为 1.5~2.0mm	≤1.67mm/m
防水涂料	(1)基层混凝土表面的粗糙度应为 0.5~1.0mm; (2)局部粗糙度过大时,在环氧树脂上撒 0.2~0.7mm 石英砂进行处理	

基层混凝土表面粗糙度处理宜采用抛丸打磨,表面的浮灰应清除干净,并不应有杂物、油类物质、有机质等。

2. 基层处理

(1)基层处理剂可采用喷涂法或刷涂法施工,应确保喷涂均匀,覆盖完全,待其干燥后应时进行防水层的施工。

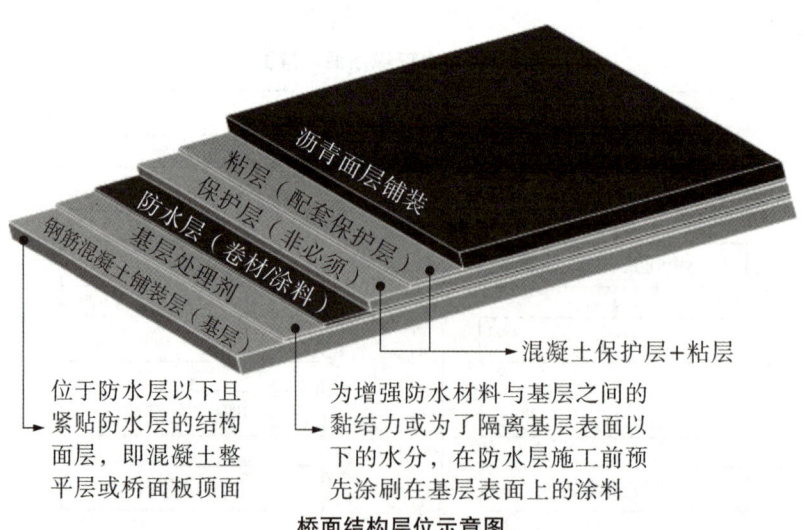

桥面结构层位示意图

(2)混凝土表面进行喷涂基层施工之前,应利用毛刷等清洁工具对桥面转角、排水口等大面积整理桥面时遗留下来的死角进行涂刷处理,确保表面干净之后进行大面积喷涂。

(3)基层处理剂涂刷完毕后,其表面应进行保护,且应保持清洁。

3. 防水卷材施工

(1) 应先做好节点、转角、排水口等部位的局部处理再进行大面积铺设。

(2) 环境气温和卷材的温度应高于5℃,基面层的温度必须高于0℃;下雨、下雪和风力≥5级时,严禁进行桥面防水层体系的施工。

(3) 铺设防水卷材时,任何区域的卷材不得多于3层,搭接接头应错开500mm以上,严禁沿道路宽度方向搭接形成通缝。

(4) 卷材的展开方向应与车辆的运行方向一致,卷材应采用沿桥梁纵、横坡从低处向高处的铺设方法,高处卷材应压在低处卷材之上。

4. 防水涂料施工

(1) 严禁在雨天、雪天、风力≥5级时施工。

(3) 防水涂料宜多遍涂布。保障固化时间,涂料干燥成膜后,方可涂布后一遍涂料。防水涂料应先做节点处理,再大面积涂布。

(4) 涂料防水层的收头,采用防水涂料多遍涂刷或采用密封材料封严。

(5) 宜边涂布边铺胎体。胎体增强材料应顺桥铺贴,从最低处向高处铺贴,并顺桥宽方向搭接。沿道路宽度方向严禁通缝。采用两层胎体增强材料时,上下层搭接缝应错开。

5. 桥面防水质量验收

(1) **混凝土基层**。主控项目是含水量、粗糙度、平整度;一般项目是外观质量。

(2) **防水层**。防水层检测应包括材料到场后的抽样检测和施工现场检测。主控项目为黏结强度和涂料厚度;一般项目为外观质量。

(3) **沥青混凝土面层**。摊铺温度应高于卷材防水层的耐热温度10~20℃,低于170℃;应低于防水涂料的耐热温度10~20℃。

◉ 精选真题

1. [2017年真题·单选] 桥梁防水混凝土基层施工质量检验的主控项目不包括(　　)。

A. 含水量　　　B. 粗糙度　　　C. 平整度　　　D. 外观质量

[答案]　D

[解析]　桥梁防水混凝土基层检测主控项目是含水量、粗糙度、平整度。外观质量是一般项目。故选D。

2. [2016年真题·单选] 关于桥梁防水涂料的说法,正确的是(　　)。

A. 防水涂料配料时,可掺入少量结块的涂料

B. 第一层防水涂料完成后应立即涂布第二层涂料

C. 涂料防水层内设置的胎体增强材料,应顺桥面形成方向铺贴

D. 防水涂料施工应先进行大面积涂布后,再做好节点处理

[答案]　C

[解析]　选项A错误,防水涂料配料时,不得混入已固化或结块的涂料。选项B错误,防水涂料应保障固化时间,待涂布的涂料干燥成膜后,方可涂布后一遍涂料。选项D错误,防水

涂料施工应先做好节点处理,然后进行大面积涂布。故选 C。

[考点 8] 桥梁支座安装技术

1. 桥梁支座

桥梁支座将桥梁上部结构承受的荷载和变形(位移和转角)可靠地传递给桥梁下部结构。

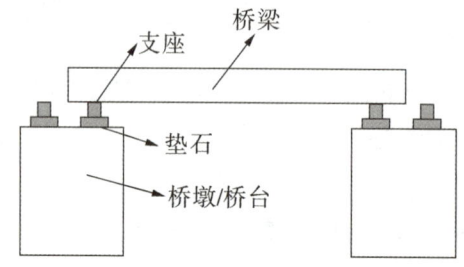

(1)桥梁支座的分类
①按变形可能性可分为固定、单向活动、多向活动支座。
②按材料可分为橡胶支座(板式、盆式)、钢支座、聚四氟乙烯支座(滑动支座)。
③按结构形式可分为摇轴支座、辊轴支座、拉压支座、弧形支座、橡胶支座、球形钢支座等。
其中,常用的支座主要为板式橡胶支座和盆式支座等。

板式支座

盆式支座

(2)常用桥梁支座施工
活动支座安装前应采用丙酮或酒精,解体清洗其各相对滑移面,擦净后在聚四氟乙烯板顶面凹槽内满注硅脂。墩台帽、盖梁上的支座垫石和挡块宜二次浇筑,确保其高程和位置的准确;垫石强度必须符合设计要求。

2. 支座施工质量检验标准

(1)主控项目
①支座应进行进场检验。
②安装前,检查跨距、支座栓孔位置和支座垫石顶面高程、平整度、坡度、坡向。
③支座与梁底及垫石之间必须密贴,间隙不得大于 0.3mm;垫石材料和强度应符合要求。
④支座锚栓的埋置深度和外露长度应符合设计要求。支座锚栓应在其位置调整准确后固结,锚栓与孔的间隙必须填捣密实。

(2)一般项目

支座安装允许偏差应符合下表规定。

项目	允许偏差(mm)	检验频率		检验方法
		范围	点数	
支座高程	±5	每个支座	1	用水准仪测量
支座偏位	3		2	用经纬仪测量,用钢尺量

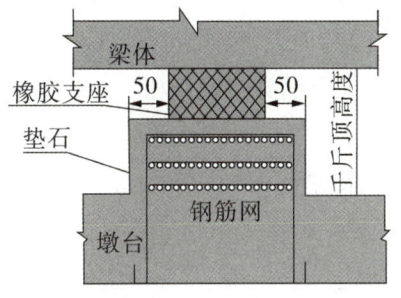

支承垫石示意图(单位:mm)

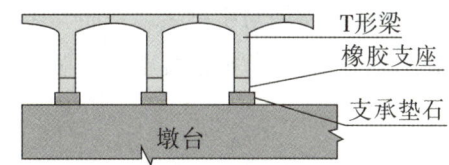

T形梁支承垫石布置

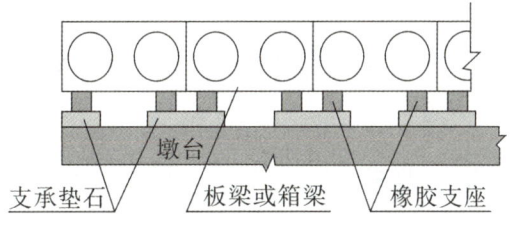

板梁与箱梁的支承垫石布置

3. 伸缩装置安装技术

为满足桥面变形的要求,通常在两梁端之间、梁端与桥台之间或桥梁的铰接位置上设置伸缩装置。桥梁伸缩装置作用在于调节由车辆荷载和桥梁建筑材料引起的上部结构之间的位移和连接。设置伸缩缝处,栏杆与桥面铺装都要断开。

桥梁伸缩装置按传力方式和构造特点可分为组合剪切式(板式)、对接式、弹性装置、钢制支承式、模数支承式等。

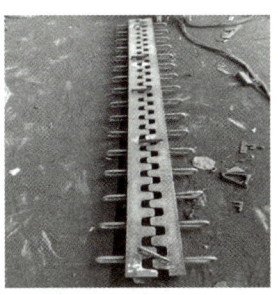
钢制支承式

模数支承式

(1)伸缩装置的性能要求

①应能够适应、满足桥梁纵、横、竖三向变形要求。

②伸缩装置应具有可靠的防水、排水系统,防水性能应符合注满水24h无渗漏的要求。

(2)伸缩装置运输与储存

①伸缩装置运输中避免日晒雨淋,保持清洁,防止变形。

②伸缩装置不得露天堆放,存放场所应干燥通风,产品应远离热源1m以外,不得与地面直接接触,存放应整齐、保持清洁,严禁与酸、碱、油类、有机溶剂等相接触。

(3)伸缩装置施工安装

①伸缩装置吊装就位前,将预留槽内混凝土凿毛并清扫,吊装时应按照厂家标明的吊点位置起吊,必要时做适当加强。

②安装时,保证伸缩装置中心线与桥梁中心线重合,顶面标高与设计相吻合后垫平。随即将伸缩装置的锚固钢筋与桥梁预埋钢筋焊接牢固。

③伸缩装置两侧预留槽混凝土强度在未满足设计要求前不得开放交通。

专题2　城市桥梁下部结构施工

备考提示▷ 本专题中围堰施工、桩基础施工等知识点可在案例题中以简答、补充、改错等形式考核。

[考点1]　各类围堰施工要求

围堰高度应高出施工期间可能出现的最高水位(包括浪高)0.5~0.7m。

1. 各类围堰适用范围

各类围堰适用范围如下表所示。

围堰类型		适用条件
土石围堰	土围堰	水深≤1.5m,流速≤0.5m/s,河边浅滩,河床渗水性较小
	土袋围堰	水深≤3.0m,流速≤1.5m/s,河床渗水性较小或淤泥较浅
	木桩竹条土围堰	水深1.5~7m,流速≤2.0m/s,河床渗水性较小,能打桩,盛产竹木地区
	竹篱土围堰	水深1.5~7m,流速≤2.0m/s,河床渗水性较小,能打桩,盛产竹木地区
	竹、铁丝笼围堰	水深4m以内,河床难以打桩,流速较大
	堆石土围堰	河床渗水性很小,流速≤3.0m/s,石块能就地取材
板桩围堰	钢板桩围堰	深水或深基坑,流速较大的砂类土、黏性土、碎石土及风化岩等坚硬河床。防水性能好,整体刚度较强
	钢筋混凝土板桩围堰	深水或深基坑,流速较大的砂类土、黏性土、碎石土河床。除用于挡水防水外还可以作为基础结构的一部分,亦可采取拔除周转使用,能节约大量木材

（续表）

围堰类型	适用条件
套箱围堰	流速≤2.0m/s,覆盖层较薄,平坦的岩石河床,埋置不深的水中基础,也可用于修建桩基承台
双壁围堰	大型河流的深水基础,覆盖层较薄、平坦的岩石河床

2. 土围堰施工要求

筑堰材料宜用黏性土、粉质黏土或砂质黏土。填出水面之后应进行夯实。填土应自上游开始至下游合龙。堰顶宽度可为 1~2m。机械挖基时不宜小于 3m。内坡脚与基坑边的距离不得小于 1m。

土围堰　　　　　　土围堰断面

3. 土袋围堰施工要求

围堰两侧用草袋、麻袋、玻璃纤维袋或无纺布袋装土堆码。袋中宜装不渗水的黏性土。围堰中心部分可填筑黏土及黏性土芯墙。

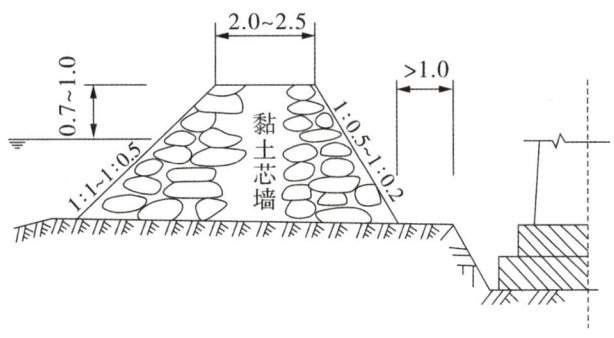

土袋围堰断面

堆码土袋,应自上游开始至下游合龙。上下层和内外层的土袋均应相互错缝,尽量堆码密实、平稳。

4. 钢板桩围堰施工要求

(1)有大漂石及坚硬岩石的河床不宜使用钢板桩围堰。
(2)施打前,应对钢板桩的锁口用止水材料捻缝,以防漏水。
(3)施打前设观测点量测定位。施打必须备有导向设备。
(4)施打顺序一般从上游向下游合龙。

钢板围堰

(5)钢板桩可用捶击、振动、射水等方法下沉,但在黏土中不宜使用射水下沉办法。

(6)经过整修或焊接后的钢板桩应用同类型的钢板桩进行锁口试验、检查。接长的钢板桩,其相邻两钢板桩的接头位置应上下错开。

5. 套箱围堰施工要求

(1)无底套箱用**木板、钢板或钢丝网水泥**制作,**内设木、钢支撑**。套箱可制成整体式或装配式。

(2)制作中应防止套箱接缝漏水。

(3)下沉套箱前,同样应清理河床。若套箱设置在岩层上,应整平岩面。当岩面有坡度时,**套箱底的倾斜度应与岩面相同**,以增加稳定性并减少渗漏。

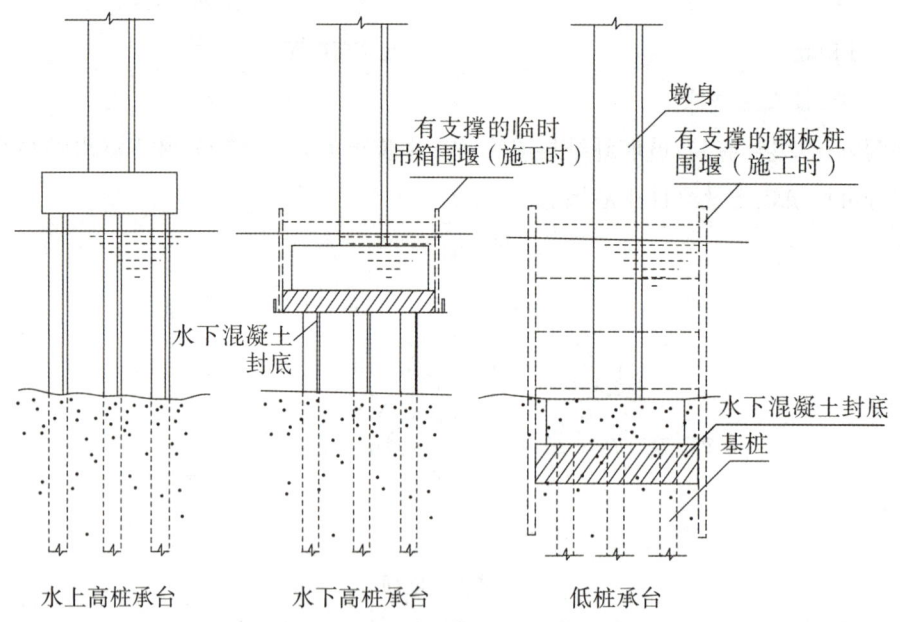

承台分类

6. 双壁钢围堰施工要求

(1)双壁钢围堰在工厂制作,其分节分块的大小应按工地吊装、移运能力确定。

(2)双壁钢围堰各节、块对称拼焊,并进行焊接质量检验及水密性试验。

(3)浮运、下沉过程中,围堰高出水面1m以上。

(4)准确定位后,应向堰体壁腔内迅速、对称、均衡地灌水,使围堰落床。

(5)浇筑水下封底混凝土之前,应进行清基,并由潜水员逐片检查合格。

🌐 **精选真题**
[2019年真题·案例节选]

背景资料

某公司承建一座城市快速路跨河桥梁……河床地质自上而下为厚3m淤泥质黏土层、厚5m砂土层、厚2m砂层、厚6m卵砾石层等；河道最高水位(含浪高)高程为19.5m，水流流速为1.8m/s。桥梁立面布置如下图所示。

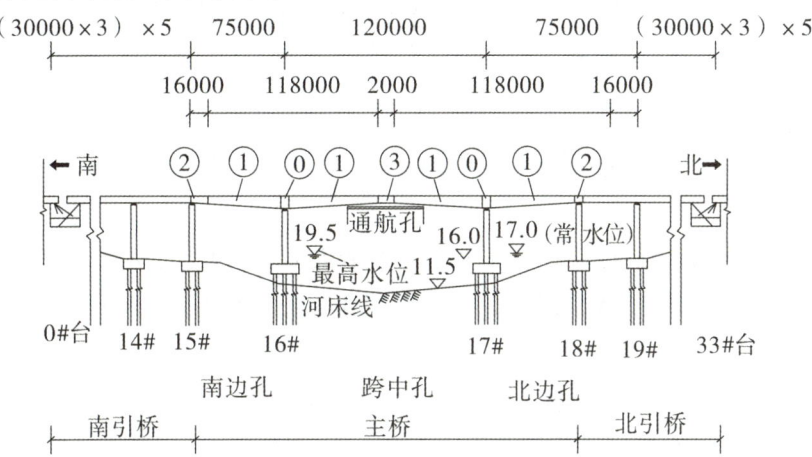

桥梁立面布置及主桥上部结构施工区段划分示意图(标高单位：m；尺寸单位：mm)

项目部编制的施工方案有如下内容：

　　…………

(3)根据桥位地质、水文、环境保护、通航要求等情况，拟定主桥水中承台的围堰施工方案，并确定了围堰的顶面高程。

[问题]

　　…………

施工方案(3)中，指出主桥第16、17号墩承台施工最适宜的围堰类型；围堰高程至少应为多少米？

[答案]

(1)最适宜的围堰类型：钢套箱(筒)围堰(或双壁钢围堰)。

(2)围堰高程 = 19.5m + (0.5m ~ 0.7m) = 20.0 ~ 20.2m。

考点2　沉入桩基础

常用的沉入桩有钢筋混凝土桩、预应力混凝土桩和钢管桩。

　　钢筋混凝土桩　　　　预应力混凝土桩　　　　钢管桩

1. 沉桩方式及设备选择

沉桩方式	适用情况
静力压桩	软黏土、淤泥质土（标准贯入度 $N<20$）
锤击沉桩	砂类土、黏性土
振动沉桩	密实的黏性土、砾石、风化岩
射水沉桩	锤击和振动沉桩困难时（建筑物附近及黏性土慎用）
钻孔埋桩	黏土、砂土、碎石土且河床覆土较厚的情况

2. 准备工作

（1）根据现场环境状况采取降噪声措施；城区、居民区等人员密集的场所不得进行沉桩施工。

（2）对地质复杂的大桥、特大桥，为检验桩的承载能力和确定沉桩工艺应进行试桩。

（3）贯入度应通过试桩或做沉桩试验后会同监理及设计单位研究确定。

3. 施工技术要点

（1）预制桩的接桩可采用**焊接**、**法兰连接或机械连接**。

（2）终止锤击应以控制桩端设计高程为主，贯入度为辅。

（3）沉桩顺序自中间向两个方向或四周对称施打，宜先深后浅，宜先大后小，先长后短。

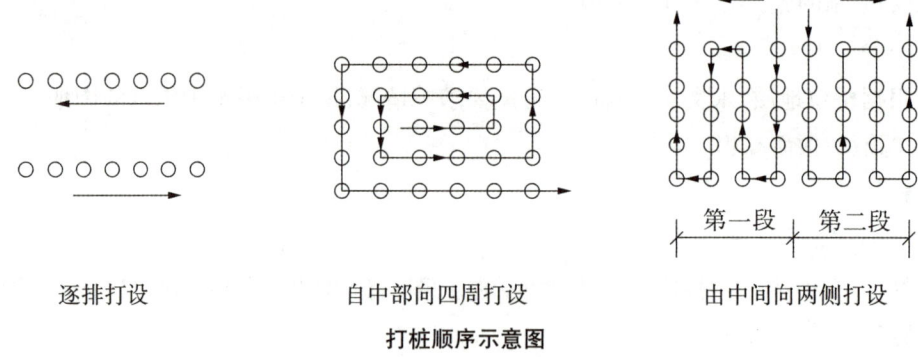

打桩顺序示意图

（4）沉桩过程中应加强邻近建筑物、地下管线等的观测、监护。

（5）在沉桩过程中发现以下情况应暂停施工，并应采取措施进行处理：

①贯入度发生剧变。

②桩身发生突然倾斜、位移或有严重回弹。

③桩头或桩身破坏。

④地面隆起。

⑤桩身上浮。

🌐 精选真题

1．[2019年真题·单选] 预制桩的接桩不宜使用的连接方法是（　　）。

A．焊接　　　　　　　　　　　　　　B．法兰连接

C. 环氧类结构胶连接　　　　　　　D. 机械连接

[答案] C

[解析] 预制桩的接桩可采用焊接、法兰连接或机械连接。故选C。

2. [2021年真题·案例节选]

背景资料

项目部根据方案使用柴油锤沉桩,遭附近居民投诉,监理随即叫停,要求更换沉桩方式。

[问题]

监理叫停施工是否合理?柴油锤沉桩有哪些原因会影响居民?可以更换哪几种沉桩方式?

[答案]

(1)合理。

(2)噪声大,振动大,柴油燃烧污染大气会影响居民。

(3)静力压桩、钻孔埋桩。

[考点 3] 钻孔灌注桩基础

1. 成孔方式与设备选择

依据成桩方式可分为泥浆护壁成孔、干作业成孔、沉管成孔灌注桩及爆破成孔,施工机具类型及土质适用条件如下表所示。

成桩方式与适用条件

成桩方式与设备		适用土质条件
泥浆护壁成孔桩	正循环回转钻	黏性土、粉砂、细砂、中砂、粗砂,含少量砾石、卵石(含量少于20%)的土、软岩
	反循环回转钻	黏性土、砂类土,含少量砾石、卵石(含量少于20%,粒径小于钻杆内径2/3)的土
	冲击钻	黏性土、粉土、砂土、填土、碎石土及风化岩层
	旋挖钻	黏性土、淤泥、淤泥质土及砂土
	潜水钻	
干作业成孔桩	冲抓钻	黏性土、粉土、砂、填土、碎石、风化岩
	长螺旋钻孔	地下水位以上的黏性土、砂土及人工填土非密实的碎石类土、强风化岩
	钻孔扩底	地下水位以上的坚硬、硬塑的黏性土、中密以上的砂土风化岩层
	人工挖孔	地下水位以上的黏性土、黄土及人工填土
沉管成孔桩	夯扩	桩端持力层为埋深不超过20m的中、低压缩性黏性土、粉土、砂土和碎石类土
	振动	黏性土、粉土和砂土
爆破成孔		地下水位以上的黏性土、黄土碎石土及风化岩

[总结]

分类	长螺旋钻机	正、反循环钻机	冲击钻机
强风化岩	√	√	√
中风化岩		√	√
微风化岩			√

2. 泥浆护壁成孔

（1）泥浆制备与护筒埋设

①泥浆制备根据施工机具、工艺及穿越土层情况进行配合比设计,宜选用高塑性黏土或膨润土。

②护筒埋设深度应符合有关规定。护筒顶面宜高出施工水位或地下水位2m,并宜高出施工地面0.3m。其高度尚应满足孔内泥浆面高度的要求。

③灌注混凝土前,清孔后的泥浆相对密度应小于1.10;含砂率不得大于2%;黏度不得大于20Pa·s。

④现场应设置泥浆池和泥浆收集设施,泥浆宜在循环处理后重复使用,减小排放量,对重要工程的钻孔桩施工,宜采用泥沙分离器进行泥浆的循环。

⑤施工完成后废弃的泥浆应采取先集中沉淀再处理的措施,严禁随意排放污染环境。

（2）正、反循环钻孔

钻孔达到设计深度,灌注混凝土之前,孔底沉渣厚度应符合设计要求。设计未要求时端承型桩的沉渣厚度≤100mm;摩擦型桩的沉渣厚度≤300mm。

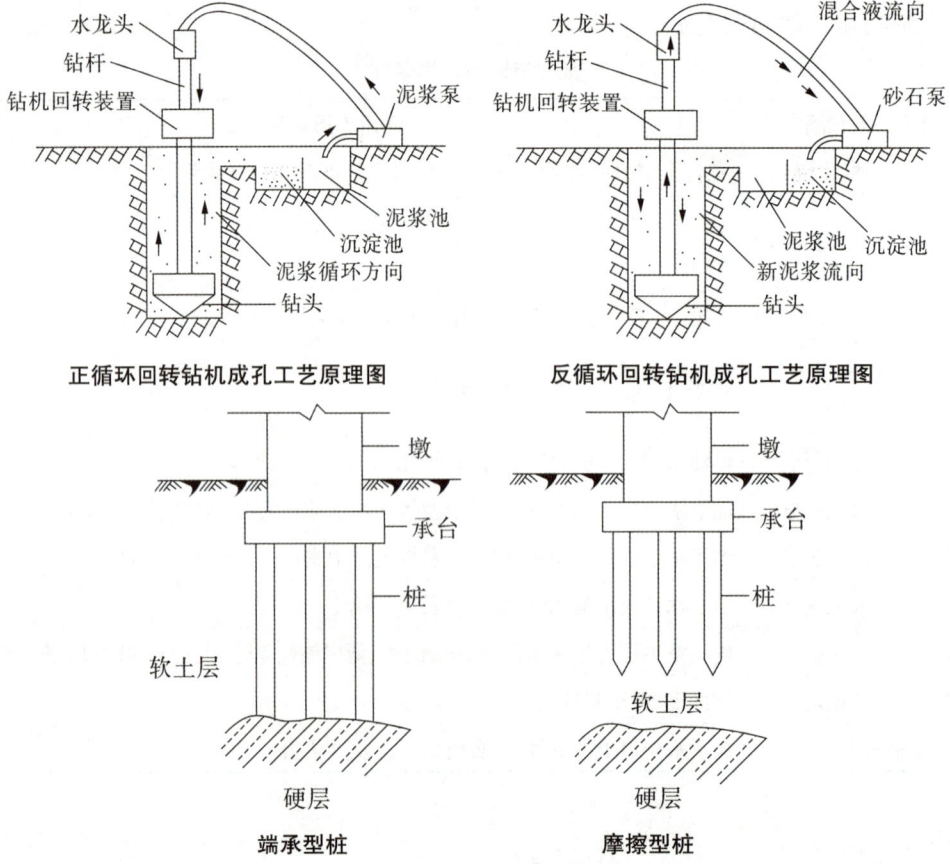

(3)冲击钻成孔
①冲击钻开孔时,应**低锤密击**,反复冲击造壁,保持孔内泥浆面稳定。
②每钻进4~5m应验孔一次,在更换钻头前或容易缩孔处,均应验孔并应做记录。
③排渣过程中应及时补给泥浆。稳定性差的孔壁应采用泥浆循环或抽渣筒排渣。
(4)旋挖成孔
①旋挖钻成孔灌注桩应根据不同的地层情况及地下水位埋深,采用不同的成孔工艺。
②泥浆制备的能力应大于钻孔时的泥浆需求量,每台套钻机的泥浆储备不少于单桩体积。
③旋挖钻机成孔应采用跳挖方式,并根据钻进速度同步补充泥浆,保持所需的泥浆面高度不变。

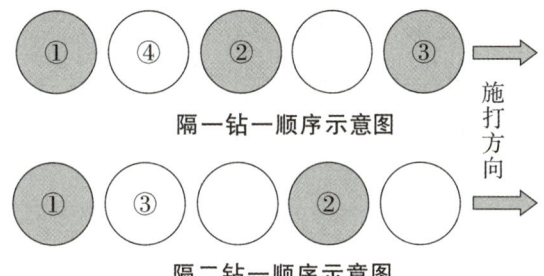

3. 干作业成孔

(1)长螺旋钻孔
混凝土压灌结束后,**应立即将钢筋笼插至设计深度**,并及时清除钻杆及泵(软)管内残留混凝土。

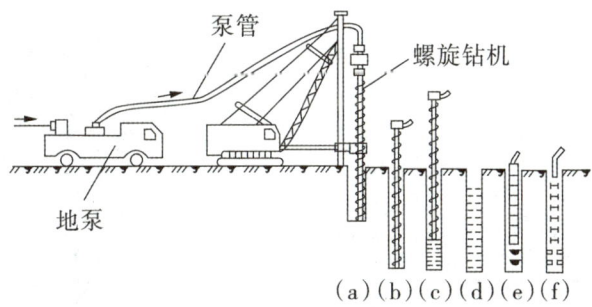

长螺旋钻孔流程图
(a)钻机就位;(b)钻进;(c)提升钻杆同时浇筑混凝土;(d)提出钻杆;(e)插入钢筋笼;(f)补混凝土

(2)钻孔扩底
灌注混凝土时,第一次应灌到扩底部位的顶面,随即振捣密实。

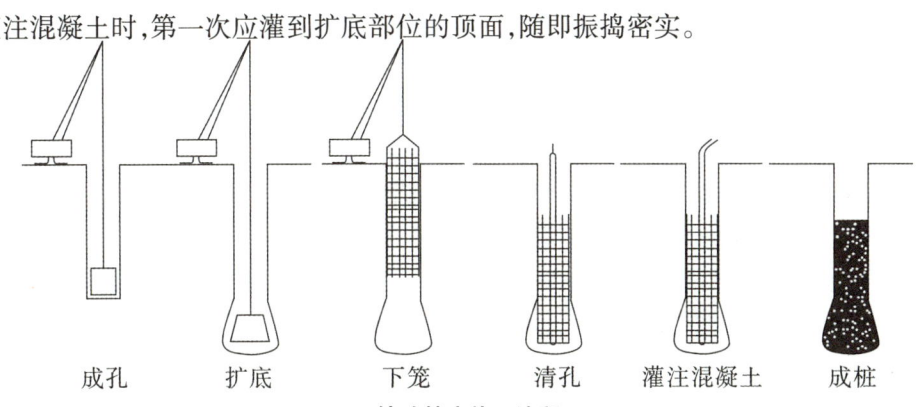

钻孔护底施工流程

(3)人工挖底

人工挖孔桩必须在保证施工安全前提下选用。人工挖孔桩的孔径(不含孔壁)不得小于0.8m,且不宜大于2.5m。井圈中心线与设计轴线的偏差不得大于20mm。上下节护壁混凝土的搭接长度不得小于50mm。

每节护壁必须保证振捣密实,并应当日施工完毕。应根据土层渗水情况使用速凝剂;护壁模板的拆除应在灌注混凝土24h之后,强度大于5MPa时方可进行。

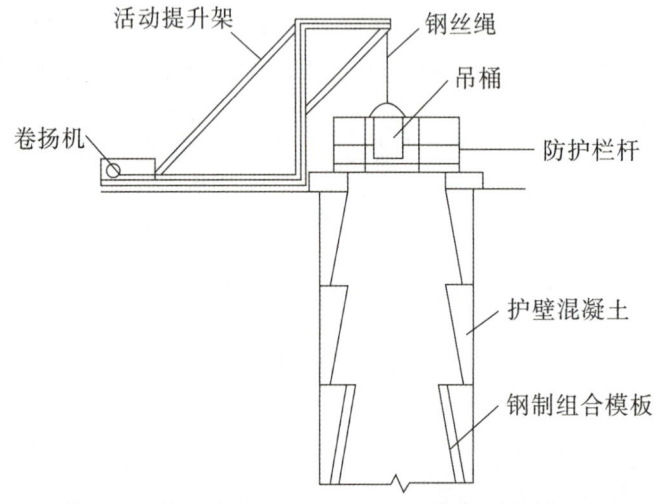

人工挖孔桩施工工艺图

孔口安全防护

人工挖孔桩护壁

4. 钢筋笼与灌注混凝土施工要点

(1)钢筋笼放入泥浆后4h内必须浇筑混凝土。

(2)桩顶混凝土浇筑应高出设计标高0.5~1m,确保桩头浮浆层凿除后桩基面混凝土达到设计强度。

(3)当气温低于0℃时,浇筑混凝土应采取保温措施,浇筑时混凝土的温度不得低于5℃。当气温高于30℃时,应根据具体情况对混凝土采取缓凝措施。

5. 水下混凝土灌注

(1)桩孔检验合格,吊装钢筋笼完毕后,安置导管浇筑混凝土。

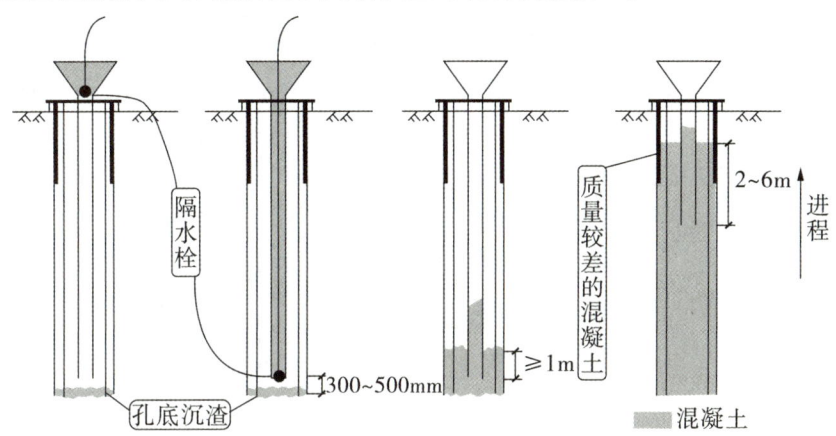

水下混凝土灌注过程示意图

(2)混凝土须具备良好的和易性,坍落度宜为 180~220mm。

(3)导管应内壁光滑圆顺,直径宜为 20~30cm,节长宜为 2m。导管不得漏水,使用前应试拼、试压,试压的压力宜为孔底静水压力的 1.5 倍。

(4)开始灌注混凝土时,导管底部至孔底的距离宜为 300~500mm;导管首次埋入混凝土灌注面以下不应小于 1.0m;在灌注过程中,导管埋入混凝土深度宜为 2~6m。

(5)灌注水下混凝土必须连续施工,严禁将导管提出混凝土灌注面。

⊕ 精选真题

[2020 年真题·单选]

背景资料

某公司承建一座跨河城市桥梁,基础均采用 φ1500mm 钢筋混凝土钻孔灌注桩,设计为端承桩,桩底嵌入中风化岩层 2D(D 为桩基直径);桩顶采用盖梁连接,盖梁高度为 1200mm,顶面标高为 0.000m。河床地基揭示依次为淤泥、淤泥质黏土、黏土、泥岩、强风化岩、中风化岩。

项目部编制的桩基施工方案明确如下内容:

(1)下部结构施工采用水上作业平台施工方案,水上作业平台结构为 600mm 钢管桩+型钢+人字钢板搭设,水上作业平台如下图所示。

(2)根据桩基设计类型及桥位、水文、地质等情况,设备选用"2000 型"正循环回旋钻机施工(另配压轮钻头等),成桩方式未定。

(3)图中 A 结构名称和使用的相关规定。

(4)由于设计对孔底沉渣厚度未做具体要求,灌注水下混凝土前,进行二次清孔,当孔底沉渣厚度满足规范要求后,开始灌注水下混凝土。

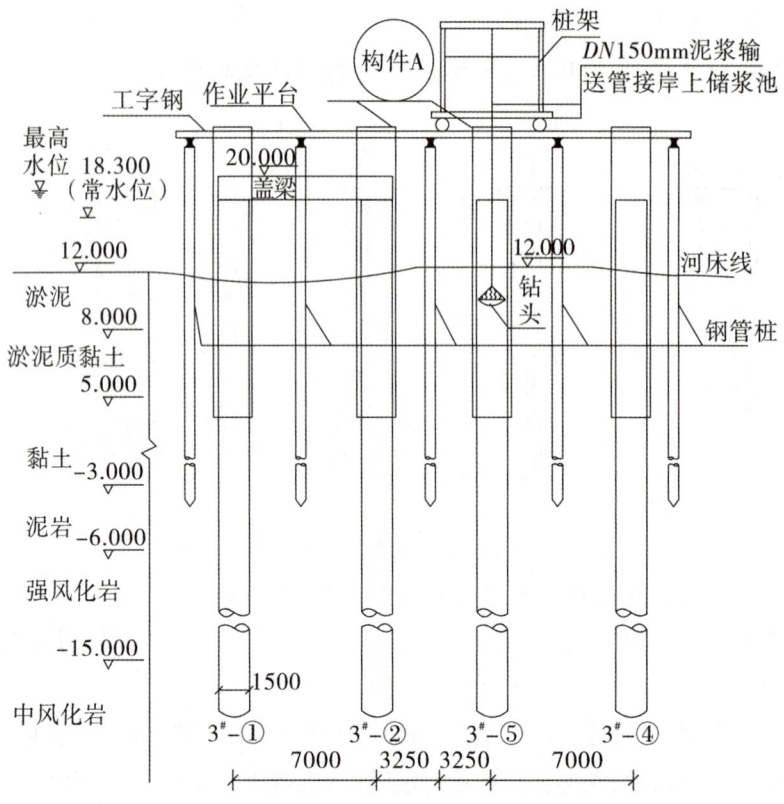

3#墩水上作业平台及桩基施工横断面布置示意图

[问题]

1. 施工方案(2)中,指出项目部选择钻机类型的理由及成桩方式。

2. 施工方案(3)中,所指构件A的名称是什么?构件A施工时需使用哪些机械配合?构件A应高出施工水位多少米?

3. 结合背景资料及上图,列式计算3#-①桩的桩长。

4. 在施工方案(4)中,指出孔底沉渣厚度的最大允许值。

[答案]

1. (1)理由:正循环回旋钻适用于强风化岩、中风化岩,适用于本工程桩基所处地质条件,钻进速度快(效率高),成孔稳定性高(不易塌孔)。

(2)成桩方式:泥浆护壁成孔。

2. (1)A:护筒。

(2)施工机械:吊车(吊装机械)、振动锤。

(3)应高出施工水位2m。

3. 桩顶标高:20.000m - 1.2m = 18.800m。桩底标高:-15.000m - 2×1.5m = -18.000m。桩长:18.800 - (-18.000) = 36.800m。

4. 孔底沉渣厚度的最大允许值为100mm。

[考点 4] 墩台、盖梁施工技术

1. 现浇混凝土墩台、盖梁

(1) 重力式混凝土墩台施工

①墩台混凝土浇筑前应对基础混凝土顶面做凿毛处理,清除锚筋污锈。

②墩台混凝土宜水平分层浇筑,每层高度宜为 1.5~2.0m。

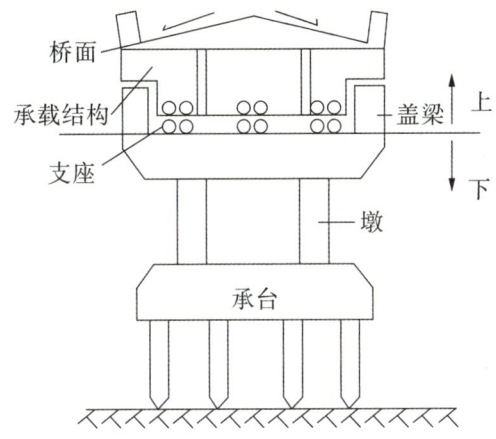

桥梁下部结构示意图

重力式桥墩

柱式桥墩

(2) 柱式墩台施工

①模板、支架稳定计算中应考虑风力影响。

②墩台柱与承台基础接触面应凿毛处理,清除钢筋污锈。浇筑墩台柱混凝土时,应铺同配合比的水泥砂浆一层。墩台柱的混凝土宜一次连续浇筑完成。

③柱身高度内有系梁连接时,系梁应与柱同步浇筑。V 形墩柱混凝土应**对称浇筑**。

④钢管混凝土墩柱应采用补偿收缩混凝土,一次连续浇筑完成。

(3) 盖梁施工

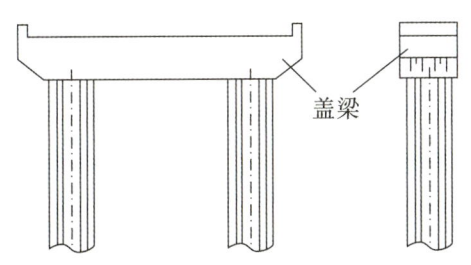

盖梁

盖梁为悬臂梁时,混凝土浇筑应从悬臂端开始;预应力钢筋混凝土盖梁拆除底模时间应符合设计要求;如设计无要求,**孔道压浆强度应在达到设计强度**后,方可拆除底模板。

2. 重力式砌体墩台

(1)墩台砌筑前,应清理基础,保持洁净,并测量放线,设置线杆。

(2)墩台砌体应采用坐浆法分层砌筑,竖缝均应错开,不得贯通。

(3)砌筑墩台镶面石应从曲线部分或角部开始。

(4)桥墩分水体镶面石的抗压强度不得低于设计要求。

(5)砌筑的石料和混凝土预制块应清洗干净,保持湿润。

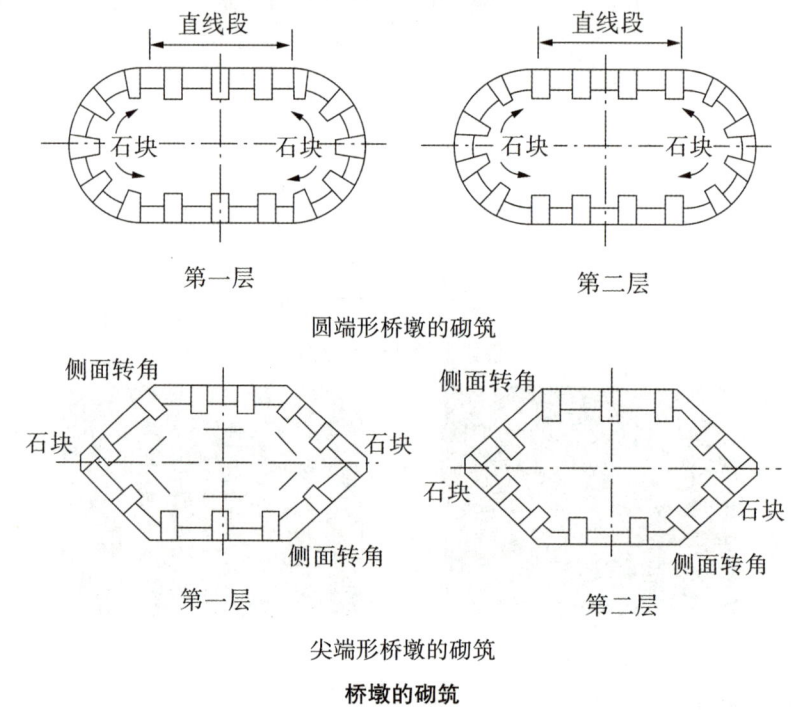

桥墩的砌筑

专题3　城市桥梁上部结构施工

备考提示▷ 本专题中装配式梁板施工、支架现浇、悬臂浇筑施工可结合案例题目以识图、改错形式考核。其中,现浇预应力(钢筋)混凝土连续梁施工技术是桥梁最核心的知识,必须重点掌握。

[考点1] 装配式梁(板)施工技术

依照吊装机具不同,梁板架设方法分为起重机架梁法、跨墩龙门吊架梁法和穿巷式架桥机架梁法。

1. 装配式梁(板)的预制和存放

(1) 构件预制

①场地应平整、坚实。设置必要的排水设施,防止场地沉陷,砂石料场地面硬化处理。

②台座间距应能满足施工作业要求,表面光滑、平整。在 2m 长度上平整度的允许偏差应不超过 2mm,且应保证底座或底模的挠度不大于 2mm。

③腹板底部扩大的 T 形梁,应先浇筑扩大部分并振实,再浇筑其上部腹板;U 形梁可以上下一次浇筑或两次浇筑;平卧重叠法支立模板、浇筑构件混凝土时,下层构件顶面应设临时隔离层;上层构件需待下层构件强度达到 5.0MPa 后方可浇筑。

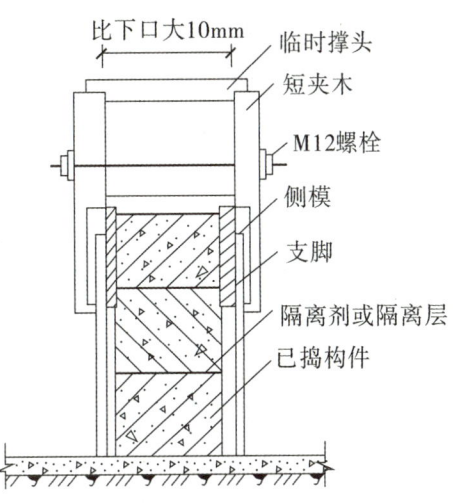

(2) 构件的场内移运和存放

①构件在脱底模、移运、吊装时,混凝土的强度不得低于设计强度的 75%,后张预应力构件孔道压浆强度应符合设计要求或不低于设计强度的 75%。

②存放台座应坚固稳定,且宜高出地面 200mm 以上。存放场地应有相应的防水排水设施,并应保证梁、板等构件在存放期间不致因支点沉陷而受到损坏。

构件多层叠放

③存放支点应符合设计规定的位置,支点处应采用垫木支承,不得将构件直接支承在坚硬的存放台座上。

④构件应按其安装的先后顺序**编号存放**,预应力混凝土梁、板的存放时间不宜超过 3 个月,特殊情况下不应超过 5 个月。

⑤当构件多层叠放时,层与层之间应以垫木隔开,各层垫木的位置应设在设计规定的支点处,上下层垫木应在同一条竖直线上。

⑥大型构件宜为 2 层,不应超过 3 层;小型构件宜为 6~10 层。

构件移运   **构件堆放**

2. 装配式梁(板)的安装

(1)吊运方案

①应编制专项方案,并按有关规定进行论证、批准。

②吊运方案应对各受力部分的设备、杆件进行验算,特别是吊车等机具安全性验算。梁长25m以上的预应力简支梁应验算裸梁稳定性。

(2)构件的运输

①梁的运输应顺高度方向竖立放置。

②采用拖车运输大型构件时,车长应能满足支点间的距离要求,支点处应设活动转盘防止搓伤构件混凝土。

(3)简支梁、板安装

①安装前检查构件及其预埋件的外形、尺寸和位置。

②在脱底模、移运、堆放和吊装就位时,混凝土强度应满足要求,无要求时不低于设计强度的75%。孔道水泥浆的强度不低于设计要求,且不低于30MPa。

③安装前,支承结构(墩台、盖梁等)的强度应符合要求,支承结构和预埋件的尺寸、标高及平面位置,支座安装质量、规格、位置及标高应准确无误。

④梁板就位后及时用保险垛或支撑临时固定,防倾倒。

⑤安装在同一孔跨梁、板,其预制施工的龄期差不宜超过10天,梁、板上有预留孔洞的,其中心应在同一轴线上。梁、板之间的湿接缝,应在一孔梁、板全部安装完成后方可进行施工。

(4)先简支后连续梁的安装

梁板预制→安装临时和永久支座→墩顶湿接头施工→墩顶预应力张拉→中间横隔板和湿接缝施工→拆除临时支座、体系转换。

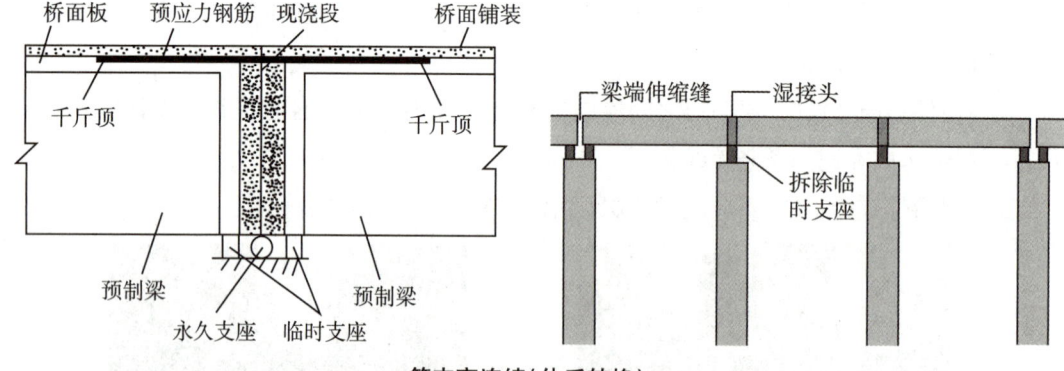

简支变连续(体系转换)

①临时支座顶面的相对高差不应大于2mm。

②应在一联梁全部安装完成再浇筑湿接头混凝土。

③对湿接头处的梁端,应按施工缝的要求进行凿毛处理。永久支座应在设置湿接头底模之前安装。

④湿接头宜在一天中气温较低的时段浇筑,且联中的全部湿接头应一次浇筑完成;湿接头

养护时间应不少于 14 天。

⑤湿接头应按设计要求施加预应力、压浆；浆体达到强度后应立即拆除临时支座，按设计规定程序完成体系转换。同一片梁的临时支座应同时拆除。

🌐 **精选真题**

1．[2022 年真题·单选] 先简支后连续梁的湿接头设计要求施加预应力时，体系转换的时间是(　　)。

A．应在一天中气温较低的时段　　　　B．湿接头浇筑完成时
C．预应力施加完成时　　　　　　　　D．预应力孔道浆体达到强度时

[答案] D

[解析] 湿接头应按设计要求施加预应力、孔道压浆；浆体达到强度后应立即拆除临时支座，按设计规定的程序完成体系转换。同一片梁的临时支座应同时拆除。故选 D。

2．[2020 年真题·单选] 关于先张法预应力空心板梁的场内移运和存放的说法，错误的是(　　)。

A．吊运时，混凝土强度不得低于设计强度的 75%
B．存放时，支点处应采用垫木支承
C．存放时间可长达 3 个月
D．同长度的构件，多层叠放时，上下层垫木在竖直面上应适当错开

[答案] D

[解析] 当构件多层叠放时，层与层之间应以垫木隔开，各层垫木的位置应设在设计规定的支点处，上下层垫木应在同一条竖直线上。因为水平构件的垫木在同一条直线时，支点处所受的力才能统一垂直传至地面。如果各层垫木相互错开，上层构件会对下层构件产生结构破坏性的影响。故选 D。

3．[2019 年真题·单选] 关于装配式预制混凝土梁存放的说法，正确的是(　　)。

A．预制梁可直接支承在混凝土存放台座上
B．构件应按照安装的先后顺序编号存放
C．多层叠放时，各层垫木的位置在竖直线上应错开
D．预应力混凝土梁存放时间最长为 6 个月

[答案] B

[解析] 选项 A 错误，预制梁存放支点处应采用垫木和其他适宜的材料支承。选项 C 错误，多层叠放时，上下层垫木应在同一条竖直线上。选项 D 错误，预应力混凝土梁存放时间不宜超过 3 个月，特殊情况下不应超过 5 个月。故选 B。

[考点 2] **现浇预应力(钢筋)混凝土连续梁施工技术**

1．支(模)架法

(1)支架法现浇预应力混凝土连续梁

①支架的地基承载力应符合要求，必要时，应采取加强处理或其他措施。

②各种支架和模板安装后，宜采取措施消除拼装间隙和地基沉降等非弹性变形。

③安装支架时，应根据梁体和支架的弹性、非弹性变形，设置预拱度。

④支架基础周围应有良好的排水措施，不得被水浸泡。

⑤浇筑混凝土时应采取措施，避免支架产生不均匀沉降。

（2）移动模架上浇筑预应力混凝土连续梁

①浇筑分段工作缝，必须设在弯矩零点附近。

②箱梁内、外模板在滑动就位时，模板平面尺寸、高程、预拱度的误差必须控制在容许范围内。

2. 悬臂浇筑法

悬臂浇筑的主要设备是一对能行走的挂篮。挂篮在已经张拉锚固并与墩身连成整体的梁段上移动。**绑扎钢筋、立模、浇筑混凝土、施加预应力都在其上进行**。完成本段施工后，挂篮对称向前各移动一节段，进行下一梁段施工，循序前进，直至悬臂梁段浇筑完成。

悬臂浇筑法

（1）挂篮设计与组装

挂篮结构主要设计参数应符合下列规定：

①挂篮质量与梁段混凝土的质量比值控制**在0.3~0.5**，特殊情况下不得超过0.7。

②允许最大变形（包括吊带变形的总和）为20mm。

③施工、行走时的抗倾覆安全系数**不得小于2**。

④自锚固系统的安全系数不得小于2。

⑤斜拉水平限位系统和上水平限位安全系数不得小于2。

挂篮组装后，应全面检查安装质量，并应按设计荷载做载重试验，以消除非弹性变形。

（2）浇筑段落

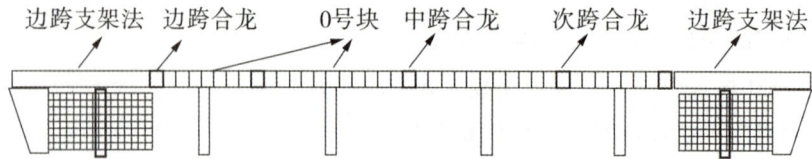

悬浇梁体一般应分四大部分浇筑。

①墩顶梁段（0号块）。

②墩顶梁段（0号块）两侧对称悬浇梁段。

③边孔支架现浇梁段。

④主梁跨中合龙段。

0号块段施工　　　　　　　　　合龙段浇筑

（3）悬浇顺序及要求

①在墩顶托架或膺架上浇筑0号段并实施墩梁临时固结。

悬臂浇筑程序示意图1

②在0号块段上安装悬臂挂篮，向两侧依次对称分段浇筑主梁至合龙前段。

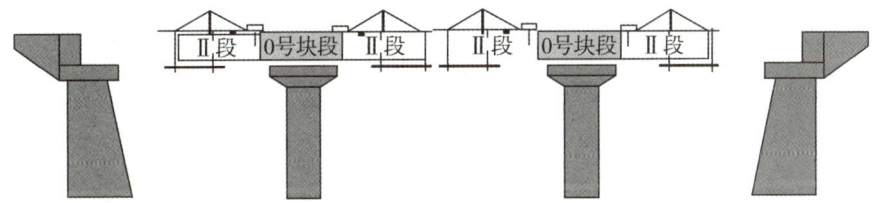

悬臂浇筑程序示意图2

③在支架上浇筑边跨主梁合龙段。

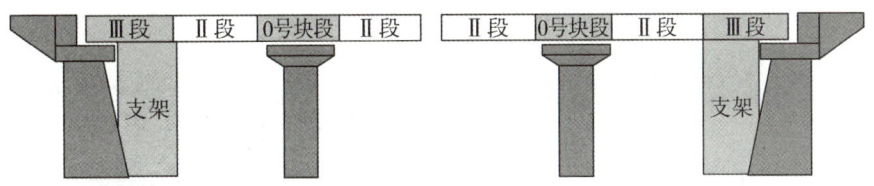

悬臂浇筑程序示意图3

④浇筑中跨合龙段形成连续梁体系。

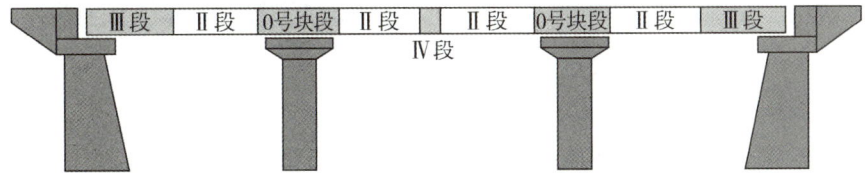

悬臂浇筑程序示意图4

要求：悬臂浇筑混凝土，从悬臂前端开始，最后与前段混凝土连接。

(4)张拉及合龙

①预应力混凝土连续梁悬臂浇筑施工中,顶板、腹板纵向预应力筋的张拉顺序一般为上下、左右对称张拉,设计有要求时按设计要求施作。

②预应力混凝土连续梁合龙顺序一般是先边跨、后次跨、最后中跨。

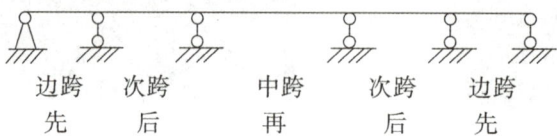

③连续梁(T构)的合龙、体系转换和支座反力调整时,合龙段的长度宜为2m。合龙前应观测气温变化与梁端高程及悬臂端间距的关系。合龙前将两悬臂端合龙口予以临时连接,并将合龙跨一侧墩的临时锚固放松或改成活动支座,以防止合龙段施工出现裂缝。合龙前,在两端悬臂预加压重,浇筑过程中逐步撤除,以使悬臂端挠度保持稳定。

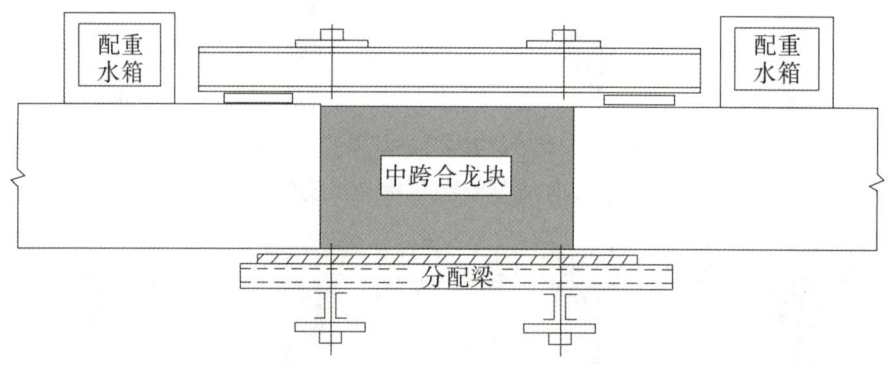

预加压重

合龙宜在一天中气温最低时进行。合龙段的混凝土强度宜提高一级,以尽早施加预应力。连续梁的梁跨体系转换,应在合龙段及全部纵向连续预应力筋张拉、压浆完成,并解除各墩临时固结后进行。梁跨体系转换时,支座反力的调整应以高程控制为主,反力校核为辅。

临时固结

高程控制

3. 高程控制

确定悬臂浇筑段前端标高时应考虑挂篮前端的垂直变形值、预拱度设置、已浇段的实际标高、温度影响。

◉ 精选真题

1. [2017年真题·单选] 在移动模架上浇筑预应力混凝土连续梁时,浇筑分段施工缝应设在( )零点附近。

A. 拉力　　　　　B. 弯矩　　　　　C. 剪力　　　　　D. 扭矩

[答案]　B

[解析]　移动模架浇筑分段工作缝,必须设在弯矩零点附近。故选 B。

2. [2017 年真题·多选] 悬臂浇筑法施工连续梁合龙段时,应符合的规定有(　　)。

A. 合龙前,应在两端悬臂预加压重,直至施工完成后撤除

B. 合龙前,应将合龙跨一侧墩的临时锚固放松

C. 合龙段的混凝土强度提高一级的主要目的是尽早施加预应力

D. 合龙段的长度可为 2m

E. 合龙段应在一天中气温最高时进行

[答案]　BCD

[解析]　本题选项 AE 明显错误。CD 两项与教材原文在文字描述上稍有区别,但表达的意思完全相同,选项 C 在教材中描述为"合龙段的混凝土强度宜提高一级,以尽早施加预应力"。这里的"以"字可以理解为前面的"混凝土提高一个等级"的目的。但不足之处是题目描述的是"主要目的",造成该选项有一些争议。选项 D 是将教材中的"宜"换成了"可",按说规范中的文字改变,应该不去进行选择,但是本题中不是将那些"必须"和"严禁"等文字进行了更换,而是把"宜"变成了"可",并没有将意思改变。所以选项 D 也可以作为参考答案。故选 BCD。

3. [2019 年真题·案例节选]

背景资料

……项目部编制的施工方案有如下内容:

(1)根据主桥结构特点及河道通航要求,拟定主桥上部结构的施工方案,为满足施工进度计划要求,施工时将主桥上部结构划分成④、①、②、③等施工区段,其中,施工区段⓪的长度为 14m,施工区段①每段施工长度为 4m,采用同步对称施工原则组织施工,主桥上部结构施工区段划分如下图所示。

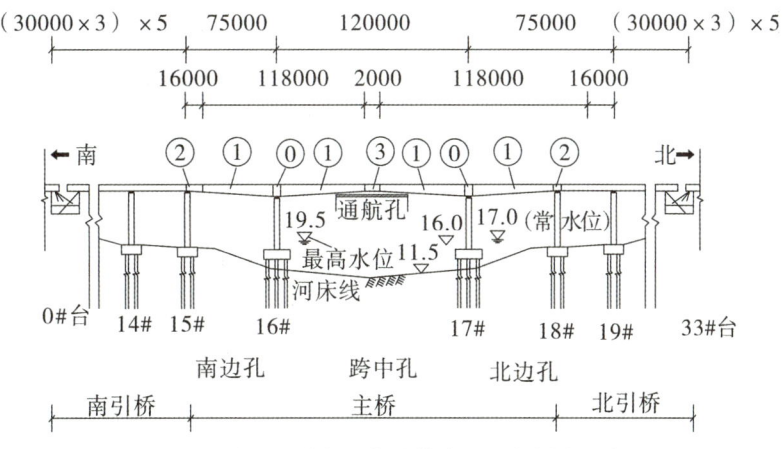

桥梁立面布置及主桥上部结构施工区段划分示意图

(高程单位:m;尺寸单位:mm)

[问题]

1. 施工方案(1)中,分别写出主桥上部结构连续刚构及施工区段②最适宜的施工方法;列式计算主桥16号墩上部结构的施工次数(施工区段③除外)。

2. 结合上图及施工方案(1),指出主桥"南边孔、跨中孔、北边孔"先后合龙的顺序(用"南边孔、跨中孔、北边孔"及箭头"→"作答;当同时施工时,请将相应名称并列排列);指出施工区段③的施工时间应选择一天中的什么时候进行?

[答案]

1. (1)施工区段:托架法(膺架法)。施工区段①:挂篮施工(悬臂施工)。施工区段②:支架法。

(2)单幅施工次数 = (118 − 14)/4/2(悬臂施工) + 1(①施工) + 1(②施工) = 13 + 2 = 15(次);双幅施工次数 = 15 × 2 = 30(次)。

2. (1)合龙顺序:南边孔→北边孔 + 跨中孔。

(2)一天气温最低的时段进行。

[考点 3] 钢梁制作与安装要求

1. 钢梁制造

(1)钢梁应由具有相应资质的企业制造。

(2)钢梁制作基本要求有钢梁制造焊接环境相对湿度不宜高于80%;主要杆件应在组装后24h内焊接;钢梁出厂前必须进行试拼装,并应按有关要求验收。

(3)钢梁制造企业应向安装企业提供下列文件。

①产品合格证。②钢材和其他材料质量证明书和检验报告。③施工图,拼装简图。④工厂高强度螺栓摩擦面抗滑移系数试验报告。⑤焊缝无损检验报告和焊缝重大修补记录。⑥产品试板的试验报告。⑦工厂试拼装记录。⑧杆件发运和包装清单。

◈ 精选真题

[2020年真题·单选] 钢梁制造企业应向安装企业提供的相关文件中,不包括( )。

A. 产品合格证　　　　　　　　B. 钢梁制造环境的温度、湿度记录
C. 钢材检验报告　　　　　　　D. 工厂试拼装记录

[答案] B

[解析] 一般这类题目的关键词有证书、报告、记录、清单、施工图等。但是选项B钢梁制造环境的温度、湿度记录不在此列,因为它属于钢梁制作的基本要求,合适的温度、湿度环境是钢梁施工质量合格的前提条件,而非质量验收结果,它与后期提交的质量检验资料不属于同一类别。故选B。

2. 钢梁安装

(1)安装前检查

①钢梁安装前应对临时支架、支承、吊机等临时结构和钢梁结构本身在不同受力状态下的

强度、刚度及稳定性进行验算。

②应对桥台、墩顶顶面高程、中线及各孔跨径进行复测。

③按照构件明细表,核对进场的构件、零件,查验产品出厂合格证及钢材的质量证明书。

(2)安装要点

①钢梁杆件工地焊缝连接,应按设计顺序进行。无设计顺序时,宜纵向跨中向两端、横向中线向两侧对称进行。

冲钉

螺栓

②钢梁采用高强螺栓连接前,应复验摩擦面的抗滑移系数。每批抽检不小于8套扭矩系数。高强螺栓穿入孔内应顺畅,不得强行敲入。

③钢梁采用高强度螺栓连接,施拧顺序为从板束刚度大、缝隙大处开始,由中央向外拧紧并应在当天终拧完毕。施拧时,不得采用冲击拧紧和间断拧紧。

④高强度螺栓终拧完毕必须当班检查,抽查合格率不得小于80%。对螺栓拧紧度不足者应补拧,对超拧者应更换、重新施拧并检查。

(3)现场涂装施工规范

①防腐涂料应有良好的附着性、耐蚀性,其底漆应具有良好的封孔性能。

②首层底漆于除锈后4h内开始8h内完成涂装。环境温度5~38℃,相对湿度≤85%。

③涂装应在天气晴期、4级(不含)以下风力时进行,夏季应避免阳光直射。涂装时构件表面不应有结露,涂装后4h内应采取防护措施。

涂装施工

🌐 **精选真题**

[2016年真题·单选] 关于钢梁施工的说法,正确的是(　　)。

A. 人行天桥钢梁出厂前可不进行试拼装

B. 多节段钢梁安装时,应全部节段安装完成再测量其位置、标高和预拱度

C. 施拧钢梁高强螺栓时,最后应采用木棍敲击拧紧

D. 钢梁顶板的受压横向对接焊缝应全部进行超声波探伤检验

[答案] D

[解析] 本题选项AB错误比较明显,选项C比较隐蔽,用木棍敲击拧紧,迷惑点在木棍,有人忽略了敲击。故选D。

[考点 4] 钢-混凝土结合梁施工技术

1. 钢-混凝土结合梁构成与适用条件

(1)一般由钢梁和钢筋混凝土桥面板两部分组成。

①钢梁上浇筑预应力钢筋混凝土、形成钢筋混凝土桥面板。

②在钢梁与钢筋混凝土面层之间设传剪器(剪力钉),两者共同工作。

(2)钢-混凝土结(组)合梁结构适用于城市大跨径或较大跨径的桥梁工程,目的是减轻桥梁结构自重,尽量减少施工对现况交通与周边环境的影响。

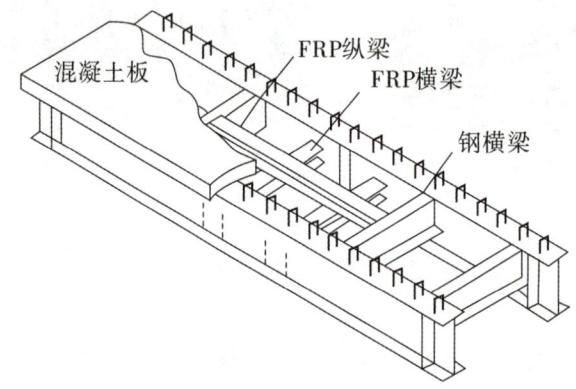

钢-混凝土结合梁示意图

2. 基本工艺流程

钢梁预制并焊接传剪器→架设钢梁→安装横梁(横隔梁)及小纵梁(有时不设小纵梁)→安装预制混凝土板并浇筑接缝混凝土或支搭现浇混凝土桥面板的模板并铺设钢筋→现浇混凝土→养护→张拉预应力束→拆除临时支架或设施。

3. 施工技术要求

(1)施工支架设计验算除应考虑钢梁拼接荷载外,应同时计入混凝土结构和施工荷载。

(2)混凝土浇筑前,应对钢主梁的安装位置、高程、纵横向连接及施工支架进行检查验收,各项均应达到设计要求或施工方案要求。钢梁顶面传剪器焊接经检验合格后,方可浇筑混凝土。

(3)现浇混凝土结构宜采用缓凝、早强、补偿收缩性混凝土。

(4)混凝土桥面结构应全断面连续浇筑,浇筑顺序为顺桥向应自跨中开始向支点处交会,或由一端开始浇筑;横桥向应先由中间开始向两侧扩展。

(5)桥面混凝土表面应符合纵横坡度要求,表面光滑、平整,应采用原浆抹面成活,并在其上直接做防水层。不宜在桥面板上另做砂浆找平层。

(6)设有施工支架时,必须待混凝土强度达到设计要求且预应力张拉完成后,方可卸落施工支架。

🌐 精选真题

[2019年真题·多选]关于钢-混凝土结合梁施工技术的说法,正确的有( )。

A. 一般由钢梁和钢筋混凝土桥面板两部分组成
B. 在钢梁与钢筋混凝土板之间设传剪器的作用是使二者共同工作
C. 适用于城市大跨径桥梁
D. 桥面混凝土浇筑应分车道分段施工
E. 浇筑混凝土桥面时,横桥向应由两侧向中间合龙

[答案]　ABC

[解析]　这道题考核到的知识点比较多,关于钢-混凝土结合梁的施工技术,只要阅读过教材,就能很容易选择出 ABC 三个选项。故选 ABC。

[考点 5]　钢筋(管)混凝土拱桥施工技术

1. 拱桥的类型与施工方法

(1) 主要类型

按拱券混凝土浇筑的方式分为现浇混凝土拱和预制混凝土拱再拼装。

(2) 主要施工方法

①按拱券施工的拱架(支撑方式)可分为支架法、少支架法和无支架法;其中无支架施工包括缆索吊装、转体安装、劲性骨架、悬臂浇筑和悬臂安装以及由以上一种或几种施工组合的方法。

②选用施工方法应根据拱桥的跨度、结构形式、现场施工条件、施工水平等因素,并经方案的技术经济比较确定合理的施工方法。

2. 现浇拱桥施工

(1) 一般规定

①装配式拱桥构件在吊装时,混凝土的强度不得低于设计要求;设计无要求时,不得低于设计强度值的 75%。

②拱券(拱肋)放样时应按设计要求设预加拱度。

③拱券(拱肋)封拱合龙温度应符合设计要求,当设计无要求时,宜在当地年平均温度或 5~10℃时进行。

(2) 在拱架上浇筑混凝土拱券

①跨径 <16m 的拱券,应按拱券全宽从两端拱脚向拱顶对称、连续浇筑,并在拱脚混凝土初凝前全部完成。

②跨径≥16m 的拱券或拱肋,宜分段对称浇筑。分段位置:拱式拱架宜设置在拱架受力反弯点、拱架节点、拱顶及拱脚处;满布式拱架宜设置在拱顶、1/4 跨径、拱脚及拱架节点处。各分段点应预留间隔槽(0.5~1m)。

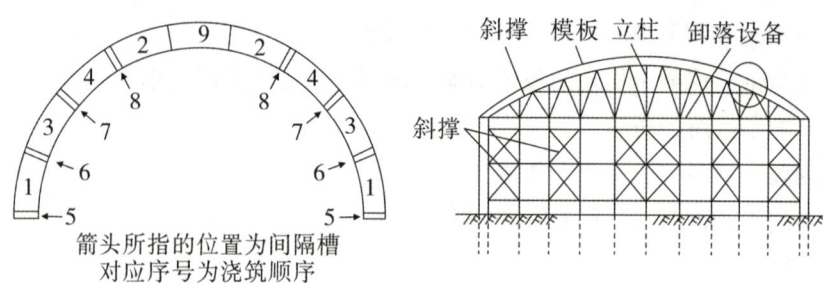

混凝土拱券浇筑顺序　　　　支架示意图

③间隔槽混凝土应从拱脚向拱顶对称浇筑,待拱券混凝土强度达到75%设计强度且接合面按施工缝处理后进行。

④钢筋接头设置在后浇的几个间隔槽内,纵向不得采用通长钢筋。

⑤大跨径、大截面拱券(拱肋),宜采用分环(层)分段方法浇筑,也可纵向分幅浇筑。

⊕ 精选真题

[2021年真题·多选] 关于在拱架上分段浇筑混凝土拱券施工技术的说法,正确的有(　　)。

A. 纵向钢筋应通长设置

B. 分段位置宜设置在拱架节点、拱顶、拱脚

C. 各分段接缝面应与拱轴线成45°

D. 分段浇筑应对称拱顶进行

E. 各分段内的混凝土应一次连续浇筑

[答案]　BDE

[解析]　选项A错误,纵向不得采用通长钢筋。选项C错误,各段的接缝面应与拱轴线垂直。故选BDE。

[考点 6] 斜拉桥施工技术

1. 斜拉桥类型和组成

通常分为预应力混凝土斜拉桥、钢斜拉桥、钢-混凝土叠合梁斜拉桥、混合梁斜拉桥、吊拉组合斜拉桥等。斜拉桥由索桥、钢索和主梁组成。

斜拉桥

2. 施工技术要点

裸塔施工宜用**爬模法**,横梁较多的高塔,宜采用劲性骨架挂模提升法。斜拉桥主梁施工方法与梁式桥基本相同,大体上可分为顶推法、平转法、支架法和悬臂法;悬臂法分悬臂浇筑法和悬臂拼装法。

由于悬臂法适用范围较广而成为斜拉桥主梁施工最常用的方法。

顶推法

平转法

支架法

悬臂法

3. 施工检测主要内容

(1)变形:主梁线形、高程、轴线偏差、索塔的水平位移。

(2)应力:拉索索力、支座反力以及梁、塔应力在施工过程中的变化。

(3)温度:温度场及指定测量时间塔、梁、索的变化。

专题4 管涵和箱涵施工

备考提示▷ 本专题考查频率较低,管涵和箱涵施工可能考核选择题,箱涵顶进施工技术可能以案例题形式考核。

[考点1] 管涵施工技术

1. 管涵施工技术要点

(1)采用混凝土或砌体基础时,基础上面应设混凝土管座,其顶部弧形面应与管身紧密贴合。

(2)采用天然地基时,应将管底土层夯压密实,并做成与管身弧度密贴的弧形管座。

(3)管涵的沉降缝应设在管节接缝处。

管涵

盖板涵

2. 拱形涵、盖板涵施工技术要点

（1）遇有地下水时，应先将地下水降至基底以下 500mm 方可施工，且降水应连续进行，直至工程完成到地下水位 500mm 以上且具有抗浮及防渗漏能力方可停止降水。

（2）拱券和拱上端墙应由两侧向中间同时、对称施工。

（3）涵洞两侧的回填土在主结构防水层的保护层完成，且保护层砌筑砂浆强度达到 3MPa 后方可进行。回填时，两侧应对称进行，高差不宜超过 300mm。

[考点 2] 箱涵顶进施工技术

当新建道路下穿铁路、公路、城市道路路基施工时，通常采用箱涵顶进施工技术。

1. 工艺流程

现场调查→工程降水→工作坑开挖→后背制作→滑板制作→铺设润滑隔离层→箱涵制作→顶进设备安装→既有线加固→箱涵试顶进→吃土顶进→监控量测→箱体就位→拆除加固设施→拆除后背及顶进设备→工作坑恢复。

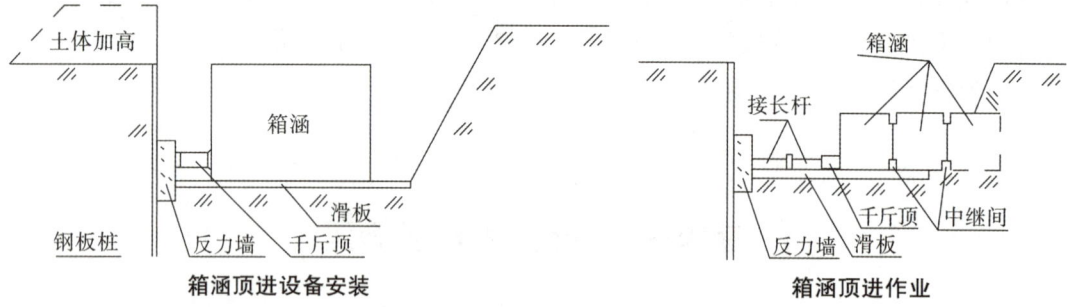
箱涵顶进设备安装　　　　箱涵顶进作业

2. 箱涵顶进前检查工作

（1）箱涵主体结构混凝土强度必须达到设计强度，防水层及保护层按设计完成。

（2）顶进作业面包括路基下地下水位已降至**基底下 500mm 以下**，并宜避开雨期施工。若在雨期施工，必须做好防洪及防雨排水工作。

（3）后背施工、线路加固达到施工方案要求；顶进设备及施工机具符合要求。

（4）顶进设备液压系统安装及预顶试验结果符合要求。

（5）工作坑内与顶进无关人员、材料、物品及设施撤出现场。

3. 箱涵顶进启动

(1) 启动时,现场必须有主管施工技术人员专人统一指挥。

(2) 液压千斤顶顶紧后(顶力在 0.1 乘以结构自重),应暂停加压,检查顶进设备、后背和各部位,无异常时可分级加压试顶。

(3) 当顶力达到 0.8 乘以结构自重时箱涵未启动,应立即停止顶进;找出原因采取措施解决后方可重新加压顶进。

(4) 箱涵启动后,应立即检查后背、工作坑周围土体稳定情况,无异常后方可继续顶进。

4. 顶进挖土

箱涵顶进挖土

箱涵顶进

(1) 可采取人工挖土或机械挖土。每次开挖进尺 0.4~0.8m。挖土顶进应三班连续作业,不得间断。

(2) 两侧应欠挖 50mm,钢刃脚切土顶进。

(3) 列车通过时严禁继续挖土,人员应撤离开挖面。

5. 顶进作业

(1) 每次顶进应检查液压系统、顶柱(铁)安装和后背变化情况等。

(2) 挖运土方与顶进作业循环交替进行。

(3) 箱涵身每前进一顶程,应观测轴线和高程,发现偏差及时纠正。

(4) 箱涵吃土顶进前,应及时调整好箱涵的轴线和高程。在铁路路基下吃土顶进,不宜对箱涵做较大的轴线、高程调整动作。

6. 监控与检查

(1) 箱涵顶进前,每一顶程要观测井记录各观测点**左、右偏差值,高程偏差值和顶程及总进尺**。

(2) 箱涵顶进过程中,每天应定时观测箱涵底板上设置的观测标钉高程,计算相对高差。

(3) 顶进过程中要定期观测箱涵裂缝及开展情况,重点监测底板、顶板、中边墙,中继间牛腿或剪力胶和顶板前、后悬臂板。

7. 季节性施工技术措施

(1) 尽可能避开雨期。需在雨期施工时,应在汛期之前对拟穿越的路基、工作坑边坡采取防护措施。

(2)雨期施工时应做好地面排水,工作坑周边应采取挡水围堰、排水截水沟等措施。注意保持边坡稳定。

(3)冬雨期现浇箱涵场地上空宜搭设固定或活动的作业棚,以免受天气影响。

(4)冬雨期施工应确保混凝土入模温度满足规范规定或设计要求。

🌐 精选真题

[2021年真题·案例节选]

背景资料

某公司承建一项城市主干路工程,长度2.4km,在桩号K1+180~K1+196位置与铁路斜交,采用四跨地道桥顶进下穿铁路的方案。为保证铁路正常通行,施工前由铁路管理部门对铁路线进行加固。顶进工作坑顶进面采用放坡加网喷混凝土方式支护,其余三面采用钻孔灌注桩加桩间网喷支护……

[问题]

1. 在每一顶程中测量的内容是哪些?
2. 地道桥顶进施工应考虑的防排水措施有哪些?

[答案]

1. 各观测点左、右偏差值,高程偏差值和顶程及总进尺。

2. (1)做好地面排水,工作坑周边应采取挡水围堰、排水截水沟等防止地面水流入工作坑的技术措施。(2)工作坑内设置排水沟,坑内不积水。(3)顶进过程地下水位应降低至基底以下0.5m。

强化练习

一、单项选择题

1. 下列属于桥梁附属设施的是( )。
   A. 锥形护坡   B. 桥墩
   C. 桥跨结构   D. 基础

2. 下列桥梁类型中,属于按承重结构所用的材料分类的是( )。
   A. 钢桥   B. 农用桥
   C. 下承式桥   D. 大桥

3. 施工钢板桩围堰时,在( )中不宜使用射水下沉办法。
   A. 黏土   B. 砂土
   C. 碎石土   D. 风化岩

4. 下列影响因素中,不属于设置支架施工预拱度应考虑的是( )。
   A. 支架承受施工荷载引起的弹性变形
   B. 支架杆件接头和卸落设备受载后压缩产生的非弹性变形
   C. 支架立柱在环境温度下的线膨胀或压缩变形
   D. 支架基础受载后的沉降

5. 关于桥梁模板及承重支架的设计与施工的说法,错误的是( )。
   A. 模板及支架应具有足够的承载力、刚度和稳定性
   B. 支架立柱必须落在有足够承载力的地基上
   C. 支架通行孔的两边应加护桩,夜间设警示灯

D. 施工脚手架应与支架相连,以提高整体稳定性

6. 预应力混凝土管道最低点应设置( )。
   A. 排水孔　　　　B. 排气孔
   C. 注浆孔　　　　D. 溢浆孔

7. 关于预应力混凝土结构模板拆除的说法,正确的是( )。
   A. 侧模应在预应力张拉前拆除
   B. 侧模应在预应力张拉后拆除
   C. 模板拆除应遵循先支先拆、后支后拆的原则
   D. 连续梁结构的模板应从支座向跨中方向依次循环卸落

8. 桥墩钢模板组装后,用于整体吊装的吊环应采用( )。
   A. 热轧光圆钢筋　　B. 热轧带肋钢筋
   C. 冷轧带肋钢筋　　D. 高强钢丝

9. 测定混凝土抗压强度时,应以边长( )mm 的立方体标准试件为准。
   A. 100　　　　B. 150
   C. 200　　　　D. 250

10. 混凝土运输、浇筑及间歇的全部时间不应超过混凝土的( )时间。
    A. 初凝　　　　B. 终凝
    C. 拌和　　　　D. 出料

11. 钢管混凝土墩柱浇筑应采用( )混凝土。
    A. 早强　　　　B. 微膨胀
    C. 无收缩　　　D. 补偿收缩

12. 柱式墩台模板、支架除应满足强度、刚度要求外,稳定计算中应考虑( )影响。
    A. 振捣　　　　B. 冲击
    C. 风力　　　　D. 水力

13. 先张法预应力施工中,放张预应力筋时应( )地放张。

A. 分阶段、对称、交错
B. 分阶段、顺序
C. 一次性、对称、交错
D. 一次性、顺序

14. 关于箱涵顶进的说法,正确的是( )。
    A. 箱涵主体结构混凝土强度必须达到设计强度的75%
    B. 当顶力达到0.9乘以结构自重时箱涵未启动,应立即停止顶进
    C. 箱涵顶进必须避开雨期
    D. 顶进过程中,每天应定时观测箱涵底板上设置观测标钉的高程

二、多项选择题

1. 关于钢筋接头的说法,正确的有( )。
   A. 焊接接头应优先选用闪光对焊
   B. 受拉主筋宜采用绑扎连接
   C. 钢筋网片的交叉点焊接宜采用电阻点焊
   D. 同一根钢筋上宜少设接头
   E. 钢筋接头应设在构件最大负弯矩处

2. 关于桥梁伸缩装置施工安装,下列说法正确的是( )。
   A. 安装时,应保证伸缩装置中心线与桥梁中轴线重合
   B. 伸缩装置两侧预留槽混凝土强度达到设计要求方可开放交通
   C. 伸缩装置吊装就位前,将预留槽内混凝土凿毛并清扫干净
   D. 伸缩装置顺桥向应对称放置于伸缩缝的间隙上
   E. 清扫预留槽后可直接浇混凝土

3. 现浇钢筋混凝土预应力箱梁模板支架刚度验算时,在冬期施工的荷载组合包括( )。
   A. 模板、支架自重

B. 现浇箱梁自重

C. 施工人员、堆放施工材料荷载

D. 风雪荷载

E. 倾倒混凝土时产生的水平冲击荷载

4. 浇筑混凝土时,振捣延续时间的判断标准有( )。

A. 持续振捣5min

B. 表面出现浮浆

C. 表面出现分离层析

D. 表面出现气泡

E. 表面不再沉落

5. 桥梁支座按变形可能性分类,可分为( )。

A. 固定支座

B. 单向活动支座

C. 多向活动支座

D. 弧形支座

E. 球形支座

6. 锚具和连接器进场时,应进行( )。

A. 外观检查
B. 硬度检验

C. 动载锚固试验
D. 静载锚固试验

E. 抗拔试验

7. 关于现浇预应力混凝土连续梁施工的说法,正确的有( )。

A. 采用支架法时,支架验算的倾覆稳定系数不得小于1.3

B. 采用移动模架法时,浇筑分段施工缝必须设在弯矩最大值部位

C. 采用悬浇法时,挂篮与悬浇梁段混凝土的质量比值不应超过0.7

D. 悬臂浇筑时,0号段应实施临时固结

E. 悬臂浇筑时,通常最后浇筑中跨合龙段

三、实务操作与案例分析题

案例(一)

背景资料

某市迎宾大桥工程采用沉入桩基础,承台平面尺寸为5m×30m,布置145根桩,为群桩形式:顺桥方向5行桩,桩中心距为0.8m,横桥方向29排,桩中心距1m;设计桩长15m,分两节预制,采用法兰盘等强度接头。

由施工项目部经招标程序选择专业队伍分包打桩作业,在施工组织设计编制和审批中出现了下列事项:

(1)为了挤密桩间土,增加桩与土体的摩擦力,打桩顺序定为四周向中心打。

(2)为防止桩顶或桩身出现裂缝、破碎,决定以贯入度为主控制。

[问题]

1. 分述上述方案和做法是否符合规范规定,若不符合,请说明理由。

2. 沉桩过程中,出现哪些现象要停止打桩?

案例(二)

背景资料

某公司承建一座市政桥梁工程,桥梁上部结构为9孔30m后张法预应力混凝土T梁,桥宽横断面布置T梁12片,T梁支座中心线距梁端600mm,T梁横截面如图1所示。

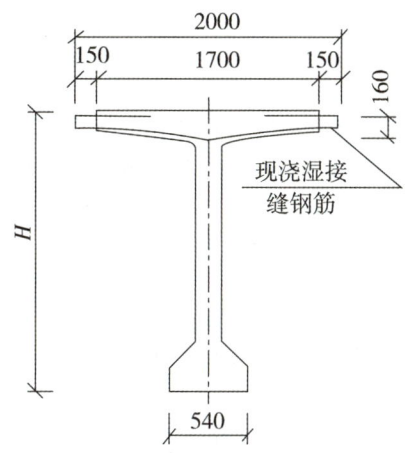

图1 T梁横截面示意图

项目部进场后,拟在桥位线路上现有城市次干道旁租地建设T梁预制场,平面布置如图2所示,同时编制了预制场的建设方案:(1)混凝土采用商品混凝土;(2)预制台座数量按预制工期120天、每片梁预制占用台座时间为10天配置;(3)在T梁预制施工时,现浇湿接缝钢筋不弯折,两个相邻预制台座间要求具有宽度2m的支模及作业空间;(4)露天钢材堆场经整平碾压后表面铺砂厚50mm;(5)由于该次干道位于城市郊区,预制场用地范围采用高1.5m的松木桩挂网维护。

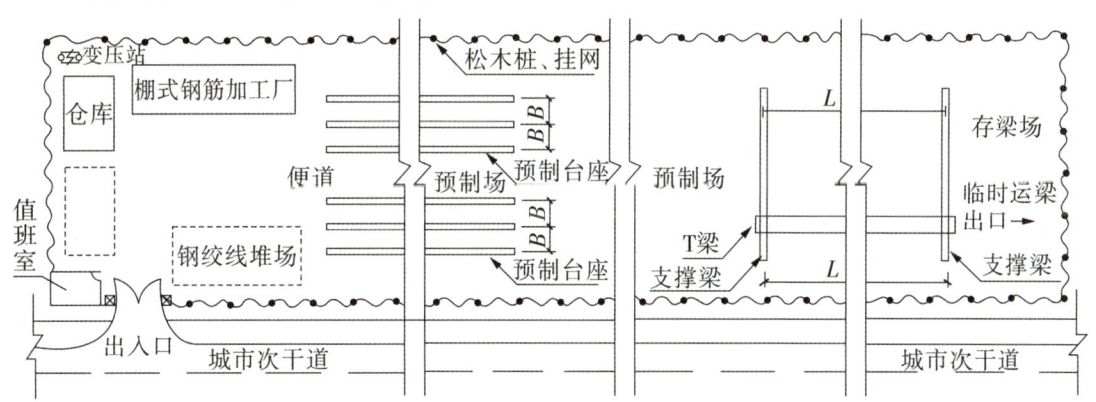

图2 T梁预制场平面布置示意图

监理审批预制场建设方案时,指出预制场围护不符合规定。在施工过程中发生了如下事件:

事件一:雨期导致现场堆放的钢绞线外包装腐烂破损,钢绞线堆场处于潮湿状态。

事件二:T梁钢筋绑扎、钢绞线安装、支模等工作完成并检验合格后,项目部开始浇筑T梁混凝土,混凝土浇筑采用从一端向另一端全断面一次性浇筑完成。

[问题]

1. 全桥共有T梁多少片?为完成T梁预制任务,最少应设置多少个预制台座?(均需列式计算)

2. 列式计算图2中预制台座的间距B和支撑梁的间距L。(单位以m表示)

3. 事件一中的钢绞线应如何存放?

4. 事件二中,T梁混凝土应如何正确浇筑?

案例(三)

背景资料

某桥梁工程的下部结构已全部完成,受政府指令工期的影响,业主将尚未施工的上部结构分成 A、B 两个标段,将 B 段重新招标,桥面宽度 17.5m,桥下净空 6m,上部结构设计为钢筋混凝土预应力现浇箱梁(三跨一联),共 40 联。原施工单位甲公司承担 A 标段,该标段施工现场系既有废弃公路无须处理,满足支架法施工条件,甲公司按业主要求对原施工组织设计进行了重大变更调整;新中标的乙公司承担 B 标段,因 B 标施工现场地处闲置弃土场,地域宽广平坦,满足支架法施工部分条件,其中纵坡变化比较大部分为跨越既有正在通行的高架桥段,新建桥下净空高度达 13.3m,见下图。

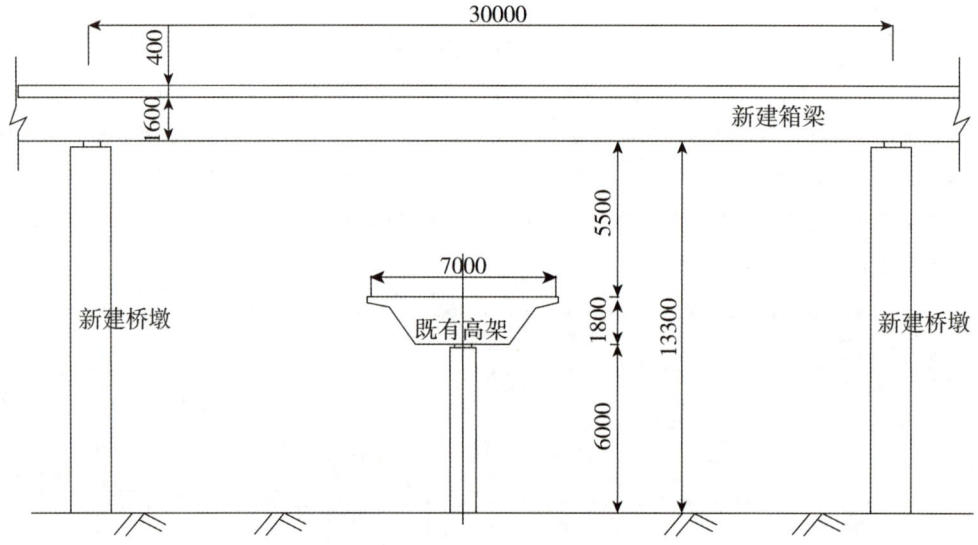

跨越既有高架桥断面示意图(单位:mm)

甲、乙两公司接受任务后立即组织力量展开了施工竞赛。甲公司利用既有公路作为支架基础,地基承载力符合要求。乙公司为赶工期,将原地面稍做整平后即展开支架搭设工作,很快进度超过甲公司。支架全部完成后,项目部组织了支架质量检查并批准模板安装。模板安装完成后开始绑扎钢筋。指挥部检查中发现乙公司施工管理存在问题,下发了停工整改通知单。

[问题]

1. 满足支架法施工的部分条件指的是什么?

2. B 标支架搭设场地是否满足支架的地基承载力?应如何处置?

3. 支架搭设完成和模板安装后用什么方法解决变形问题?支架拼装间隙和地基沉降在桥梁建设中属哪一类变形?

案例(四)

背景资料

甲公司中标跨河桥梁工程,工程规划桥梁建成后河道保持通航,要求桥下净空高度不低于10m。桥梁下部结构采用桩接柱的形式,桥梁下部结构横断面示意图如下图所示。

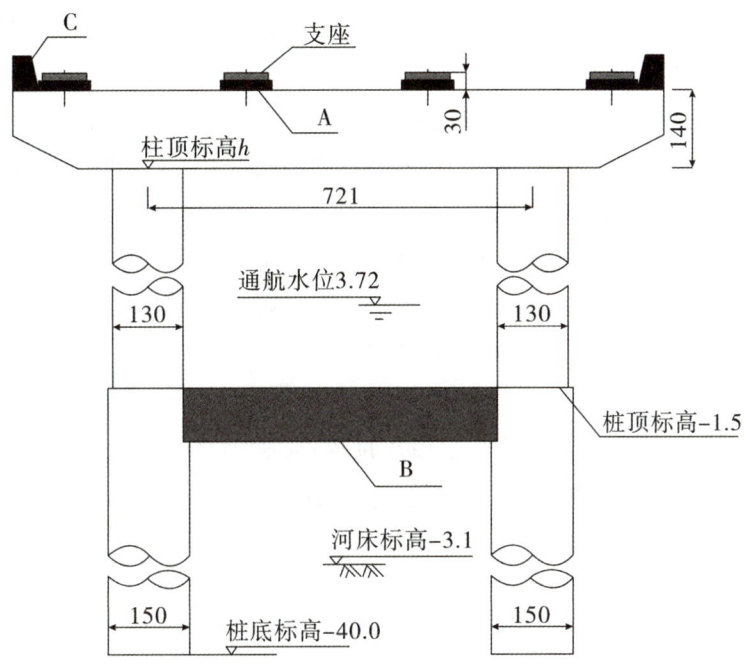

说明:
1. 本图标注单位除高程为m外其余均为cm。
2. 工程河道通航水位即施工水位。

桥梁下部结构横断面示意图

工程施工方案有如下要求:

(1)因桥梁的特殊情况,方案决定桥梁下部结构采取筑岛围堰形式,即桩基施工时采用河道筑岛,待桩基完成后开挖进行下部结构后续施工。

(2)桥梁桩基采用钻孔灌注桩,施工前项目部对钻孔灌注桩制定了如下工艺流程:场地平整→桩位放线→开挖浆池、浆沟→护筒埋设→钻机就位、孔位校正→成孔→……→成桩。

(3)根据本工程实际情况,项目部施工方案中对盖梁拟采用双抱箍桁架的工艺施工,上部结构T形梁质量为35t,项目部采用穿巷架桥机方式进行桥梁的架设工作。

[问题]

1. 将背景资料中钻孔灌注桩省略部分施工工艺流程补充完整。
2. 图中A、B、C的名称是什么?简述其作用。
3. 简要叙述B的常规施工流程。
4. 如果不考虑预拱度与道路坡度,本工程柱顶标高h应为多少米,为什么?

案例（五）

背景资料

甲公司中标城市立交桥工程，桩基础为端承桩，承台墩柱盖梁均为现浇施工，上部T形梁为现场预制，采用先张法进行预应力张拉。

地质资料反映，地面下25m左右位置为硬岩，硬岩上部为粉沙土和流沙。项目部采用泥浆护壁成孔方式进行钻孔灌注桩施工，成孔设备前期用反循环钻机，钻孔至岩层后改用冲击钻钻进到岩层2m，在施工中部分桩发生了塌孔事件。本工程墩柱高4~10m，断面为六角形，采用对扣式定型模板，在拆模后发现8m以上的四根墩柱混凝土有质量缺陷，在墩柱下部模板接缝附近的棱角部位，混凝土出现蜂窝现象。

项目部编制了现场预制梁的施工方案，并编制了施工流程：①安装模板；②穿预应力筋及安放非预应力钢筋骨架；③浇筑混凝土；④张拉预应力筋；⑤拆除模板；⑥养护混凝土；⑦放张预应力筋；⑧构件吊移；⑨清理台座、刷隔离剂。

[问题]

1. 结合案例背景，分析本工程中发生塌孔的最主要原因是什么？
2. 结合案例背景，回答墩柱拆模后，下部的棱角局部出现蜂窝现象的可能原因是什么？
3. 对于墩柱出现的质量问题，项目部从技术上应如何处理？
4. 将本工程先张法施工工艺流程的工序进行排序。

参考答案及解析

一、单项选择题

1. A [解析]桥梁附属设施包括桥面系（桥面铺装、防水排水系统、栏杆或防撞栏杆以及灯光照明等）、伸缩缝、桥头搭板和锥形护坡等。故选A。

2. A [解析]桥梁按主要承重结构的材料分为圬工桥、钢筋混凝土桥、预应力混凝土桥、钢桥、钢-混凝土结合梁桥和木桥等。故选A。

3. A [解析]钢板桩可用锤击、振动、射水等方法下沉，但在黏土中不宜使用射水下沉。故选A。

4. C [解析]模板、支架和拱架的设计中应设施工预拱度。施工预拱度应考虑下列因素：(1)设计文件规定的结构预拱度；(2)支架和拱架承受全部施工荷载引起的弹性变形；(3)受载后由于杆件接头处的挤压和卸落设备压缩而产生的非弹性变形；(4)支架、拱架基础受载后的沉降。故选C。

5. D [解析]脚手架应按规定采用连接件与构筑物相连接，使用期间不得拆除；脚手架不得与模板支架相连接。故选D。

6. A [解析]预应力管道应留压浆孔与溢浆孔；曲线孔道的波峰部位应留排气孔；在最低部位宜留排水孔。故选A。

7. A [解析]选项B错误，预应力混凝土结构的侧模应在预应力张拉前拆除；底模应在结构建立预应力后拆除。选项C错误，模板、支架和拱架拆除应遵循先支后拆、后支先拆的原则。选项D错误，简支梁、连续梁结构的模板应从跨中向支座方向依次循环卸落；悬臂梁结构的模板宜从悬臂端开始顺序卸落。故选A。

8. A [解析]预制构件的吊环必须采用未经冷拉的热轧光圆钢筋制作，不得以其他钢筋替代，且其使用时的计算拉应力应不大于65MPa。故选A。

9. B [解析]在进行混凝土强度试配和质量评定时，

混凝土的抗压强度应以边长为150mm的立方体标准试件测定。故选B。
10. A [解析]混凝土运输、浇筑及间歇的全部时间不应超过混凝土的初凝时间。故选A。
11. D [解析]钢管混凝土墩柱应采用补偿收缩混凝土,一次连续浇筑完成。故选D。
12. C [解析]模板、支架除应满足强度、刚度外,稳定计算中应考虑风力影响。故选C。
13. A [解析]预应力筋放张顺序应符合设计要求,设计未规定时,应分阶段、对称、交错地放张。故选A。
14. D [解析]选项A错误,箱涵主体结构混凝土强度必须达到设计强度。选项B错误,当顶力达到0.8乘以结构自重时箱涵未启动,应立即停止顶进。选项C错误,箱涵顶进宜避开雨期施工;若在雨期施工,必须做好防洪水及防雨排水工作。故选D。

二、多项选择题

1. ACD [解析]选项B错误,受拉构件中的主筋不得采用绑扎连接。选项E错误,钢筋接头宜设在受力较小区段,不宜位于构件的最大弯矩处。故选ACD。
2. ACD [解析]选项B错误,伸缩装置两侧预留槽混凝土强度在未满足设计要求前不得开放交通。选项E错误,浇筑混凝土前,应彻底清扫预留槽,并用泡沫塑料将伸缩缝间隙处填塞,然后安装必要的模板。故选ACD。
3. ABD [解析]设计模板、支架和拱架刚度验算时的荷载组合包括:模板、拱架和支架自重;新浇筑混凝土、钢筋混凝土或圬工、砌体的自重力;设于水中的支架所承受的水流压力、波浪力、流冰压力、船只及其他漂浮物的撞击力;其他可能产生的荷载,如风雪荷载、冬期施工保温设施荷载等。故选ABD。
4. BE [解析]采用振捣器振捣混凝土时,每一振点的振捣延续时间,应以混凝土表面呈现浮浆、不出现气泡和不再沉落为准。故选BE。
5. ABC [解析]桥梁支座按变形可能性分为固定支座、单向活动支座、多向活动支座。故选ABC。
6. ABD [解析]锚具、夹具及连接器进场验收时,应按出厂合格证和质量证明书核查其锚固性能类别、型号、规格、数量,确认无误后进行外观检查、硬度检验和静载锚固性能试验。故选ABD。
7. ACDE [解析]选项B错误,采用移动模架法时,浇筑分段工作缝,必须设在弯矩零点附近。故选ACDE。

三、实务操作与案例分析题

案例(一)

1. (1)不符合。打桩顺序不符合规范规定,沉桩顺序应从中心向四周进行。
   (2)不符合。以贯入度为主控制不符合规范规定,沉桩时,应以控制桩端设计标高为主,贯入度为辅。
2. 在沉桩过程中发现以下情况应暂停施工,并应采取措施进行处理:
   (1)贯入度发生剧变;
   (2)桩身发生突然倾斜、位移或有严重回弹;
   (3)桩头或桩身破坏;
   (4)地面隆起;
   (5)桩身上浮。

案例(二)

1. 全桥共有T梁$9 \times 12 = 108$(片)。预制台座:$108 \times 10/120 = 9$(个)。
2. 预制台座的间距$B = 1 + 2 + 1 = 4(m)$;支撑梁的间距$L = 30 - 0.6 \times 2 = 28.8(m)$。
3. 钢绞线应该存放在仓库中。仓库应该干燥、防潮、通风良好、无腐蚀气体和介质。如果存放在室外,不得直接堆放在地面上,必须垫高、覆盖、防腐蚀、防雨露,时间不宜超过6个月。
4. 由于梁长度和宽度过大,属于大体积混凝土,故应该分层分段浇筑,不应该从左到右全断面浇筑。浇筑顺序:底板→腹板(肋板)→顶板。

案例(三)

1. B标施工现场地处闲置弃土场,地域宽广平坦,可以作为支架施工场地,经过地基处理,确保具有足够的承载力后利用支架法施工;而对于跨越既有正在通行的高架桥段,则需要设置通行孔,以确保通行需要及通行安全。

2. (1)废弃场地为杂填土,不能满足地基承载力的要求。

(2)应对场地采取换填、硬化、加垫板等措施,提高地基承载力。预压地基合格并形成记录。做好排水措施,严禁水泡和冻胀。

3. (1)预压以及设置预拱度。

(2)属于非弹性变形。

案例(四)

1. 清孔换浆→终孔验收→下钢筋笼→下导管→二次清孔→浇筑水下混凝土→拔出护筒。

2. A 的名称是垫石。作用:保证上部结构与盖梁有一定净空;便于后期更换支座;调整高程与坡度(例如在缓和曲线上面);平稳均衡传递上部荷载。

  B 的名称是系梁。作用:把两个桩或墩连成整体受力,增加横向稳定性。

  C 的名称是防震挡块。作用:防止主梁在横桥向发生落梁现象。

3. 系梁底模(或垫层)→绑扎桩接柱钢筋→系梁钢筋→支模板→浇筑混凝土→养护→拆模。

4. 桥跨最下缘要求设计高程:3.72+10=13.72(m)。墩柱顶设计高程:13.72−1.4−0.3=12.02(m)。

  依据桥下净空高度的定义:设计洪水水位、计算通航水位或桥下线路路面至桥跨结构最下缘之间的距离。本工程为梁式桥,支座顶部即为桥跨的最下缘。

案例(五)

1. 发生塌孔的原因可能是地质条件中上部地层为粉沙土和流沙,且反循环钻机相对于正循环钻机而言护壁效果差,而更换冲击钻进行钻孔时,对已经成孔的孔壁有振动,进而造成塌孔。

2. 可能的原因是:①因为蜂窝现象出现在墩柱棱角部位,可能是模板拼装不紧密,模板接头没有做好密封,造成漏浆现象;②混凝土振捣不到位,因为出现质量问题的是8m以上的墩柱下部,振捣可能存在操作问题,出现漏振或者过振。

3. (1)对非结构性蜂窝处理:将蜂窝处疏松敲除,洒水湿润,使用与混凝土相同配比水泥砂浆填补平整。

(2)对结构性蜂窝处理:敲除蜂窝处的疏松部分至钢筋,清理结构接槎及钢筋表面,涂刷混凝土界面黏结剂,灌注原混凝土同等级的补偿收缩混凝土,养护后做试验检测其强度。

4. 先张法(台座法)施工主要工艺流程是:⑨清理台座、刷隔离剂→②穿预应力筋及安放非预应力钢筋骨架→④张拉预应力筋→①安装模板→③浇筑混凝土→⑥养护混凝土→⑤拆除模板→⑦放张预应力筋→⑧构件吊移。

第3章 城市轨道交通工程

考情概述

本章主要考查城市轨道交通工程结构特点、施工方法、技术要求等。本章知识点在近5年考试中平均为16分。在备考时,考生要以理解为前提,熟记和掌握相关概念、结构特点、施工方法、质量检验和安全措施等。

扫码领取视频课程

近5年考试真题分值统计表

(单位:分)

序号	专题名	2022	2021	2020	2019	2018
1	城市轨道交通工程结构与特点	1	0	2	6	0
2	明挖基坑施工	11	7	9	13	8
3	盾构法施工	9	2	1	3	1
4	喷锚暗挖(矿山)法施工	0	0	0	1	5

思维导图

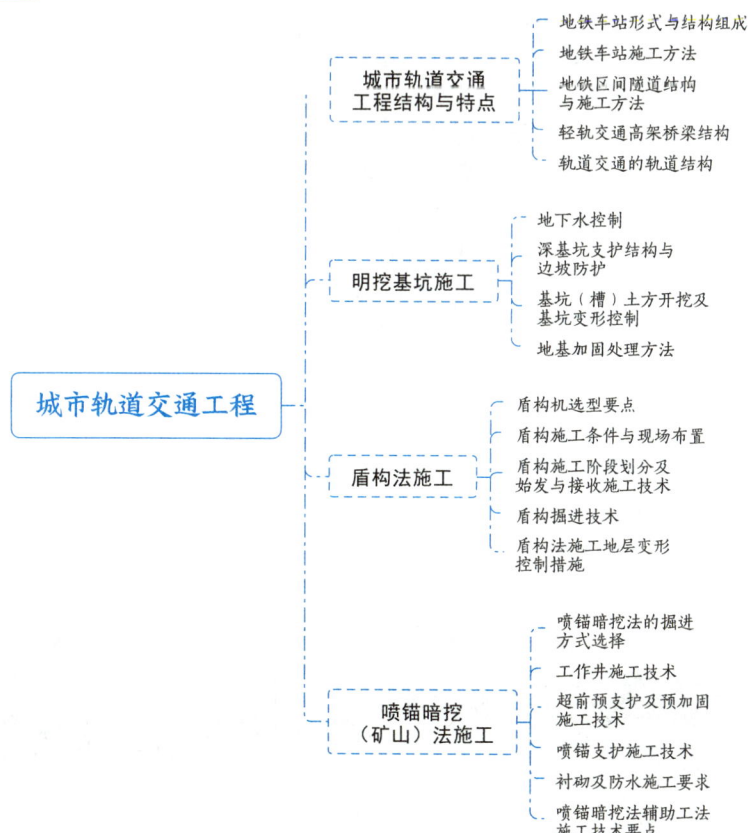

专题1　城市轨道交通工程结构与特点

备考提示▷ 本专题重点考查地铁车站施工的三大类方法（明挖、盖挖、浅埋暗挖）的工艺流程，可在案例题中考核。其余内容主要考核选择题。

[考点1] 地铁车站形式与结构组成

1. 地铁车站形式分类

分类方式	分类情况
与地面相对位置	高架、地面、地下车站
运营性质	中间站、区域站、换乘站、枢纽站、联运站、终点站
结构横断面	矩形、拱形、圆形、其他（如马蹄形、椭圆形等）
站台形式	岛式站台；侧式站台；岛、侧混合站台

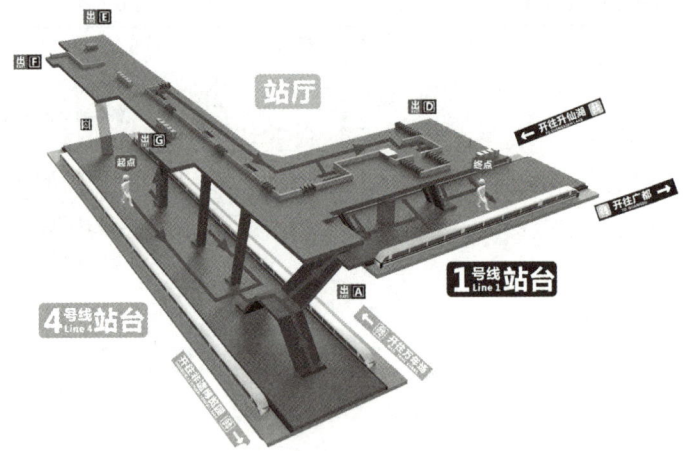

地铁车站示意图

2. 地铁车站结构组成

地铁车站通常由车站主体（站台、站厅、设备用房、生活用房），出入口及通道，附属建筑物（通风道、风亭、冷却塔）等三大部分组成。

车站站台　　　　　　　出入口　　　　　　　冷却塔

🌐 精选真题

[2020年真题·多选] 地铁车站通常由车站主体及( )组成。

A. 出入口及通道　　　　　　B. 通风道

C. 风亭　　　　　　　　　　D. 冷却塔

E. 轨道及道床

[答案]　ABCD

[解析]　地铁车站通常由车站主体(站台、站厅、设备用房、生活用房)，出入口及通道，附属建筑物(通风道、风亭、冷却塔等)三大部分组成。

[考点2]　地铁车站施工方法

1. 明挖法施工

明挖法适用于地面建筑物较少、拆迁少、地表干扰小的地区，具有施工作业面多、速度快、工期短、易保证工程质量、工程造价低等优点，缺点是对周围环境影响较大。

施工流程：围护结构施工→降水(或基坑底土体加固)→第一层开挖→设置第一层支撑→第 n 层开挖→设置第 n 层支撑→最底层开挖→底板混凝土浇筑→自下而上逐步拆支撑(局部支撑可能保留在结构完成后拆除)→随支撑拆除逐步完成结构侧墙和中板→顶板混凝土浇筑。

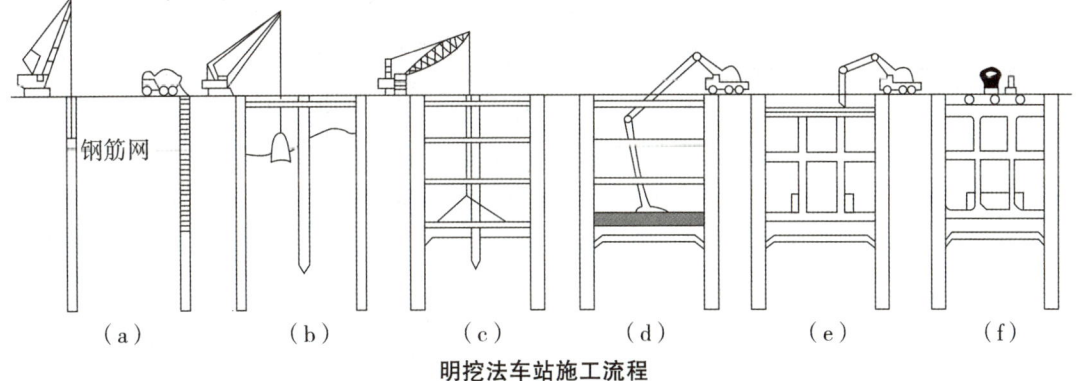

明挖法车站施工流程

(a)围护结构施工；(b)第一层开挖、支撑；(c)第 n 层开挖、支撑；(d)浇筑底板混凝土；
(e)浇筑中板及顶板；(f)车站主体结构完成

(1)明挖法按开挖方式分为放坡明挖和不放坡明挖两种，如下表所示。

分类	适用条件	防护措施
放坡明挖	埋深较浅、地下水位较低的城郊地段	坡面防护、锚喷支护或土钉墙支护
不放坡明挖	场地狭窄及地下水丰富的软弱围岩地区	①**围护结构**形式有地下连续墙、人工挖孔桩、钻孔灌注桩、钻孔咬合桩、SMW工法桩、工字钢桩和钢板桩。 ②**支撑结构**形式有现浇混凝土支撑、钢管支撑和H形钢支撑

(2)明挖法施工的车站主要采用矩形框架结构或拱形结构。

站台
线路中心线
线路中心线
站台
设备管理用房区

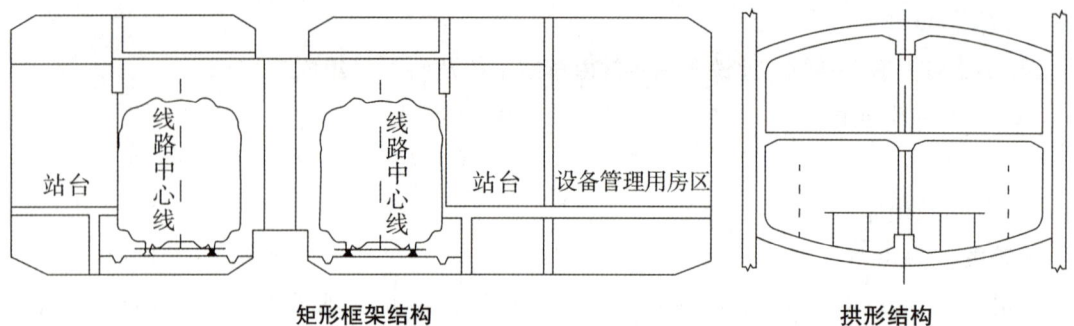

矩形框架结构

拱形结构

2. 盖挖法施工

盖挖法是先盖后挖,即先以预制棚盖结构或现浇顶板结构板维持地面交通,再向下施工。盖挖法包括:盖挖顺作法、盖挖逆作法及盖挖半逆作法。城市中施工采用最多的是盖挖逆作法。

(1)盖挖法施工的优点有围护结构变形小,能够有效控制周围土体的变形和地表沉降,有利于保护邻近建筑物和构筑物;施工受外界气候影响小,坑底土体稳定,隆起小,施工安全;采用盖挖逆作法可尽快恢复路面,对道路交通影响小。

(2)盖挖法施工的缺点有混凝土结构的水平施工缝的处理较困难;竖向出口少,需水平运输,后期开挖土方不方便;作业空间小,施工速度较明挖法慢、工期长、费用高。

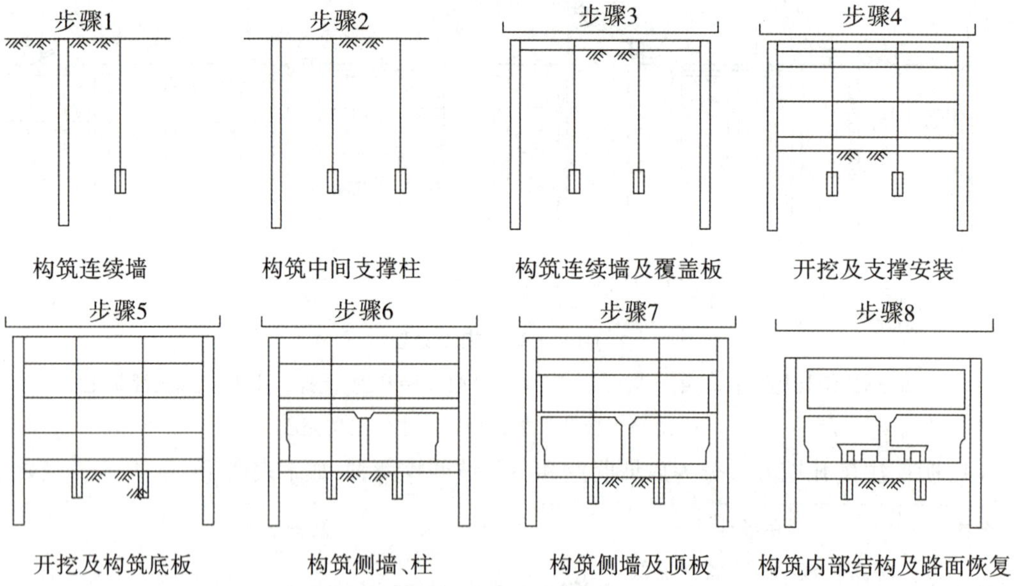

步骤1
构筑连续墙
步骤2
构筑中间支撑柱
步骤3
构筑连续墙及覆盖板
步骤4
开挖及支撑安装
步骤5
开挖及构筑底板
步骤6
构筑侧墙、柱
步骤7
构筑侧墙及顶板
步骤8
构筑内部结构及路面恢复

盖挖顺作法施工流程

步骤1
构筑围护结构
步骤2
构筑主体结构中间立柱
步骤3
构筑顶板
步骤4
回填土、恢复路面

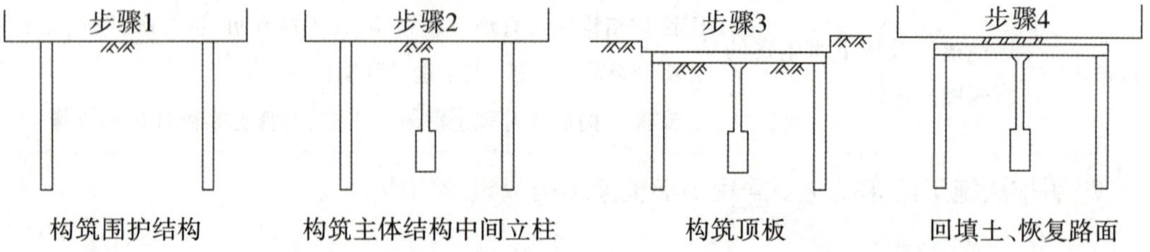

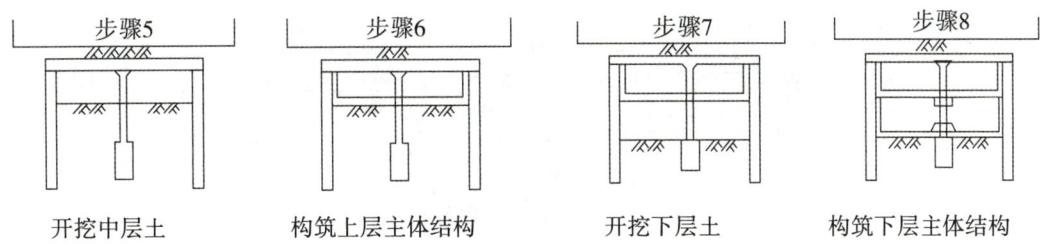

盖挖逆作法施工流程

(3)地铁车站结构多采用矩形框架结构。

3. 喷锚暗挖法

(1)新奥法

要求初期支护有一定柔度,以利用和充分发挥围岩的自承能力。

(2)浅埋暗挖法

要求初期支护有一定刚度,来减少地表沉陷。施工顺序为小导管或管棚(注水泥/化学浆)→短进尺开挖(0.5~1.0m)→初期支护→仰拱→防水层→二次衬砌。其中,浅埋暗挖法适用条件有:

①不允许带水作业。

②浅埋暗挖法要求开挖面具有一定自立性和稳定性。

③对开挖面前方地层的预加固和预处理,视为浅埋暗挖法的必要前提,目的就在于加强开挖面的稳定性,增加施工的安全性。

(3)地铁车站结构为单拱式、双拱式(塔柱式和立柱式)和三拱式(塔柱式和立柱式)车站。

🌐 **精选真题**

1.[2022年真题·单选] 关于地铁车站施工方法的说法,正确的是(   )。(难)

A. 盖挖法可有效控制地表沉降,有利于保护邻近建(构)筑物

B. 明挖法具有施工速度快、造价低,对周围环境影响小的优点

C. 采用钻孔灌注桩与钢支撑作为围护结构时,在钢支撑的固定端施加预应力

D. 盖挖顺作法可以使用大型机械挖土和出土

[答案] A

[答案] 选项B错误,明挖法的缺点是对周围环境影响较大。选项C错误,钢支撑在活络头一端施加预应力。选项D错误,盖挖顺作法挖土和出土工作因受盖板的限制,无法使用大型机械,需要采用特殊的小型、高效机具。故选A。

2.[2019年真题·案例节选]

背景资料

某市政企业中标一城市地铁车站项目,该项目地处城郊接合部,场地开阔,建筑物稀少,车站全长200m,宽19.4m,深度16.8m,设计为地下连续墙围护结构,采用钢筋混凝土支撑与钢管支撑,明挖法施工……详见下图。

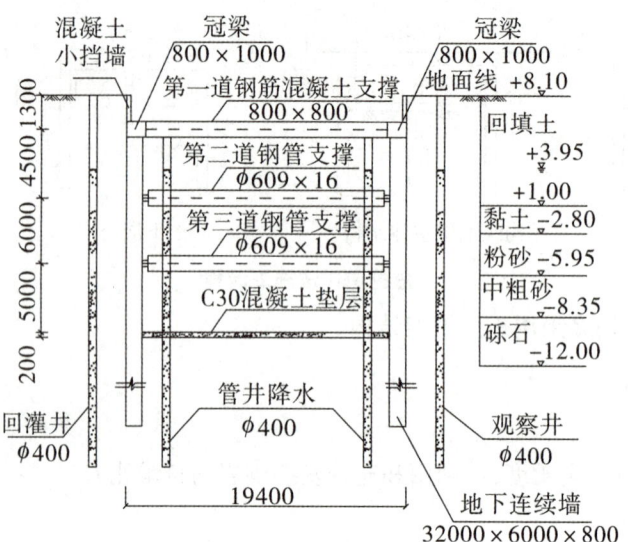

地铁车站明挖施工示意图

(高程单位:m;尺寸单位:mm)

……施工工序为:围护结构施工→降水→第一层土方开挖(挖至冠梁底面标高)→A→第二层土方开挖→设置第二道支撑→第三层土方开挖→设置第三道支撑→最底层开挖→B→拆除第三道支撑→C→负二层中板、中板梁施工→拆除第二道支撑→负一层侧墙、中柱施工→侧墙顶板施工→D。

[问题]

写出施工工序中代号 A、B、C、D 对应的工序名称。

[答案]

A:第一道钢筋混凝土支撑施工。B:垫层、底板、部分侧墙施工。C:负二层侧墙及中柱(墙)施工。D:第一道钢筋混凝土支撑拆除及回填。

[考点 3] 地铁区间隧道结构与施工方法

1. 明挖法

在场地开阔、建筑物稀少、交通及环境允许的地区,应优先采用施工速度快、造价较低的明挖法施工。明挖法施工隧道可采用整体式衬砌结构和预制装配式衬砌。(矩形断面)

2. 喷锚暗挖(矿山)法

初期支护按承担全部基本荷载来设计,二次衬砌作为安全储备,两者共同承担特殊荷载。初期支护必须从上向下施工,二次衬砌必须从下往上施工,不允许先拱后墙施工。浅埋暗挖法支护衬砌的结构刚度比较大,初期支护允许变形量比较小,有利于减少对地层的扰动及保护周边环境。

(1)地层预加固和预支护。小导管超前预注浆、开挖面超前深孔注浆及管棚超前支护。

(2)隧道土方开挖与支护。根据不同的地质条件及隧道断面,选用不同的开挖方法,但其总原则是预支护、预加固一段,开挖一段;开挖一段,支护一段;支护一段,封闭成环一段。

(3)初期支护形式。钢拱锚喷混凝土支护是满足要求的最佳支护形式。

(4)二次衬砌。初期支护的变形达到基本稳定,且防水结构施工验收合格后,可以进行二次衬砌施工。

(5)监控量测。拱顶沉降是控制稳定较直观的和可靠的判断依据,水平收敛和地表沉降有时也是重要的判断依据。

3. 盾构法

建井→装机→始发→掘进同时出土和衬砌管片→注浆→接收并拆机。

(1)盾构法的优点

①除工作井施工外,施工作业均在地下进行,既不影响地面交通,又可**减少对附近居民的噪声和振动影响**。

②盾构推进、出土、拼装衬砌等主要工序循环进行,施工易于管理,施工人员也较少。

③隧道的施工费用不受覆土量影响,适宜于建造覆土较深的隧道。

④施工不受风雨等气候条件影响。

⑤当隧道穿过河底或其他建筑物时,不影响航运通行和建(构)筑物的正常使用。

⑥土方及衬砌施工安全、掘进速度快。

⑦在松软含水地层中修建埋深较大的长隧道往往具有技术和经济方面的优越性。

(2)盾构法的缺点

①当隧道曲线**半径过小**时,施工较为困难。

②在陆地建造隧道时,如隧道**覆土太浅**,则盾构法施工困难很大,而在水下时,如覆土太浅则盾构法施工不够安全。

③盾构施工中采用全气压方法以疏干和稳定地层时,对劳动保护要求较高,施工条件差。

④盾构法隧道上方一定范围内的地表沉降尚难完全防止,特别在饱和含水、松软的土层中,要采取严密的技术措施才能把沉降控制在很小的限度内。

⑤在饱和含水地层中,盾构法施工所用的拼装衬砌,对达到整体结构防水的技术要求较高。

⑥对于结构断面尺寸多变的区段适应能力较差。

(3)对使用管片的技术要求

管片按材质分为钢筋混凝土管片(最常用)、钢管片、铸铁管片、钢纤维混凝土管片和复合材料管片。

钢筋混凝土管片

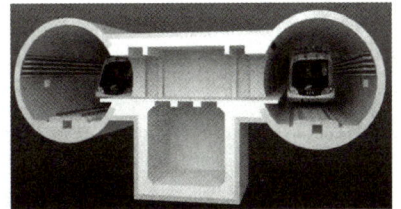

盾构法联络通道贯通

钢管片和铸铁管片一般用于负环管片或联络通道部位。

⊕ 精选真题

[2019年真题·多选] 盾构法施工隧道的优点有( )。

A. 不影响地面交通

B. 对附近居民干扰少

C. 适宜于建造覆土较深的隧道

D. 不受风雨天气影响

E. 对结构断面尺寸多变的区段适应能力较好

[答案] ABCD

[解析] 盾构法施工隧道属于地下施工,那么选项 ABD 可以直接选出来。与浅埋暗挖相比,选项 C 是盾构的优势,而选项 E 则是浅埋暗挖的特点。故选 ABCD。

4. 联络通道

联络通道是设置在两条地铁隧道之间的一条横向通道,起到**安全疏散乘客、隧道排水及防火、消防**等作用,如下图所示。

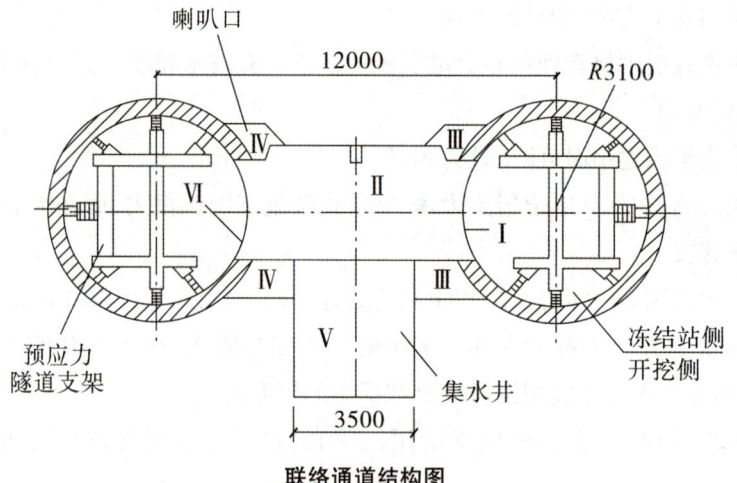

联络通道结构图

Ⅰ—冻结侧通道预留口钢管片;Ⅱ—通道;Ⅲ—冻结侧喇叭口;Ⅳ—对侧喇叭口;
Ⅴ—集水井;Ⅵ—对侧门钢管片

⊕ 精选真题

[2018年真题·单选] 两条单线区间地铁隧道之间应设置横向联络通道,其作用不包括( )。

A. 隧道排水 B. 隧道防火、消防

C. 安全疏散乘客 D. 机车转向调头

[答案] D

[解析] 联络通道就是用一个通道将地铁隧道的左线右线打通,以方便在一条隧道出现问题的时候可以从另外一条隧道进去,然后通过联络通道进入需要救援的地方,达到快速救援

的目的。注意关键词"救援"和"联络",所以联络通道是起到安全疏散乘客、隧道排水及防火、消防等作用,与机车转向掉头没有关系。故选D。

[考点 4] 轻轨交通高架桥梁结构

1. 高架桥结构与运行特点

上部结构优先采用预应力混凝土结构,其次才是钢结构,须有足够的竖向和横向刚度。高架桥应设有降低振动和噪声(设置声屏障)、消除楼房遮光和防止电磁波干扰等系统。

2. 高架桥墩形式

高架桥墩包括倒梯形桥墩、T形桥墩、双柱式桥墩、Y形桥墩。T形桥墩占地面积小,是城镇轻轨高架桥最常用的桥墩形式。

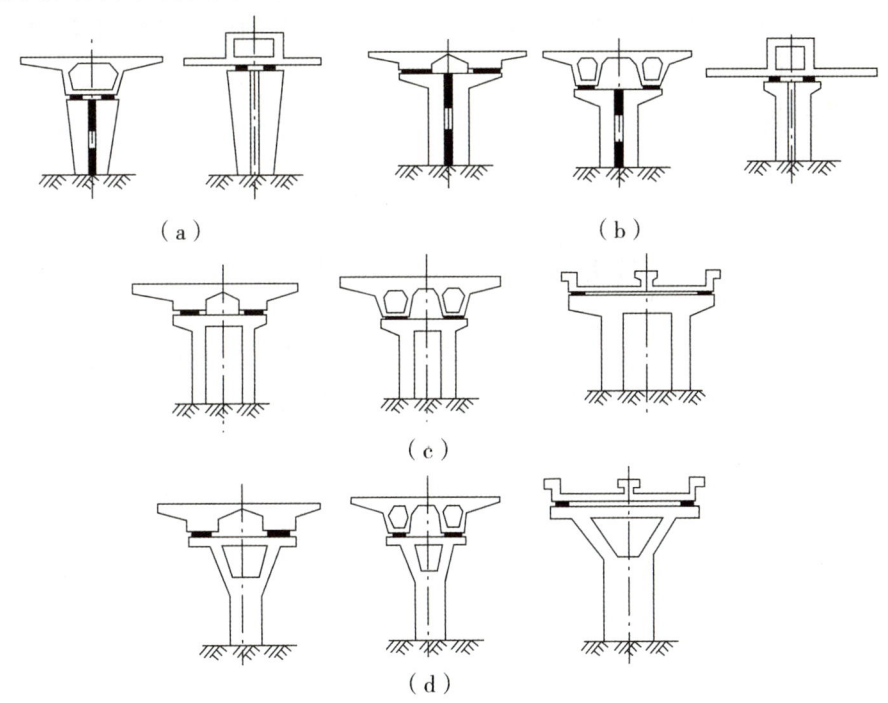

桥墩基本形式示意图

(a)倒梯形桥墩;(b)T形桥墩;(c)双柱式桥墩;(d)Y形桥墩

3. 高架桥的上部结构

(1)主要工程节点的桥梁

主要工程节点可以采用任何一种适用于城市桥梁的大跨度桥梁结构体系。采用最多的是连续梁、连续刚构、系杆拱。

(2)一般地段的桥梁

一般地段的桥梁结构形式简单。宜大量采用预制预应力混凝土梁。

考点 5　轨道交通的轨道结构

1. 轨道形式与选择

(1) 长度大于 100m 的隧道内和隧道外 U 形结构地段及高架桥和大于 50m 的单体桥地段，宜采用短枕式或长枕式整体道床。

(2) 地面正线宜采用混凝土枕碎石道床，基底坚实、稳定、排水良好的地面车站地段可采用整体道床。

(3) 车场库内线应采用短枕式整体道床；地面出入线、试车线和库外线宜采用混凝土枕碎石道床或木枕碎石道床。

2. 隔声屏障类型

按降噪功能可分为扩散反射型声屏障、吸收共振型声屏障、有源降噪声屏障；按结构类型可分为直立式、折壁式、表面倾斜式、半封闭或全封闭式等；按不同顶端类型可分为倒 L 形、T 形、Y 形、圆弧形、鹿角形等。

专题 2　明挖基坑施工

备考提示▷　本专题是案例题考核的高频考点，除了可以在城市轨道交通工程中考核，还可以结合桥梁、涵洞、给水排水构筑物以及管道工程进行考核，属于通用的施工技术，是案例备考必备知识。

考点 1　地下水控制

地下水应根据工程地质和水文地质条件、基坑周边环境要求及支护结构形式选用截水、降水、回灌或其组合方法。

1. 基本要求

(1) 当降水会对基坑周边建筑物、地下管线、道路等造成危害或对环境造成长期不利影响时，应采用截水方法控制地下水。

(2) 地下水位高于基坑开挖面时，要降低地下水方法疏干坑内土层中的地下水；在软土地区基坑开挖深超过 3m 一般就要用井点降水。开挖深度浅时，可集水明排。

(3) 当基坑底为隔水层且层底作用有承压水时，应进行**坑底突涌**验算，必要时可采取**水平封底隔渗或钻孔减压**措施。

◉ 精选真题

[2017 年真题·多选] 当基坑底有承压水时，应进行坑底突涌验算，必要时可采取（　　）保证坑底土层稳定。

A. 截水　　　　　　　　　　B. 水平封底隔渗

C. 设置集水井　　　　　　　D. 钻孔减压

E. 回灌

[答案] BD

[解析] 采取截水方法控制地下水,适用于降水对基坑周边建构筑物、地下管线、道路等造成危害或对环境造成长期不利影响时采用;而回灌是为了控制和提高地下水水位,对于坑底有承压水的情况,无异于"雪上加霜";至于设置集水井,只能收集基坑的水,对防止坑底承压水突涌起不到作用。所以本题 ACE 选项都不正确。故选 BD。

2. 截水

节水帷幕目的是**阻止基坑外地下水流入基坑内部**,或减小地下水沿帷幕的水力梯度。基坑截水方法可选用水泥土搅拌桩帷幕、高压旋喷或摆喷注浆帷幕、地下连续墙或咬合式排桩等。

3. 降水

(1) 降水的作用

①截住坡面及基底的**渗水**。

②增加边坡的**稳定性**,减小被开挖**土体含水量**。

③有效提高土体的**抗剪强度**与基坑稳定性。

④减小承压水头对基坑底板的顶托力,防止**坑底突涌**。

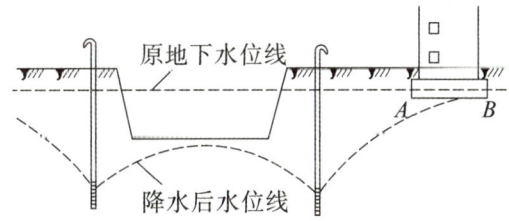

(2) 工程降水方法的选用

降水方法		土质类别	渗透系数(m/d)	降水深(m)
集水明排		填土、黏性土、粉土、砂土、碎石土	—	—
降水井	真空井点	粉质黏土、粉土、砂土	0.01~20.0	单6 多12
	喷射井	粉土、砂土	0.1~20.0	≤20
	管井	粉土、砂土、碎石土、岩石	>1	不限
	渗井	粉质黏土、粉土、砂土、碎石土	>0.1	由下伏含水层的埋藏条件和水头条件确定
	辐射井	黏性土、粉土、砂土、碎石土	>0.1	4~20
	电渗井	黏性土、淤泥、淤泥质黏土	≤0.1	≤6
	潜埋井	粉土、砂土、碎石土	>0.1	≤2

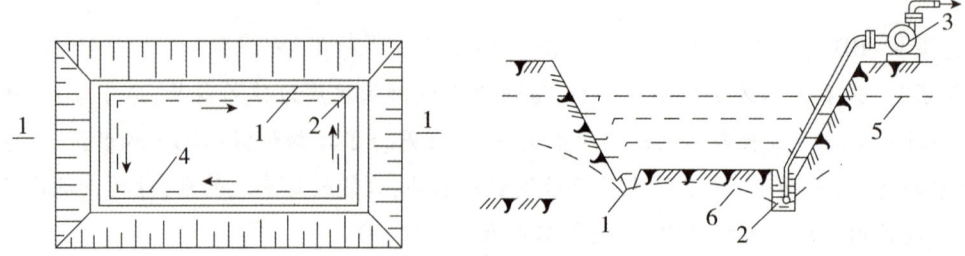

明沟、集水井排水方法

1—排水明沟;2—集水井;3—离心式水泵;4—设备基础或建筑物基础边线;
5—原地下水位线;6—降低后地下水位线

(3)集水明排

①明沟、集水井排水多是在基坑的两侧或四周设排水明沟,四角或每隔30~50m设集水井。

②明沟宜布置在拟建建筑基础边0.4m外,沟边缘离开坡脚应不小于0.3m。明沟深0.3~0.4m,集水井底面应比沟底面低0.5m以上。

③明沟、集水井排水,视水量多少连续或间断抽水,直至基础施工完毕、回填土为止。

④集水明排设施与市政管网连接口之间应设置沉淀池。明沟、集水井、沉淀池使用时应保持排水畅通并应随时清理淤积物。

(4)井点降水

轻型井点布置应根据基坑面形状与大小、地质和水文情况、工程性质、降水深度等而定,如下表所示。

井点布置形式

井点布置	适用环境	设置
单排	基坑宽度<6m且降水深度≤6m	地下水上游一侧(两端外延宽度1~2倍布置降水井)
双排	宽度>6m或土质不良,渗透系数大	基坑两侧(两端外延宽度1~2倍布置降水井)
环形	面积较大	出入道不封闭,间距4m,地下水下游方向

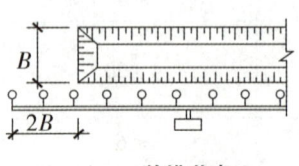

单排井点

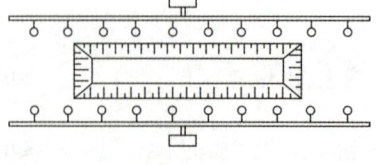

双排井点

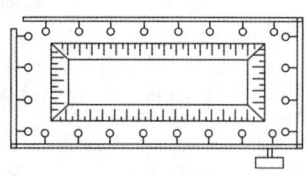

环形井点

井点管的类别,如下表所示。

各类井点的基本要求

井点类型	材料	位置
轻型井点	井点管宜采用金属管	①距坑壁不应小于1.0~1.5m,井点间距0.8~1.6m; ②滤水管必须埋入含水层内,且比坑底深0.9~1.2m
喷射井点	①孔壁与井管之间滤料宜采用中粗砂; ②滤料上方宜使用黏土封堵,封堵至地面的厚度应大于1m	深度应比设计开挖深度大3.0~5.0m
管井	滤料宜选用磨圆度好的硬质岩石成分的圆砾	井管底部应设置沉砂段

🌐 **精选真题**

[2016年真题·多选] 明挖基坑轻型井点降水的布置应根据基坑的（　　）来确定。

A. 工程性质　　　　　　　　B. 地质和水文条件
C. 土方设备施工效率　　　　D. 降水深度
E. 平面形状大小

[答案] ABDE

[解析] 明挖基坑井点降水中,轻型井点布置应根据基坑平面形状与大小、地质和水文情况、工程性质、降水深度等而定。当基坑(槽)宽度小于6m且降水深度不超过6m时,可采用单排井点,布置在地下水上游一侧;当基坑(槽)宽度大于6m或土质不良,渗透系数较大时,宜采用双排井点,布置在基坑(槽)的两侧,当基坑面积较大时,宜采用环形井点。故选ABDE。

4. 回灌

(1)回灌适用于基坑周围存在需要保护的建(构)筑物或地下管线且基坑外地下水位降幅较大。

(2)坑内减压降水时,坑外回灌井深度宜≤承压含水层中隔水帷幕深度;坑外减压降水时,回灌井与减压井间距宜≥6m。

(3)回灌井可分为自然回灌与加压回灌井。

(4)回灌井施工结束至开始回灌,应至少间隔2~3周。管井外侧止水封闭层顶至地面之间,宜用素混凝土填实。

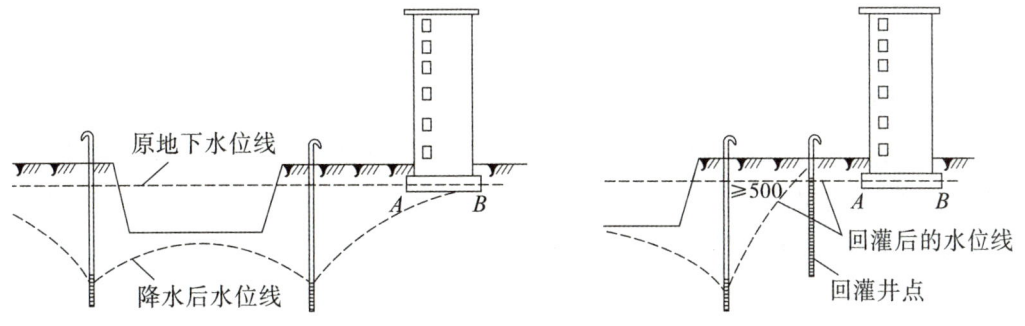

回灌井示意图(单位:cm)

5. 基坑的隔（截）水帷幕与坑内外降水

隔水帷幕与降水井布置	降水位置	目的
隔水帷幕隔断降水含水层	坑内降水	疏干坑内地下水
隔水帷幕底位于承压水含水层隔水顶板	坑外降水	防底板隆起或突涌
隔水帷幕位于承压水含水层中	坑内降水	前期降压/后期降压+疏干

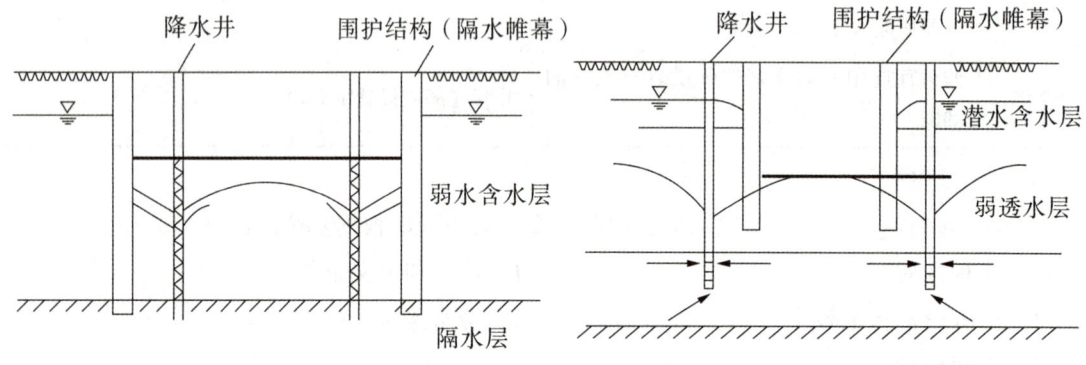

隔水帷幕深入降水含水层底板　　　隔水帷幕底位于承压含水层隔水顶板

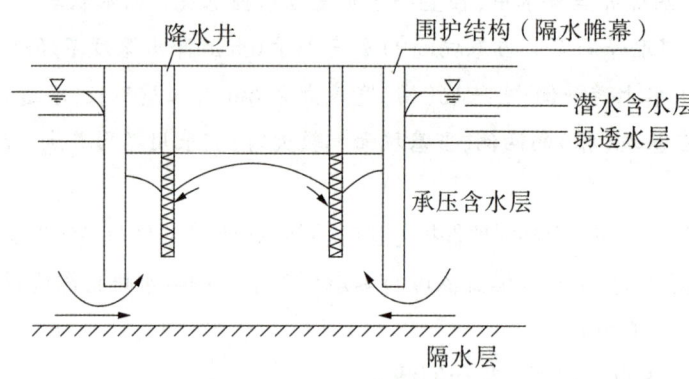

隔水帷幕底位于承压水含水层中

[考点 2] 深基坑支护结构与边坡防护

1. 围护结构

（1）基坑围护结构体系

基坑围护结构体系由板（桩）墙、围檩（冠梁）及其他附属构件组成。受力传递为土、水压力→板墙→围檩（冠梁、腰梁）→支撑。

（2）深基坑围护结构类型

不同类型围护结构的特点

类型		特点
排桩	预制混凝土板桩	①施工较为困难,对机械要求高,而且挤土现象很严重; ②桩间采用槽榫接合方式,接缝效果较好,有时需辅以止水措施; ③自重大,受起吊设备限制,不适合大深度基坑
	钢板桩	①成品制作,可**反复使用**; ②施工简便,但施工有噪声; ③刚度小,变形大,与多道支撑结合,在软弱土层中也可采用; ④新的时候止水性尚好,如有漏水现象,需增加防水措施
	钢管桩	①截面刚度大于钢板桩,在软弱土层中开挖深度大; ②需有**防水**措施相配合
排桩	灌注桩	①刚度大,可用在深大基坑; ②施工对周边地层、环境影响小; ③需降水或和止水措施配合使用,如搅拌桩、旋喷桩等
	SMW 工法桩	①强度大,**止水性好**; ②内插的型钢可拔出反复使用,经济性好; ③具有较好发展前景,国内上海等城市已有工程实践; ④用于软土地层时,一般变形较大,上海等软土地区有较多应用
重力式水泥土挡墙/水泥土搅拌桩挡墙		①无支撑,墙体止水性好,造价低; ②墙体变位大
地下连续墙		①刚度大,开挖深度大,可适用于所有地层; ②强度大,变位小,隔水性好,同时可兼作主体结构的一部分; ③可邻近建筑物、构筑物使用,环境影响小; ④**造价高**

①预制混凝土板桩

常用的截面形式有四种,分别为矩形、T形、工字形及口字形。矩形截面板桩制作较方便,桩间采用槽榫接合方式,接缝效果较好,是使用最多的一种形式。

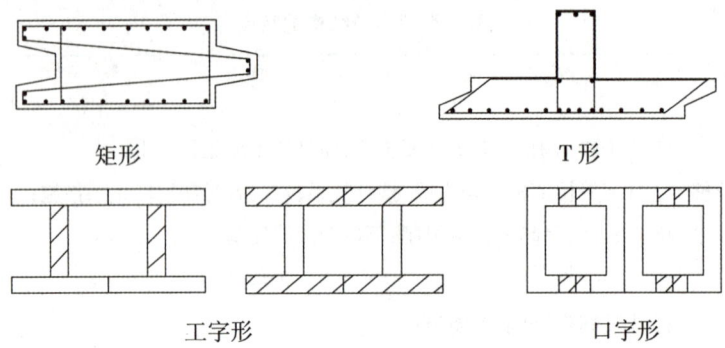

钢筋混凝土板桩的形式

②钢板桩与钢管桩

采用钢板桩做支护结构时在其上口及支撑位置需用钢围檩将其连接成整体,并根据深度设置支撑或拉锚。钢板桩沉放和拔除方法、使用的机械(冲击式打桩机)均与工字钢桩相同。

③钻孔灌注桩围护结构

钻孔灌注桩一般采用机械成孔。地铁明挖基坑中多采用螺旋钻机、冲击式钻机和正反循环钻机、旋挖钻等。

钻孔灌注桩围护结构经常与止水帷幕联合使用,止水帷幕一般采用深层搅拌桩。混凝土灌注桩宜采取间隔成桩的施工顺序;应在混凝土终凝后,进行相邻桩的成孔施工。

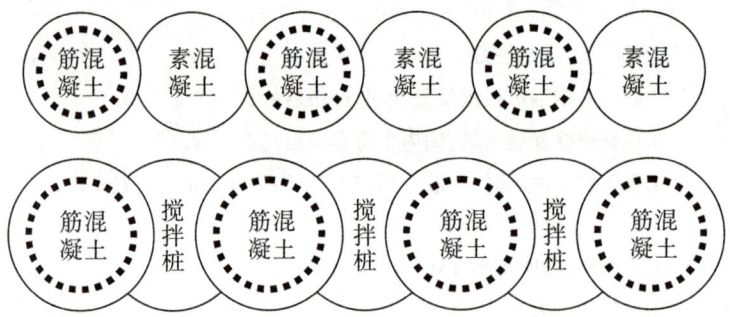

④SMW工法桩(型钢水泥土搅拌墙)

SMW工法桩围护墙是利用搅拌设备就地切削土体,然后注入水泥类混合液搅拌,形成均匀的水泥土搅拌墙,最后在墙中插入型钢,即形成一种劲性复合围护结构。

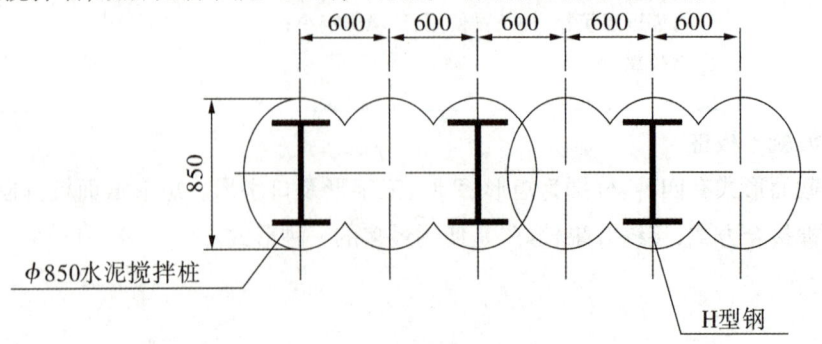

SMW工法桩结构图

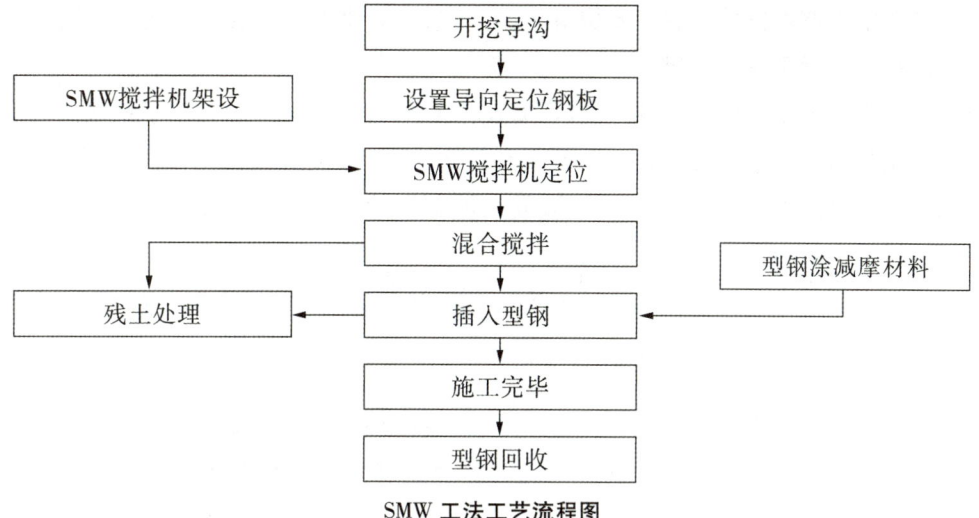

SMW 工法工艺流程图

搅拌桩 28 天龄期无侧限抗压强度≥设计要求且≥0.5MPa，水泥宜采用强度等级不低于 P·O 42.5 级的普通硅酸盐水泥。常用的内插型钢布置形式有密插型、插二跳一型和插一跳一型。相邻型钢接头竖向位置宜相互错开≥1m。接头距离基坑底面≥2m。

密插型　　　　　插二跳一型　　　　插一跳一型

⑤重力式水泥土挡土墙。

水泥土挡墙的 28 天无侧限抗压强度不宜小于 0.8MPa。当需要增加墙体的抗拉性能时，可在水泥土桩内插入钢筋、钢管或毛竹等杆筋。

⑥地下连续墙。

挖槽方式可分为抓斗式、冲击式和回转式。一字形槽段长度宜取 4~6m。地下连续墙的施工工艺流程如下所示。

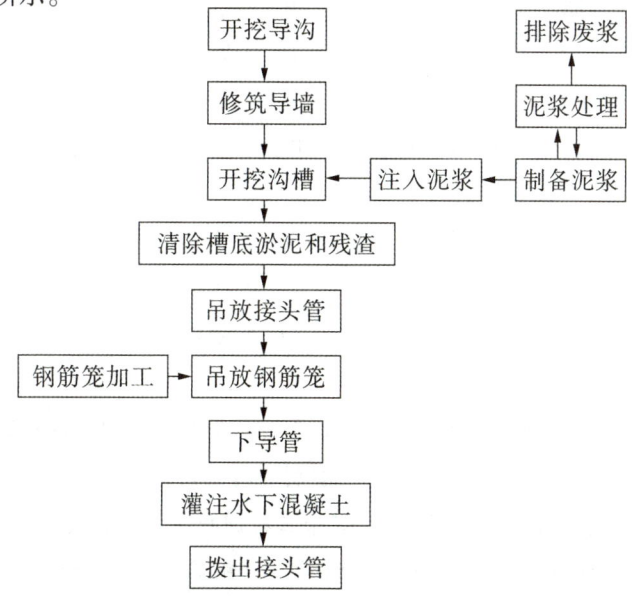

地下连续墙幅段的施工工艺流程

导墙施工需控制挖槽精度的主要构筑物,导墙结构应建于坚实的地基之上。其主要作用为挡土、基准作用、承重、存蓄泥浆。

槽段接头选用原则:宜采用圆形锁口管接头、波纹管接头、楔形接头、工字钢接头或混凝土预制接头等柔性接头。刚性接头有一字形或十字形穿孔钢板接头、钢筋承插式接头等。(当地下连续墙作为主体地下结构外墙,且需要形成整体墙时,宜采用刚性接头)

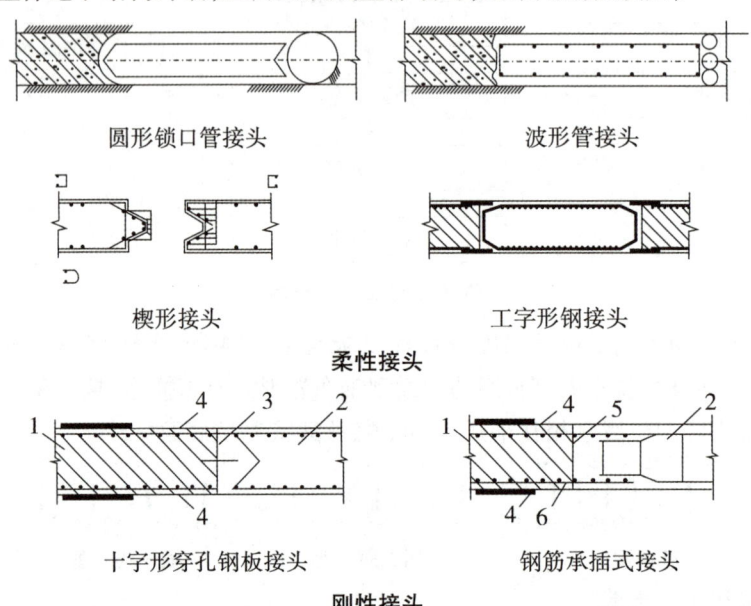

柔性接头

刚性接头

1—先行槽段;2—后续槽段;3—十字钢板;4—止浆片;5—加强筋;6—隔板

🌐 **精选真题**

1. [2020年真题·单选] 地铁基坑采用的围护结构形式很多。其中强度大,开挖深度大,同时可兼作主体结构一部分的围护结构是( )。

   A. 重力式水泥土挡墙　　　　　　B. 地下连续墙
   C. 预制混凝土板桩　　　　　　　D. SMW工法桩

   [答案] B

   [解析] 地下连续墙刚度大,开挖深度大,可适用于所有土地层;强度大,变位小,隔水性好,同时可兼作主体结构一部分。故选B。

2. [2017年真题·单选] 主要材料可反复使用,止水性好的基坑围护结构是( )。

   A. 钢管桩　　　　　　　　　　　B. 灌注桩
   C. SMW工法桩　　　　　　　　　D. 型钢桩

   [答案] C

   [解析] 本题考核这几种围护结构的施工工艺,如果对这几种围护结构的施工工艺非常熟悉,那么这种选择题几乎就是送分题目。首先从"主要材料可以反复使用"这一点来讲,灌注桩先被排除,因为灌注桩是将钢筋和混凝土浇筑在一起;其余三种围护结构的钢材都可以回收利用。然后就需要参考另外一个条件,即谁的止水性能好,而SMW工法桩显然是止水性能最好的。故选C。

3. [2017年真题·多选] 关于地下连续墙的导墙作用的说法,正确的有(   )。

A. 控制挖槽精度
B. 承受水土压力
C. 承受施工机具设备的荷载
D. 提高墙体的刚度
E. 保证墙壁的稳定

[答案]　ABC

[解析]　导墙是控制挖槽精度的主要构筑物,导墙结构应建于坚实的地基之上,并能承受水土压力和施工机具设备等附加荷载,不得移位和变形。其主要作用为挡土、基准作用、承重和存蓄泥浆。故选ABC。

2. 支撑结构类型

(1) 支撑结构体系

①内支撑有钢撑、钢管撑、钢筋混凝土撑及钢与钢筋混凝土的混合支撑等。外拉锚有拉锚和土锚两种形式。

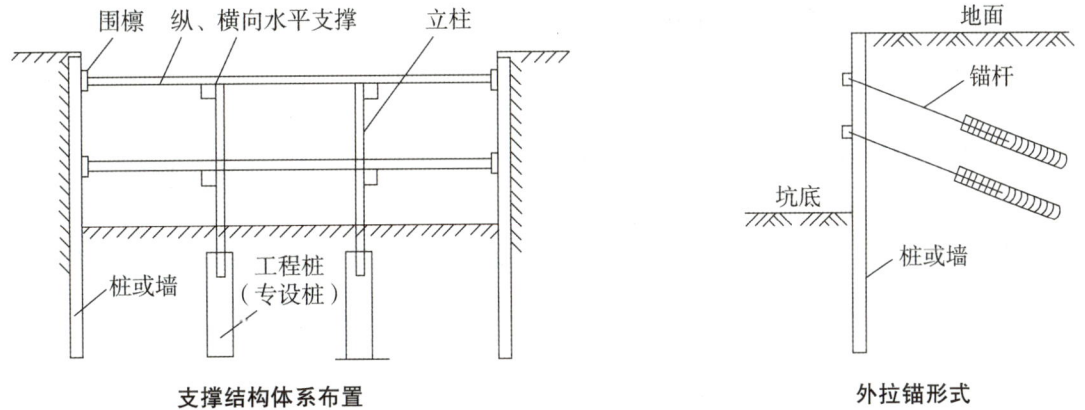

支撑结构体系布置　　　　　外拉锚形式

②支撑结构挡土的应力传递路径为围护(桩)墙→围檩(冠梁)→支撑。

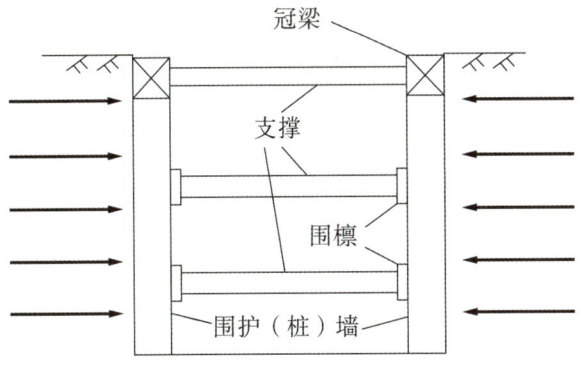

支撑结构应力传递

③现浇钢筋混凝土支撑体系由围檩(圈梁)、对撑及角撑、立柱和其他附属构件组成。深基坑支护常用的支撑系统按其材料可分为现浇钢筋混凝土支撑体系和钢支撑体系,其形式和特点见下表。

两类支撑体系的形式和特点

材料	布置形式	优点	缺点
现浇钢筋混凝土	对撑、边桁架、环梁结合边桁架等	刚度大,变形小,强度的安全、可靠性强,施工方便	浇制和养护时间长,施工工期长,拆除困难,爆破拆除对周围环境有影响
钢结构	①竖向:水平撑、斜撑。②平面:对撑、井字撑、角撑	安装、拆除方便,可周转使用,支撑中可加预应力,可调整轴力而有效控制变形	施工工艺要求较高

(2) 内支撑体系的布置原则

①宜采用受力明确、连接可靠、施工方便的结构形式。

②宜采用对称平衡性、整体性强的结构形式。

③应与主体结构的结构形式、施工顺序协调,以便于主体结构施工。

④应利于基坑土方开挖和运输。

⑤有时,可利用内支撑结构做施工平台。

(3) 内支撑体系的施工。

①内支撑结构的施工与拆除顺序应与设计一致,必须坚持先支撑后开挖的原则。

②围檩与围护结构之间紧密接触,不得留有缝隙。如有间隙应用强度不低于 C30 的细石混凝土填充密实或采用其他可靠连接措施。

③钢支撑应按设计要求施加预压力,当监测到预加压力出现损失时,应再次施加预压力。

④支撑拆除应在替换支撑的结构构件达到换撑要求的承载力后进行。

🌐 精选真题

[2018 年真题·多选] 基坑内支撑体系的布置与施工的说法,正确的有(　　)。

A. 宜采用对称平衡性、整体性强的结构形式

B. 应有利于基坑土方开挖和运输

C. 应与主体结构的结构形式、施工顺序相协调

D. 必须坚持先开挖后支撑的原则

E. 围檩与围护结构之间应预留变形用的缝隙

[答案]　ABC

[解析]　选项 ABC 明显没有问题,都是最基本的要求。必须强调的一点是内支撑结构施工必须坚持先支撑后开挖的原则。先撑后挖,能够有效地保证施工安全。围檩与围护结构之间应紧密接触,不得留有缝隙,因为如果留有缝隙的话,支护结构就会松动甚至达不到支护作用,所以钢支撑才要施加预应力,目的就是消除拼装间隙,保证支撑体系连接紧密,支撑稳固。故选 ABC。

3. 边坡防护

地质条件、现场条件等允许时,通常采用放坡开挖基坑形式修建地下工程或构筑物的地下部分。当基坑边坡土体的剪应力大于土体的抗剪强度时,边坡就会失稳坍塌。

(1) 基坑放坡基本要求

放坡应以控制分级坡高和坡度为主,必要时辅以局部支护和防护措施。按是否设置分级过渡平台,边坡可分为一级放坡和分级放坡两种形式。分级过渡平台的宽度:岩石边坡≥0.5m,土质边坡≥1.0m。下级放坡坡度宜缓于上级放坡坡度。

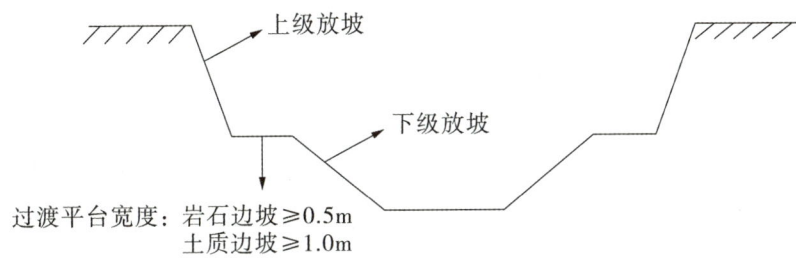

(2) 基坑边坡稳定控制措施

①确定基坑边坡坡度,并于不同土层处做成折线形边坡或留置台阶。

②施工时严格按照设计坡度开挖,不得挖反坡。

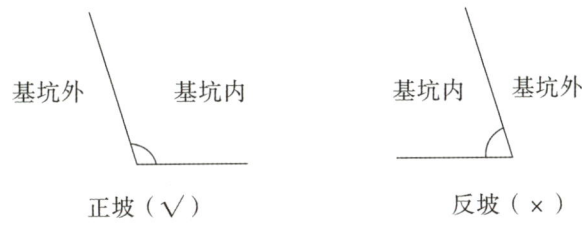

③在基坑周围影响边坡稳定的范围内,对地面采取防水、排水、截水等防护措施,禁止雨水等地面水浸入土体,保持基底和边坡的干燥。

④严格禁止在基坑边坡坡顶较近范围堆放材料、土方和其他重物以及停放或行驶较大的施工机械。

⑤对于土质边坡或易于软化的岩质边坡,在开挖时及时采取排水和坡脚、坡面防护措施。

⑥在整个基坑开挖和地下工程施工期间,应严密监测坡顶位移,随时分析监测数据。当边坡有失稳迹象时,应及时采取**削坡**、**坡顶卸荷**、**坡脚压载**或其他有效措施。

(3) 护坡措施

常用的防护措施有:①叠放砂包或土袋;②水泥砂浆或细石混凝土抹面;③挂网喷浆或混凝土;④其他措施,包括锚杆喷射混凝土护面、塑料膜或土工织物覆盖坡面等。

4. 长条形基坑开挖与过程放坡

(1) 长条形基坑有时考虑纵向放坡,一是保证开挖安全,防滑坡;二是保证出土方便。

(2) 坑内纵向放坡是动态的边坡,容易滑坡。

(3) 编制方案以及雨天监护、保护措施。建筑或管线处应减缓坡度,减小差异沉降。

[考点3] 基坑(槽)土方开挖及基坑变形控制

1. 基坑土方开挖

(1) 基坑周围地面应设排水沟,且应避免雨水渗水等流入坑内;同时,基坑内也应设置必要的排水设施,保证开挖时及时排出雨水。

(2)软土基坑必须分层、分块、对称、均衡地开挖,分块开挖后必须及时支护。

(3)基坑开挖过程中,防止机械等碰撞支护结构、格构柱、降水井点或扰动基底原状土。

2. 基坑变形特征

(1)土体变形

基坑周围地层移动主要是由围护结构的水平位移和坑底土体隆起造成的。

(2)围护结构水平变形

当基坑开挖较浅,还未设支撑时,无论对刚性墙体(如水泥土搅拌桩墙、旋喷桩墙等)还是柔性墙体(如钢板桩、地下连续墙等),均表现为墙顶位移最大,向基坑方向水平位移,呈三角形分布。

(3)基坑底部的隆起

过大的坑底隆起可能由两种原因造成的:基坑底不透水土层由于其自重不能够承受下方承压水水头压力而产生突然性隆起,以及基坑由于围护结构插入坑底土层深度不足而产生坑内土体隆起破坏。

基坑底土体的过大隆起可能造成基坑围护结构失稳。一般通过监测立柱变形来反映基坑底土体隆起情况。

(4)地表沉降

无支撑时(悬臂状态),较大沉降出现在墙体旁;有支撑时,最大沉降值远离围护结构。

3. 基坑的变形控制

(1)当基坑邻近建(构)筑物时,必须控制基坑的变形以保证邻近建(构)筑物的安全。

(2)控制基坑变形主要有下列方法:

①增加围护结构和支撑的刚度。

②增加围护结构的入土深度。

③加固基坑内被动土压区土体。

④减小每次开挖围护结构处土体的尺寸和开挖后未及时支撑的暴露时间,这一点在软土地区施工时尤其有效。

⑤通过调整围护结构或隔水帷幕深度和降水井布置来控制降水对环境变形的影响。

4. 坑底稳定控制

保证深基坑坑底稳定的方法有加深围护结构入土深度、坑底土体加固、坑内井点降水等措施,适时施作底板结构。

[考点 4] 地基加固处理方法

基坑地基按加固部位不同,可分为:

(1)**基坑外加固**,主要目的是止水,有时也可减小围护结构承受的主动土压力。

(2)**基坑内加固**,主要目的:提高土体的强度和土体的侧向抗力,减小围护结构位移,进而保护基坑周边建筑物及地下管线;防止坑底土体隆起破坏;防止坑底土体渗流破坏;弥补围护墙体插入深度不足等。

1. 基坑地基加固的方法

环境条件	方法	作用
软土、环境要求高	墩式加固：基坑周边阳角位置、跨中区域。 抽条加固：长条形基坑。 裙边加固：基坑面积较大。 格栅式加固：车站端头井。 满堂加固：环境保护要求高，或封闭地下水	提高被动区土体抗力，减小围护结构变形
较浅基坑	换填材料加固处理法	提高地基承载力
深基坑	水泥土搅拌、高压喷射注浆、注浆或其他方法	提高土体强度和侧向抗力

墩式加固　裙边加固　抽条加固　格栅式加固　满堂加固

基坑内加固平面布置示意图

🌐 **精选真题**

[2021年真题·单选] 在软土基坑地基加固方式中，基坑面积较大时宜采用(　　)。

A. 墩式加固　　　　　　　　　　B. 裙边加固
C. 抽条加固　　　　　　　　　　D. 格栅式加固

[答案]　B

[解析]　基坑面积较大时，宜采用裙边加固。故选B。

2. 常用方法与技术要点

(1)注浆法

①水泥浆适用于岩土加固，是常用的浆液。外加剂包括固化剂、催化剂、速凝剂、缓凝剂、悬浮剂等。

②注浆工艺所依据的理论主要可分为渗透注浆、劈裂注浆、压密注浆和电动化学注浆四类，应用条件见下表。

不同注浆法适用范围

注浆方法	适用范围
渗透注浆	只适用中砂以上砂性土和裂隙岩石
劈裂注浆	低渗透性的土层
压密注浆	中砂地基，黏土地基若有适宜的排水条件也可采用
电动化学注浆	只靠一般静压力难以使浆液注入土的孔隙的地层

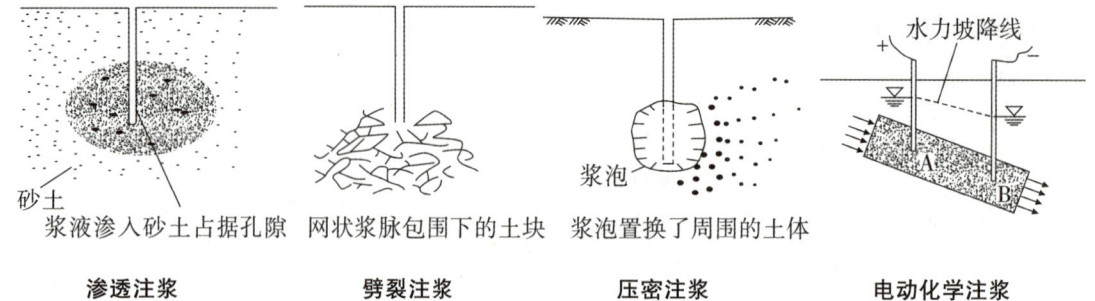

| 渗透注浆 | 劈裂注浆 | 压密注浆 | 电动化学注浆 |

③注浆设计工艺参数包括注浆量、布孔、注浆有效范围，注浆流量、注浆压力、浆液配方无经验可供参考时，应通过现场试验确定上述工艺参数。

④注浆检验应在加固后 28 天进行，可采用标准贯入、轻型静力触探法或面波等方法检测加固地层均匀性。对不合格的注浆区应进行重复注浆。

(2) 水泥土搅拌法

水泥土搅拌法加固软土技术具有其独特优点：

①最大限度地利用原土。

②**搅拌时无振动**、**无噪声和无污染**。

③可灵活采用柱状、壁状、格栅状和块状等加固形式。

④与钢筋混凝土桩基相比，可节约钢材并降低造价。

(3) 高压喷射注浆法

①高压喷射注浆法对淤泥、淤泥质土、黏性土（流塑、软塑和可塑）、粉土、砂土、黄土、素填土和碎石土等地基都有良好的处理效果，但对于硬黏性土，含有较多的块石或大量植物根茎的地基，因喷射流可能受到阻挡或削弱，使冲击破碎力急剧下降，造成切削范围小或影响处理效果。

②高压喷射有旋喷（固结体为圆柱状）、定喷（固结体为壁状）和摆喷（固结体为扇状）等三种基本形状。

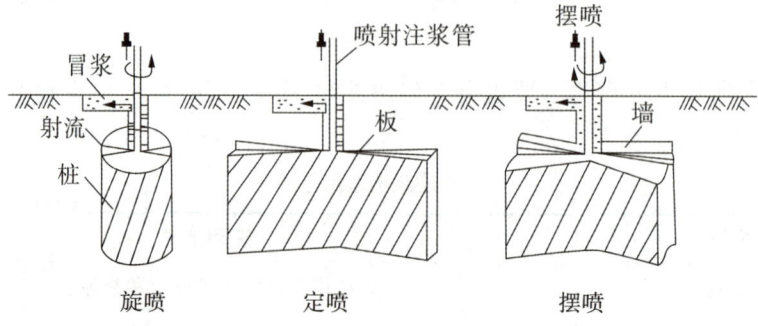

高压喷射注浆的三种方法

喷射方法	喷射介质	有效处理范围	喷射形式
单管法	高压水泥浆液	最小	旋喷
双管法	高压水泥浆液、压缩空气	居中	旋喷、定喷和摆喷
三管法	高压水流、压缩空气及水泥浆液	最大	旋喷、定喷和摆喷

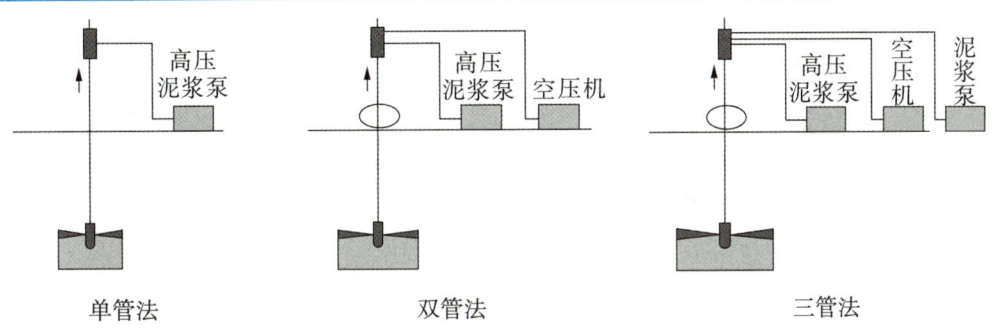

喷射注浆法施工工艺流程

③施工质量可根据设计要求或当地经验采用开挖检查、钻孔取芯、标准贯入试验及动力触探等方法检查。

⊕ **精选真题**

[2019年真题·单选] 适用于中砂以上的砂性土和有裂隙的岩石土层的注浆方法是( )。

A. 劈裂注浆　　　　　　　B. 渗透注浆

C. 压密注浆　　　　　　　D. 电动化学注浆

[答案] B

[解析] 本题从字面上也可以分析出选项来,顾名思义,渗透注浆需要浆液通道有一定的间隙才可以完成,而题干中给出土层特意交代是"中砂以上的砂性土和有裂缝的岩石土层",证明有一定的缝隙,此时采用压密注浆或者电动化学注浆反而会造成浆液大面积流失,而使需要注浆部位很难达到预期效果的情况。故选 B。

专题 3 盾构法施工

备考提示▷ 本专题知识点较为琐碎,施工技术复杂,真题案例题中基本不涉及,在备考时,注意选择题的考查。

[考点 1] 盾构机选型要点

1. 盾构的分类

按开挖面是否封闭划分,可分为密闭式和敞开式两类;按平衡开挖面土压与水压的原理不同,密闭式盾构又可分为土压式(常用泥土压式)和泥水式两种;敞开式盾构按开挖方式划分,可分为手掘式、半机械挖掘式和机械挖掘式三种。

2. 盾构机的刀盘功能

盾构机的刀盘功能有开挖功能、稳定功能、搅拌功能。

(1)开挖功能。刀盘旋转时,刀具切削隧道开挖面的土体,对开挖面的岩土层进行开挖,开挖后渣土通过刀盘的开口进入土仓。

(2)稳定功能。支撑开挖面,具有稳定开挖面的功能。

(3)搅拌功能。对于土压平衡盾构,刀盘对土仓内的渣土进行搅拌,使渣土具有一定的塑性、流动性。

3. 各种盾构对地质条件的适用性

当前,土压平衡盾构与泥水平衡盾构已经成为盾构法隧道施工使用最多的盾构。

盾构类型	适用范围	备注
土压平衡盾构	黏稠土壤(富含黏土、粉质黏土或淤土,具有低渗透性)	不良土体的改良方法通常有加水、膨润土、黏土、CMC、聚合物或泡沫等
泥水平衡盾构	软弱的淤泥质土层、松动的砂土层、砂砾层、卵石砂砾层、砂砾和坚硬土互层等含水地层	除了土压平衡盾构具有的系统外,还具有泥水循环、综合管理及泥水分离处理系统

🌐 **精选真题**

[2016年真题·多选]敞开式盾构按开挖方式可分为(　　)。

A. 手掘式　　　　　　　　　　B. 半机械挖掘式

C. 土压式　　　　　　　　　　D. 机械挖掘式

E. 泥水式

[答案]　ABD

[解析]　盾构可按照不同的分类方法进行分类:①按开挖面是否封闭划分,可分为密闭式和敞开式两类。②按平衡开挖面土压与水压的原理不同,密闭式盾构又可分为土压式(常用泥土压式)和泥水式两种。敞开式盾构按开挖方式划分,可分为手掘式、半机械挖掘式和机械挖掘式三种。故选ABD。

[考点 2]　**盾构施工条件与现场布置**

1. 盾构法施工条件

(1)盾构法施工适用条件

盾构法施工适用于除硬岩外相对均质的地质条件。隧道应有足够的埋深,覆土深度不宜小于$1D$(洞径)。

(2)施工准备

始发工作井平面尺寸应根据盾构安装的施工要求来确定。接收工作井的平面内净尺寸应满足盾构接收、解体和调头的要求。

2. 盾构施工现场布置

(1) 施工现场平面布置

主要包括盾构工作井、工作井防雨棚及防淹墙、垂直运输设备、管片堆场、管片防水处理场、拌浆站、料具间及机修间、同步注浆和土体改良泥浆搅拌站、两回路的变配电间等设施以及进出通道等。

(2) 施工现场设置

①工作井施工需要采取降水措施时,应设相当规模的降水系统(水泵房)。

②采用气压法盾构施工时,施工现场应设置空压机房,以供给足够的压缩空气。

③采用泥水平衡盾构施工时,施工现场应设置泥浆处理系统(中央控制室)、泥浆池。

④采用土压平衡盾构施工时,应设置电机车电瓶充电间等设施。

[考点 3] 盾构施工阶段划分及始发与接收施工技术

1. 盾构施工阶段划分

盾构施工分为始发、正常掘进和接收三个阶段。

从施工安全的角度讲,始发与接收是盾构法施工两个重要阶段。为保证盾构始发与接收施工安全,洞口土体加固施工必须满足设计要求。

2. 洞口土体加固

(1) 洞门土体加固作用

①防止洞口土体失稳和地下水涌入工作井。

②平衡盾构机在洞口土体的开挖面的土压和水压。

③防止地层变形,将引起工作井周边地面建筑物及地下管线等破坏。

(2) 常用的洞口土体加固方法

常用的加固方法有砂浆回填法、化学注浆法、高压旋喷注浆法、深层搅拌法、冷冻法等。国内常采用高压旋喷注浆法、深层搅拌法、冷冻法。

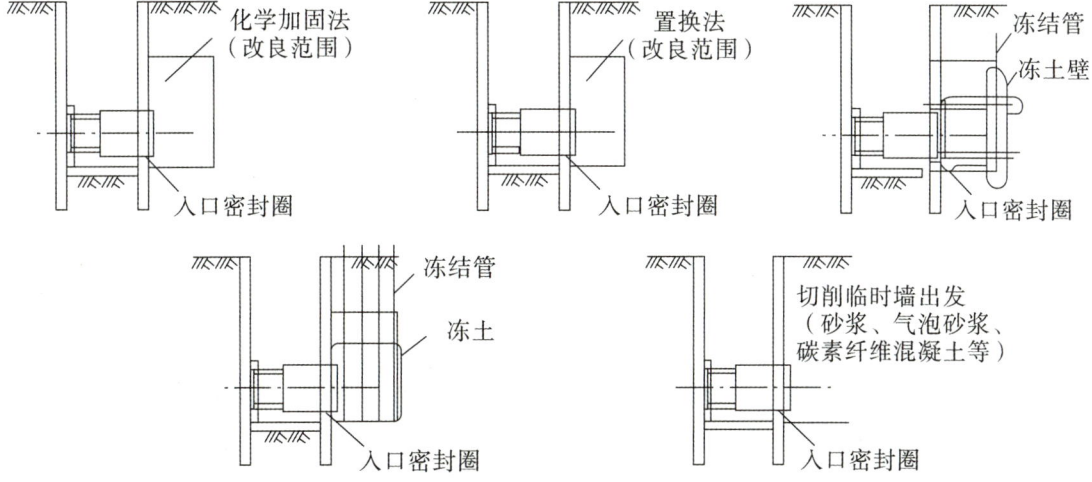

洞口土体加固方法

(3) 洞口土体加固的风险防控和处理

①洞口土体加固最常见的问题有两个:一是加固效果不好,造成开洞门时土体坍塌;二是加固范围不当,造成始发时水土流失。在盾构掘进至到达工作井时,一种常见的风险事故是洞门处位于承压水地层时,由于加固体长度过短,水土沿着盾构外侧涌入到达工作井。

②加固后地层应具有良好的均匀性和整体性,在凿除洞门后能够自稳,且具有低渗透性。洞口土体加固完成后,应进行钻孔取芯试验以检查效果。检查孔使用后,采用低强度水泥砂浆封孔。

3. 盾构始发施工技术要点

(1) 施工流程

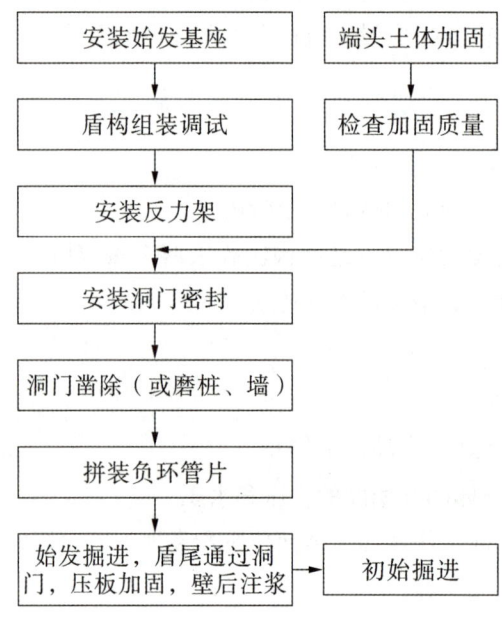

盾构始发施工流程

(2) 始发段长度的确定

①两因素:衬砌与周围地层摩擦阻力和后续台车长度。

②初始掘进长度:

$$L > F/2\pi rf$$

式中 L——从始发井开始的衬砌长度(m);

F——盾构千斤顶推力(N);

r——衬砌外半径(m);

f——注浆后的衬砌与地层的摩擦阻力系数(N/m^2)。

(3) 始发掘进施工要点

①始发前,对洞口土体加固进行质量检查,合格后方可始发掘进;制定洞门围护结构破除方案,并应采取密封措施保证始发安全。

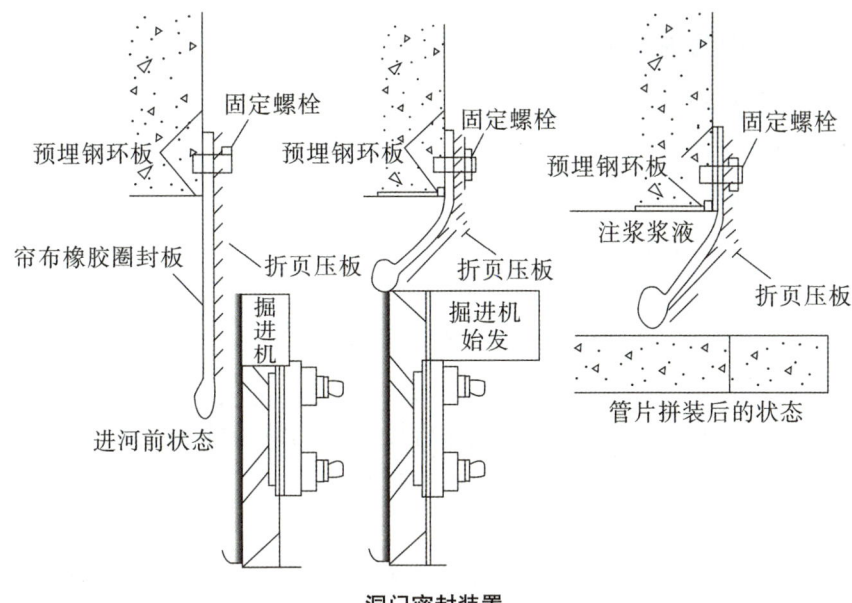

洞门密封装置

②盾尾密封刷进入洞门结构后,应进行**洞门圈间隙的封堵和填充注浆**。注浆完成后方可掘进。

③初始掘进过程中应控制**盾构姿态和推力**,加强监测,并应根据监测结果调整掘进参数。

4. 盾构始发施工技术要点

(1)接收施工流程

洞门凿除→接收基座的安装与固定→洞门密封安装→到达段掘进→盾构接收。

(2)接收施工要点

①盾构接收可分为常规**接收**、**钢套筒接收和水(土)中接收**。

②盾构接收前,应对洞口段土体进行质量检查,合格后方可接收掘进。

③当盾构到达接收工作井 100m 时,应对盾构姿态进行测量和调整。

④当盾构到达接收工作井 10m 内时,应控制掘进速度和土仓压力等。

⑤当盾构到达接收工作井时,应使管片环缝挤压密实,确保密封防水效果。

⑥盾构主机进入接收工作井后,应及时密封管片环与洞门间隙。

◆ 精选真题

[2020 年真题·单选] 盾构接收施工,工序可分为:①洞门凿除;②到达段掘进;③接收基座安装与固定;④洞门密封安装;⑤盾构接收。施工程序正确的是( )。

A. ①→③→④→②→⑤ B. ①→②→③→④→⑤
C. ①→④→②→③→⑤ D. ①→②→④→③→⑤

[答案] A

[解析] 盾构接收一般按下列程序进行:洞门凿除→接收基座安装与固定→洞门密封安装→到达段掘进→盾构接收。故选 A。

[考点 4] 盾构掘进技术

1. 土压平衡盾构掘进

(1) 土仓压力维持的方法

在推进过程中,维持土仓压力有如下方法:

① 用螺旋排土器的转数控制。

② 用盾构千斤顶的推进速度控制。

③ 两者的组合控制等。通常盾构设备采用组合制的方式。

(2) 排土量管理

① 容积管理法。一般采用计算渣土搬运车台数的方法或按螺旋排土器转数等进行推算。

② 质量管理法。一般用渣土搬运车质量进行验收。

2. 管片拼装

一般从下部的标准(A 型)管片开始,依次左右两侧交替安装标准管片,然后拼装邻接(B 型)管片,最后安装楔形(K 型)管片。

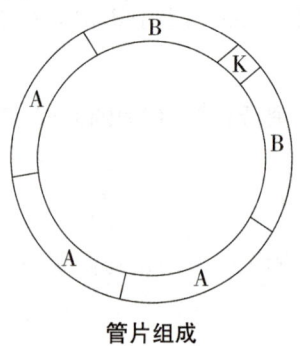

管片组成

(1) 紧固连接螺栓

先紧固环向(管片之间)连接螺栓,后紧固轴向(环与环之间)连接螺栓。

(2) 管片拼装误差及其控制

盾构纠偏应及时连续,过大的偏斜量不能采取一次纠偏的方法,纠偏时不得损坏管片,并保证后一环管片的顺利拼装。

3. 壁后注浆

管片壁后注浆按与盾构推进的时间和注浆目的不同,可分为同步注浆、二次注浆和堵水注浆。不同形式注浆的注意事项如下表所示。

不同形式注浆的注意事项

注浆形式	施工节点	目的
同步注浆	盾尾空隙形成瞬间	防止岩体的坍塌,控制地表的沉降
二次注浆	同步注浆后,吊装孔注入	(1)补充部分未填充空腔; (2)隧道周围土体起到加固和止水作用
堵水注浆	二次注浆结束后	提高背衬注浆层的防水性及密实度

同步注浆方法与工艺有：

(1)自动控制。预先设定注浆压力，由控制程序自动调整注浆速度，当注浆压力达到设定值时，自行停止注浆。

(2)手动控制。人工根据掘进情况随时调整注浆流量、速度、压力。

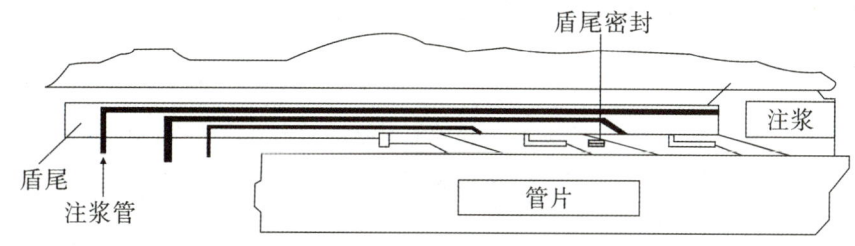

同步注浆方法示意图

4. 盾构姿态控制

(1)应通过调整盾构掘进液压缸和铰接液压缸的行程差控制盾构姿态。

(2)应逐环和小量纠偏，不得过量纠偏。

(3)对盾构姿态及管片状态进行测量和复核，并记录。

🌐 **精选真题**

[2021年真题·单选] 盾构壁后注浆分为(　　)、二次注浆和堵水注浆。

A. 喷粉注浆　　　　　　　　B. 深孔注浆

C. 同步注浆　　　　　　　　D. 渗透注浆

[答案]　C

[解析]　管片壁后注浆按与盾构推进的时间和注浆目的不同，可分为同步注浆、二次注浆和堵水注浆。故选C。

[考点 5] 盾构法施工地层变形控制措施

1. 地层变形阶段、原因及控制措施

发生阶段	产生原因	控制措施
先期沉降	砂质土地层：地下水位下降引起	保持地下水压
	软弱黏性土地层：开挖面的过量取土引起	避免开挖面超挖
开挖面前部沉降（隆起）	土压(泥水压)不足或过大	①土压平衡盾构：压力平衡+渣土改良。②泥水平衡盾构：压力平衡+泥浆特性调整（泥水平衡盾构维持开挖面稳定的关键：开挖面形成高质量的泥膜）
通过时下沉（隆起）	超挖	减少超挖
	纠偏(曲线掘进或纠偏)	"勤纠、少纠(控制好盾构姿态，避免不必要的纠偏作业)、适度"
	摩擦(盾壳与周围土体的摩擦)	减阻措施

(续表)

发生阶段	产生原因	控制措施
后续下沉	盾尾空隙或壁后注浆压力过大	①材料配比(试验确定); ②同步注浆(及时); ③二次注浆(及时); ④注浆控制(控制:注浆量+注浆压力)
	盾构掘进造成的地层扰动、松弛等引起,在软弱黏性土地层中施工表现最为明显	①作业时尽可能减小对地层的扰动; ②向特定部位地层内注浆

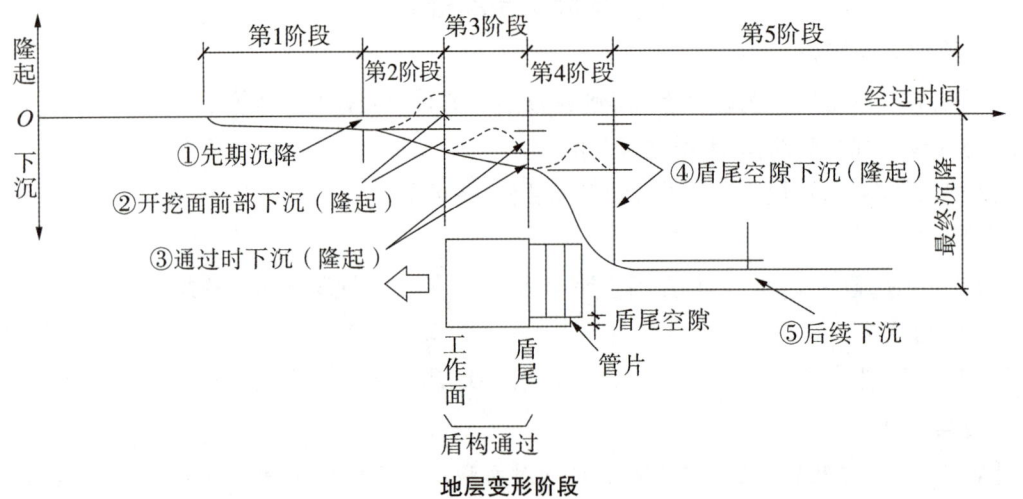

地层变形阶段

2. 盾构施工监测项目

施工监测项目应符合的规定如下表所示。

施工监测项目

类别	监测项目
必测项目	施工区域地表隆沉、沿线建(构)筑物和地下管线变形
	隧道结构变形
选测项目	岩土体深层水平位移和分层竖向位移
	衬砌环内力
	地层与管片的接触应力

🌐 **精选真题**

[2021年真题·单选] 下列盾构施工监测项目中,属于必测的项目是(　　)。

A. 土体深层水平位移　　　　　　B. 衬砌环内力
C. 地层与管片的接触应力　　　　D. 隧道结构变形

[答案] D

[解析] 施工区域地表隆沉、沿线建(构)筑物和地下管线变形,隧道结构变形是必测项目。故选 D。

专题 4 喷锚暗挖(矿山)法施工

备考提示▷ 本专题考查较少,其中工作井、小导管和管棚、复合式衬砌的结构层和施工为案例考点,需要考生掌握。

[考点 1] 喷锚暗挖法的掘进方式选择

1. 浅埋暗挖法与掘进方式

暗挖工程施工方法一般分为全断面法、正台阶法、环形开挖预留核心土法、单侧壁导坑法、双侧壁导坑法、中隔壁法、交叉中隔壁法、中洞法、侧洞法、柱洞法等。

施工方法	适用范围	优点	开挖方法
全断面法	土质稳定、断面较小的隧道	减少开挖对围岩的扰动次数,有利于围岩天然承载拱的形成,工序简便	自上而下一次开挖成型
台阶法	土质较好、软弱围岩、第四纪沉积地层隧道	作业空间足够,施工速度较快,灵活多变,适用性强	将结构断面分成上下两个工作面或几个工作面,分步开挖
环形开挖预留核心土法	一般土质或易坍塌的软弱围岩、断面较大的隧道	开挖工作面稳定性好;施工安全;机械化程度可相对提高,加快施工速度	将断面分成环形拱部、上部核心土、下部台阶等三部分
单侧壁导坑法	断面跨度较大、地表沉陷难于控制的软弱松散围岩	不需架设工作平台,导坑可分两次开挖	将断面横向分成 3 块或 4 块:侧壁导坑、上台阶、下台阶
双侧壁导坑法(眼镜工法)	跨度很大,地表沉陷要求严格,围岩条件特差、单侧壁难以控制围岩变形时	施工期间变形几乎不发展;施工安全	一般是将断面分成 4 块:左、右侧壁导坑,上部核心土,下台阶
中隔壁法(CD 工法)	地层较差和不稳定岩体,且地面沉降要求严格	大跨度隧道中应用普遍	快速开挖,及时步步成环
交叉中隔壁法(CRD 工法)	CD 工法不能满足要求时加设临时仰拱		
中洞法、侧洞法、柱洞法、洞桩法	地层差,断面特大,多跨	—	核心思想是变大断面为中小断面,提高施工安全度

2. 掘进方式与选择条件

上述不同掘进(开挖)方式与选择考虑主要条件如下表所示。

施工方法	示意图	选择条件比较					
		结构与适用地层	沉降	工期	防水	初期支护拆除量	造价
全断面法		地层好，跨度≤8m	一般	最短	好	无	低
正台阶法		地层较差，跨度≤10m	一般	短	好	无	低
环形开挖预留核心土法		地层差，跨度≤12m	一般	短	好	无	低
单侧壁导坑法		地层差，跨度≤14m	较大	较短	好	小	低
双侧壁导坑法		小跨度，连续使用可扩大跨度	较大	长	效果差	大	高
中隔壁法（CD工法）		地层差，跨度≤18m	较大	较短	好	小	偏高
交叉中隔壁法（CRD工法）		地层差，跨度≤20m	较小	长	好	大	高
中洞法		小跨度，连续使用可扩成大跨度	小	长	效果差	大	较高

(续表)

施工方法	示意图	选择条件比较					
		结构与适用地层	沉降	工期	防水	初期支护拆除量	造价
侧洞法	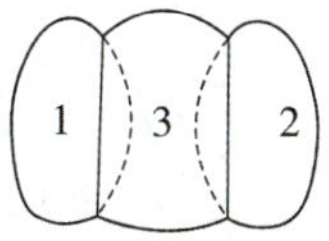	小跨度,连续使用可扩成大跨度	大	长	效果差	大	高
柱洞法		多层多跨	大	长	效果差	大	高
洞桩法	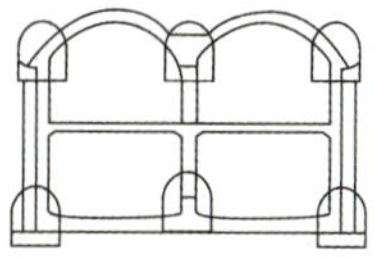	多层多跨	较大	长	效果差	较大	高

注:图中序号为开挖顺序。

🌐 **精选真题**

[2019年真题·单选] 沿隧道轮廓采取自上而下一次开挖成型,按施工方案一次进尺并及时进行初期支护的方法称为(   )。

A. 正台阶法　　　　　　　　　　B. 中洞法
C. 全断面法　　　　　　　　　　D. 环形开挖预留核心土法

[答案]　C

[解析]　注意题目里面的"自上而下一次开挖成型"。作答这道题目时,首先要明白这几种开挖方式的区别,选项ABD有一个共同之处,就是隧道施工时都是分块开挖的,只有选项C是整个断面一起开挖,也最符合题意。

[考点 2] **工作井施工技术**

工作井是为隧道施工而设置的竖向通道。

1. 工程井施工技术要点

(1)竖井井口防护
①竖井应设置防雨棚、挡水墙;
②竖井应设置安全护栏,护栏高度不应小于1.2m;
③竖井周边应架设安全警示装置。

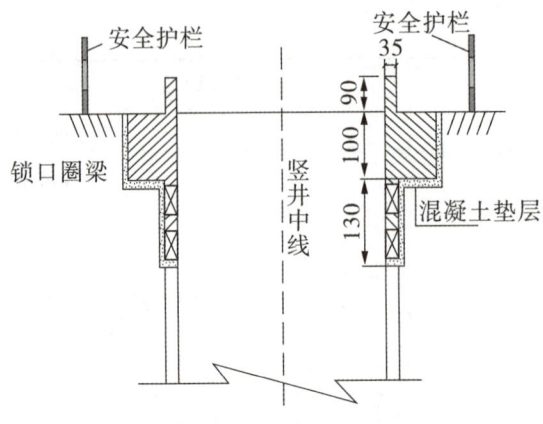

工作竖井剖面示意图(单位:cm)　　　　工作井

(2) 锁口圈梁

① 锁口圈梁埋深较大时,上部应设置挡土墙、土钉墙或"格栅钢架+喷射混凝土"等临时围护结构。

② 锁口圈梁处土方不得超挖,并应做好边坡支护。

③ 圈梁混凝土强度应达到设计强度的 70% 及以上时,方可向下开挖竖井。

④ 锁口圈梁与格栅应按设计要求进行连接,井壁不得出现脱落。

(3) 竖井开挖与支护

① 井口地面荷载不得超过设计规定值;井口应设置挡水墙,四周地面应硬化处理,并应做好排水措施。

② 应对称、分层、分块开挖,随挖随支护。

③ 初期支护应尽快封闭成环。

④ 竖井开挖到底后应及时封底。

2. 马头门施工技术

(1) 竖井初期支护施工至马头门处应预埋暗梁及暗桩,并应沿马头门拱部外轮廓线打入超前小导管,注浆加固地层。

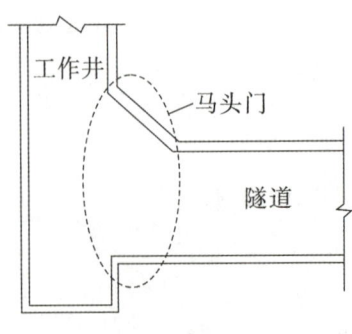

马头门示意图

(2) 破除马头门前,应做好马头门区域的竖井或隧道的支撑体系的受力转换。

(3) 马头门开启应按顺序进行,同一竖井内的马头门不得同时施工。一侧隧道掘进 15m

后,方可开启另一侧马头门。马头门标高不一致时,宜遵循"先低后高"的原则。

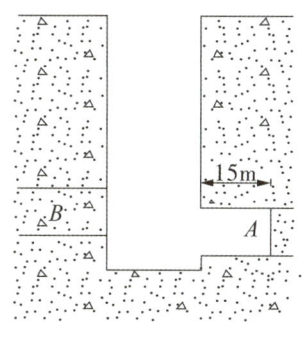

马头门示意图

马头门

[考点 3] **超前预支护及预加固施工技术**

地层超前预支护及预加固可采取超前小导管注浆加固、深孔注浆、管棚支护等措施。

管棚

深孔注浆

超前小导管

1. 超前小导管注浆加固

(1)适用条件

在软弱、破碎地层中成孔困难或易塌孔,且施作超前锚杆比较困难或者结构断面较大时,宜采取超前小导管注浆加固处理方法。

(2)技术要点

①应沿隧道拱部轮廓线外侧设置,根据地层条件可采用单层、双层超前小导管。

②直径 4~5cm 钢管或水煤气管,长度大于循环进尺 2 倍,宜 3~5m。

③小导管后端应牢固支承在已架设好的钢格栅上,前端嵌固在地层中。前后两排小导管水平支撑搭接长度应≥1m。

④注浆材料可用改性水玻璃浆、普通水泥单液浆、水泥-水玻璃双液浆、超细水泥等。

⑤注浆顺序应由下而上、间隔对称进行;相邻孔位应错开、交叉进行。注浆施工期应进行监测,监测项目通常有地(路)面隆起、地下水污染等。

2. 深孔注浆加固技术

(1)注浆段长度应综合考虑地层条件、地下水状态和钻孔设备的工作能力予以确定,宜为 10~15m,并应预留一定的止浆墙厚度。

(2)隧道内注浆孔应按设计要求采取全断面、半断面等方式布设;浆液扩散半径应根据注浆材料、方法及地层条件,经试验确定。

(3)根据地层条件和加固要求,深孔注浆可采取前进式分段注浆、后退式分段注浆等方法。

(4)钻孔应按先外圈、后内圈、跳孔施工的顺序进行。钻孔时,应按规范要求,做好施工记录,并应根据现场条件,及时调整施工工艺参数。

3. 管棚支护

管棚支护适用于软弱地层和特殊困难地段,如极破碎岩体、塌方体、砂土质地层、强膨胀性地层、强流变性地层、裂隙发育岩体、断层破碎带、浅埋大偏压等。

(1)支护场合

①穿越铁路修建地下工程。

②穿越地下和地面结构物修建地下工程。

③修建大断面地下工程。

④隧道洞口段施工。

⑤通过断层破碎带等特殊地层。

⑥特殊地段,如大跨度地铁车站、重要文物保护区、河底、海底的地下工程施工等。

(2)技术要点

测放孔位→钻机就位→水平钻孔→压入钢管→注浆(向钢管内和管周围土体)→封口。

①管棚宜采用加厚的 $\phi 80 \sim \phi 180$mm 焊接或无缝钢管制作。

②管棚间距应根据支护要求确定,宜为 300~500mm。

③双向相邻管棚的搭接长度不小于3m。

④为增加管棚刚度,应根据需要在钢管内灌注水泥砂浆、混凝土或放置钢筋笼并灌注水泥砂浆。

⊕ 精选真题

[2009年真题·单选]浅埋暗挖法施工时,如浆处于砂砾地层,并穿越既有铁路,宜采用的辅助施工方法是(   )。

A. 地面砂浆锚杆　　　　　　　B. 小导管注浆加固
C. 管棚超前支护　　　　　　　D. 降低地下水位

[答案]　C

[解析]　管棚的适用条件:

(1)软弱地层和特殊困难地段,如极破碎岩体、塌方体、砂土质地层、强膨胀性地层、强流变性地层、裂隙发育岩体、断层破碎带、浅埋大偏压等围岩,并对地层变形有严格要求的工程。(2)在下列施工场合应考虑采用管棚进行超前支护:①穿越铁路修建地下工程;②穿越地下和地面结构物修建地下工程;③修建大断面地下工程;④隧道洞口段施工;⑤通过断层破碎带等特殊地层;⑥特殊地段,如大跨度地铁车站、重要文物保护区、河底、海底的地下工程施工等。故选C。

[考点4] 喷锚支护施工技术

1. 主要材料

(1)应采用早强混凝土,(通过凝结时间试验)初凝≤5min,终凝≤10min。

(2)严禁选用具有碱活性集料。
(3)钢筋网宜采用 Q235 钢,钢筋直径宜为 6~12mm,网格尺寸宜采用 150~300mm。
(4)钢拱架宜选用钢筋、型钢、钢轨等,格栅主筋直径≥18mm。

2. 喷射混凝土

(1)喷射时,清理受喷面,剔除疏松部分。喷头与受喷面垂直,距离 0.6~1.0m。
(2)应**分段**、**分片**、**分层**,由下而上顺序进行;分层喷射时,后一层应在**前一层终凝后**喷射。
(3)喷射混凝土时,应先喷格栅拱架与围岩间的混凝土,之后喷射拱架间的混凝土。
(4)**严禁**使用回弹料。

🌐 精选真题

1. [2015 年真题·单选] 喷射混凝土必采用的外加剂是( )。

A. 减水剂　　　　　　　　　B. 速凝剂
C. 引气剂　　　　　　　　　D. 缓凝剂

[答案]　B

[解析]　喷射混凝土应选择早强混凝土,使用前应做凝结时间试验,要求初凝时间不应多于 5min,终凝时间不应多于 10min,且喷射混凝土时为防止混凝土在重力作用下流淌滑落,所以必然越早凝固越好,有利于喷射面的稳定,所以要添加速凝剂加速混凝土的凝结。故选 B。

2. [2012 年真题·单选] 喷射混凝土应采用( )混凝土,严禁选用具有碱性集料。

A. 早强　　　　　　　　　　B. 高强
C. 低温　　　　　　　　　　D. 负温

[答案]　A

[解析]　由于暗挖隧道内喷射混凝土的目的是给地下结构提供初期支护,确保围岩稳定,因而早期强度高的混凝土才能满足要求,那么 CD 两个选项可直接排除;"高强"顾名思义就是抗压强度高,一般为普通强度混凝土的 4~6 倍,最适宜用于高层建筑。故选 A。

[考点 5]　衬砌及防水施工要求

1. 防水结构施工原则

(1)相关规范规定

《地下工程防水技术规范》规定:"防、排、截、堵相结合,刚柔相济,因地制宜,综合治理。"
《地铁设计规范》规定:"以防为主,刚柔结合,多道防线,因地制宜,综合治理。"

(2)复合式衬砌与防水体系

喷锚暗挖法施工隧道通常采用复合式衬砌设计,由初期支护、防水层和二次衬砌组成。喷锚暗挖(矿山)法施工隧道的复合式衬砌,以结构自防水为根本,附加防水层组成防水体系,以**变形缝**、**施工缝**、**后浇带**、**穿墙洞**、**预埋件**、**桩头**等接缝部位混凝土及防水层施工为防水控制重点。

2. 施工方案选择

复合式衬砌防水层施工应优先选用射钉铺设,结构组成如下图所示。

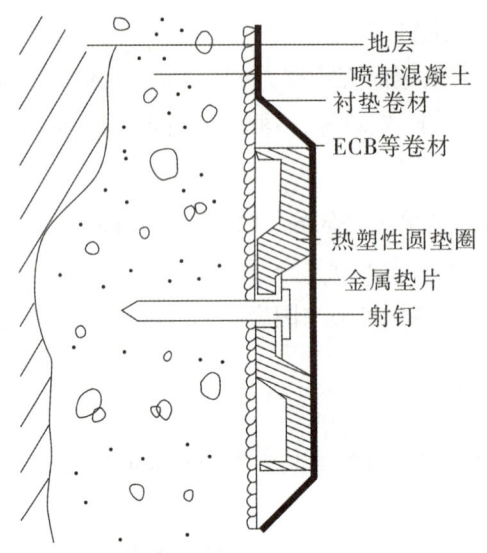

复合式衬砌防水层结构示意图

(1)防水层施工时喷射混凝土表面应平顺。**不得留有锚杆头**或**钢筋断头**,表面漏水应及时引排,防水层接头应擦净。

(2)衬砌施工缝和沉降缝的**止水带不得有割伤**、**破裂**,固定应牢固,防止偏移,提高止水带部位混凝土浇筑的质量。

(3)二次衬砌混凝土施工。

①二次衬砌采用补偿收缩混凝土,具有良好的**抗裂性能**,主体结构防水混凝土在工程结构中不但承担**防水作用**,还要和钢筋一起承担结构**受力作用**。

②二次衬砌混凝土浇筑应采用组合钢模板体系和模板台车两种模板体系。

③混凝土浇筑采用泵送模筑,两侧边墙插入振捣,底部附着振捣;应连续进行,两侧对称,水平浇筑,不得出现水平和倾斜裂缝。

🌐 精选真题

[2015年真题·单选] 关于喷锚暗挖法二衬混凝土施工的方法,错误的是(　　)。

A. 可采用补偿收缩混凝土

B. 可采用组合钢板模板和钢模板台车两种模板体系

C. 采用泵送模浇筑

D. 混凝土应两侧对称,水平浇筑,可设置水平和倾斜缝

[答案] D

[解析] 混凝土浇筑应连续进行,两侧对称,水平浇筑,不得出现水平和倾斜接缝。故选D。

[考点 6] 喷锚暗挖法辅助工法施工技术要点

1. 降低地下水位法

(1)富水地层渗透性好的首选方案。

(2)含水松散破碎带地层宜采用降低地下水位法,不宜采用集中宣泄排水的方法。

(3)城市地下工程中采用降低地下水位法时,最重要的决策因素是确保降水引起的沉降不会对已存在构筑物或拟建构筑物的结构安全构成危害。

(4)地面降水或隧道内辅助降水。

(5)当采用降水方案不能满足要求时,应在开挖前进行帷幕预注浆,加固地层等堵水处理。

2. 地表锚杆

(1)地表锚杆(管)是一种地表预加固地层的措施,适用于浅埋暗挖、进出工作井地段和岩体松软破碎地段。

(2)地面锚杆(管)按矩形或梅花形布置,先钻孔→吹净钻孔→用灌浆管灌浆→垂直插入锚杆杆体→孔口将杆体固定。

(3)锚杆可选用中空注浆锚杆、树脂锚杆、自钻式锚杆、砂浆锚杆和摩擦型锚杆。

3. 冻结法固结地层

(1)冻结法是利用人工制冷技术,用于富水软弱地层的暗挖施工固结地层。

(2)在地下结构开挖断面周围需加固的含水软弱地层中钻孔敷管,安装冻结器,通过人工制冷作用将天然岩土变成冻土,形成完整性好、强度高、不透水的临时加固体,从而达到加固地层、隔绝地下水与拟建构筑物联系的目的。

(3)冻结法主要优缺点。

①优点有:冻结加固的地层强度高;地下水封闭效果好;地层整体固结性好;对工程环境污染小。

②缺点有:成本较高;有一定的技术难度。

强化练习

一、单项选择题

1. 下列隧道施工方法中,当隧道穿过河底时不影响航运通行的是(　　)。
   A. 新奥法　　　　　B. 明挖法
   C. 浅埋暗挖法　　　D. 盾构法

2. 关于隧道浅埋暗挖法施工的说法,错误的是(　　)。
   A. 施工时不允许带水作业
   B. 要求开挖面具有一定的自立性和稳定性
   C. 常采用预制装配式衬砌
   D. 与新奥法相比,初期支护允许变形量较小

3. 城市轨道交通地面正线宜采用(　　)。
   A. 长枕式整体道床　　B. 短枕式整体道床
   C. 木枕碎石道床　　　D. 混凝土枕碎石道床

4. 当基坑开挖较浅且未设支撑时,围护墙体水平变形表现为(　　)。
   A. 墙顶位移最大,向基坑方向水平位移
   B. 墙顶位移最大,背离基坑方向水平位移
   C. 墙底位移最大,向基坑方向水平位移
   D. 墙底位移最大,背离基坑方向水平位移

5. 设有支护的基坑土方开挖过程中,能够反映坑底土体隆起的监测项目是(　　)。
   A. 立柱变形　　　　B. 冠梁变形
   C. 地表沉降　　　　D. 支撑梁变形

6. 下列盾构类型中,属于密闭式盾构的是( )。
   A. 泥土加压式盾构
   B. 手掘式盾构
   C. 半机械挖掘式盾构
   D. 机械挖掘式盾构

7. 下列喷锚暗挖开挖方式中,防水效果较差的是( )。
   A. 全断面法
   B. 环形开挖预留核心土法
   C. 交叉中隔壁(CRD)法
   D. 双侧壁导坑法

8. 竖井马头门破除施工工序有①预埋暗梁、②破除拱部、③破除侧墙、④拱部地层加固、⑤破除底板,正确的顺序为( )。
   A. ①→②→③→④→⑤
   B. ①→④→②→③→⑤
   C. ①→④→③→②→⑤
   D. ①→②→④→③→⑤

9. 关于喷锚暗挖法二衬混凝土施工的说法,错误的是( )。
   A. 可采用补偿收缩混凝土
   B. 可采用组合钢模板和模板台车两种模板体系
   C. 采用泵送入模浇筑
   D. 混凝土应两侧对称,水平浇筑,可设置水平和倾斜接缝

10. 冻结法的主要缺点是( )。
    A. 成本高
    B. 污染大
    C. 地下水封闭效果不好
    D. 地层整体固结性差

11. 喷射混凝土施工时,喷射作业分段、分层进行,喷射顺序为( )。
    A. 由上而下
    B. 由右而左
    C. 由左而右
    D. 由下而上

12. 地面锚杆按矩形或梅花形布置,以下施作顺序正确的是( )。
    A. 钻孔→吹孔→插入锚杆→灌浆→孔口固定锚杆
    B. 钻孔→吹孔→灌浆→插入锚杆→孔口固定锚杆
    C. 钻孔→吹孔→插入锚杆→孔口固定锚杆→灌浆
    D. 钻孔→插入锚杆→吹孔→灌浆→孔口固定锚杆

13. 采用盖挖法施工的地铁车站多采用( )结构。
    A. 矩形框架
    B. 拱形
    C. 双拱形
    D. 三拱形

二、多项选择题

1. 关于基坑真空井点降水的说法,正确的有( )。
   A. 6m 宽基坑应采用环形布置
   B. 4m 宽的出入道可不封闭
   C. 只能用于挖深小于 6m 的基坑
   D. 土质不良时不能采用轻型井点降水
   E. 出入道一般留在地下水下游方向

2. 基坑内被动区加固平面布置常用的形式有( )。
   A. 墩式加固
   B. 岛式加固
   C. 裙边加固
   D. 抽条加固
   E. 满堂加固

3. 确定盾构始发长度的因素有( )。
   A. 衬砌与周围地层的摩擦阻力
   B. 盾构长度
   C. 始发加固的长度
   D. 后续台车长度
   E. 临时支撑和反力架长度

4. 按照《地铁设计规范》(GB 50157—2013),

地下铁道隧道工程的防水设计应遵循的原则有( )。
A. 以截为主　　B. 刚柔结合
C. 多道防线　　D. 因地制宜
E. 综合治理

5. 竖井井口防护应符合的规定有( )。

A. 竖井应设置防雨棚
B. 洞门土体加固
C. 竖井应设置挡水墙
D. 竖井应设置安全护栏,且护栏高度不应小于 1.2m
E. 竖井周边应架设安全警示装置

三、实务操作与案例分析题

案例(一)

背景资料

某施工单位中标承建过街地下通道工程,周边地下管线较复杂,设计采用明挖顺作法施工,通道基坑总长 80m,宽 12m,开挖深度 10m;基坑围护结构采用 SMW 工法桩,基坑沿深度方向设有 2 道支撑,其中第一道支撑为钢筋混凝土支撑,第二道支撑为钢管支撑,见下图。

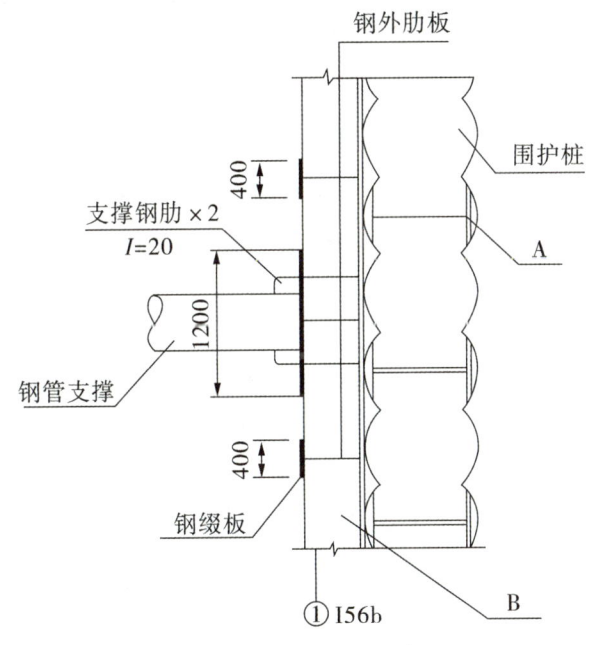

第二道支撑节点平面示意图

基坑场地地层自上而下依次为:2.0m 厚素填土、6m 厚黏质砂土、10m 厚砂质粉土,地下水位埋深约 1.5m。在基坑内布置了 5 口管井降水。

[问题]

1. 指出图中 A、B 构(部)件的名称,并分别简述其作用。
2. 根据两类支撑的特点分析围护结构设置不同类型支撑的理由。
3. 本项目基坑内管井属于什么类型?起什么作用?
4. 列出基坑围护结构施工的大型机械设备。

案例(二)

背景资料

某公路承建城市主干道的地下隧道工程,长520m,为单箱双室箱型钢筋混凝土结构,采用明挖顺作法施工。隧道基坑深10m,侧壁安全等级为一级,基坑支护与主体结构设计断面如下图所示。围护桩为钻孔灌注桩,截水帷幕为双排水泥土搅拌桩,两道内支撑中间设立柱支撑;基坑侧壁与隧道侧墙的净距为1m。

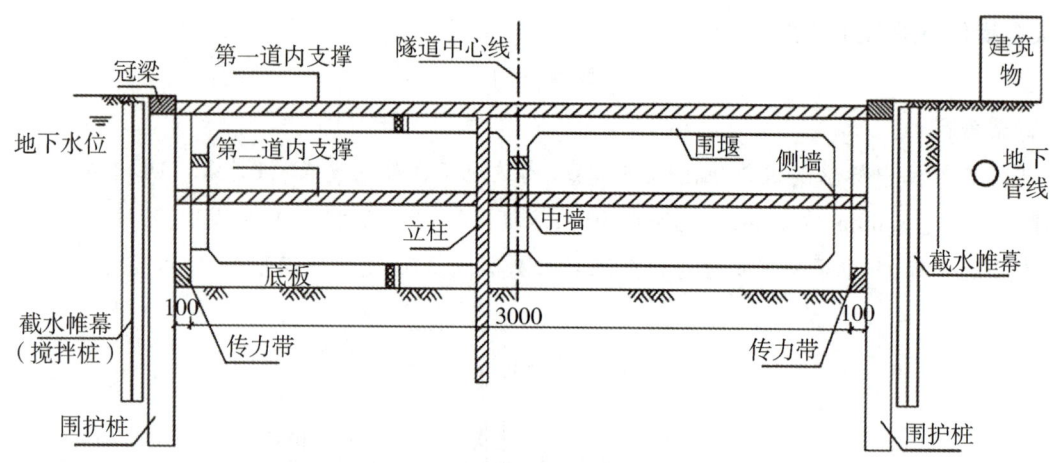

基坑支护与主体结构设计断面示意图

项目部编制了专项施工方案,确定了基坑施工和主体结构施工方案,对结构施工与拆撑、换撑进行了详细安排。

施工过程发生如下事件:

事件一:进场踏勘发现有一条横跨隧道的架空高压线无法改移,鉴于水泥土搅拌桩机设备高,距高压线距离处于危险范围,导致高压线两侧20m范围内水泥土搅拌桩无法施工。项目部建议变更此范围内的截水帷幕桩设计,建设单位同意设计变更。

事件二:项目部编制的专项施工方案,隧道主体结构与拆撑、换撑施工流程为①底板垫层施工→②→③传力带施工→④→⑤隧道中墙施工→⑥隧道侧墙和顶板施工→⑦基坑侧壁与隧道侧墙间隙回填→⑧。

事件三:

某日上午监理人员在巡视工地时,发现以下问题,要求立即整改:

①在开挖工作面位置,第二道支撑未安装的情况下,已开挖至基坑底部;

②已开挖至基底的基坑侧壁局部位置出现漏水,水中夹带少量泥沙。

[问题]

1. 事件一中项目部拟变更截水帷幕的形式是什么?说明理由。
2. 补充隧道主体结构与拆撑、换撑工艺流程。
3. 针对事件三存在的问题,项目部应采取什么措施?

案例(三)

背景资料

某隧道工程,分为 A、B、C 三段,中间 B 段为过江隧道,采用盾构法施工,A、C 隧道形式均为矩形。A 隧道起始里程桩号为 K3+550m~K3+780m,C 隧道起始里程桩号为 K6+460m,根据地层和现场条件,A 段采用盖挖逆作法施工,C 段隧道采用明挖法施工。

B 段隧道衬砌结构为预制钢筋混凝土管片,内径 8.0m 管片环宽 1.2m。整个圆环由 8 块管片组成,每块管片间的连接环向和纵向均用 M36 螺栓紧固。

对于 A 段盖挖法施工的隧道采用地下连续墙围护结构形式,在导墙施工前,依据本工程地下连续墙形状(拐角和端头等)、墙体厚度和深度划分了导墙施工段,并在现场用膨润土配置了泥浆液。

C 段明挖隧道施工的围护结构采用钻孔灌注桩,内部采用 3 道 φ609 钢管支撑,钢支撑安装的施工工艺流程如下图所示。

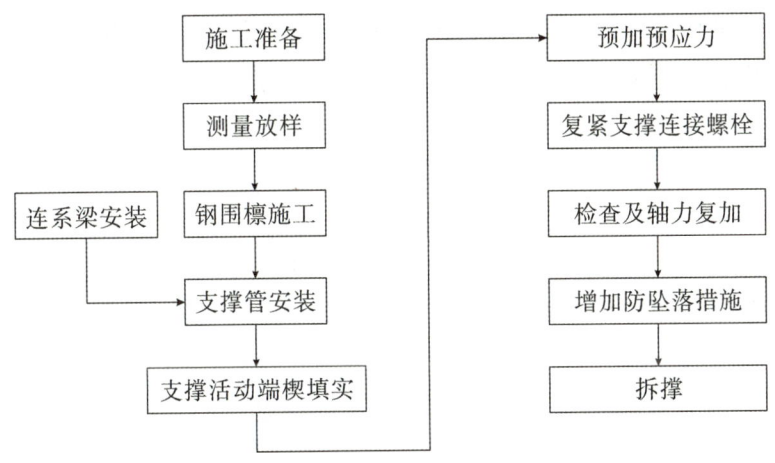

[问题]

1. 本工程 B 段盾构需要管片多少片?
2. 根据背景,写出本工程隧道盾构始发井在 A、C 隧道的哪一侧,说明理由。
3. 地下连续墙导墙的作用是什么?
4. 地下连续墙槽段的划分依据还有哪些?
5. 简述钢支撑的支撑体系除了支撑钢管和预应力设备以外还有哪些构件,说明钢支撑在支撑之前施加预应力的作用。

案例(四)

背景资料

A 公司中标城市轨道工程,工程从 K108+735.82m~K111+11.57m,包括暗挖往返隧道与明挖车站两座,车站规模分别为 180m×50m 和 160m×50m(长×宽)。工程地质资料显示,本工程地质条件复杂,隧道穿越地带部分有地下水,且其中一段地层含有沼气。项目部确定坍塌、爆炸、触电、机械伤害为主要风险源。

项目部在暗挖隧道施工方案中将①隧道开挖、②隧道柔性防水、③隧道前方土体加固、④喷射混凝土、⑤二次衬砌等工序作为本次施工的重点。为保证柔性防水的质量,柔性防水层缝隙采用专用热合机焊接。

在隧道与车站衔接位置采用长管棚支护,公司在编制管棚施工方案时确定管棚长度为14m,采用DN100mm钢管,钢管长度6m,项目部编制管棚施工工艺流程为①施工准备→②测放孔位→③钻机就位→④→⑤压入钢管→⑥注浆(向钢管内或管周围土体)→⑦→⑧养护→⑨开挖。

施工单位在开工前编制了安全技术措施,在安全技术措施中包含施工总平面图,在图中对危险的油库、易燃材料库等位置按照施工要求和安全操作规程明确了定位。

[问题]

1. 列式计算本工程需要暗挖隧道多少米?
2. 本工程风险源识别还应该增加哪些内容?
3. 将背景中的隧道施工方案工序用序号进行排列,热合机焊接有哪些具体要求?
4. 补充管棚施工流程中④和⑦的内容,本工程中管棚施工需要哪些机械设备?

参考答案及解析

一、单项选择题

1. D [解析]采用盾构法施工,当隧道穿过河底或其他建筑物时,不影响施工。故选D。

2. C [解析]喷锚暗挖法施工隧道通常采用复合式衬砌设计,衬砌结构由初期支护、防水层和二次衬砌所组成。故选C。

3. D [解析]地面正线宜采用混凝土枕碎石道床,基底坚实、稳定,排水良好的地面车站地段可采用整体道床。故选D。

4. A [解析]当基坑开挖较浅,还未设支撑时,无论对刚性墙体还是柔性墙体,均表现为墙顶位移最大,向基坑方向水平位移,呈三角形分布。故选A。

5. A [解析]由于基坑一直处于开挖过程,直接监测坑底土体隆起较为困难,一般通过监测立柱变形来反映基坑底土体隆起情况。故选A。

6. A [解析]密闭式盾构包括土压式(常用泥土压式)和泥水式。故选A。

7. D [解析]喷锚暗挖开挖方式中,防水效果较差的

有双侧壁导坑法、中洞法、侧洞法、柱洞法、洞桩法。故选D。

8. B [解析]竖井初期支护施工至马头门处应预埋暗梁及暗桩,并应沿马头门拱部外轮廓线打入超前小导管,注浆加固地层。马头门的开挖应分段破除竖井井壁,宜按照先拱部、再侧墙、最后底板的顺序破除。故选B。

9. D [解析]选项D错误,混凝土浇筑应连续进行,两侧对称,水平浇筑,不得出现水平和倾斜接缝。故选D。

10. A [解析]冻结法的主要缺点是成本较高,有一定的技术难度。故选A。

11. D [解析]喷射混凝土施工,喷射作业分段、分层进行,喷射顺序由下而上。故选D。

12. B [解析]地表锚杆的施工流程是钻孔→吹净钻孔→用灌浆管灌浆→垂直插入锚杆杆体→孔口将杆体固定。故选B。

13. A [解析]盖挖法施工的地铁车站多采用矩形框架结构。故选A。

二、多项选择题

1. BE [解析] 坑(槽)宽度小于6m且降水深度不超过6m时,可采用单排井点,布置在地下水上游一侧;基坑(槽)宽度大于6m或土质不良,渗透系数较大时,宜采用双排井点,布置在坑(槽)的两侧;当基坑面积较大时,宜采用环形井点。挖土运输设备出入道可不封闭,间距可达4m,一般留在地下水下游方向。故选BE。

2. ACDE [解析] 基坑内被动区加固形式主要有墩式加固、裙边加固、抽条加固、格栅式加固和满堂加固。故选ACDE。

3. AD [解析] 决定盾构初始掘进长度的因素有两个:一是衬砌与周围地层的摩擦阻力,二是后续台车长度。故选AD。

4. BCDE [解析] 地下铁道隧道工程的防水设计应遵循"以防为主,刚柔结合,多道防线,因地制宜,综合治理"的原则。故选BCDE。

5. ACDE [解析] 选项B错误,洞门土体加固针对盾构始发阶段进行,与题干井口防护不对应。故选ACDE。

三、实务操作与案例分析题

案例(一)

1. (1) A:H型钢。作用:水泥土桩加筋、加强围护结构韧性,提高围护结构抗剪能力、减小基坑变形。
   (2) 与围护桩(墙)、支撑一起构成支撑结构体系,在软弱地层中,支撑结构承受围护墙所传递的土压力和水压力,抵御基坑周围的土体变形压力,保持基坑的稳定和施工安全。

2. (1) 钢筋混凝土支撑
   特点:刚度大、变形小、可靠性强,但施工工期长,拆除麻烦。
   设置理由:基坑土质差、地下水位高,基坑围护结构顶部变形大;使用混凝土撑,可有效控制基坑变形,且顶部施工混凝土撑开挖深度小,SMW围护结构养护周期内即可施工,并且可以在过街地下通道顶板施工后拆除。
   (2) 钢管支撑
   特点:施工速度快、装拆方便、可以重复利用、成本低,但刚度低、稳定性差。
   设置理由:基坑宽度12m,且下部土体的侧压力相对较小;为减少暴露时间、加快进度、减少隐患、降低成本,所以使用钢管支撑。

3. (1) 本项目基坑内管井属于降水井。
   (2) 对承压水有减压的作用,对潜水有疏干的作用,可以有效防止基坑土体隆起、降低地下水水头以及疏干含水层,便于基坑开挖。

4. 三轴水泥土搅拌机、吊车、自卸汽车、混凝土运输设备、拔桩机、混凝土泵车等。

案例(二)

1. 可替换的形式为地下连续墙。
   理由:①地下连续墙强度大,变位小,隔水性好,可满足设计结构要求;②地下连续墙可分段分节施工,可避开高压线影响范围;③地下连续墙虽然造价比双排桩高,但设计变更恰当的话可兼作主体结构侧墙,总造价未必增加;④关键点即基坑侧壁与隧道侧墙的净距离为1m,恰好基坑侧壁可兼作隧道侧墙。

2. ②底板施工;④防水层施工;⑧拆除支撑、恢复路面。

3. (1) 停止开挖和基底清理工作,验算并加强基坑围护结构的变形监测,在安全状态下马上组织人员安装支撑,否则应将下部回填,待支撑安装完毕后,重新开挖。
   (2) 如果渗漏不严重可采用坡顶卸载、增加支撑等一般性处理;如果造成大量水土流失,可在缺陷处插入引流管,用双快水泥封堵;如果坍塌或失稳征兆明显,必须采取回填土、砂或灌水等措施,再进一步采取应对措施。

案例(三)

1. 6180 − 3780 = 2400(m);2400 ÷ 1.2 = 2000(环);2000 × 8 = 16000(片)。

2. 本工程盾构始发井在C隧道一侧。
   理由:因本工程A隧道为盖挖逆作,隧道完工速度慢,而隧道C为明挖法,施工速度要明显快于A隧道,可以提前完工盾构始发井,B隧道盾构可以与A隧道同时施工,节省时间。

3. 作用:挡土、基准作用、承重、存蓄泥浆、防止泥浆漏失、阻止雨水等地面水流入槽内、补强等。

4. 槽段划分依据还有:场地土质情况;周围建筑物情况;成槽机械能力;混凝土供应能力;泥浆储备池的容量;作业场地面积;可以连续作业的时间限制。

5. (1)钢结构支撑还应包括围檩、角撑、轴力传感器、支撑体系监测监控装置、立柱桩及其他附属装配式构件。

   (2)钢支撑施加预应力的作用:消除钢构件拼接间隙;减小钢构件受力后的变形;增加支撑的刚度;抑制基坑坑壁收敛变形;增加对坑围护结构后方的土体压力;减小支撑不及时引起的围护结构变形。

案例(四)

1. $(111011.57 - 108735.82 - 180 - 160) \times 2 = 3871.5(m)$

2. 高处坠落、物体打击、起重伤害、透水、中毒。

3. ③→①→④→②→⑤。

4. (1)④水平钻孔,⑦封口。

   (2)需要的机械设备:电焊机或套丝机(管棚钢管接头需要用厚壁管箍,且要上满丝扣);电钻(管棚钢管开口);钻孔机(管棚预先钻孔);钢管压入设备(压入钢管);注浆机(管棚钢管注浆)。

第4章 城市给水排水工程

考情分析

本章内容是市政实务第四个技术专业给水排水工程。专题1常考选择题,专题2常考案例题,其中水模板、止水带、预应力筋、混凝土浇筑、沉井下沉方法、满水试验都是常规高频考点。本章知识点在近5年考试中平均为21分左右。在备考时,建议考生加强对不同水处理场站的结构区分、沉井施工工艺流程、满水试验等关键内容的学习。

扫码领取视频课程

近5年考试真题分值统计表　　　　　　　　　　（单位:分）

序号	专题名	2022	2021	2020	2019	2018
1	给水排水场站工程结构与特点	8	3	1	7	2
2	给水排水场站工程施工	21	3	28	19	12

思维导图

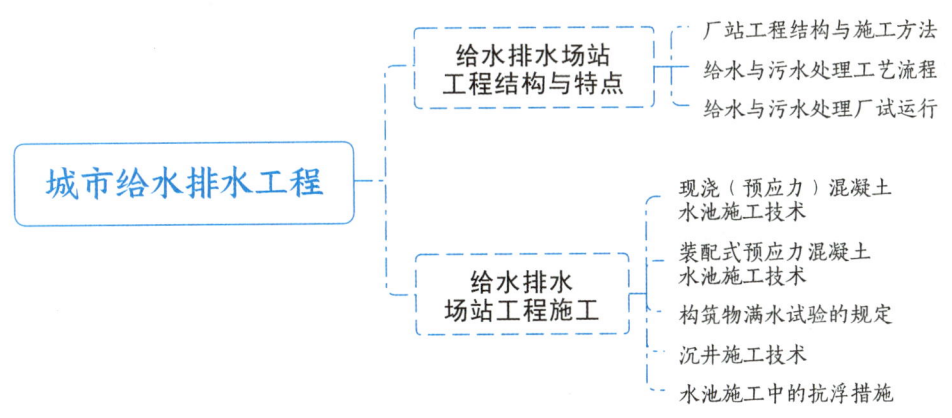

核心考点

专题 1　给水排水场站工程结构与特点

备考提示▷ 本专题内容相对简单,主要考核选择题。考生应重点区分给水构筑物和污水构筑物,熟悉全现浇施工方法,能看懂圆形水池和矩形水池两个配图并掌握相应要求,掌握不同环境适用的沉井下沉方法。

[考点 1]　厂站工程结构与施工方法

1. 给水排水场站工程结构特点

(1)场站构筑物组成

场站构筑物的组成包括给水处理构筑物、污水处理构筑物、工艺辅助构筑物、辅助建筑物、配套工程和工艺管线,具体组成内容见下表。

场站构筑物	组成内容
给水处理构筑物	调节池、调流阀井、格栅间及药剂间、**集水池**、取水泵房、**混凝沉淀池**、**澄清池**、配水井、混合井、预臭氧接触池、主臭氧接触池、滤池及反冲洗设备间、紫外消毒间、膜处理车间、清水池、调蓄清水池、配水泵站等
污水处理构筑物	污水进水闸井、进水泵房、格栅间、沉砂池、初次沉淀池、二次沉淀池、**曝气池**、配水井、调节池、生物反应池、氧化沟、消化池、计量槽、闸井等
工艺辅助构筑物	主体构筑物的走道平台、梯道、设备基础、导流墙(槽)、支架、盖板、栏杆等的细部结构工程,各类工艺井(如吸水井、泄空井、浮渣井)、管廊桥架、闸槽、水槽(廊)、堰口、穿孔、孔口等
辅助建筑物	①生产辅助性建筑物包括各项机电设备的建筑厂房如鼓风机房、污泥脱水机房、发电机房、变配电设备房及化验室、控制室、仓库、料库、机修(电修)间等; ②生活辅助性建筑物包括综合办公楼、食堂、浴室、职工宿舍、车库等
配套工程	厂内道路、厂区给水排水、照明、绿化等
工艺管线	进水管、出水管、污水管、给水管、回用水管、污泥管、出水压力管、空气管、热力管、沼气管、投药管线等

(2)构筑物结构形式与特点

水处理(调蓄)构筑物和泵房多数采用地下或半地下钢筋混凝土结构,特点是构件断面较薄,属于薄板或薄壳型结构,配筋率较高,具有较高抗渗性和良好的整体性要求。少数构筑物采用土膜结构如稳定塘等,面积大且有一定深度,抗渗性要求较高。

🌐 精选真题

1.[2020 年真题·单选]关于水处理构筑物特点的说法中,错误的是(　　)。

A. 薄板结构 B. 抗渗性好
C. 抗地层变位性好 D. 配筋率高

[答案] C

[解析] 水处理构筑物的特点是构件断面较薄,属于薄板或薄壳型结构,配筋率较高,具有较高抗渗性和良好的整体性要求。故选 C。

2. [2018 年真题·单选] 下列场站构筑物组成中,属于污水构筑物的是( )。

A. 吸水井 B. 污泥脱水机房
C. 管廊桥架 D. 进水泵房

[答案] D

[解析] 给水排水场站构筑物有水处理(含调蓄)构筑物、工艺辅助构筑物、辅助建筑物、配套工程及工艺管线。吸水井及管廊桥架属于工艺辅助构筑物;污泥脱水机房属于辅助建筑物。只有进水泵房属于污水处理构筑物。故选 D。

3. [2017 年真题·单选] 下列给水排水构筑物中,属于调蓄构筑物的是( )。

A. 澄清池 B. 清水池 C. 生物塘 D. 反应池

[答案] B

[解析] 高浊度水处理多采用二级沉淀(澄清)工艺,适用于中小型水厂,有时在滤池后建造清水调蓄池;二建教材内容也有"调蓄池(清水池、调节水池、调蓄水池)等给排水调蓄构筑物"的描述。故选 B。

4. [2019 年真题·多选] 下列场站水处理构筑物中,属于给水处理构筑物的有( )。

A. 消化池 B. 集水池
C. 澄清池 D. 曝气池
E. 清水池

[答案] BCE

[解析] 消化池和曝气池,从字面上理解,应该都属于污水处理的构筑物,而题干问的是给水构筑物,那么可以直接排除 AD 选项。故选 BCE。

2. 构筑物与施工方法

(1)全现浇混凝土施工

水处理(调蓄)构筑物池体大多采用现浇混凝土施工。污水处理构筑物中的卵形消化池,通常采用无黏结预应力筋、曲面异型大模板施工。消化池钢筋混凝土主体外表面需做保温和外饰面保护。

(2)单元组合现浇混凝土施工

①圆形储水池

圆形储水池池体通常由若干块厚扇形底板单元和若干块倒 T 形壁板单元组成,一般不设顶板。单元一次性浇筑而成,底板单元间用**聚氯乙烯胶泥嵌缝**,壁板单元间用橡胶止水带接缝。

② 大型矩形水池

大型矩形水池各单元间留设后浇缝带,钢筋一次绑好,缝带处不切断,待块(单元)养护42天后,采用比单元强度高一个等级的混凝土或掺加 UEA 的补偿收缩混凝土灌注后浇缝带使其连成整体,养护时间不应低于14天。

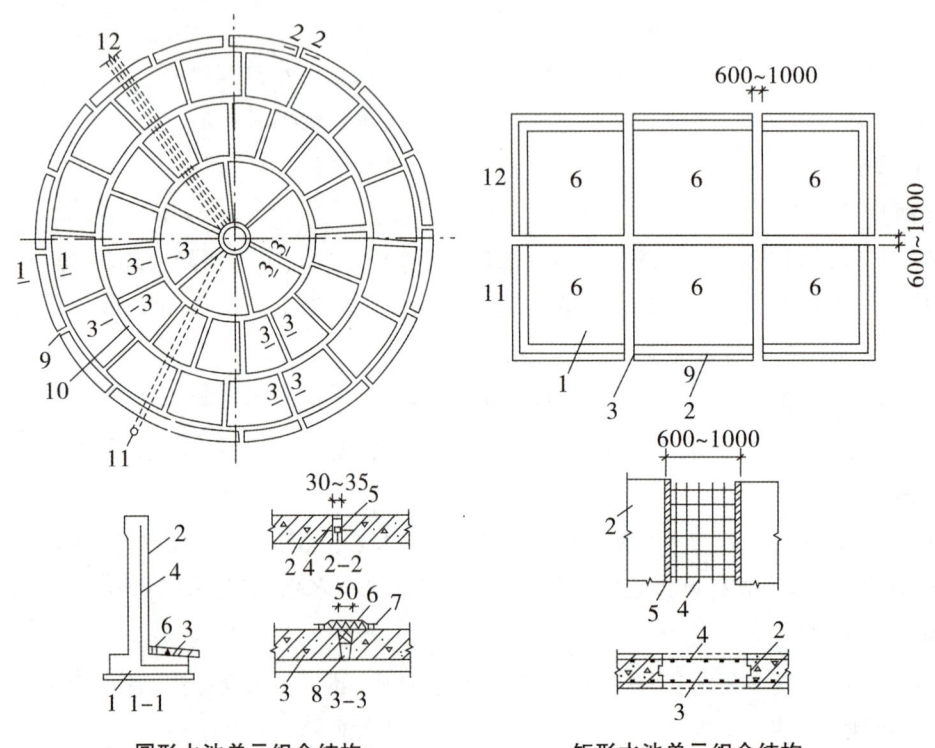

圆形水池单元组合结构

1、2、3—单元组合混凝土结构;4—钢筋;
5—池壁内缝填充处理;6、7、8—池底板内缝填充处理;9—水池壁单元立缝;10—水池底板水平缝;11、12—工艺管线

矩形水池单元组合结构

1、2—块(单元);3—后浇带;4—钢筋(缝带处不切断);5—端面凹形槽

(3)预制拼装施工

① 预制拼装施工的圆形水池可采用缠绕预应力钢丝法、电热张拉法进行壁板环向预应力施工。

② 预制拼装施工的圆形水池在满水试验合格后,在池内满水条件下应及时进行喷射水泥砂浆保护层施工,厚度满足预应力钢筋净保护层厚度且≥20mm。

(4)砌筑施工

① 进水渠道、出水渠道和水井等辅助构筑物,可采用砖石砌筑结构,砌体外需抹水泥砂浆层,且应压实赶光,以满足工艺要求。

② 量水槽(标准巴歇尔量水槽和大型巴歇尔量水槽)、出水堰等工艺辅助构筑物宜用耐腐蚀、耐水流冲刷、不变形的材料预制,现场安装而成。

(5)预制沉井施工

钢筋混凝土结构泵房、机房通常采用半地下式或完全地下式结构,在有地下水、流沙、软土地层且地下无重要建(构)筑物及地下管线影响的条件下,可选择预制沉井法施工。预制沉井法施工具体分类如下表所示。

预制沉井方法	适用环境	下沉方法
排水下沉	渗水量不大,稳定的黏性土	人工挖土下沉、机具挖土下沉、水力机具下沉
不排水下沉	比较深的沉井或有严重流沙	水下抓土下沉、水下水力吸泥下沉、空气吸泥下沉

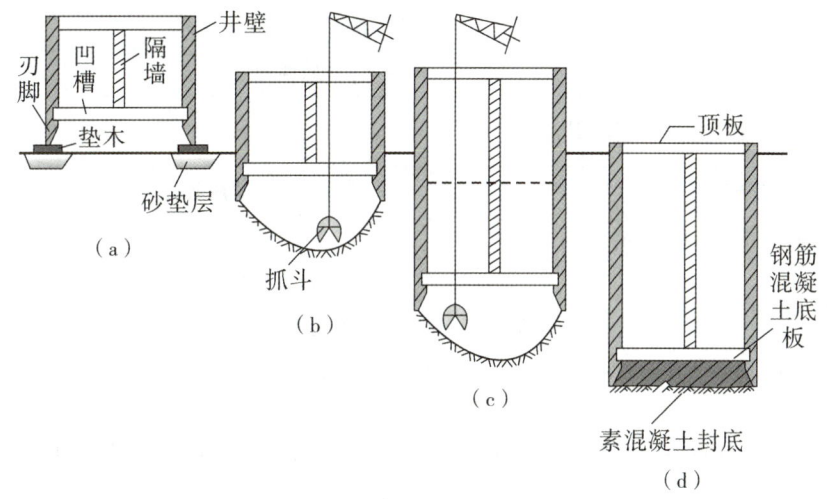

沉井施工程序示意图

(a)浇筑井壁;(b)挖土下沉;(c)接高井壁,继续挖土下沉;(d)下沉到设计标高后,浇筑封底混凝土,底板和沉井顶板

[考点2] 给水与污水处理工艺流程

1. 给水处理

(1)处理方法与工艺

①水中含有的杂质分为无机物、有机物和微生物三种,也可按杂质的颗粒大小以及存在形态分为悬浮物质、胶体和溶解物质三种。

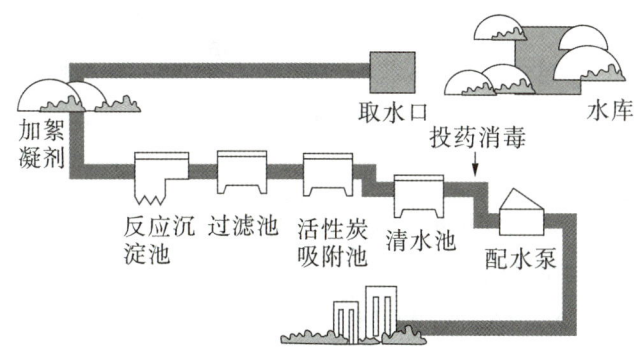

给水处理工艺流程简图

②处理目的是去除或降低原水中悬浮物质、胶体、有害细菌生物以及水中含有的其他有害杂质,使处理后的水质满足用户需求。

③常见的给水处理方法。

给水处理方法	去除物质
自然沉淀	粗大颗粒杂质
混凝沉淀	水中胶体和悬浮杂质等
过滤	细微杂质,或不经过沉淀原水加药去除水中胶体和悬浮杂质
消毒	病毒和细菌
软化	水中钙、镁离子含量
除铁除锰	过量的铁和锰

(2)常见处理工艺流程及适用条件

工艺流程	适用条件
原水→简单处理(如筛网隔滤或消毒)	水质较好
原水→接触过滤→消毒	一般用于处理浊度和色度较低的湖泊水和水库水,进水悬浮物一般小于100mg/L,水质稳定、变化小且无藻类繁殖
原水→混凝→沉淀或澄清→过滤→消毒	一般地表水处理厂广泛采用的常规处理流程,适用于浊度小于3mg/L河流水
原水→调蓄预沉→混凝→沉淀或澄清→过滤→消毒	高浊度水二级沉淀,适用于含砂量大、砂峰持续时间长的情况,预沉后原水含砂量应降低到1000mg/L以下

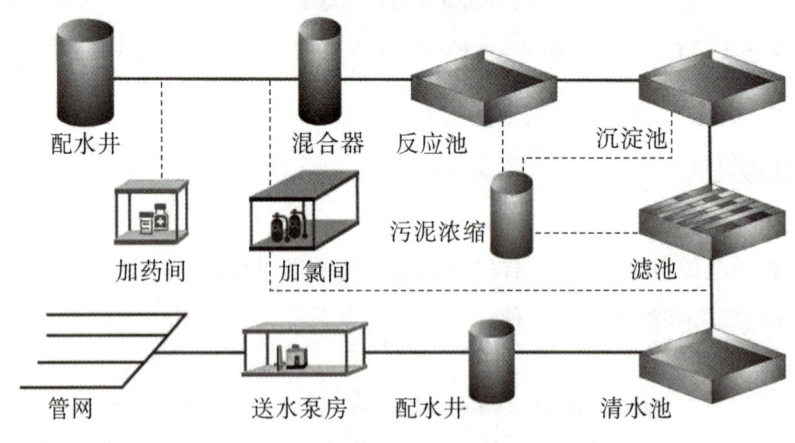

给水处理场处理流程

(3)预处理和深度处理

预处理	氧化法	化学氧化法:氯气、高锰酸钾、紫外光、臭氧
		生物氧化法:生物膜
	吸附法	粉末活性炭、黏土吸附
深度处理		活性灰吸附法、臭氧氧化法、臭氧活性炭法、生物活性炭法、光催化氧化法、吹脱法

第4章 城市给水排水工程

🌐 **精选真题**

1. [2018年真题·单选] 当水质条件为水库水,悬浮物含量小于100mg/L时应采用的水处理工艺是(　　)。

A. 原水→筛网隔滤或消毒

B. 原水→接触过滤→消毒

C. 原水→混凝、沉淀或澄清→过滤→消毒

D. 原水→调蓄预沉→混凝、沉淀或澄清→过滤→消毒

[答案] B

[解析] 用于处理浊度和色度较低的湖泊水和水库水,进水悬浮物一般小于100mg/L,水质稳定、变化小且无藻类繁殖的方式为原水→接触过滤→消毒。故选B。

2. [2018年真题·多选] 下列饮用水处理方法中,属于深度处理的是(　　)。

A. 活性炭吸附法　　　　　　B. 臭氧活性炭法

C. 氯气预氧化法　　　　　　D. 光催化氧化法

E. 高锰酸钾氧化法

[答案] ABD

[解析] 纯粹的概念归类型考点。作答这类题基本上没有捷径,只有平时多读教材,强化记忆。深度处理技术主要有活性炭吸附法、臭氧氧化法、臭氧活性炭法、生物活性炭法、光催化氧化法、吹脱法等。故选ABD。

2. 污水处理

污水处理目的是将输送来的污水通过必要的处理方法,使之达到国家规定的水质控制标准后回用或排放。处理方法可根据水质类型分为物理处理法、生物处理法、污水处理产生的污泥处置及化学处理法,还可根据处理程度分为一级处理、二级处理及深度处理等工艺流程。

处理程度	处理对象	处理方法	处理设备
一级处理	水中悬浮物质	物理处理法:筛滤截留、重力分离、离心分离等	格栅、沉砂池、沉淀池、离心机等
二级处理	污水中呈胶体和溶解状态的有机污染物质(二级处理后,BOD_5去除率可达90%以上、二沉池处理法等出水能达标排放)	生物处理法:活性污泥法、生物膜法、稳定塘、污水土地处理法等	活性污泥处理系统(反应器为曝气池)、氧化沟
深度处理	难降解的有机物;导致水体富营养化的氮、磷等可溶性无机物等	①化学处理法:混凝、沉淀(澄清、气浮)。②物理处理法:过滤、活性炭吸附	—

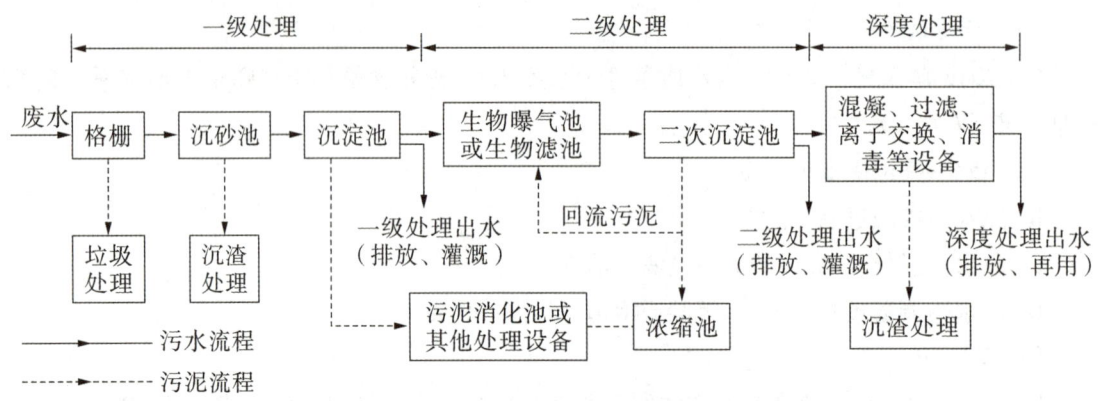

城市污水深度处理工艺流程

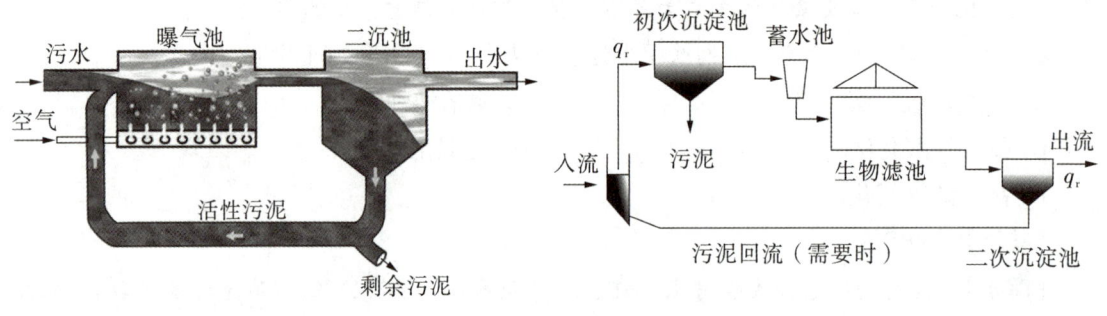

曝气池　　　　　　　　　　　　　　生物膜

🌐 **精选真题**

[2019年真题·单选] 城市污水处理方法与工艺中,属于化学处理法的是(　　)。

A. 混凝法　　　　　　　　　　　B. 生物膜法

C. 活性污泥法　　　　　　　　　D. 筛滤截流法

[答案] A

[解析] 概念归类型题目。污水处理方法根据水质类型分为物理处理法、生物处理法、污水处理产生的污泥处置及化学处理法。活性污泥法、生物膜法是生物处理法常用的方法;筛滤截留法属于物理处理法;只有混凝法属于化学处理法。故选A。

3. 再生水回用

再生水又称中水,分为五大类:

(1)农、林、渔业用水:农田灌溉、造林育苗、畜牧养殖、水产养殖。

(2)城市杂用水:城市绿化、冲厕、道路清扫、车辆冲洗、建筑施工、消防。

(3)工业用水:含冷却、洗涤、锅炉、工艺、产品用水。

(4)环境用水:含娱乐性景观环境用水、观赏性景观环境用水。

(5)补充水源水:补充地下水和地表水。

🌐 精选真题

[2021年真题·多选] 关于污水处理氧化沟的说法,正确的有( )。

A. 属于活性污泥处理系统

B. 处理过程需持续补充微生物

C. 利用污泥中的微生物降解污水中的有机污染物

D. 经常采用延时曝气

E. 污水一次性流过即可达到处理效果

[答案] ACD

[解析] 活性污泥处理系统中的反应器是曝气池,污水和污泥在曝气池中混合,污泥中的微生物将污水中复杂的有机物降解。氧化沟是传统活性污泥法的一种改型,传统的氧化沟具有延时曝气活性污泥法的特点。故选ACD。

[考点 3] 给水与污水处理厂试运行

1. 试运行基本程序

单机试车→设备机组充水试验→设备机组空载试运行→设备机组负荷试运行→设备机组自动开停机试运行。

🌐 精选真题

1. **[2021年真题·单选]** 污水处理厂试运行程序有:①单机试车;②设备机组空载试运行;③设备机组充水试验;④设备机组自动开停机试运行;⑤设备机组负荷试运行。正确的试运行流程是( )。

A. ①→②→③→④→⑤   B. ①→②→③→⑤→④

C. ①→③→②→④→⑤   D. ①→③→②→⑤→④

[答案] D

[解析] 给水与污水处理厂试运行的基本程序:单机试车、设备机组充水试验、设备机组空载试运行、设备机组负荷试运行、设备机组自动开停机试运行。故选D。

2. **[2017年真题·单选]** 给水与污水处理厂试运行内容不包括( )。

A. 性能标定   B. 单机试车

C. 联机运行   D. 空载运行

[答案] A

[解析] 给水与污水处理厂试运行的基本程序:单机试车、设备机组充水试验、设备机组空载试运行、设备机组负荷试运行、设备机组自动开停机试运行。故选A。

2. 试运行要求

(1)准备工作

①所有单项工程验收合格。

②参加试运行人员培训考试合格。

(2)相关要求

①单机试车,一般空车试运行**不少于2h**。

②全厂联机运行应**不少于24h**。

(3)联合试运行

①联合试运转应带负荷运行,试运转持续时间不应**少于72h**。

②连续试运行期间,开机、停机不少于3次。

③处理设备及泵房机组联合试运行时间,一般不少于**6h**。

给水与污水处理厂试运行

专题2 给水排水场站工程施工

备考提示▷ 本专题给水排水场站工程施工部分是案例题高频考点,考生应注意理解掌握,重点备考。

[考点1] 现浇(预应力)混凝土水池施工技术

1. 施工流程

(1)整体式现浇钢筋混凝土池体结构施工流程

测量定位→土方开挖及地基处理→垫层施工→防水层施工→底板浇筑→池壁及柱浇筑→顶板浇筑→功能性试验。

(2)单元组合式现浇钢筋混凝土水池工艺流程

土方开挖及地基处理→中心支柱浇筑→池底防渗层施工→浇筑池底混凝土垫层→池内防水层施工→池壁分块浇筑→底板分块浇筑→底板嵌缝→池壁防水层施工→功能性试验。

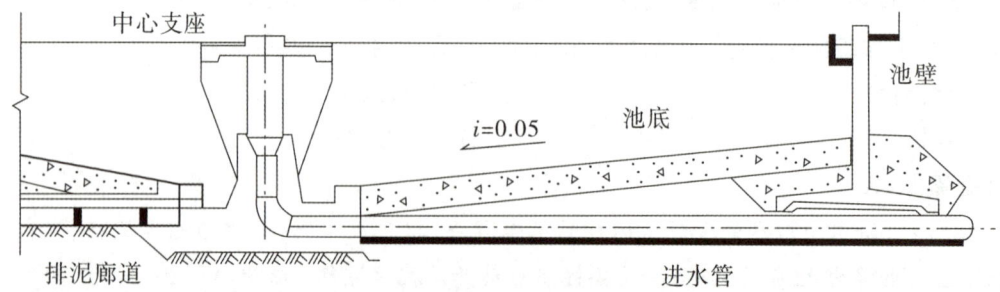

单元组合式现浇水池结构示意图

2. 施工技术要点

(1)模板、支架施工

①模板及支架满足浇筑混凝土时的承载能力、刚度和稳定性要求。

②钢模板安装前应抛光、除锈并涂刷隔离剂。安装池壁最下一层模板时,预留清扫杂物用

的窗口。浇筑混凝土前,将模板内部清扫干净,检验合格后封闭窗口。

③穿墙螺栓选用两端能拆卸或拆模时可拔出的螺栓。两端能拆卸的螺栓中部应加焊非圆形止水环。螺栓拆卸后混凝土壁面应留有40~50mm深的锥形槽。螺栓锥形槽应采用无收缩、易密实、具有足够强度、与池壁混凝土颜色一致或接近的材料封堵。

④池壁模板可采用一次安装到顶而分层预留操作窗口的方法。分层安装模板,不宜超过1.5m/层;分层留置的窗口层高不宜超过3m,水平净距不宜超过1.5m。

(2)止水带安装

①塑料或橡胶止水带接头应采用热接,不得叠接,不得有裂口、脱胶现象。T形、十字、Y形接头,应在工厂加工成型。

②金属止水带接头采用折叠咬接或搭接,搭接长度不得小于20mm,咬接或搭接必须采用双面焊接。

③金属止水带在伸缩缝中的部分应涂防锈和防腐涂料。

④不得在止水带上穿孔或用铁钉固定就位。

(3)施工缝设置

池壁施工缝设计无要求时:

①池壁与底部相接处的施工缝,宜留在底板上面不小于200mm处。

②池壁与顶部相接处的施工缝,宜留在顶板下面不小于200mm处;有腋角时,宜留在腋角下部。

③构筑物处地下水位或设计运行水位高于底板顶面8m时,施工缝处宜设置高度不小于200mm、厚度不小于3mm的止水钢板。

(4)无黏结预应力筋

钢筋施工→安装内模板→铺设非预应力筋→安装托架筋、承压板、螺旋筋→铺设无黏结预应力筋→外模板→混凝土浇筑→混凝土养护→拆模及锚固肋混凝土凿毛→割断外露塑料套管并清理油脂→安装锚具→安装千斤顶→同步加压→量测→回油撤泵→锁定→切断无黏结筋(留100mm)→锚具及钢绞线防腐→封锚混凝土。

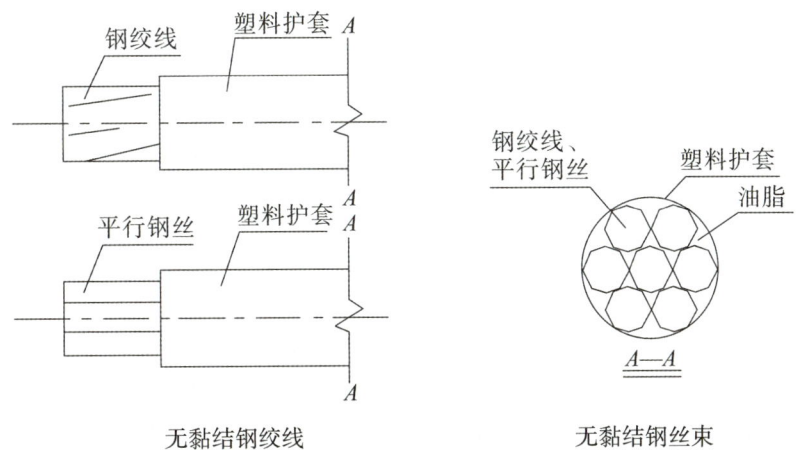

无黏结钢绞线　　　　无黏结钢丝束

无黏结预应力筋的构造

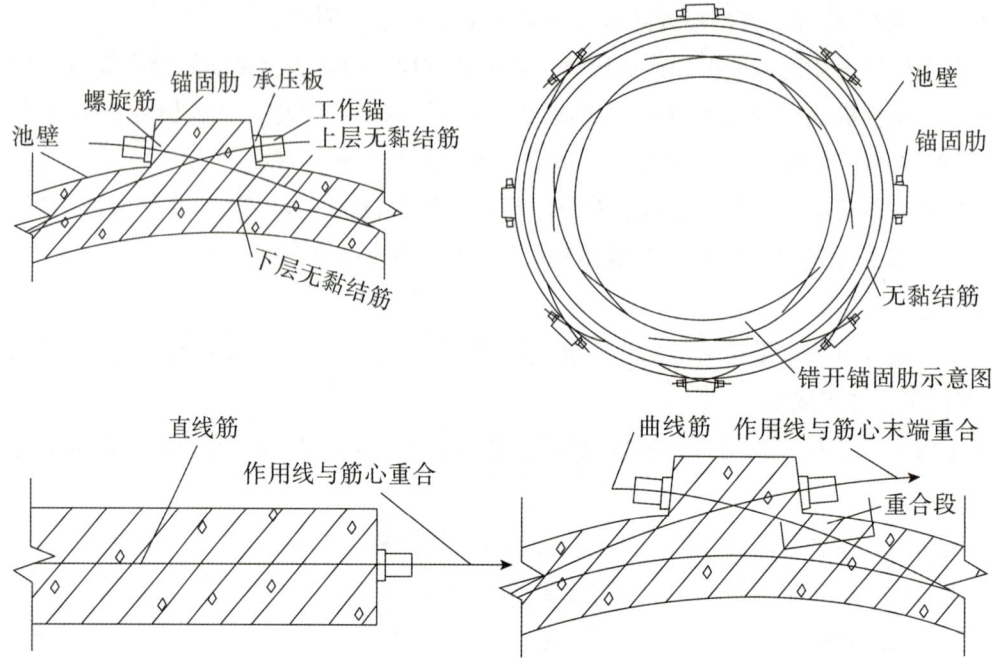

无黏结预应力筋张拉

无黏结预应力筋技术要求：

①预应力筋外包层材料应采用聚乙烯或聚丙烯，**不得使用聚氯乙烯**。

②预应力筋涂料层应采用专用防腐油脂。

③必须采用Ⅰ类锚具。

无黏结预应力筋布置安装：

①锚固肋数量和布置，应保证张拉段无黏结预应力筋长不超过50m，且锚固肋数量为**双数**。

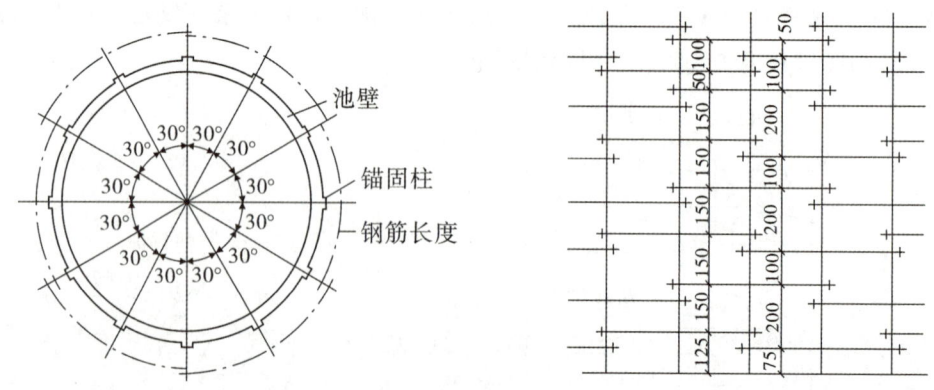

锚固肋布置示意图

②应以锚固肋数量的一半为无黏结预应力筋分段（张拉段）数量。

③每段无黏结预应力筋的计算长度应加入一个锚固肋宽度及两端张拉工作长度和锚具长度。

④无黏结预应力筋不应有死弯,严禁有接头。

张拉时,混凝土同条件立方体试块抗压强度应满足设计要求;无要求时,不应低于设计强度的 75%。**封锚混凝土强度等级不得低于相应结构混凝土强度等级**,且不得低于 C40。

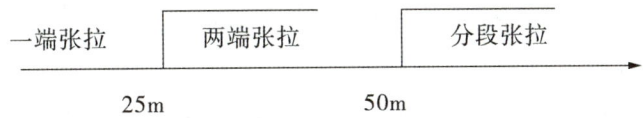

(5)混凝土施工

①保湿养护。浇筑后 12h 内,采用塑料薄膜、塑料薄膜加土工织物、塑料薄膜加草帘保湿养护不少于 14 天,至规范规定的强度。后浇带浇筑应在两侧混凝土养护不少于 42 天以后进行。后浇带养护时间不少于 14 天。控制浇筑混凝土内外温差≤25℃。

②保温养护。当日最低气温低于 5℃,不应洒水养护。

(6)模板及支架拆除

采用整体模板时,侧模板应在混凝土强度能保证其表面及棱角不因拆除模板而受损坏时,方可拆除;模板及支架拆除时,应划定安全范围,设专人指挥和值守。

整体现浇混凝土模板拆模时所需混凝土强度

构件类型	构件跨度 L(m)	达到设计的混凝土立方体抗压强度标准值的百分率(%)
板	≤2	≥50
	2＜L≤8	≥75
	＞8	≥100
梁、拱、壳	≤8	≥75
	＞8	≥100
悬臂构件	—	≥100

🌐 **精选真题**

1.[2021 年真题·单选] 关于预应力混凝土水池无黏结预应力筋布置安装的说法,正确的是(　　)。

A. 应在浇筑混凝土过程中,逐步安装、放置无黏结预应力筋

B. 相邻两环无黏结预应力筋锚固位置应对齐

C. 设计无要求时,张拉段长度不超过 50m,且锚固肋数量为双数

D. 无黏结预应力筋中的接头采用对焊焊接

[答案]　C

[解析]　锚固肋数量和布置,应符合设计要求;设计无要求时,张拉段无黏结预应力筋长不超过 50m,且锚固肋数量为双数。故选 C。

2.[2020 年真题·多选] 关于直径 50mm 的无黏结预应力混凝土沉淀池施工技术的说法,正确的有(　　)。

A. 无黏结预应力筋不允许有接头

B. 封锚外露预应力筋保护层厚度不小于50mm

C. 封锚混凝土强度等级不得低于C40

D. 安装时,每段预应力筋计算长度为两端张拉工作长度和锚具长度

E. 封锚前无黏结预应力筋应切断,外露长度不大于50mm

[答案] AB

[解析] 选项D错误很明显,每段无黏结预应力筋的计算长度应考虑加入一个锚固肋宽度及两端张拉工作长度和锚具长度。选项E的判断可参考无黏结预应力施工工艺流程:钢筋施工→…→铺设无黏结预应力筋→…→切断无黏结筋(留100mm)→锚具及钢绞线防腐→封锚混凝土。本题选项C的教材原文是:封锚混凝土强度等级不得低于相应结构混凝土强度等级,且不得低于C40。选择题中经常会有这种半句话的情形出现,在时间紧迫的情况下,选不选往往难以抉择,所以在考场上回答这类多选题最稳妥的方法是尽量不选,以保障其他有把握的选项分值。故选AB。

[考点 2] 装配式预应力混凝土水池施工技术

1. 预制构件吊运安装

(1) 构件吊装方案

吊装方案应包括工程概况、主要技术措施、吊装进度计划、质量安全保证措施和环保及文明施工等保证措施。

(2) 预制构件安装

曲梁宜采用三点吊装,吊绳与预制构件平面的交角不应小于45°,否则应进行强度验算。曲梁应在梁的跨中临时支撑,待上部二期混凝土达到设计强度的75%及以上时,方可拆除支撑。

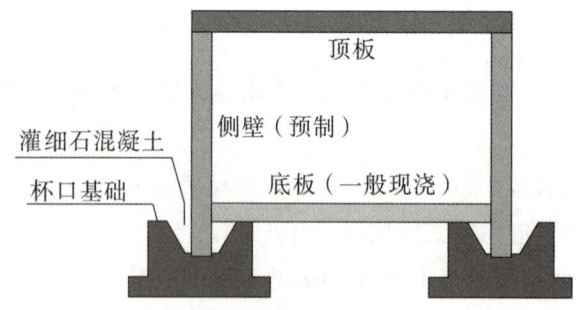

预制构件安装示意图

2. 现浇壁板缝混凝土

现浇壁板缝混凝土也是预制安装水池防渗漏的关键。

(1) 壁板接缝的内模宜一次安装到顶,外模应分段随浇随支,分段支模高度不宜超过1.5m。

(2) 浇筑前,接缝的壁板表面湿润,模内洁净;接缝的混凝土强度应比壁板混凝土强度提高一级。

(3)浇筑时间应选在壁板间缝宽较大时进行;如有离析,应二次拌和;混凝土分层浇筑厚度不宜超过250mm。

(4)接头或拼缝宜采用微膨胀混凝土和快速水泥。

🌐 **精选真题**

1. [2018年真题·单选] 关于装配式预应力混凝土水池预制构件安装的说法,正确的是( )。

A. 曲梁应在跨中临时支撑,待上部混凝土达到设计强度的50%,方可拆除支撑

B. 吊绳与预制构件平面的交角不小于35°

C. 预制曲梁宜采用三点吊装

D. 安装的构件在轴线位置校正后焊接

[答案] C

[解析] 选项 A 应为曲梁应在梁的跨中临时支撑,待上部二期混凝土达到设计强度的75%及以上时,方可拆除支撑。选项 B 应为吊绳与预制构件平面的交角不应小于45°。选项 D 应为安装的构件,必须在轴线位置及高程进行校正后焊接或浇筑接头混凝土。故选 C。

2. [2015年真题·多选] 关于预制拼装给排水构筑物现浇板缝施工说法,正确的有( )。

A 板缝部位混凝土表面不用凿毛
B. 外模应分段随浇随支
C. 内模一次安装到位
D. 宜采用微膨胀水泥
E. 板缝混凝土应与壁板混凝土强度相同

[答案] BCD

[解析] 所有壁板混凝土、合龙段及后浇带等新旧混凝土接槎的通用施工做法都必须凿毛,这是为了接合更紧密。至于内模和外模的安装方式,是从施工效率及混凝土质量方面考虑,因为壁板缝很小,一般为5~10cm,混凝土用量很小,内模一次安装到位,施工更方便,外模边浇边支方便浇筑和振捣,利于保证混凝土质量,因为混凝土形成强度受温度影响,所以应用微膨胀混凝土弥补温度收缩量,因为接缝处的强度是最弱的,所以所用的混凝土应比原有混凝土提高一个等级保证强度。故选 BCD。

[考点3] 构筑物满水试验的规定

1. 试验必备条件与准备工作

(1)池内清理洁净,池内外缺陷修补完毕。

(2)现浇池体的防水层、防腐层施工前;装配预应力混凝土池体施加预应力且封锚后,保护层喷涂前;砖砌池体防水层施工以后;石砌池体砂浆勾缝后。

(3)预留孔洞、预埋管口及进出水口等已做临时封堵,且经验算能安全承受试验压力。

(4)池体抗浮稳定性满足设计要求。

(5)试验用的充水、充气和排水系统已准备就绪,经检查充水、充气及排水闸门不得渗漏。

(6)各项保证试验安全的措施已满足要求。

2. 水池满水试验与流程

试验准备→水池注水→水池内水位观测→蒸发量测定→整理试验结论。

（1）池内注水

①按设计水深分 3 次进行,每次 1/3。大、中型池体,先注水至池壁底部施工缝以上,无明显渗漏时,再继续注水至第一次深度。

②注水时水位上升速度不宜超过 2m/天。相邻两次注水的间隔时间不应少于 24h。

③每次注水宜测读 24h 的水位下降值,计算渗水量。注水中和注水后应对池体进行外观检查和沉降量观察。

（2）水位观测

①水位测针的读数精确度应达 1/10mm。

②注水至设计水深 24h 后,开始测读初读数。

③测读水位的初读数与末读数间隔时间不少于 24h。

④测定时间必须连续。

测定的渗水量符合标准时,须连续测定两次以上；测定的渗水量超过允许标准,而以后的渗水量逐渐减少时,可继续延长观测,延长观测的时间应在渗水量符合标准时止。

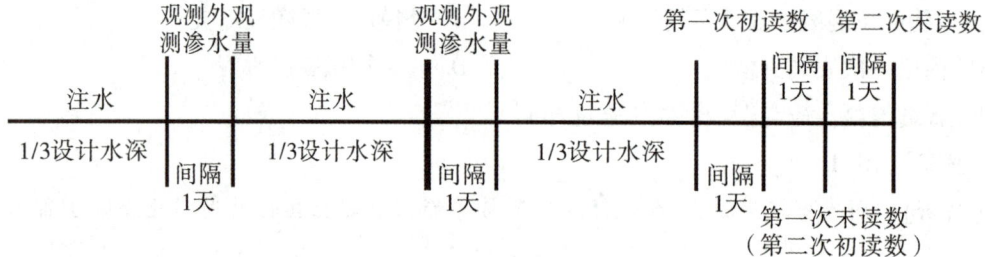

水池满水试验过程示意图

（3）蒸发量测定

①有盖时不测。

②无盖时须测。

③每次测定水池中水位时,同时测定水箱中蒸发量水位。

3. 满水试验标准

（1）水池渗水量计算：按**池壁（不含内隔墙）**和**池底**的浸湿面积计算。

（2）渗水量合格标准：钢筋混凝土结构水池不得超过 2L/（m² · 天）；砌体结构水池不得超过 3L/（m² · 天）。

🌐 精选真题

[2021 年真题·多选] 现浇混凝土水池满水试验应具备的条件有（　　）。

A. 混凝土强度达到设计强度的 75%　　B. 池体防水层施工完成后

C. 池体抗浮稳定性满足要求　　D. 试验仪器已检验合格

E. 预留孔洞进出水口等已封堵

[答案] CDE

[解析] 满水试验前必备条件：①池体的混凝土或砖、石砌体的砂浆已达到设计强度要求；池内清理洁净，池内外缺陷修补完毕。②现浇钢筋混凝土池体的防水层、防腐层施工之前；装配式预应力混凝土池体施加预应力且锚固端封锚以后，保护层喷涂之前；砖砌池体防水层施工以后，石砌池体勾缝以后。③设计预留孔洞、预埋管口及进出水口等已做临时封堵，且经验算能安全承受试验压力。④池体抗浮稳定性满足设计要求。⑤试验用的充水、充气和排水系统已准备就绪，经检查充水、充气及排水闸门不得渗漏。故选CDE。

[考点4] 沉井施工技术

1. 沉井的构造

沉井的组成部分包括井筒、刃脚、隔墙、梁、底板。

2. 沉井准备工作

(1)基坑准备

地下水位应控制在沉井基坑以下0.5m；采用沉井筑岛法制作时，岛面高程应比施工期最高水位高出0.5m以上。

(2)地基与垫层施工

制作沉井的地基应具有足够的承载力。刃脚的垫层采用砂垫层上铺垫木或素混凝土，且应满足下列要求：

①砂垫层宜采用中粗砂，分层铺设、分层夯实。

②垫木铺设在同一水平面上，均匀对称布置，垫木长度中心与刃脚底面中心线重合，定位垫木的布置应使沉井有对称的着力点。

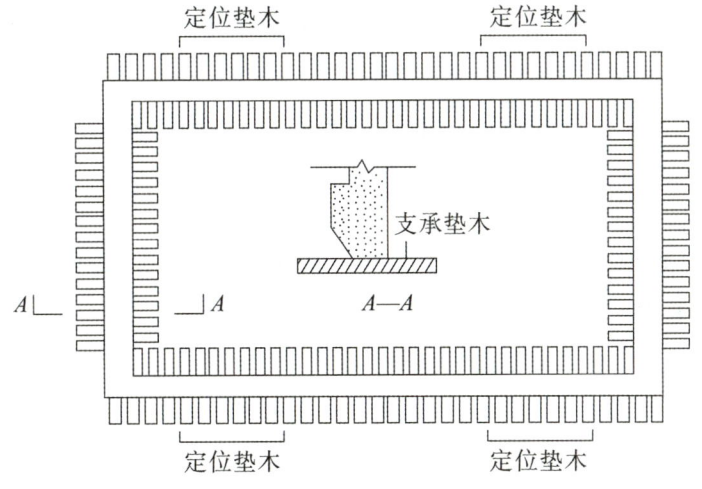

沉井垫木平面布置图

3. 分节制作沉井

(1)第一节制作高度必须高于刃脚部分，井内设有底梁或支撑梁时应与刃脚部分整体浇捣。

(2)混凝土强度应达到设计强度等级75%后,方可拆除模板或浇筑后节混凝土。

(3)混凝土施工缝处理应采用凹凸缝或设置钢板止水带,施工缝应凿毛并清理干净;对拉螺栓的中间应设置防渗止水片。

(4)沉井每次接高时各部位轴线位置应重合,及时做好沉降和位移监测。

(5)分节制作、分次下沉的沉井,前次下沉后进行后续接高施工:

①应验算接高后稳定系数,严禁在接高过程中发生倾斜和突然下沉。

②后续各节的模板不应支撑于地面上,模板底部应距地面不小于1m。

精选真题

[2019年真题·单选] 关于沉井施工分节制作工艺的说法,正确的是(　　)。

A. 第一节制作高度必须与刃脚部分齐平

B. 设计无要求时,混凝土强度应达到设计强度等级60%方可拆除模板

C. 混凝土施工缝应采用凹凸缝并应凿毛清理干净

D. 设计要求分多节制作的沉井,必须全部接高后方可下沉

[答案] C

[解析] 沉井每节制作高度应符合施工方案要求,且第一节制作高度必须高于刃脚部分;设计无要求时,混凝土强度应达到设计强度等级75%后,方可拆除模板或浇筑后节混凝土;混凝土施工缝处理应采用凹凸缝或设置钢板止水带,施工缝应凿毛并清理干净;分节制作、分次下沉的沉井,前次下沉后进行后续接高施工。故选C。

4. 下沉施工

沉井下沉施工方法包括排水下沉,不排水下沉以及辅助法下沉。

(1)排水下沉

①下沉过程连续排水,保证沉井范围内地层水疏干。

②分层、均匀、对称挖土,严禁超挖。

③确保下沉和降低地下水过程中不危及周围建(构)筑物、道路或地下管线,并保证下沉过程和终沉时的坑底稳定。

(2)不排水下沉

①沉井内水位应符合施工设计控制水位;井内水位不得低于井外水位;流动性土层开挖时,井内水位应高于井外水位至少1m。

②废弃土方、泥浆应专门处置,不得随意排放。

(3)沉井下沉控制

①下沉应平稳、均衡、缓慢,发生偏斜应通过调整开挖顺序和方式"随挖随纠、动中纠偏"。

②下沉时标高、轴线位移每班至少测量一次,每次下沉稳定后应进行高差和中心位移量的计算;终沉时,每小时测一次,严格控制超沉,沉井封底前自沉速率应<10mm/8h;如发生异常情况应加密量测;大型沉井应进行结构变形和裂缝观测。

(4)辅助法下沉

①外壁采用阶梯形。↓F(↓F为减少下沉摩擦阻力)

②触变泥浆套。↓F

③空气幕助沉。↓F

④爆破方法。↓F

⑤其他方法:增加自重($G\uparrow$);射水法沉不下去原因为$F>G$;采取的措施为$\downarrow F>G\uparrow$。

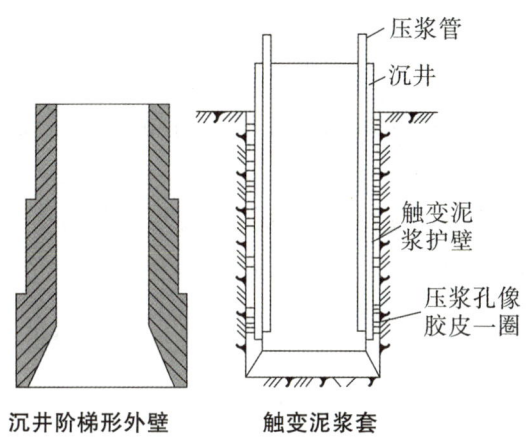

沉井阶梯形外壁　　触变泥浆套　　空气幕沉井压气系统构造

1—压缩空气机;2—贮气筒;3—输气管路;
4—沉井;5—竖管;6—水平喷气管;7—气斗;
8—喷气孔

🌐 **精选真题**

[2016年真题·单选] 沉井下沉过程中,不可用于减少摩擦阻力的措施是( )。

A. 排水下沉　　　　　　　　B. 空气幕助沉

C. 在井外壁与土体间灌入黄砂　　D. 触变泥浆套助沉

[答案] A

[解析] 本题BCD属于助沉方法,用于沉井施工中减少摩阻力下沉。而排水下沉和不排水下沉是依据地质条件和周围环境的不同而分别采取的下沉方式。故选A。

5. 沉井封底

沉井封底分为干封底(排水下沉)和水下封底(不排水下沉)。

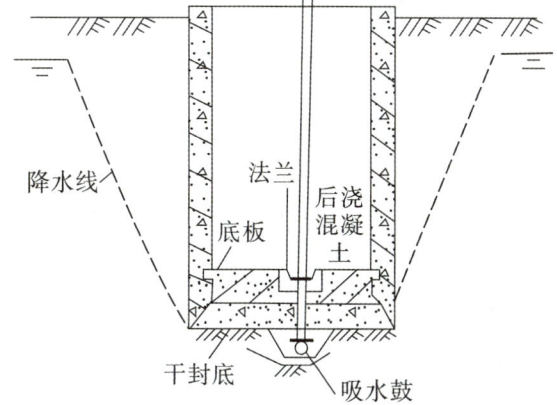

(1) 干封底

①在井点降水条件下施工的沉井应继续降水,并稳定保持地下水位距坑底不小于0.5m;在沉井封底前应用大石块将刃脚下垫实。

②采用全断面封底时,混凝土垫层应一次性连续浇筑;有底梁或支撑梁而分格封底时,应对称逐格浇筑。

③封底前应设置泄水井,底板混凝土强度达到设计强度等级且满足抗浮要求时,方可封填泄水井、停止降水。

(2) 水下封底

①水下混凝土封底的浇筑顺序,应从低处开始,逐渐向周围扩大;井内有隔墙、底梁或混凝土供应量受到限制时,应分格对称浇筑。

②水下封底混凝土强度达到设计强度等级、沉井能满足抗浮要求时,方可将井内水抽除,并凿除表面松散混凝土进行钢筋混凝土底板施工。

精选真题

1. [2020年真题·单选] 关于沉井施工技术的说法,正确的是(　　)。

A. 在粉细砂土层采用不排水下沉时,井内水位应高出井外水位0.5m

B. 沉井下沉时,需对井的标高、轴线位移进行测量

C. 大型沉井桩应进行结构内监测及裂缝观测

D. 水下封底混凝土强度达到设计强度等级的75%时,可将井内水抽除

[答案] B

[解析] 沉井不排水下沉在流动性土层开挖时,应保持井内水位高出井外水位不少于1m;大型沉井应进行结构变形和裂缝观测;水下封底混凝土强度达到设计强度等级,沉井能满足抗浮要求时,方可将井内水抽除,并凿除表面松散混凝土进行钢筋混凝土底板施工。故选B。

2. [2018年真题·单选] 关于沉井不排水下沉水下封底技术要求的说法,正确的是(　　)。

A. 保持地下水位距坑底不小于1m

B. 导管埋入混凝土的深度不宜小于0.5m

C. 封底前应设置泄水井

D. 混凝土浇筑顺序应从低处开始,逐渐向周围扩大

[答案] D

[解析] 题干中是不排水下沉水下封底,而选项AC明显属于干封底的内容,可以直接排除。剩余选项BD都属于水下封底的知识,但选项B叙述不正确,导管埋入混凝土的深度应该是不宜小于1.0m。故选D。

[考点5] 水池施工中的抗浮措施

1. 当构筑物有抗浮设计时

(1) 人工降水到基底下不少于500mm,以防止施工过程中构筑物浮动,保证施工顺利进行。

(2)在水池底板混凝土浇筑完成并达到规定强度时,应及时施作抗浮结构。

2. 当无抗浮要求时降水排水的抗浮措施

(1)选择可靠的降低地下水位方法,严格进行降水施工,有备用机具。

(2)基坑受承压水影响时,应进行承压水降压计算,对承压水降压的影响进行评估。

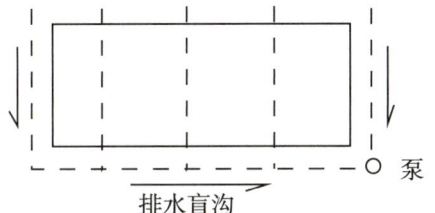 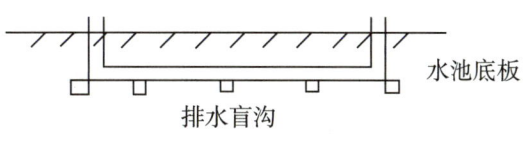

(3)降水排水应输送至抽水影响半径范围以外的河道或排水管道,并防止环境水源进入基坑。

(4)施工过程中不得间断降水排水,构筑物未具备抗浮条件时,严禁停止降水排水。

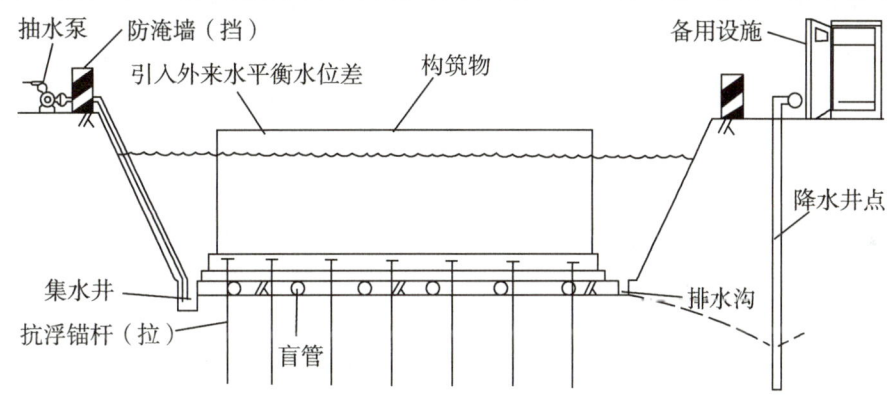

水池施工中的抗浮措施

3. 无抗浮设计时雨汛期的截排水措施

(1)设防汛墙,防止外来水进入基坑,建立防汛组织,强化防汛工作。

(2)构筑物下及基坑内四周埋设排水盲管(盲沟)和抽水设备,随即排除基坑内积水。

(3)备有应急供电和排水设施并保证可靠性。

(4)引入地下水和地表水等外来水进入构筑物,使构筑物内、外无水位差,以减小其浮力,使构筑物结构免于破坏。

强化练习

一、单项选择题

1. 属于给水处理构筑物的是( )。
   A. 消化池　　　　B. 曝气池
   C. 氧化沟　　　　D. 混凝沉淀池

2. 下列构筑物中,属于污水处理构筑物的是( )。
   A. 混凝沉淀池　　B. 清水池
   C. 吸滤池　　　　D. 曝气池

3. 钢筋混凝土结构外表面需设保温层和饰面层的水处理构筑物是( )。
   A. 沉砂池　　　　　B. 沉淀池
   C. 消化池　　　　　D. 浓缩池

4. 给水排水厂站中,通常采用无黏结预应力筋、曲面异面大模板的构筑物是( )。
   A. 矩形水池　　　　B. 圆形蓄水池
   C. 圆柱形消化池　　D. 卵形消化池

5. 在渗水量不大、稳定的黏性土层中,深5m、直径2m的圆形沉井宜采用( )。
   A. 水下挖土下沉
   B. 人工挖土排水下沉
   C. 水下水力吸泥下沉
   D. 空气吸泥下沉

6. 用以除去水中粗大颗粒杂质的给水处理方法是( )。
   A. 过滤　　　　　　B. 软化
   C. 混凝沉淀　　　　D. 自然沉淀

7. 原水水质较好时,城镇给水处理应采用的工艺流程为( )。
   A. 原水→筛网隔滤或消毒
   B. 原水→接触过滤→消毒
   C. 原水→沉淀→过滤
   D. 原水→调蓄预沉→澄清

8. 下列污水处理构筑物中,主要利用物理作用去除污染物的是( )。
   A. 曝气池　　　　　B. 沉砂池
   C. 氧化沟　　　　　D. 脱氮除磷池

9. 城市污水一级处理工艺中采用的构筑物是( )。
   A. 污泥消化池　　　B. 沉砂池
   C. 二次沉淀池　　　D. 污泥浓缩池

10. 污水三级处理是在一级、二级处理之后,进一步处理可导致水体富营养化的( )可溶性无机物。

    A. 钠、碘　　　　　B. 钙、镁
    C. 铁、锰　　　　　D. 氮、磷

11. 关于污水处理厂试运行的规定,错误的是( )。
    A. 参加试运行人员须经过培训考试合格
    B. 单机试车后进行设备机组试运行
    C. 全厂联机运行时间为12h
    D. 试运行前,所有单项工程验收合格

12. 塑料或橡胶止水带接头应采用( )。
    A. 热接　　　　　　B. 叠接
    C. 咬接　　　　　　D. 对接

13. 关于防水构筑物变形缝处橡胶止水带施工技术要求,错误的是( )。
    A. 填缝板应用模板固定牢固
    B. 止水带应用铁钉固定牢固
    C. 留置垂直施工缝时,端头必须安放模板,设置止水带
    D. 止水带的固定和安装,必须由项目技术员、质检员验收

14. 装配式预应力混凝土水池吊装中,当预制构件平面与吊绳的交角小于( )时,应对构件进行强度验算。
    A. 45°　　　　　　　B. 50°
    C. 55°　　　　　　　D. 60°

15. 关于预制安装水池现浇壁板接缝混凝土施工措施的说法,错误的是( )。
    A. 强度较预制壁板应提高一级
    B. 宜采用微膨胀混凝土
    C. 应在壁板间缝较小时段灌注
    D. 应采取必要的养护措施

16. 满水试验时水位上升速度不宜超过( )m/天。
    A. 0.5　　　　　　　B. 1
    C. 1.5　　　　　　　D. 2

17. 关于沉井下沉监控测量的说法,错误

是( )。
A. 下沉时标高、轴线位移每班至少测量一次
B. 封底前自沉速率应大于10mm/8h
C. 如发生异常情况应加密量测
D. 大型沉井应进行结构变形和裂缝观测

18. 采用排水下沉施工的沉井封底的干封底措施中,错误的是( )。
A. 封底前设置泄水井
B. 封底前停止降水
C. 封底前,井内应无渗漏水
D. 封底前用石块将刃脚垫实

二、多项选择题

1. 水处理厂的配套工程包括( )。
   A. 厂内道路　　　　B. 厂区内部环路
   C. 厂区给水排水　　D. 厂区照明
   E. 厂区绿化

2. 给水处理目的是去除或降低原水中的( )。
   A. 悬浮物　　　　　B. 胶体
   C. 有害细菌生物　　D. 钙、镁离子含量
   E. 溶解氧

3. 污水处理工艺中,关于一、二级处理正确的说法有( )。
   A. 一级处理主要采用物理处理法
   B. 一级处理后的污水 BOD_5 一般可去除40%左右
   C. 二级处理主要去除污水中呈胶体和溶解性状态的有机污染物
   D. 二级处理通常采用生物处理法
   E. 二次沉淀池是一级处理的主要构筑物之一

4. 下列污水处理方法中,属于生物处理法的有( )。
   A. 重力分离法　　　B. 活性污泥法

C. 生物膜法　　　　D. 氧化塘法
E. 紫外线法

5. 关于水池变形缝中止水带安装的说法,错误的有( )。
   A. 金属止水带搭接长度不小于20mm
   B. 塑料止水带对接嵌头采用叠接
   C. 止水带用铁钉固定就位
   D. 金属止水带在伸缩缝中的部分不涂刷防腐涂料
   E. 塑料或橡胶止水带应无裂纹,无气泡

6. 关于预制拼装给水排水构筑物现浇板缝施工法,正确的有( )。
   A. 板缝部位混凝土表面不用凿毛
   B. 外模应分段随浇随支
   C. 内膜一次安装到位
   D. 宜采用微膨胀水泥
   E. 板缝混凝土应与壁板混凝土强度相同

7. 构筑物满水试验前必须具备的条件有( )。
   A. 池内清理洁净
   B. 防水层施工完成
   C. 预留洞口已临时封堵
   D. 防腐层施工完成
   E. 构筑物强度满足设计要求

8. 无盖混凝土水池满水试验程序中应有( )。
   A. 水位观测　　　　B. 水位测定
   C. 蒸发量测定　　　D. 水质检验
   E. 资料整理

9. 关于构筑物满水试验中水位观测的要求,下列叙述正确的有( )。
   A. 采用水位测针测定水位
   B. 注水至设计水深后立即开始测读
   C. 水位测针的读数精确度应达1mm
   D. 测定时间必须连续

E. 初读数与末读数间隔时间不少于24h

10. 关于沉井刃脚垫木的说法,正确的有( )。
    A. 应使刃脚底面在同一水平面上,并符合设计起沉标高要求
    B. 平面布置要均匀对称
    C. 每根垫木的长度中心应与刃脚地面中心线重合
    D. 定位垫木的布置应使沉井有对称的着力点
    E. 抽除垫木应按顺序依次进行

三、实务操作与案例分析题

案例(一)

背景资料

某市新建露天型水厂,因工期紧张,建设单位将水厂分为三个标段,A公司中标第二标段。该标段包括现浇大清水池和一座装配式小清水池,以及水厂内部道路及部分综合管线工程。合同工期一年。

大清水池长200m,宽50m,高7m,沿着水池长度方向上设置四道内隔墙。项目部对现浇清水池中的土方开挖、垫层、底板、侧墙、顶板施工、回填等工作做了详细施工部署。本项目中的模板分项工程每一检验批施工完成后,监理工程师都严格按照主控项目进行验收。因大清水池占地面积较大且相对集中,项目部在施工现场安装了地泵,每次都尽量用地泵浇筑混凝土。

装配式水池待现浇底板杯口达到设计强度后,准备进行预制壁板的吊装。

现场道路管线施工完成以后,项目部委托具有相应资质的竣工测量单位进行竣工测量,竣工测量附件包括:道路、水池及管线竣工纵断面图;建筑场地及其附近的测量控制点布置图及坐标与高程一览表。

[问题]

1. 结合案例背景,简述大清水池施工如何控制成本。
2. 简述本工程中大清水池模板质量验收的主控项目。
3. 项目部采用泵送混凝土应符合哪些规定?
4. 装配式水池吊装前的准备工作有哪些?

案例(二)

背景资料

某公司中标新建水厂大清水池工程,现浇清水池内部尺寸120m×30m×4.8m(长×宽×高),清水池底板厚0.8m,顶板厚0.6m,侧墙厚0.4m。水池侧墙采用滑模施工,顶板采用满堂支架法。水池采用防水混凝土,强度等级C50,重度 $\gamma = 24.8 kN/m^3$。

地质资料显示,地下水水位位于地表以下15m。依据开挖方案,在清水池基坑的北侧采用土钉墙支护措施,土钉墙边坡整体长度120m,断面图如下图所示。

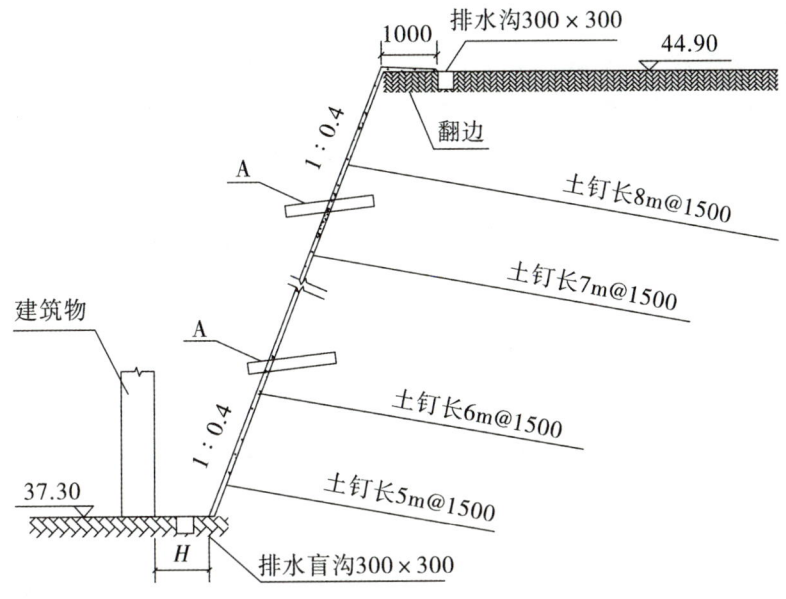

说明：
1. 本工程高程单位为 m，其余标注均为 mm。
2. 基坑采用土钉墙支护，钢筋直径 φ18，灌注 M20 素水泥浆，土钉墙面层喷射 100mm 厚 C20 混凝土。
3. 基坑底部排水沟内填充石子，为盲沟；顶部排水沟为明沟。

土钉墙边坡面层混凝土喷射分两次进行，为保证两次喷射混凝土衔接紧密，项目部要求在下层混凝土初凝前将上层混凝土喷射完毕，且要求喷射混凝土顺序为自上而下进行。

[问题]

1. 指出图中 A 的名称，简述其在土钉墙支护中的作用。
2. 图中 H 的最小距离应该是多少米？本工程需要喷射 C20 混凝土多少立方米？
3. 混凝土喷射的方法是否有不妥之处？如有不妥之处，请改正。简述喷射混凝土对环境的要求。
4. 本图中基坑顶部除了坡顶硬化与排水沟以外，还缺少哪些必要的设施？

参考答案及解析

一、单项选择题

1. D [解析] 选项 A、B、C 属于污水处理构筑物。故选 D。

2. D [解析] 选项 A、B、C 属于给水处理构筑物。故选 D。

3. C [解析] 消化池钢筋混凝土主体外表面，需要做保温和外饰面保护；保温层、饰面层施工应符合设计要求。故选 C。

4. D [解析] 卵形消化池通常采用无黏结预应力筋、曲面异面大模板施工。故选 D。

5. B [解析] 预制沉井法施工通常采取排水下沉沉井方法和不排水下沉沉井方法。前者适用于渗水量不大、稳定的黏性土；后者适用于比较深的沉井或有严重流沙的情况。排水下沉分为人工挖土下沉、机具挖土下沉、水力机具下沉。故选 B。

6. D [解析] 自然沉淀是用以去除水中粗大颗粒杂

7. A [解析]原水水质较好时,城镇给水处理应采用的工艺流程为原水→简单处理(如筛网隔滤或消毒)。故选A。

8. B [解析]物理处理方法是利用物理作用分离和去除污水中污染物质的方法。常用方法有筛滤截留、重力分离、离心分离等,相应处理设备主要有格栅、沉砂池、沉淀池及离心机等。其中沉淀池同城镇给水处理中的沉淀池。故选B。

9. B [解析]一级处理:在污水处理设施进口处,必须设置格栅,主要是采用物理处理法截留较大的漂浮物,以便减轻后续处理构筑物的负荷,使之能正常运转。沉砂池一般设在格栅后面,也可以设在初沉池前,目的是去除比重较大的无机颗粒。故选B。

10. D [解析]三级处理是在一级处理、二级处理之后,进一步处理难降解的有机物及可导致水体富营养化的氮、磷等可溶性无机物等。故选D。

11. C [解析]全厂联机运行应不少于24h。故选C。

12. A [解析]塑料或橡胶止水带接头应采用热接,不得采用叠接。故选A。

13. B [解析]止水带安装应牢固,位置准确,其中心线应与变形缝中心线对正,带面不得有裂纹、孔洞等。不得在止水带上穿孔或用铁钉固定就位。故选B。

14. A [解析]吊绳与预制构件平面的交角不应小于45°;当小于45°时,应进行强度验算。故选A。

15. C [解析]浇筑时间应根据气温和混凝土温度选在壁板间缝宽较大时进行。故选C。

16. D [解析]满水试验注水时水位上升速度不宜超过2m/天,两次注水间隔不小于24h。故选D。

17. B [解析]终沉时,每小时测一次,严格控制超沉,沉井封底前自沉速率应小于10mm/8h。故选B。

18. B [解析]干封底中,在井点降水条件下施工的沉井应继续降水。故选B。

二、多项选择题

1. ACDE [解析]配套工程指为水处理厂生产及管理服务的配套工程,包括厂内道路、厂区给水排水、照明、绿化等工程。故选ACDE。

2. ABC [解析]给水处理目的是去除或降低原水中悬浮物质、胶体、有害细菌生物以及水中含有的其他有害杂质,使处理后的水质满足用户需求。故选ABC。

3. ACD [解析]一级处理主要是采用物理处理法截流较大的漂浮物,以便减轻后续处理构筑物的负荷,使之能够正常运转。经过一级处理后的污水BOD_5一般可去除30%左右,达不到排放标准,只能作为二级处理的预处理。二级处理主要去除水中呈胶体和溶解性状态的有机污染物质,通常采用生物处理法。二级沉淀池是二级处理的主要构筑物之一。故选ACD。

4. BCD [解析]生物处理法是利用微生物的代谢作用,去除污水中有机物质的方法。常用的有活性污泥法、生物膜法等,还有氧化塘及污水土地处理法。故选BCD。

5. BCD [解析]塑料止水带对接嵌头采用热接;不得在止水带上穿孔或用铁钉固定就位;金属止水带在伸缩缝中的部分应涂刷防腐涂料。故选BCD。

6. BCD [解析]预制安装水池满水试验能否合格,除底板混凝土施工质量和预制混凝土壁板质量满足抗渗标准外,现浇壁板缝混凝土也是防渗漏的关键;必须控制其施工质量。具体操作要点如下:壁板接缝的内模宜一次安装到顶;外模应分段随浇随支。浇筑前,接缝的壁板表面应洒水保持湿润,模内应洁净;接缝的混凝土强度应符合设计规定,设计无要求时,应比壁板混凝土强度提高一级;用于接头或拼缝的混凝土或砂浆,宜采取微膨胀和快速水泥,在浇筑过程中应振捣密实并采取必要的养护措施。故选BCD。

7. ACE [解析]满水试验前必备条件:①池内清理洁净。②现浇钢筋混凝土池体的防水层、防腐层施工之前;装配式预应力混凝土池体施加预应力且锚固端封锚以后,保护层喷涂之前;砖砌池体防水层施工以后,石砌池体勾缝以后。③设计预留孔洞、预埋管口及进出水口等已做临时封堵。④池体抗浮稳定性满足设计要求。⑤各项保证试验安全的措施已满足要求;满足设计的其他特殊要求。故选 ACE。

8. ACE [解析] 满水试验的程序:实验准备→水池注水→水池内水位观测→蒸发量测定→有关资料整理。故选 ACE。

9. ADE [解析] 水位观测的要求有:①利用水位标尺测针观测、记录注水时的水位值。②注水至设计水深进行渗水量测定时,应采用水位测针测定水位。水位测针的读数精确度应达 0.1mm。③注水至设计水深 24h 后,开始测读水位测针的初读数。④测读水位的初读数与末读数之间的间隔时间应不少于 24h。⑤测定时间必须连续。测定的渗水量符合标准时,需连续测定两次以上;测定的渗水量超过允许标准,而以后的渗水量逐渐减少时,可继续延长观测。延长观测的时间应在渗水量符合标准时截止。故选 ADE。

10. ABCD [解析] 垫木铺设应使刃脚底面在同一水平面上,并符合设计起沉高程的要求;平面布置要均匀对称,每根垫木的长度中心应与刃脚底面中心线重合,定位垫木的布置应使沉井有对称的着力点。故选 ABCD。

三、实务操作与案例分析题

案例(一)

1. (1)清水池钢筋、混凝土用量大,提前与供应商签订合同。
   (2)每一段清水池工作性质相同,可将清水池进行流水施工。
   (3)侧墙长度比较长,模板尽可能采用大模板。
   (4)施工周期长,可以提前计算周转材料。
   (5)清水池分段施工,可安排开挖与回填同时进行。

2. ①模板及其支架应满足浇筑混凝土时的承载能力、刚度和稳定性要求,且应安装牢固;②各部位的模板安装位置正确,拼缝紧密不漏浆,对拉螺栓、垫块等安装稳固;模板上的预埋件、预留孔洞不得遗漏且安装牢固;③模板清洁、隔离剂涂刷均匀,钢筋和混凝土接槎处无污渍。

3. ①混凝土供应必须保证输送混凝土的泵能连续工作;②混凝土的坍落度必须满足泵送混凝土的要求;③输送管线宜直,转弯宜缓,接头应严密;④泵送混凝土前应先用与混凝土成分相同的水泥浆润滑输送管道内壁;⑤泵送混凝土因故间歇时间超过 45min 时,应采用压力水或其他方法冲洗管内残留的混凝土;⑥泵送过程中,受料斗内应有足够量的混凝土。

4. 装配式水池的预制构件吊装前应经复验合格;有裂缝的构件,应进行鉴定。
   预制柱、梁及壁板等构件应标注中心线,并在杯槽、杯口上标出中心线。预制壁板安装前应将不同类别的壁板按预定位置顺序编号,壁板两侧面宜凿毛,应将浮渣、松动的混凝土等冲洗干净,并应将杯口内杂物清理干净,接合面的处理应满足安装要求。

案例(二)

1. A 为排水管,作用是将土钉墙后背土体中的水排除,减小土钉墙后背土体对面板的破坏。

2. 图中 H 的最小距离应该是 1m,因为排水沟布置需要在建筑基础边 0.4m 以外,沟边缘距离边坡坡脚应不小于 0.3m,排水沟本身要求 0.3m,数字相加,所以 H 不应小于 1m。$\{(44.9-37.3)2+[(44.9-37.3)\times 0.4]2\}2=8.19(m)$;$(8.19+1)\times 120\times 0.1=110.28(m^3)$。所以本工程需要喷射 C20 混凝土 110.28m^3。

3. 项目部要求在下层混凝土初凝前将上层混凝土喷射完毕,不妥。正确做法:分层喷射混凝土时,应在前一层混凝土终凝后进行后一层混凝土的喷射。混凝土喷射顺序自上而下不妥,应该是喷射混凝土由下而上进行。喷射混凝土时环境温度必须满足规范要求,当有六级(含)以上大风、降雨、冰冻不得进行喷浆施工。

4. 缺少围栏、安全网、警示标志、夜间警示灯、坡顶的防淹墙。

第 5 章 城市管道工程

考情概述

城市管道工程部分为重点内容,出题的形式非常多样化,既可以考核管道安装的施工工艺要求,又可以考核相应的功能性试验。管道工程由于其施工步骤较多,也可以结合进度管理出现相应的网络图或横道图,形成综合的案例题。本章知识点在近 5 年考试中平均为 16 分。在备考时,建议考生将重点放在知识点的记忆上。

扫码领取视频课程

近 5 年考试真题分值统计表　　　　　　　　　　（单位:分）

序号	专题名	2022	2021	2020	2019	2018
1	城市给水排水管道工程施工	11	8	5	12	6
2	城市供热管道工程施工	3	1	1	2	2
3	城市燃气管道工程施工	2	1	2	0	16
4	城市综合管廊	1	0	2	0	3

思维导图

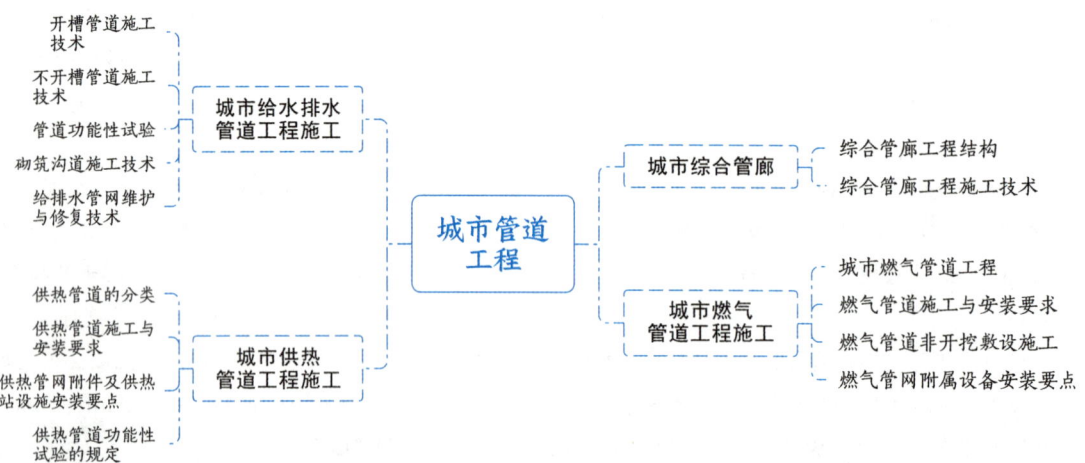

核心考点

专题 1　城市给水排水管道工程施工

备考提示▷ 城市给水排水管道工程施工中每条规定都可结合案例题考核。开槽管道施工可结合开挖、降水、地基处理、流水施工、起重吊装、回填、压实等知识考核案例；不开槽管道施工方法相对于开槽管道施工方法而言，市政公用工程常用顶管法、盾构法、浅埋暗挖法、地表式水平定向钻法、夯管法等。开槽管道施工技术与不开槽管道施工技术在案例题中考查频率更高，需要引起重视。

[考点 1]　开槽管道施工技术

1. 沟槽施工方案

(1) 主要内容

①编制施工降水排水方案。

②沟槽施工平面布置图及开挖断面图。

③沟槽形式、开挖方法及堆土要求。

④无支护沟槽的边坡要求；有支护沟槽的支撑形式、结构、支拆方法及安全措施。

⑤施工设备机具的型号、数量及作业要求。

⑥不良土质地段沟槽开挖时采取的护坡和防止沟槽坍塌的安全措施。

⑦安全、文明施工、沿线管线及构筑物保护要求。

(2) 确定沟槽底部开挖宽度

设计无要求时：

$$B = D_0 + 2 \times (b_1 + b_2 + b_3)。$$

式中　B——管沟底部的开挖宽度(mm)；

　　　D_0——管外径(mm)；

　　　b_1——管道一侧的工作面宽度(mm)；

　　　b_2——管道一侧的支撑厚度(mm)；

　　　b_3——管渠一侧模板厚度(mm)。

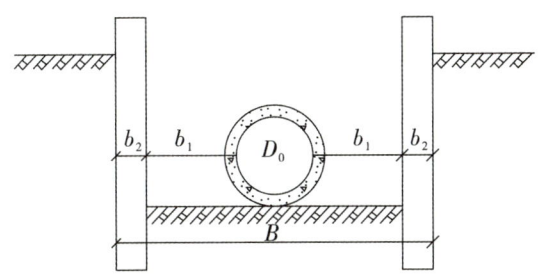
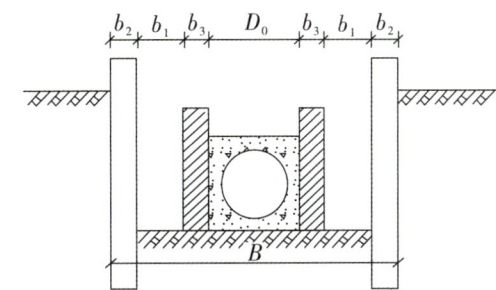

(3) 确定沟槽边坡

①当地质条件良好、土质均匀、地下水位低于沟槽底面高程,且开挖深度在 5m 以内、沟槽不设支撑时,沟槽边坡最陡坡度应如下表所示。

土的类别	边坡坡度(高:宽)		
	坡顶无荷载	坡顶有静载	坡顶有动载
中密的砂土	1:1.00	1:1.25	1:1.50
中密的碎石类土	1:0.75	1:1.00	1:1.25
硬塑的粉土	1:0.67	1:0.75	1:1.00
中密的碎石类土	1:0.50	1:0.67	1:0.75
硬塑的粉质黏土、黏土	1:0.33	1:0.50	1:0.67
老黄土	1:0.10	1:0.25	1:0.33
软土	1:1.25	—	—

②当沟槽无法自然放坡时,边坡应有支护设计,并应计算每侧临时堆土或施加的其他荷载,进行边坡稳定性验算。

2. 沟槽开挖与支护

(1) 分层开挖及深度

①人工开挖槽的槽深超过 3m 应分层,每层挖深不超过 2m。

②人工开挖层间留台宽度如下图所示。

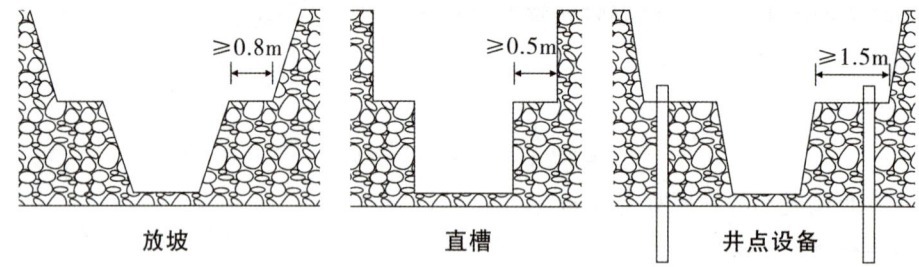

放坡　　直槽　　井点设备

(2) 沟槽开挖规定

①槽底原状地基土不得扰动,机械开挖时槽底预留 200~300mm 土层,由人工开挖至设计高程,整平。

②槽底不得受水浸泡或受冻,槽底局部扰动或受水浸泡时,宜采用天然级配砂砾石或石灰土回填。

③槽底土层为杂填土、腐蚀性土时,应全部挖除处理。

④边坡稳固后设置安全梯。

安全梯

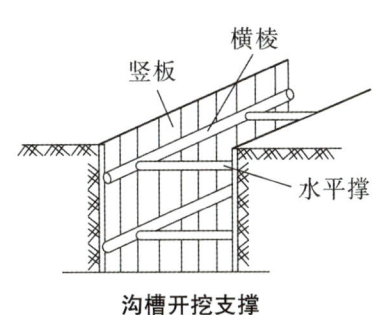

沟槽开挖支撑

（3）支撑与支护

①采用木撑板支撑和钢板桩。

②撑板支撑应随挖土及时安装。每根横梁或纵梁不得少于2根横撑。横撑的水平间距宜为1.5～2m，垂直间距不大于1.5m。

③软土等不稳定地层中，开始支撑的开挖深度宜小于1.0m；开挖与支撑交替进行，交替深度宜为0.4～0.8m。

④雨期及春季解冻时加强检查。

⑤施工人员应由安全梯上下沟槽，不得攀登支撑。

⑥拆除撑板应制定安全措施，配合回填交替进行。

⑦钢板桩拔除后应及时回填桩孔且填实。采用灌砂回填时，非湿陷性黄土地区可冲水助沉；有地面沉降控制要求时，宜采取边拔桩边注浆等措施。

3. 地基处理与安管

（1）地基处理

①地基在不同环境下的处理方式如下表所示。

环境		处理方式
局部超挖、扰动	超挖深度不超过150mm	原土回填夯实，压实度≥原密实度
	槽底含水量较大，不适于压实	换填
排水不良	扰动深度在100mm以内	填天然级配砂石或砂砾
	扰动深度在300mm以内，但下部坚硬	填卵石或块石，砾石填充空隙并找平
柔性管道	地基处理	砂桩、搅拌桩等复合地基

②岩石地基局部超挖时，应将基底碎渣全部清理，回填低强度等级混凝土或回填粒径10～15mm的砂石并夯实。

③原状地基为岩石或坚硬土层时，管道下方应铺设砂垫层，其厚度应符合规定，如下表所示。

管道种类/管外径(mm)	砂垫层厚度(mm)		
	$D_0 \leq 500$	$500 < D_0 \leq 1000$	$D_0 > 1000$
柔性管道	≥100	≥150	≥200
柔性接口的刚性管道	150~200		

④非永冻土地区,管道不得敷设在冻结的地基上;管道安装过程中,应防止地基冻胀。

(2)安管

①管节及管件下沟先检查外观质量,排除缺陷,保证接口密封性。

②两端管的环向焊接焊缝处齐平,内壁错边量不宜超过管壁厚度的20%,且不得大于2mm。管道任何位置不得有十字形焊缝。

③电熔连接、热熔连接应在当日温度较低或接近最低时进行,接头处内外翻边平滑对称,接头检验合格后内翻边宜铲平。

电熔焊接

热熔连接

4. 沟槽回填

(1)通用规定

①压力管道水压试验前,除接口外,管道两侧及管顶以上回填高度不应小于0.5m;水压试验合格后,及时回填其余部分;无压管道在闭水或闭气试验合格后应及时回填。

②沟槽内杂物清除干净、无积水、不得带水回填。

③回填土的含水量,宜按土类和采用的压实工具控制在最佳含水量±2%范围内。

(2)刚性管道沟槽回填的压实

①管道两侧和管顶以上500mm范围内胸腔夯实,应采用轻型压实机具,管道两侧压实面的高差不应超过300mm。

②分段回填压实时,相邻段的接槎应呈台阶形。采用轻型压实设备时,应夯夯相连;采用压路机时,碾压的重叠宽度不得小于200mm。

◈ 精选真题

1. [2019年真题·单选] 关于沟槽开挖的说法,正确的是(　　)。

A. 机械开挖时,可以直接挖至槽底高程

B. 槽底土层为杂填土时,应全部挖除

C. 沟槽开挖的坡率与沟槽开挖的深度无关

D. 无论土质如何,槽壁必须垂直平顺

[答案] B

[答案] 选项 A 错误,机械开挖时槽底预留 200~300mm 土层,由人工开挖至设计高程。选项 C 错误,沟槽开挖的坡率与沟槽开挖的深度有关。选项 D 错误,槽壁应根据地质条件、土质均匀、地下水位等选择最陡坡度。故选 B。

2. [2018 年真题·单选] 关于沟槽开挖与支护相关规定的说法,正确的是( )。
   A. 机械开挖可一次挖至设计高程
   B. 每次人工开挖槽沟的深度可达 3m
   C. 槽底土层为腐蚀性土时,应按设计要求进行换填
   D. 槽底被水浸泡后,不宜采用石灰土回填

[答案] C

[答案] 人工开挖沟槽的槽深超过 3m 时应分层开挖,每层的深度不超过 2m。采用机械挖槽时,沟槽分层的深度按机械性能确定。槽底原状地基土不得扰动,机械开挖时槽底预留 200~300mm 土层,由人工开挖至设计高程,整平。槽底不得受水浸泡或受冻,槽底局部扰动或受水浸泡时,宜采用天然级配砂砾石或石灰土回填;槽底扰动土层为湿陷性黄土时,应按设计要求进行地基处理。槽底土层为杂填土、腐蚀性土时,应全部挖除并按设计要求进行地基处理。故选 C。

[考点 2] 不开槽管道施工技术

1. 施工方法与适用条件

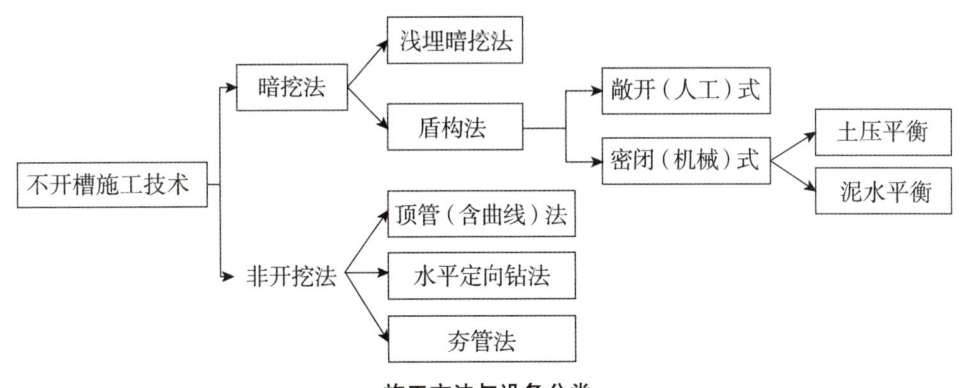

施工方法与设备分类

不开槽法施工方法与适用条件,如下表所示。

施工方法	密闭式顶管	盾构	浅埋暗挖	水平定向钻	夯管
优点	精度高	速度快	适用性强	速度快	速度快、成本较低
缺点	成本高	成本高	速度慢、成本高	控制精度低	控制精度低
适用范围	给水排水管道、综合管道	给水排水管道、综合管道	给水排水管道、综合管道	柔性管道	钢管

（续表）

适用管径（mm）	φ300～φ4000	>φ3000	>φ1000	φ300～φ1000	φ200～φ1800
施工精度	小于±50mm	不可控	不超过30mm	不超过0.5乘以管道内径	不可控
施工距离	较长	长	较长	较短	短
适用地质条件	各种土层	除硬岩外的相对均质地层	各种土层	砂卵石及含水地层不适用	含水地层不适用、砂卵石地层困难

2. 施工方法与设备选择的有关规定

（1）顶管有下列规定。

①敞口式顶管，地下水位降至管底以下不小于0.5m处。

②当周围环境要求控制地层变形或无降水条件，宜采用封闭式土压/泥水平衡顶管机施工。

（2）定向钻在以较大埋深穿越道路桥涵的长距离地下管道的施工中会表现出优越之处。

（3）夯管法适用于城区下穿较窄道路的地下管道施工。

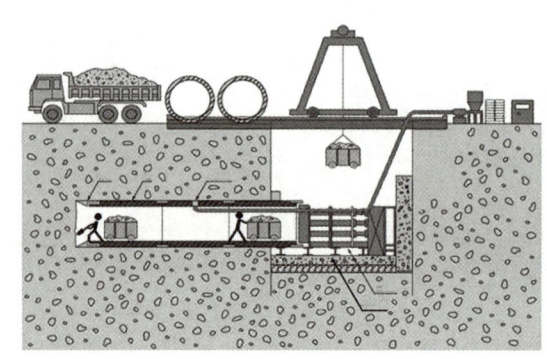

顶管施工

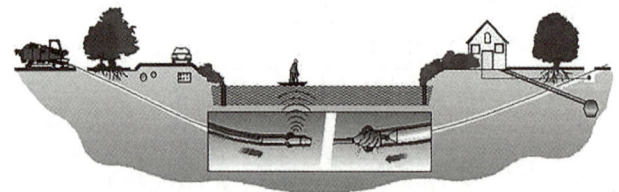

水平定向钻进施工方法

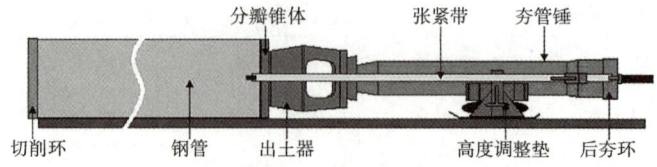

夯管锤施工安装示意图

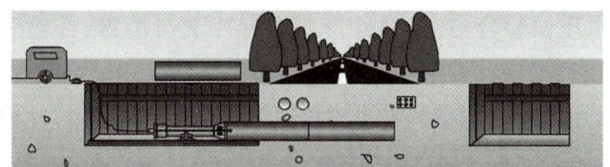

夯管锤施工法穿越示意图

3. 采用起重设备或垂直运输系统有关规定

（1）起重前试吊，吊离地面100mm检查重物捆扎情况和制动性能，确认安全后方可起吊。

（2）起吊时工作井内严禁站人，吊运重物下井距作业面底部小于50cm时，操作人员方可近前工作。

（3）严禁超负荷使用。

（4）工作井上、下作业时必须有联络信号。

⊕ 精选真题

1. [2017年真题·多选] 新建市政公用工程不开槽成品管的常用施工方法有(　　)。

 A. 顶管法　　　　　　　　　B. 夯管法

 C. 裂管法　　　　　　　　　D. 沉管法

 E. 盾构法

[答案]　ABE

[解析]　市政公用工程常用的不开槽管道施工方法有顶管法、盾构法、浅埋暗挖法、水平定向钻、夯管法等。故选ABE。

2. [2016年真题·多选] 适用管径800mm的不开槽施工方法有(　　)。

 A. 盾构法　　　　　　　　　B. 定向钻法

 C. 密闭式顶管法　　　　　　D. 夯管法

 E. 浅埋暗挖法

[答案]　BCD

[解析]　盾构法适用于管径3000mm以上。浅埋暗挖法适用管径1000mm以上。故选BCD。

[考点3]　管道功能性试验

给水排水管道功能性试验包括压力管道的水压试验、无压管道的严密性试验。

1. 压力管道的水压试验

（1）基本规定

①分为预试验和主试验；试验合格的判定依据分为允许压力降值和允许渗水量值。

②两种及以上管材宜分别试验，不具备分别试验的条件必须组合试验。设计无要求，则选最严标准控制。

③除设计有要求外，水压试验的管段长度不宜大于1.0km。

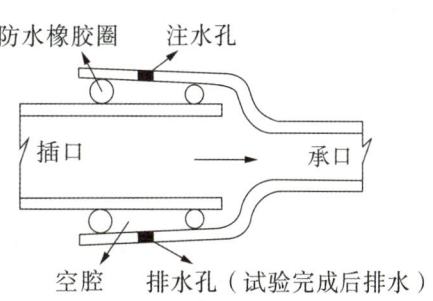

单口水压试验

④给水管道必须水压试验合格,并网运行前进行冲洗与消毒,经检验水质达标后,方可允许并网通水投入运行。

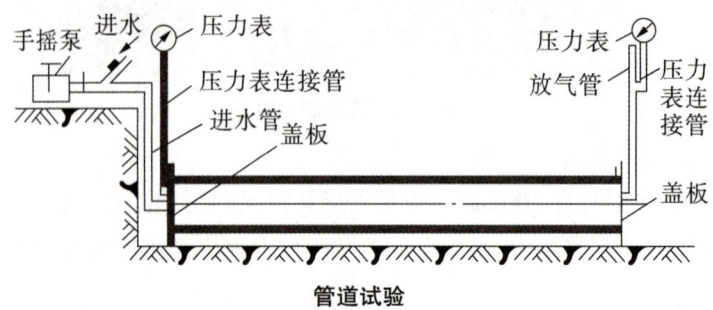

管道试验

(2)管道试验准备工作

①敞口封闭不渗漏。

②不得用闸阀做堵板,不得含有消火栓、水锤消除器、安全阀等附件。

③水压试验前应清除管道内杂物。

④应做好水源引接、排水等疏导方案。

(3)管道内注水与浸泡

①下游缓慢注入,高点设排气阀。

②浸泡时间规定如下表所示。

管道材料		浸泡时间
球墨铸铁管、钢管、化学建材管		≥24h
各类钢筋混凝土管	内径小于1000mm	≥48h
	内径大于1000mm	≥72h

(4)试验过程与合格判定

①预试验

将管道内水压缓升至试验压力并稳压30min,如有压力下降可注水补压。检查管道接口、配件等处,无漏水、损坏现象合格。

②主试验

停止补压后,稳压15min后压力下降不超过所允许压力下降数值时,降压至工作压力恒压30min无漏水现象,则水压试验合格。

2. 无压管道的严密性试验

(1)基本规定

①必须进行严密性试验的管道有污水、雨污水合流管道及湿陷土、膨胀土、流砂地区的雨水管道。

②严密性试验分为闭水试验和闭气试验。

③管道的试验长度。试验管段应按井距分隔,带井试验;若条件允许可一次试验不超过5个连续井段。当管道内径大于700mm时,可按管道井段数量抽样选取1/3进行试验;试验不

合格时,抽样井段数量应在原抽样基础上加倍进行试验。

(2)管道试验准备工作

①管道两端堵板承载力经核算应大于水压力合力;全部预留孔应封堵,不得渗水。

②管道及检查井外观质量已验收合格。

③顶管施工,其注浆孔封堵且管口按设计要求处理完毕,地下水位于管底以下。

④应做好水源引接、排水等疏导方案。

⑤管道未回填土,且沟槽内无积水。

⑥管道内注水后浸泡时间不小于24h。

(3)闭水试验与闭气试验

①试验水头

不同情况	试验水头
上游设计水头≤管顶内壁	上游管顶内壁+2m
上游设计水头>管顶内壁	上游设计水头+2m
试验水头<10m,但已超过上游检查井井口	上游检查井井口高度

②观测时间

从试验水头达到规定水头开始,观测渗水量至结束,过程中不断补水,保持试验水头恒定。观测时间≥30min,渗水量不超过允许值,试验合格。

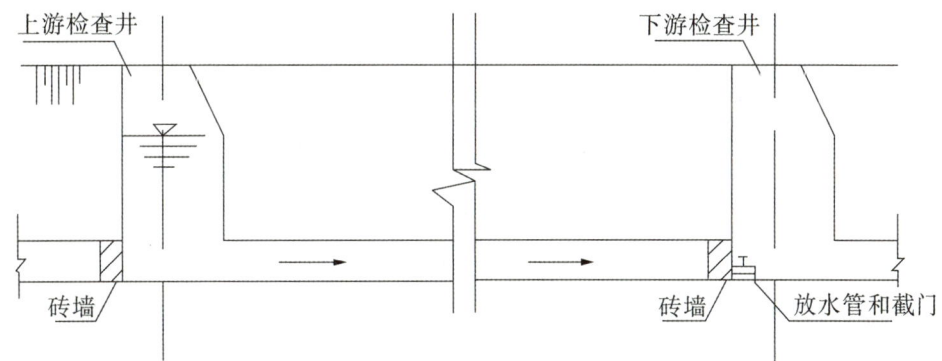

排水管道闭水试验装置图

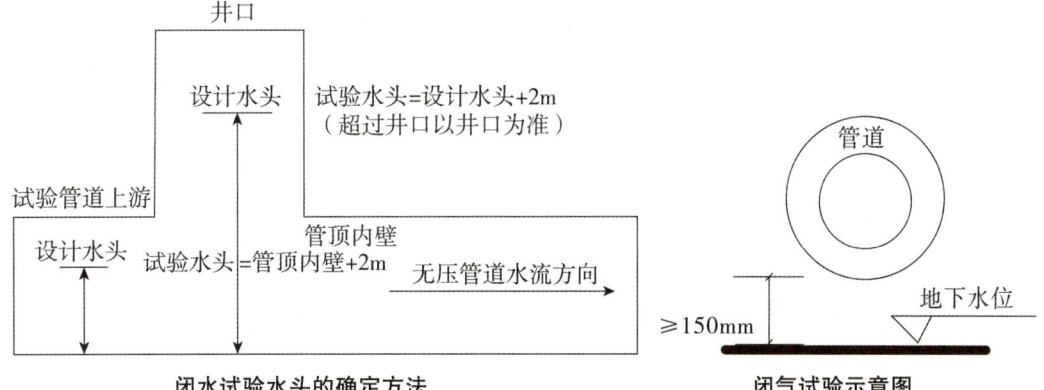

闭水试验水头的确定方法　　闭气试验示意图

🌐 精选真题

[2016年真题·多选] 关于无压管道功能性试验的说法,正确的是(　　)。

A. 当管道内径大于 700mm 时,可抽取 1/3 井段数量进行试验

B. 污水管段长度为 300mm 时,可不做试验

C. 可采用水压试验

D. 试验期间渗水量的观测时间不得小于 20min

[答案]　A

[解析]　选项 B 错误,污水、雨污水合流管道及湿陷土、膨胀土、流砂地区的雨水管道,必须经严密性试验合格后方可投入运行。选项 C 错误,给水排水管道功能性试验包括压力管道的水压试验、无压管道的严密性试验和给水管道的冲洗与消毒。选项 D 错误,渗水量的观测时间不得小于 30min,渗水量不超过允许值则试验合格。故选 A。

[考点 4] 砌筑沟道施工技术

1. 基本要求

(1)砌筑砂浆强度等级不低于 M10,应采用满铺满挤法。上下错缝、内外搭砌、丁顺规则有序。

(2)砌筑砂浆应饱满,砌缝应均匀,不得有通缝或瞎缝。

(3)砌体的沉降缝、变形缝应与基础沉降缝、变形缝贯通。

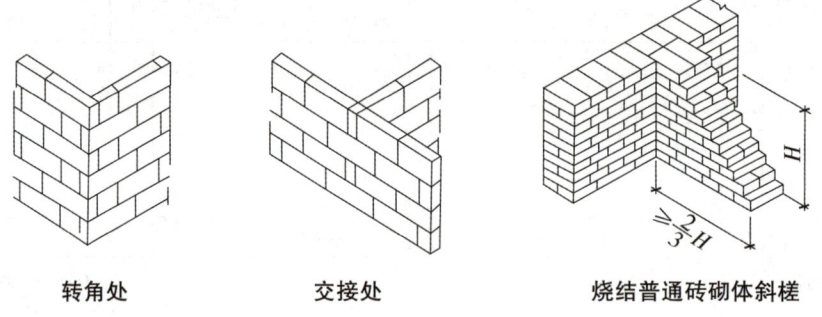

转角处　　　　交接处　　　　烧结普通砖砌体斜槎

2. 砌筑施工要求

(1)砖砌拱券

①砌筑应自两侧向拱中心对称进行。

②应采用退槎法砌筑,每块砌块退半块留槎,拱券应在 24h 内封顶,两侧拱券之间应满铺砂浆,拱顶不得堆置器材。

(2)反拱砌筑

①砌筑前,制作反拱的样板。

②根据样板挂线,先砌中心,后接砌两侧;砂浆强度达设计抗压强度的 75% 后,方可踩压。

③当砂浆强度达到设计抗压强度标准值的 75% 后,方可在无振动条件下拆除拱胎。

拱券　　　　　　　　　　反拱　　　　　　　　　　检查井

（3）圆井砌筑

①排水管道检查井基础应与管道基础同时浇筑，检查井内的溜槽宜与井壁同时砌筑。

②砌筑同时安装踏步，砂浆达到强度才能踩踏。

③内外井壁应采用水泥砂浆勾缝。

◆ 精选真题

[2020年真题·单选] 下列关于给水排水构筑物施工的说法，正确的是(　　)。

A. 砌体的沉降缝应与基础沉降缝贯通，变形缝应错开

B. 砖砌拱券应自两侧向拱中心进行，反拱砌筑顺序反之

C. 检查井砌筑完成之后安装踏步

D. 预制拼装构筑物施工速度快，造价低，应推广使用

[答案]　B

[解析]　选项 A 错误，变形缝应与基础变形缝贯通。选项 C 错误，砌筑时应同时安装踏步。选项 D 错误，预制拼装构筑物造价低错误。故选 B。

考点 5　给排水管网维护与修复技术

1. 城市管道维护

（1）城市管道巡视检查

管道巡视检查内容包括管道漏点监测、地下管线定位监测、管道变形检查、管道腐蚀与结垢检查、管道附属设施检查、管网介质的质量检查等。

（2）管道维护安全防护

①养护人员安全技术培训，考核合格上岗。

②作业人员必要时可戴上防毒面具，穿防水衣、防护靴，戴防护手套、安全帽等，穿上系有绳子的防护腰带，配备无线通信工具和安全灯等。

2. 管道修复与更新

（1）局部修补主要有密封法、补丁法、铰接管法、局部软衬法、灌浆法、机器人法等。

（2）全断面修复方法的特点与适用条件如下表所示。

修复方法	优点	缺点	适用条件
内衬法	施工简单、速度快、可适应大曲率半径的弯管	断面受损较大、环形间隙要求灌浆	管径60～2500mm、管线长度600m以内的各类管道；一般只用于圆形断面

(续表)

修复方法	优点	缺点	适用条件
缠绕法	可长距离施工、速度快、可适应大曲率半径的弯管和管径的变化	过流断面有损失,技术要求高	管径50~2500mm、管线长度300m以内的各种圆形断面管道;常用于污水管道
喷涂法	不存在支管连接问题、过流断面损失小;可适应管径、断面形状、弯曲度的变化	树脂固化需要时间,变形严重难以进行施工,技术要求高	管径75~4500mm、管线长度150m以内的各种管道;用于防腐处理或结构性内衬

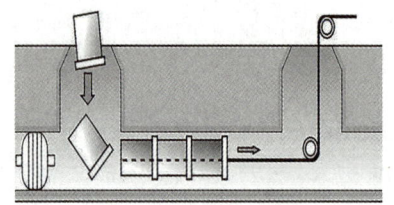

短管内衬法修复技术

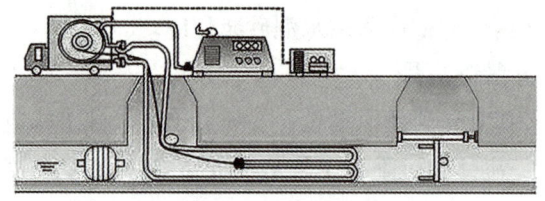

翻转法(CIPP)修复技术

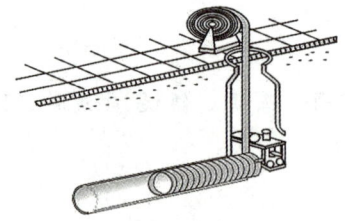

螺旋制管法修复技术

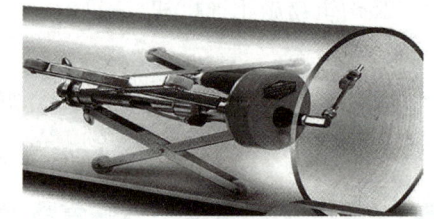

喷涂法

3. 管道更新

常用方法有破管外挤和破管顶进。破管外挤也称爆管法或胀管法,按照爆管工具的不同,又可将爆管分为气动爆管、液动爆管和切割爆管三种。

◈ 精选真题

[2021年真题·多选] 城市排水管道巡视检查内容有(　　)。

A. 管网介质的质量检查　　　　B. 地下管线定位监测
C. 管道压力检查　　　　　　　D. 管道附属设施检查
E. 管道变形检查

[答案]　ABDE

[解析]　管道巡视检查内容包括管道漏点监测、地下管线定位监测、管道变形检查、管道腐蚀与结垢检查、管道附属设施检查、管网介质的质量检查等。故选ABDE。

专题 2 城市供热管道工程施工

备考提示▷ 城市供热管道工程施工内容中供热管道施工与安装要求、供热管道功能性试验的规定,可结合案例题考核,供热管网附件主要以选择题形式考核。

[考点 1] 供热管道的分类

依据	分类	备注
热媒种类	蒸汽管网	(1)工作压力≤1.6MPa,介质温度≤350℃。 (2)分为高、中、低压蒸汽热网
	热水管网	(1)工作压力≤2.5MPa,介质温度≤200℃。 (2)高温热水热网($t>100℃$);低温热水热网($t≤100℃$)
所处位置	一级管网	热源→热力站(一次热网)
	二级管网	换热站→热用户(二次热网)
敷设方式	管沟敷设	分为通行、半通行、不通行管沟(隧道)
	地上(架空)敷设	分为高($H≥4m$)、中($2m≤H<4m$)、低($H<2m$)支架
	直埋敷设	管道直接埋设于土壤中,无管沟
系统形式	闭式系统	一次热网与二次热网采用**换热器**连接,中间设备多,使用较广泛
	开式系统	中间设备极少,一次补充量大
供回方向	供水管	向热力站或热用户供给热水
	回水管	从热用户或热力站回送热水

[考点 2] 供热管道施工与安装要求

1. 供热管道与既有建(构)筑物及其他管线的距离要求

(1)热力网管沟内不得穿过燃气管道,当热力管沟与燃气管道交叉的垂直净距小于300mm时,必须采取措施,防止燃气泄漏进入管沟。

(2)地上敷设的供热管道同架空输电线路或电气化铁路交叉时,管道的金属部分包括交叉点5m范围内钢筋混凝土结构的钢筋应接地,接地电阻不大于10Ω。

2. 供热管道施工准备要求

一级管网主干线所用阀门及与一级管网主干线直接相连通的阀门,支干线首端和供热站入口处起关闭、保护作用的阀门及其他重要阀门,应进行强度和严密性试验,合格后方可使用。

3. 供热管道安装施工要求

(1)管道材料与连接要求

焊接施工单位应符合下列规定:

①有负责焊接工艺的焊接技术人员、检查人员和检验人员;

②有符合焊接工艺要求的焊接设备且性能稳定可靠;

③有保证焊接工程质量达到标准的措施。

(2)管道安装前的准备工作

①管道安装前,应完成支、吊架的安装及防腐处理。支架的制作质量应符合设计和使用要求,支、吊架的位置应准确、平整、牢固,标高和坡度符合设计规定。管件制作和可预组装的部分宜在管道安装前完成,并经检验合格。

②管道的管径、壁厚和材质应符合设计要求,并经验收合格。

③对钢管和管件进行除污,对有防腐要求的宜在安装前进行防腐处理。

④安装前对中心线和支架高程进行复核。

(3)支架吊架的分类及安装要点

支架种类		作用	补充
固定支架		①主要用于固定管道,均匀分配补偿器之间管道的伸缩量,保证补偿器正常工作;②承受作用力很复杂,多设置在补偿器和附件旁	①固定支架必须严格安装在设计位置,位置应正确,埋设平整,与土建结构结合牢固;②支架处管道不得有环焊缝,固定支架不得与管道直接焊接固定;③固定支架处的固定卡板,只允许与管道焊接,严禁与固定支架结构焊接
滑动支架		承受水平推力	形式简单,加工方便,使用广泛
导向支架		使管道在支架上滑动时不致偏离管轴线	一般设置在补偿器、阀门两侧或其他只允许管道有轴向移动的地方
滚动支架	滚柱支架	以滚动摩擦代替滑动摩擦,减小管道热伸缩时的摩擦力	滚柱支架用于直径较大而无横向位移的管道
	滚珠支架		滚珠支架用于介质温度较高、管径较大而无横向位移的管道
悬吊支架	普通刚性吊架	承受管道荷载的水平位移	由卡箍、吊杆、支承结构组成,主要用于伸缩性较小的管道,加工、安装方便
	弹簧吊架	在重要场合使用	适用于伸缩性和振动性较大的管道,形式复杂

固定支架

滑动支架

导向支架

(4)支、吊架安装基本要求

①焊接在钢管外表面的弧形板应采用模具压制成型。

②支架、吊架安装的位置应正确,标高和坡度应符合设计要求,管道支架支撑面的标高可采用加设金属垫板的方式进行调整,但金属垫板不得大于两层,并与预埋钢板或钢结构进行焊接。

③管道支、吊架处不应有管道焊缝。

④有轴向补偿器的管段,补偿器安装前,管道和固定支架不得进行固定。

(5)管沟及地上管道安装施工要点

①管口对接时,应检查管道平直度,在距接口中心 200mm 处测量,允许偏差 0～1mm,在所对接管道的全长范围内,最大偏差值应不超过 10mm。

②管道穿过基础、墙壁、楼板处,应安装套管,且焊口及保温接口不得置于墙壁中或套管中;套管与管道之间的空隙可用柔性材料填塞。

③电焊焊接有坡口的钢管和管件时,焊接层数不得少于两层。不合格的焊接部位,应采取措施返修,同一部位焊缝的返修不得超过两次。

④偏心异径管,蒸汽管的变径应管底向平(俗称底平),热水管变径应管顶向平(俗称顶平)。

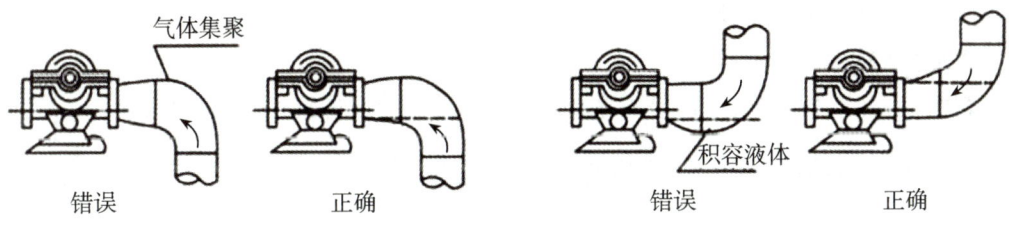

偏心异径管安装

(6)管道焊接质量检验

①检验次序:对口质量检验→外观质量检验→无损检验→强度和严密性试验。

②焊缝应 100% 进行外观质量检验。

③无损探伤检验单位必须具备相应资格。无损检测的方法有射线探伤、超声波探伤、磁粉或渗透探伤。热力管道焊缝无损检测宜采用射线探伤;当采用超声波探伤时,应采用射线探伤复检,复检数量为超声波探伤数量的 20%;角焊缝处的无损检测可采用磁粉或渗透探伤。

④需要进行 100% 无损探伤检测的焊缝

干线管道与设备、管件连接处和折点处的焊缝;穿越铁路、高速公路、江、河、湖等的管道在路基(河边)两侧各 10m 范围内;穿越城市主要道路的不通行管沟在道路两侧各 5m 范围内的焊缝;不具备强度试验条件的管道焊缝;现场制作的各种承压设备和管件。

⑤无损检测的标准和频率应符合设计要求和规范规定。无损探伤检测出现不合格,应及时进行返修,同一焊缝的返修次数不应多于两次。

精选真题

1. [2018年真题·单选] 关于供热管道固定支架安装的说法,正确的是( )。

A. 固定支架必须严格按照设计位置,并结合管道温差变形量进行安装

B. 固定支架应与固定角板进行点焊固定

C. 固定支架应与土建结构结合牢固

D. 固定支架的混凝土浇筑完成后,即可与管道进行固定

[答案] C

[解析] 选项A错误,固定支架必须严格安装在设计位置。选项B错误,固定支架处的固定角板,只允许与管道焊接,切忌与固定支架结构焊接,以防形成"死点",限制了管道的伸缩,这样极易发生事故。选项D错误,固定支架的混凝土强度达到设计要求后方可与管道固定,并应防止其他外力破坏。故选C。

2. [2019年真题·多选] 关于供热管道安装前准备工作的说法,正确的有( )。

A. 管道安装前,应完成支、吊架的安装和防腐处理

B. 管道的管径、壁厚和材质应符合设计要求,并经验收合格

C. 管件制作和可预组装的部分宜在管道安装前完成

D. 补偿器应在管道安装前与管道连接

E. 安装前应对中心线和支架高程进行复核

[答案] ABCE

[解析] 选项D错误,补偿器不得在管道安装前与管道连接。故选ABCE。

[考点3] 供热管网附件及供热站设施安装要点

1. 补偿器

补偿因供热管道升温导致的管道热伸长,从而释放温度变形,消除温度应力。供热管道采用的补偿器种类很多,主要有自然补偿器、方形补偿器、波纹管补偿器、套筒式补偿器、球形补偿器等。

(1)补偿器的类型及特点,如下表所示。

名称	补偿原理	优点	缺点
自然补偿器	利用管路几何形状所具有的弹性	—	管道变形时会产生横向的位移,而且补偿的管段不能很大
方形补偿器	利用刚性较小的回折管挠性变形	制造方便,补偿量大,轴向推力小,维修方便,运行可靠	占地面积较大
波纹管补偿器	利用波形管壁的弹性变形	结构紧凑,只发生轴向变形,与方形补偿器相比占据空间位置小	制造比较困难,耐压低,补偿能力小,轴向推力大

(续表)

名称	补偿原理	优点	缺点
套筒式补偿器	利用套筒的可伸缩性	安装方便、占地面积小,流体阻力较小,抗失稳性好,补偿能力较大	轴向推力较大,易漏水漏汽,需经常检修和更换填料,对管道横向变形要求严格
球形补偿器	利用球体的角位移	占用空间小,节省材料,不产生推力	易漏水、漏汽

方形补偿器　　波纹管补偿器　　套筒式补偿器　　球形补偿器

(2)补偿器的安装要点

①有补偿器装置的管段,在补偿器安装前,管道和固定支架之间不得固定。补偿器的临时固定装置在管道安装、试压、保温完毕后,应将紧固件松开,保证在使用中可自由伸缩。

②靠近补偿器的两端,应设置导向支架,保证运行时自由伸缩。

③安装时环境温度低于补偿零点(设计最高温度与最低温度差值的1/2)时,应对补偿器进行预拉伸。

④L形、Z形、方形补偿器一般在现场制作。

⑤安装波纹管补偿器或套筒式补偿器时,补偿器应与管道保持同轴;有流向标记(箭头)的补偿器,安装时应使流向标记与管道介质流向一致。

2. 阀门

阀门是用启闭管路,调节被输送介质流向、压力、流量,以达到控制介质流动、满足使用要求的重要管道部件。

(1)阀门的类型和特点

供热管道工程中常用的阀门有闸阀、截止阀、止回阀、柱塞阀、蝶阀、球阀、减压阀、安全阀、疏水阀及平衡阀等。

蝶阀　　　　　　球阀　　　　　　放气阀　　　　电动调节阀

(2)阀门安装要求

①当阀门与管道以法兰或螺纹方式连接时,阀门应在关闭状态下安装,以防止异物进入阀门密封座。

②当阀门与管道以焊接方式连接时,宜采用氩弧焊打底,这是因为氩弧焊所引起的变形小,飞溅少,背面透度均匀,表面光洁、整齐,很少产生缺陷;另外,焊接时阀门不得关闭,以防止受热变形和因焊接而造成密封面损伤,焊机地线应搭在同侧焊口的钢管上,严禁搭在阀体上。

③对于承插式阀门,还应在承插端头留有 1.5mm 的间隙,以防止焊接时或操作中承受附加外力。

除污器　　　　　　　　泄水阀　　　　　　　　截止阀

3. 供热站设备的安装要求

(1)管道及设备安装前,土建施工、工艺安装及监理单位应对预埋吊点的数量及位置,设备基础位置、表面质量、几何尺寸、标高及混凝土质量,预留孔洞的位置、尺寸及标高等共同复核检查,并办理书面交验手续。

(2)灌注设备基础的地脚螺栓用的细石混凝土(或水泥砂浆)应比基础混凝土的强度等级提高一级;拧紧地脚螺栓时,灌注混凝土的强度应不小于设计强度的 75% 。

(3)蒸汽管道和设备上的安全阀应有通向室外的排汽管,热水管道和设备上的安全阀应有接到安全地点的排水管。

(4)管道焊接完成,依次进行外观质量和无损检测、强度和严密性试验。强度和严密性试验合格后进行接口部位除锈、防腐、保温。

(5)泵的试运转应在其各附属系统单独试运转正常后进行,且应在有介质情况下进行试运转。泵在额定工况下连续试运转时间不应少于 2h 。

🌐 **精选真题**

[2021 年真题·单选] 在供热管道系统中,利用管道位移来吸收热伸长的补偿器是(　　)。

A. 自然补偿器　　　　　　　　　　B. 套筒式补偿器

C. 波纹管补偿器　　　　　　　　　D. 方形补偿器

[答案] B

[解析] 自然补偿器、方形补偿器和波纹管补偿器是利用补偿材料的变形来吸收热伸长的,而套筒式补偿器和球形补偿器则是利用管道的位移来吸收热伸长的。故选 B。

[考点 4] 供热管道功能性试验的规定

供热管道和设备安装完成后,应按设计要求进行强度和严密性试验。一级管网及二级管网应进行强度试验和严密性试验。供热站内系统应进行严密性试验。

1. 强度试验和严密性试验

(1)试验前的准备工作

①试验方案经监理(建设)、设计等审批后实施。试验前对有关人员进行安全技术交底。

②强度试验前焊接外观质量和无损检测已合格,管道安装使用的材料、设备资料齐全;严密性试验前,一个完整的设计施工段已经完成管道和设备安装,且经强度试验合格。

③试验区域设置安全标志并有专人值守。

(2)强度试验实施要点

①管道接口防腐、保温施工及设备安装前进行。

②压力表在检定有效期内。压力表应安装在试验泵出口和试验系统末端。

③试验过程中发现渗漏时,严禁带压处理。

(3)严密性试验的实施要点

①严密性试验应在试验范围内的管道、支架、设备全部安装完毕,固定支架的混凝土已达到设计强度,管道自由端临时加固完成后进行。

②对于供热站内管道和设备的严密性试验,试验前还需确保安全阀、爆破片及仪表组件等已拆除或加盲板隔离,加盲板处有明显的标记并做记录,安全阀全开,填料密实。

③压力试验方法和合格判定标准。

项目	试验方法和合格判定	
强度试验	升到试验压力(1.5倍设计压力,且≥0.6MPa),稳压10min无渗漏、无压降后降至设计压力,稳压30min无渗漏、无压降为合格	
严密性试验	升至试验压力(1.25倍设计压力,且≥0.6MPa),压力稳定后无渗漏、无明显变形	
	一级管网及站内	稳压1h,压降≤0.05MPa 合格
	二级管网	稳压30min,压降≤0.05MPa

2. 试运行

单位工程经各方预验收合格且热源已具备供热条件后,试运行前需要编制试运行方案,并要在建设单位、设计单位认可的条件下连续运行72h。试运行中应对管道及设备进行全面检查,特别要重点检查支架的工作状况。

🌐 精选真题

1. [2018年真题·单选] 关于供热站内管道和设备严密性试验的实施要点的说法,正确的是( )。

A. 仪表组件应全部参与试验   B. 仪表组件可采取加盲板方法进行隔离
C. 安全阀应全部参与试验   D. 闸阀应全部采取加盲板方法进行隔离

[答案] B

[解析] 对于供热站内管道和设备严密性试验，试验前还需确保安全阀、爆破片及仪表组件等已拆除或加盲板隔离。闸阀用于阀门全启或全闭，可不加盲板进行试验。故选B。

2. [2018年真题·单选] 关于供热管道工程试运行的说法，正确的是(　　)。

A. 试运行完成后方可进行单位工程验收
B. 试运行连续运行时间为48h
C. 管道自由端应进行临时加固
D. 试运行过程中应重点检查支架的工作状况

[答案] D。

[解析] 选项AB属于叙述错误，很容易排除。选项A说反了，试运行应在单位工程验收合格后进行。选项B试运行连续运行时间应为72h。关键在于选项C，"管道自由端应进行临时加固"的说法，是在供热管道和设备安装完成后，管道强度、严密性试验前需要进行的工作，而不是试运行前，在管道强度或严密性试验后管道自由端就应该恢复了。所以考生在平时阅读教材时，一定要认真细致，厘清脉络。否则极容易"误入歧途"，掉进命题人精心设置的陷阱。故选D。

专题3　城市燃气管道工程施工

备考提示▷ 城市燃气管道工程施工中燃气管道分类主要考核选择题；燃气管道施工与安装要求可以结合案例题考核。

[考点1]　城市燃气管道工程

1. 燃气管道分类

(1)根据敷设方式，可以将燃气管道分为**地下燃气管道**和**架空燃气管道**。
(2)根据输气压力，我国城市燃气管道可分为：

名称		压力(MPa)	管道所用材料
高压	A	$2.5 < P \leqslant 4.0$	—
	B	$1.6 < P \leqslant 2.5$	
次高压	A	$0.8 < P \leqslant 1.6$	钢管
	B	$0.4 < P \leqslant 0.8$	
中压	A	$0.2 < P \leqslant 0.4$	钢管/铸铁管
	B	$0.01 \leqslant P \leqslant 0.2$	
低压		$P < 0.01$	聚乙烯管材(应符合有关标准)

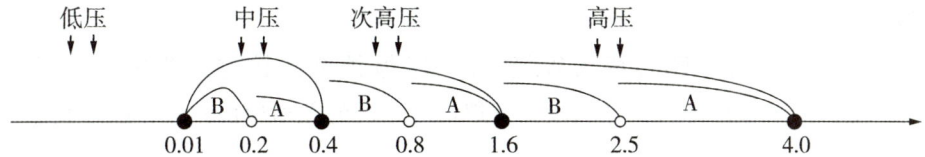

(3)高压 A 输气管道:贯穿省、地区或连接城市,有时构成大型城市外环网。
(4)高压 B 输气管道:构成大城市输配管网的外环网,是给大城市供气的主动脉。
(5)中压 A 和 B 输气管道:必须通过区域调压站、用户专用调压站才能供气。

[补充] 天然气长输管道系统的总流程如下图所示。

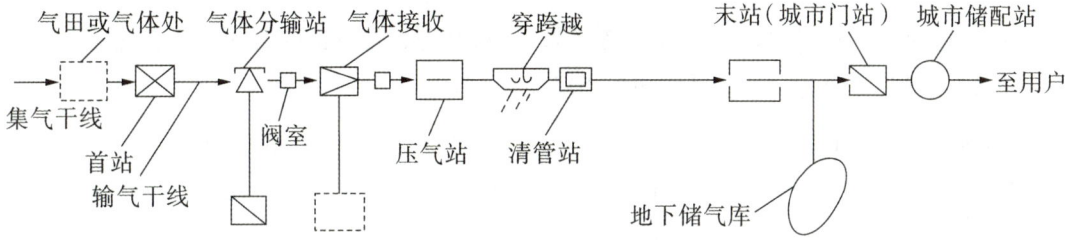

2. 燃气管网系统

城市输配系统的主要部分是燃气管网,根据所采用的管网压力级制不同可分为:
(1)一级系统:仅用低压管网来分配和供给燃气,一般只适用于小城镇的供气。
(2)二级系统:由低压和中压 B 或低压和中压 A 两级管网组成。
(3)三级系统:包括低压、中压和高压的三级管网。
(4)多级系统:由低压、中压 B、中压 A 和高压 B,甚至高压 A 的管网组成。

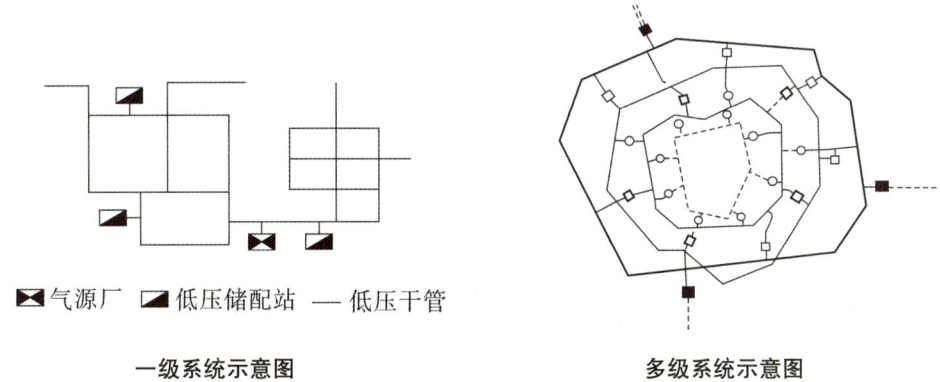

一级系统示意图　　　　　　多级系统示意图

◉ 精选真题

[2018 年真题·案例节选]

背景资料

A 公司承接一城市天然气管道工程,全长 5.0km,设计压力 0.4MPa,钢管直径 $DN300mm$,均采用成品防腐管……

[问题]

本工程燃气管道属于哪种压力等级?根据《城镇燃气输配工程施工及验收规范》(CJJ 33—2005)规定,指出定向钻穿越段钢管焊接应采用的无损探伤方法和抽检数量。

[答案]

(1)管道设计压力 0.4MPa,属于中压 A 级别。

(2)应采用射线检测,抽检数量为 100%。

[考点2] 燃气管道施工与安装要求

1. 工程基本规定

(1)管道对接安装误差≤3°,否则应设置弯管,次高压燃气管道的弯管应考虑盲板力。

(2)钢质燃气管道与其他管道竖向最小净距 0.15m。

埋设地点	车行道下	非车行道下	埋设庭院	水田下	不通航河流	通航河流
最小覆土厚度(m)	≥0.9	≥0.6	≥0.3	≥0.8	≥0.5	≥1.0

[速记] 工程基本规定——车9田8人6埋设3。

2. 燃气管道穿越建(构)筑物

(1)燃气管道不得从建筑物和大型构筑物的下面穿越,不得在堆积易燃、易爆材料和具有腐蚀性液体的场地下面穿越。

(2)燃气管道穿过排水管、热力管沟、综合管廊、隧道及其他各种用途沟槽时,应将燃气管道敷设于套管内。

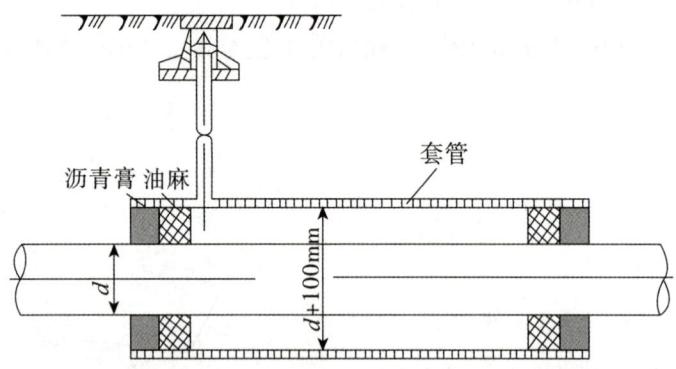

(3)燃气管道穿越铁路、高速公路,其外应加套管,并提高绝缘、防腐等措施。

①穿越铁路的燃气管道的套管,应符合下列要求:

a. 套管埋设的深度。套管顶部至铁路路肩≥1.7m。

b. 套管宜采用钢管或钢筋混凝土管。

c. 套管内径应比燃气管道外径>100mm。

d. 套管两端与燃气管的间隙应采用柔性的防腐、防水材料密封,其一端应装设检漏管。

e. 套管端部距路堤坡角外距离≥2.0m。

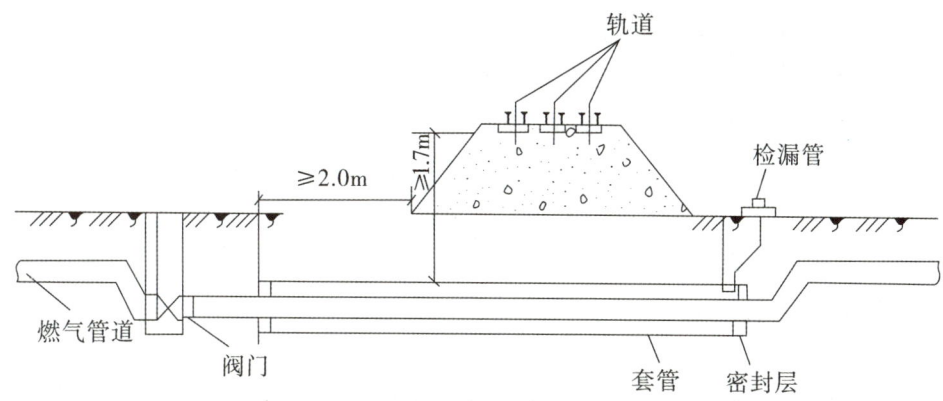

燃气管道穿越铁路示意图

②燃气管道穿越高铁、电气化铁路、城市轨道交通时,应采取防止杂散电流腐蚀的措施,并确保有效。

③穿越高速公路、电车和城镇主要干道的燃气管道宜敷设在套管或地沟内:

a. 套管内径 > 燃气管道外径 100mm,套管或地沟两端应密封,在重要地段的套管或地沟端部宜安装检漏管。

b. 套管端部距电车道边轨 ≥2.0m;距道路边缘 > 1.0m。

c. 燃气管道宜**垂直**穿越铁路、高速公路、电车轨道和城镇主要干道。

3. 燃气管道通过河流

(1)燃气管道通过河流时,可采用穿越河底或采用管桥跨越的形式。

管桥跨越

随桥敷设

(2)条件许可也可利用道路、桥梁跨越河流,并应符合下列要求:

①利用道路、桥梁跨越河流的燃气管道,其管道的输送压力 ≤0.4MPa。

②当燃气管道随桥梁敷设或采用管桥跨越河流时,必须采取安全防护措施。

③燃气管道随桥梁敷设在征得桥梁管理部门同意后施工,宜采取以下安全防护措施:

a. 采用**加厚**的无缝钢管或焊接钢管,对焊缝进行 **100%**超声检测和射线检测。

b. 管道应设置必要的补偿和减振措施。

c. 过河架空的燃气管道向下弯曲部分与水平管夹角宜采用 **45°**形式。

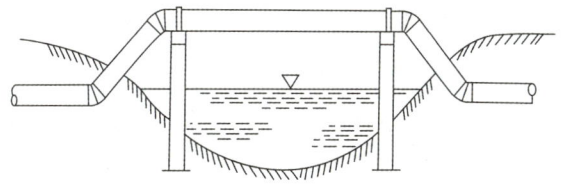

d. 对管道应做较高等级的防腐保护。

(3)燃气管道穿越河底时,应符合下列要求:

①燃气管道宜采用钢管,对焊缝进行100%超声和射线检测。

②燃气管道至规划河底的覆土厚度,对不通航河流≥0.5m;对通航河流≥1.0m。

③警示带敷设在管道的正上方,距管顶的距离宜为0.3~0.5m,不得敷设于路基和路面。

[提示] 燃气管道施工与安装要求涉及内容较多,主要都是从安全角度出发,因为燃气管道不同于其他管道,较易出现安全事故,理解记忆其施工及安装过程中的基本安全规定。

⊕ 精选真题

[2020年真题·多选] 在采取套管保护措施的前提下,地下燃气管道可穿越(   )。

A. 加气站
B. 商场
C. 高速公路
D. 铁路
E. 化工厂

[答案] CD

[解析] 燃气管道不得穿越的规定:①地下燃气管道不得从建筑物和大型构筑物的下面穿越。②地下燃气管道不得在堆积易燃、易爆材料和具有腐蚀性液体的场地下面穿越。本题中,选项A属于易燃和易爆场地。选项BE属于大型构筑物。故选CD。

[考点3] 燃气管道非开挖敷设施工

1. 导向孔钻进轨迹的施工设计

(1)钻孔轨迹可分平面轨迹和剖面轨迹。在理想状态下的轨迹为"**斜直线段→曲线段→水平直线段→曲线段→斜直线段**"组合。

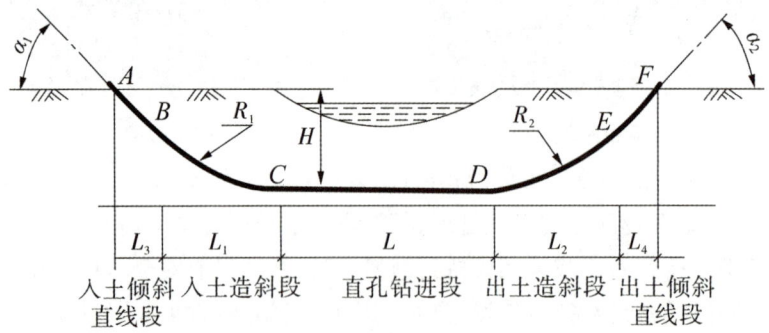

轨迹设计示意图

α_1—入土角(°);H—管线中心线深(m);R_1—入土段的曲率半径(m);L_1—入土造斜段的水平长度(m);
α_2—出土角(°);R_2—出土时的曲率半径(m);L_2—管线出土造斜段的水平长度(m)

(2)轨迹设计内容包括轨迹分段形式、出土与入土点、直线段最大深度、曲线段的曲率半径、出土角与入土角、直线段与曲线段长度等。

(3)当采用地面始钻方式时入土角宜取 $\alpha_1 = 6° \sim 20°$,出土角宜为 $\alpha_2 = 4° \sim 12°$。

(4)钻机的选择应以回拉力估算值小于或等于70%的钻机额定的回拉力为依据。导向钻头应根据地层等选定,扩孔钻头应根据地层、铺管长度、铺管外径、施工工艺等选定。

导向钻头类型选择

地层类别	适用的导向钻头类型
淤泥质黏土	较大掌面的铲形钻头
软黏土	中等掌面的铲形钻头
砂性土	小锥形掌面的铲形钻头
砂、砾石层	镶焊硬质合金,中等尺寸弯接头钻头
岩石层	泥浆马达驱动的牙轮钻头或气动冲击锤

扩孔器类型选择

地层	松软的地层	软土层	硬土和岩石
适用扩孔器	挤压型或组合型	切削型或组合型	牙轮组合型或滚刀组合型

2. 定向钻施工质量控制

(1)导向孔钻进的规定

①钻机必须先进行试运转,确定各部门正常方可钻进,钻孔时应匀速钻进。

②第一根钻杆入土钻进时,应采取**轻压慢转**的方式,稳定钻进导入位置和保证入土角,且入土段和出土段应为直线钻进,其直线长度宜控制在 20m 左右。

③保持钻头正确姿态,发生偏差应及时纠正,且采用小角度逐步纠偏;钻孔的轨迹偏差不得大于终孔直径,超出误差允许范围宜退回进行纠偏。

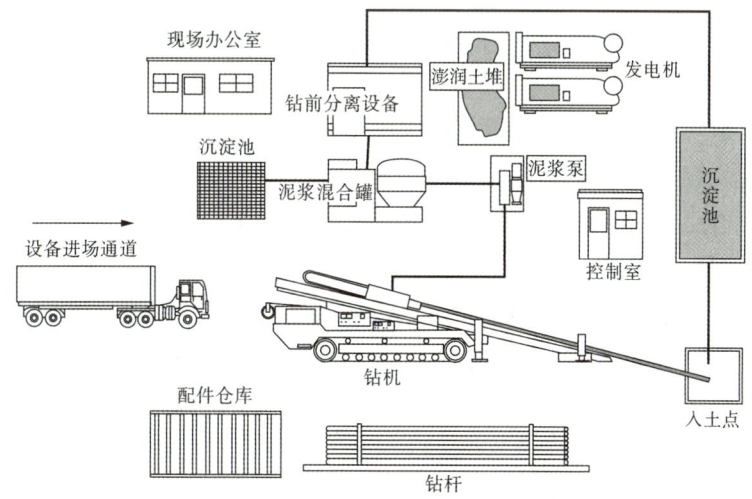

(2)扩孔、清孔施工要点:

①扩孔钻头连接顺序为钻杆、扩孔钻头、分动器、转换卸扣、钻杆;

②扩孔不是越大越好;根据终孔孔径、管道曲率半径、土层条件、设备能力确定一次或分多次完成;

③分次扩孔时每次回扩的级差宜控制在 100~150mm,终孔孔径宜控制在回拖管节外径的 1.2~1.5 倍。

[补充] 定向钻施工时,钻杆的总长度就是钻孔的长度。当先导孔施工完成后,在拉回钻杆的同时将先导孔扩大,随后拉入需要铺设的管道,如下图所示。

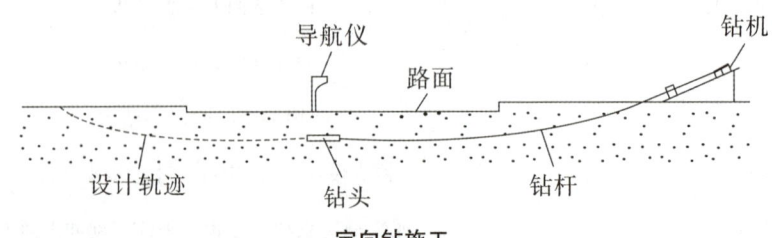

定向钻施工

(3)管道回拖施工要点

①扩孔孔径达到终孔要求后应及时进行回拖管道施工。

②回拖前检查已焊接完成的管线长度、焊缝、防腐。回拖管段的质量、拖拉装置安装及其与管段连接等。检验合格后方可进行拖管。

③管道回拖应从出土点向入土点连续进行,应采用匀速慢拉的方法,严禁硬拉硬拖。

(4)定向钻施工的泥浆(液)配制规定

①导向钻进、扩孔及回拖时,及时向孔内注入泥浆(液)。

②泥浆(液)的材料、配合比和技术性能指标应满足施工要求。泥浆(液)的压力和流量应按施工步骤分别进行控制。

③泥浆(液)应在专用的搅拌装置中配制,并通过泥浆循环池使用;从钻孔中返回的泥浆经处理后回用,剩余泥浆应妥善处置。

3. 夯管施工质量控制要点

(1)夯管敷设技术要点

①夯进的管道应为钢管,在燃气管道敷设中,夯进管道一般作为钢套管使用。

②夯管长度一般不超过 80m。

③穿越城市道路时,夯管覆土≥2 倍管径,且不得小于 1.0m。

(2)夯进施工要点

①开始夯进时应**先进行慢速试夯**,试夯长度宜为 3~5m。第一节管入土层时应检查设备运行工作情况,并控制管道轴线位置;每夯入 1m 应进行轴线测量,其偏差控制在 15mm 以内。

②首节管宜设置管靴。管靴外径宜大于被夯管外径 15~25mm,管靴内径宜小于被夯管内径 15~25mm。管靴后宜设置减阻泥浆注浆孔。

③后续管节每次夯进前,应待已夯入管与吊入管的管节接口焊接完成,按设计要求进行焊缝质量检验和外防腐层补口施工后,方可与连接器及穿孔机连接夯进施工。

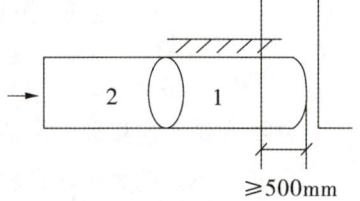

④夯管时,应将第一节管夯入接收工作井不小于 500mm,

并检查露出部分管节的外防腐层及管口损伤情况。

⑤夯管完成后进行排土作业,排土方式采用人工结合机械方式;小口径管道可采用气压、水压方法。

🌐 **精选真题**

[2021年真题·单选] 水平定向钻第一根钻杆入土钻进时,应采取(　　)方式。

A. 轻压慢转　　　　B. 中压慢转　　　　C. 轻压快转　　　　D. 中压快转

[答案] A

[解析] 第一根钻杆入土钻进时,应采取轻压慢转的方式,稳定钻进导入位置和保证入土角,且入土段和出土段应为直线钻进,其直线长度宜控制在20m左右。故选A。

[考点 4] 燃气管网附属设备安装要点

燃气管网附属设备包括阀门、补偿器、凝水缸、放散管等。

设备	特性	安装要点
阀门	(1)箭头所指方向即介质的流向,不得装反; (2)要求介质单向流通的有安全阀、减压阀、止回阀; (3)要求介质由下而上通过阀座的有截止阀	(1)阀门手轮不得向下,明杆闸阀不要安装在地下,以防腐蚀; (2)减压阀要直立安装在水平管道上,不得倾斜; (3)安装前应做严密性试验
补偿器	(1)补偿器的作用是消除管段的胀缩应力; (2)通常安装在架空管道上	(1)安装在阀门的下侧(按气流方向); (2)安装应与管道同轴,不得偏斜,不得用补偿器变形调整管位的安装误差
凝水缸	作用是排除燃气管道中的冷凝水和石油伴生气管道中的轻质油	敷设时应有一定坡度,以便在低处设凝水缸,将汇集的水或油排出
放散管	专门用来排放管道内部的空气或燃气的装置(维修时放气用)	管道运行时,可以利用放散管排出管内的空气;管道设备检修时,可利用放散管排放管内的燃气
阀门井	为保证管网的安全与操作方便,地下燃气管道上的阀门宜设置阀门井	阀门井应坚固耐久,有良好的防水性能,并保证检修时有必要的空间

[提示] 介质单向流通——安检(减)止(登不上飞机了)。

凝水缸

放散管

阀门井

◉ 精选真题

1. [2021年真题·单选] 关于燃气管网附属设备安装要求的说法,正确的是( )。

A. 阀门手轮安装向下,便于启阀
B. 可以用补偿器变形调整管位的安装误差
C. 凝水缸和放散管应设在管道高处
D. 燃气管道的地下阀门宜设置阀门井

[答案] D

[解析] 选项A错误,阀门手轮不得向下。选项B错误,不得用补偿器变形调整管位的安装误差。选项C错误,管道敷设时应有一定坡度,以便在低处设凝水缸,将汇集的水或油排出。选项D正确,为保证管网的安全与操作方便,燃气管道的地下阀门宜设置阀门井。故选D。

2. [2017年真题·单选] 下列燃气和热水管网附属设备中,属于燃气管网独有的是( )。

A. 阀门　　　B. 补偿装置　　　C. 凝水缸　　　D. 排气装置

[答案] C

[解析] 燃气管网系统的附属设备包括阀门、补偿器、凝水缸、放散管,其中后两者是燃气管网独有的。故选C。

专题4　城市综合管廊

备考提示▷ 城市综合管廊是城市新潮流,选择题和案例题都可能出现进行考核。

[考点1] 综合管廊工程结构

1. 综合管廊分类

综合管廊是用于容纳两类及以上城市工程管线的构筑物及附属设施。综合管廊一般分为干线综合管廊、支线综合管廊、缆线综合管廊三种。

管廊类型	容纳管线	建设方式	设置位置
干线综合管廊	城市主干工程管线	独立分舱	机动车道、道路绿化带下
支线综合管廊	城市配给工程管线	单舱或双舱	非机动车道、人行道、道路绿化带下
缆线综合管廊	电力电缆、通信线缆	浅埋沟道	人行道下

[速记] 橄(干)榄(缆)枝(支)。

综合管廊的覆土深度应根据地下设施竖向规划、行车荷载、绿化种植及当地的设计冻深等因素综合确定。

[速记] 综合管廊的覆土深度——绿龟(规)动(冻)车。

2. 综合管廊规划

综合管廊工程建设应遵循"规划先行、适度超前、因地制宜、统筹兼顾"的原则，充分发挥综合管廊的综合效益。

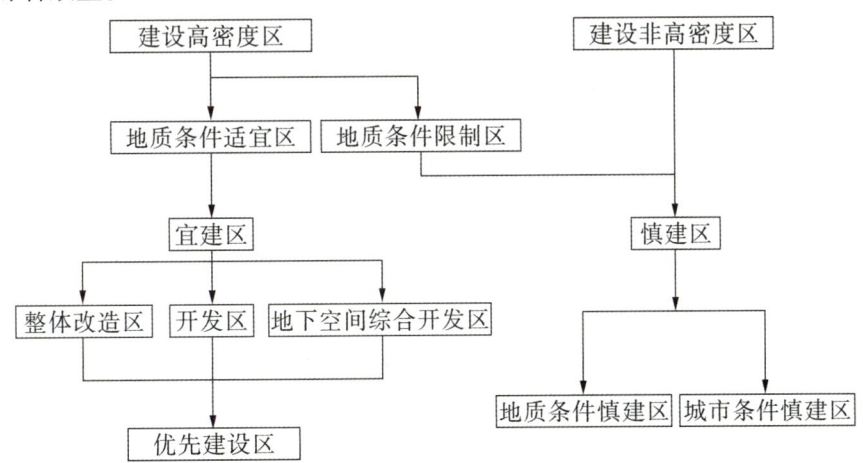

综合管廊建设区位分析图

（1）一般规定

①综合管廊平面中心线宜与道路、铁路、轨道交通、公路中心线平行；

②当综合管廊穿越城市快速路、主干路、铁路、轨道交通、公路时，宜垂直穿越；

③受条件限制时，可斜向穿越，最小交叉角不宜小于60°。

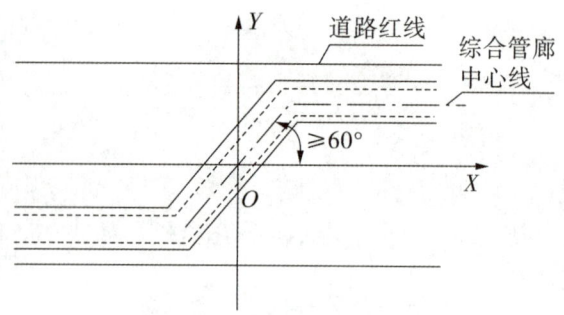

(2)空间设计

①在一至五级航道下面敷设,应在航道底设计高程 2.0m 以下;

②在其他河道下面敷设,应在河底设计高程 1.0m 以下;

③在灌溉渠道下面敷设,应在渠底设计高程 0.5m 以下;

④综合管廊与相邻地下管线及地下构筑物的最小净距如下表所示。

相邻情况	施工方法	
	明挖施工	顶管、盾构施工
综合管廊与地下结构物水平净距	1.0m	综合管廊外径
综合管廊与地下管线水平净距	1.0m	综合管廊外径
综合管廊与地下管线交叉垂直净距	0.5m	1.0m

(3)断面设计

①天然气管道应在独立舱室内敷设;

②热力管道采用蒸汽介质时应在独立舱室内敷设;

③热力管道不应与电力电缆同仓敷设;

④110kV 及以上电力电缆不应与通信电缆同侧布置;

⑤给水与热力管道同侧布置时,给水管道宜布置在热力管道下方;

⑥排水管道应采取分流制,污水管道宜设置在综合管廊底部;

⑦压力管道进出综合管廊时,应在综合管廊外部设置阀门;

⑧综合管廊应预留管道排气阀、补偿器、阀门等附件在安装、运行、维护作业时所需要的空间。

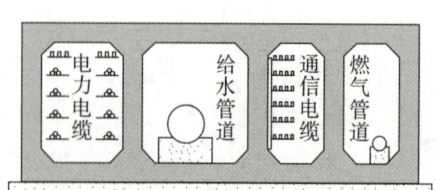

干线综合管廊示意图

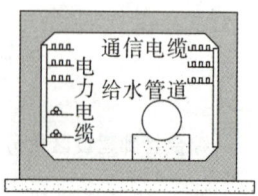

支线综合管廊示意图

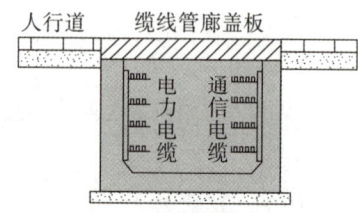

缆线管廊示意图

(4)节点设计

①综合管廊人员出入口应与逃生口、吊装口、进风口结合设置,且不应少于 2 个。

②天然气管道舱室的排风口与其他舱室排风口、进风口、人员入口以及周边建（构）筑物口部距离不应小于10m。

[补充] 综合管廊的管道安装净距。

DN	综合管廊的管道安装净距(mm)					
	铸铁管、螺栓连接钢管			焊接钢管、塑料管		
	a	b_1	b_2	a	b_1	b_2
$DN<400$	400	400	800	500	500	800
$400\leqslant DN<800$	500	500		500	500	
$800\leqslant DN<1000$	500	500				
$1000\leqslant DN<15000$	600	600		600	600	
$DN\geqslant 15000$	700	700		700	700	

（5）结构类型

①综合管廊的结构设计使用年限为100年，结构安全等级为一级。

②综合管廊结构类型分现浇混凝土综合管廊和预制拼装综合管廊结构两种。

3. 综合管廊施工方法

综合管廊主要施工方法有**明挖法、盖挖法、盾构法和喷锚暗挖法**等。

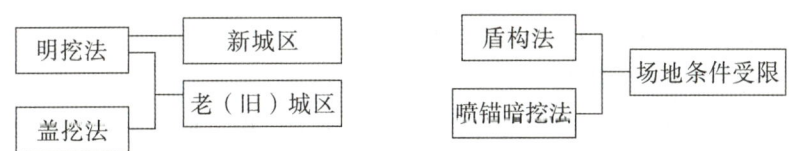

管廊施工方法选择

⊕ 精选真题

[2018年真题·单选] 下列施工中，不适用于综合管廊的是（   ）。

A. 夯管法   B. 盖挖法   C. 盾构法   D. 明挖法

[答案] A

[解析] 综合管廊施工方法包括明挖法、盖挖法、盾构法和喷锚暗挖法。故选A。

[考点2] 综合管廊工程施工技术

1. 施工准备

（1）根据结构类型、受力条件、使用要求和所处环境等选用，所用材料应考虑耐久性、可靠性和经济性。

（2）主要材料宜采用高性能混凝土、高强度钢筋。当地基承载力良好、地下水位在综合管廊底板以下时，可采用砌体材料。强度等级如下表所示。

材料	石材	水泥砂浆	钢筋混凝土	预应力混凝土
强度等级	≥MU40	≥M10	≥C30	≥C40

(3)地下工程部分宜采用自防水混凝土。电力电缆应采用阻燃电缆或不燃电缆,通信线缆应采用阻燃线缆。

2. 基础工程施工

(1)土石方爆破必须按照国家有关部门规定,由具有相应资质的单位进行施工。

(2)基坑回填应在综合管廊结构及防水工程验收合格后进行。

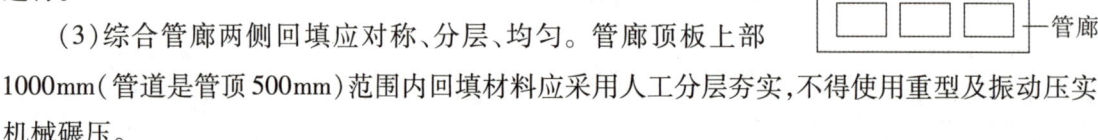

(3)综合管廊两侧回填应对称、分层、均匀。管廊顶板上部1000mm(管道是管顶500mm)范围内回填材料应采用人工分层夯实,不得使用重型及振动压实机械碾压。

(4)综合管廊回填土压实度应符合设计要求。当设计无要求时,应符合的规定如下表所示。

检查项目	压实度(%)	检查范围	检查方法
绿化带下	≥90	管廊两侧回填土按 50延米/层	环刀法
人行道、机动车道下	≥95		

3. 现浇钢筋混凝土结构施工

(1)模板及支撑的强度、刚度及稳定性应满足受力要求。

(2)混凝土的浇筑应在模板和支架检验合格后进行。

(3)入模时应防止离析。连续浇筑时,每层浇筑高度应满足振捣密实的要求。预留孔、预埋管、预埋件及止水带等周边混凝土浇筑时,应辅助人工插捣。

(4)混凝土底板和顶板应连续浇筑,不得留置施工缝。设计有变形缝时,应按变形缝分仓浇筑。

变形缝

4. 预制拼装钢筋混凝土结构施工

(1)预制装配式钢筋混凝土构件的模板,应采用精加工的钢模板。

(2)构件标识应朝外侧,堆放的场地应平整夯实,并应具有良好的排水措施。

(3)构件运输及吊装时,混凝土强度应符合设计要求。当设计无要求时,**不应低于设计强度的75%**。

(4) 预制构件安装前,应对外观和裂缝进行结构性能检验并复验合格,当构件上有裂缝且宽度 >0.2mm 时,应进行鉴定。

(5) 预制构件承受内力的接头和拼缝,当设计无具体要求时,应在混凝土强度 ≥10MPa 或具有足够的支撑时方可吊装上一层结构件。

5. 预应力工程施工

(1) 实际建立的预应力值与工程设计规定检验值的相对允许偏差应为 ±5%。

(2) 后张法有黏结预应力筋张拉后应尽早进行孔道灌浆,孔道内水泥浆应饱满、密实。

6. 综合管廊施工关键技术

施工技术	缺点	优点
明挖现浇施工方法	大面积破坏路面	快速施工、造价相对较低
明挖预制拼装法	技术要求较高,工程造价相对较高	工期短、整体性好、断面易变化
浅埋暗挖法	施工难度大,施工工期较长,投资控制难度大	施工噪声小、对环境干扰小

◈ 精选真题

1. [2020 年真题·多选] 连续浇筑综合管廊时,为保证振捣密实,在( )部位周边应辅助人工插捣。

A. 预留孔 B. 预埋件
C. 止水带 D. 沉降缝
E. 预埋管

[答案] ABCE

[解析] 预留孔、预埋管、预埋件及止水带等周边混凝土浇筑时,应辅助人工插捣。综合管廊不涉及沉降缝。故选 ABCE。

2. [2018 年真题·多选] 关于综合管廊施工技术的说法,错误的有( )。

A. 预制构件安装前,应对裂缝进行检验,当构件有大于 0.2mm 裂缝时,应进行鉴定
B. 综合管廊内可以实行动火作业
C. 现浇混凝土顶板和底板在留置施工缝时,应分仓浇筑
D. 砌体结构中,预埋管、预留洞口结构应采取防渗措施
E. 管廊顶板上部 1m 范围内回填材料,必须采用轻型压路机压实,不得使用大型压路机压实

[答案] CE

[解析] 选项 C 错误,现浇结构混凝土底板和顶板,应连续浇筑不得留置施工缝。选项 E 错误,管廊顶板上部范围内回填材料不得使用重型及振动压实机械碾压,可采用人工分层夯实或轻型碾压机压实。故选 CE。

强化练习

一、单项选择题

1. 人工开挖沟槽的槽深超过( )m 时应该分层开挖。
   A. 4　　　　　　　B. 3
   C. 2　　　　　　　D. 1

2. 在不含地下水的软土层中,控制精度低的柔性管道施工,一般采用( )。
   A. 密闭式顶管法　　B. 盾构法
   C. 水平定向钻法　　D. 夯管法

3. 关于给水压力管道水压试验的说法,错误的是( )。
   A. 试验前,管道以上回填高度不应小于50cm
   B. 试验前,管道接口处应回填密实
   C. 宜采用注水法试验测定实际渗水量
   D. 设计无要求时,试验合格的判定依据可采用允许压力降值

4. 关于排水管道闭水试验的条件中,错误的是( )。
   A. 管道及检查井外观质量已验收合格
   B. 管道与检查井接口处已回填
   C. 全部预留口已封堵,不渗漏
   D. 管道两端堵板密封且承载力满足要求

5. 下列砌筑要求中,不属于圆井砌筑施工要点的是( )。
   A. 砌筑时应同时安装踏步
   B. 根据样板挂线,先砌中心的一列砖,并找准高程后接砌两侧
   C. 井内的流槽宜与井壁同时砌筑
   D. 用砌块逐层砌筑收口时,偏心收口的每层收进不应大于50mm

6. 下列方法中,用于排水管道更新的是( )。
   A. 缠绕法　　　　　B. 内衬法
   C. 爆管法　　　　　D. 喷涂法

7. 在城镇供热管网闭式系统中,一次热网与二次热网采用( )连接。
   A. 流量限制器　　　B. 换热器
   C. 水处理器　　　　D. 温度控制器

8. 地上敷设的供热管道与电气化铁路交叉时,管道的金属部分应( )。
   A. 绝缘　　　　　　B. 接地
   C. 消磁　　　　　　D. 热处理

9. 供热管道施工前的准备工作中,履行相关的审批手续属于( )准备。
   A. 技术　　　　　　B. 设计
   C. 物质　　　　　　D. 现场

10. 不属于排水管道圆形检查井的砌筑做法是( )。
    A. 砌块应垂直砌筑
    B. 砌筑砌块时应同时安装踏步
    C. 检查井内的流槽宜与井壁同时进行砌筑
    D. 采用退槎法砌筑时每块砌块退半块留槎

11. 供热管道安装补偿器的目的是( )。
    A. 保护固定支架　　B. 消除温度应力
    C. 方便管道焊接　　D. 利于设备更换

12. 供热管道中,占据空间大的补偿器是( )。
    A. 球形补偿器　　　B. 方形补偿器
    C. 套管补偿器　　　D. 波纹管补偿器

13. 热动力疏水阀应安装在( )管道上。
    A. 热水　　　　　　B. 排潮
    C. 蒸汽　　　　　　D. 凝结水

14. 次高压燃气管道应采用( )。
    A. 钢管　　　　　　B. 混凝土管
    C. 聚乙烯管　　　　D. 机械接口铸铁管

15. 穿越铁路的燃气管道应在套管上装设( )。

A. 放散管 B. 排气管
C. 检漏管 D. 排污管

16. 随桥敷设燃气管道的输送压力不应大于（　　）。
    A. 0.4MPa B. 0.6MPa
    C. 0.8MPa D. 1.0MPa

17. 敷设于桥梁上的煤气管道应采用加厚的无缝钢管或焊接钢管，尽量减少焊缝，对焊缝应进行（　　）超声检测和射线检测。
    A. 50% B. 60%
    C. 80% D. 100%

二、多项选择题

1. 选择不开槽管道施工方法应考虑的因素有（　　）。
   A. 施工成本 B. 施工精度
   C. 测量方法 D. 地质条件
   E. 适用管径

2. 压力管道试验准备工作的内容有（　　）。
   A. 试验管段所有敞口应封闭，不得有渗漏水现象
   B. 试验前应清除管内杂物
   C. 试验段内不得用闸阀做堵板
   D. 试验段内消火栓安装完毕
   E. 应做好水源引接、排水等疏导方案

3. 排水管道内局部结构性破坏及裂纹可采用的修补方法有（　　）。
   A. 补丁法 B. 局部软衬法
   C. 灌浆法 D. 机器人法
   E. 缠绕法

4. 关于供热管道安装前准备工作的说法，正确的有（　　）。
   A. 管道安装前，应完成支、吊架的安装及防腐处理
   B. 管道的管径、壁厚和材质应符合设计要求，并经检验合格
   C. 管件制作和可预组装的部分宜在管道安装前完成
   D. 补偿器应在管道安装前先与管道连接
   E. 安装前应对中心线和支架高程进行复核

5. 关于供热管道支、吊架安装的说法，错误的有（　　）。
   A. 管道支、吊架的安装应在管道安装、检验前完成
   B. 活动支架的偏移方向、偏移量及导向性能应符合设计要求
   C. 调整支承面标高的垫板不得与钢结构焊接
   D. 有角向型补偿器的管段、固定支架不得与管道同时进行安装与固定
   E. 弹簧支、吊架的临时固定件应在试压前拆除

6. 关于无压管道闭水试验长度的说法，正确的有（　　）。
   A. 试验管段应按井距分隔，带井试验
   B. 一次试验不宜超过 5 个连续井段
   C. 管内径大于 700mm 时，抽取井段数 1/3 试验
   D. 管内径小于 700mm 时，抽取井段数 2/3 试验
   E. 井段抽样采取随机抽样方式

7. 燃气管不穿越的设施有（　　）。
   A. 化工厂 B. 加油站
   C. 热电厂 D. 花坛
   E. 高速公路

8. 关于燃气管道穿越高速公路和城镇主干道时设置套管的说法，正确的有（　　）。
   A. 宜采用钢筋混凝土管
   B. 套管内径比燃气管外径大 100mm 以上
   C. 管道宜垂直高速公路布置
   D. 套管两端应密封

E. 套管埋设深度不应小于 2m

9. 关于燃气管道施工的说法,错误的有( )。
   A. 燃气管道不得采用水平定向钻法施工
   B. 穿越铁路的燃气管道外应加套管
   C. 中压 B 燃气管线可利用道路桥梁跨越河流
   D. 燃气管道随桥敷设时,应采用较高的防腐等级
   E. 敷设于桥梁上的燃气管道当采用厚壁管时,对焊缝进行90%超声检测

10. 关于燃气管道穿越河底施工的说法,错误的有( )。
    A. 管道的输送压力不应大于 0.4MPa
    B. 必须采用钢管
    C. 在河流两岸上、下游宜设立标志

D. 管道至规划河底的覆土厚度,应根据水流冲刷条件确定
E. 稳管措施应根据计算确定

11. 燃气管网的附属设备应包括( )。
    A. 阀门
    B. 放散管
    C. 补偿器
    D. 疏水器
    E. 凝水缸

12. 关于供热管道安装焊接的说法,错误的有( )。
    A. 管道任何位置不得有 T 字形焊缝
    B. 在管道焊缝及其边缘处不得开孔
    C. 管道焊口应避开构筑物的墙壁
    D. 对接管口时,应检查管道的垂直度
    E. 管道安装长度不够时,应加焊长度为 100mm 的短节

三、实务操作与案例分析题

案例(一)

背景资料

施工单位承建一项城市污水主干管道工程,全长 1000m。设计管材采用Ⅱ级承插式钢筋混凝土管,管道内径 $d=1000$mm,壁厚 100mm;沟槽平均开挖深度为 3m,底部开挖宽度设计无要求。场地地层以硬塑粉质黏土为主……

项目部编制的施工方案明确了下列事项:

(1)将管道的施工工序分解为:①沟槽放坡开挖;②砌筑检查井;③下(布)管;④管道安装;⑤管道基础与垫层;⑥沟槽回填;⑦闭水试验。

施工工艺流程:①→A→③→④→②→B→C。

(2)根据现场施工条件,管材类型及接口方式等因素确定了管道沟槽底部一侧的工作面宽度为 500mm,沟槽边坡坡度为 1∶0.5。

(3)根据沟槽平均开挖深度及沟槽开挖断面估算沟槽开挖土方量(不考虑检查井等构筑物对土方量估算值的影响)。

土方体积换算系数表

虚方	松填	天然密实	夯填
1.00	0.83	0.77	0.67
1.20	1.00	0.92	0.80
1.30	1.09	1.00	0.87
1.50	1.25	1.15	1.00

(4)由于施工场地受限及环境保护要求,沟槽开挖土方必须外运,土方外运量根据上表估算。外运用土方车辆容量为 10m³/(车·次),外运单价为 100 元/(车·次)。

[问题]

1. 写出施工方案(1)中管道施工工艺流程中 A、B、C 的名称。(用背景资料中提供的序号①~⑦或工序名称作答)
2. 写出确定管道沟槽边坡坡度的主要依据。
3. 根据施工方案(3)、(4),列式计算管道沟槽开挖土方量(天然密实体积)及土方外运的直接成本。

案例(二)

背景资料

某市政供热管道工程……

采用人工挖土顶管施工,先顶入 DN1000mm 混凝土管作为过路穿越套管,并在套管内并排敷设 2 根 DN200mm 保温供热管道(保温后的管道外径为 320mm)。穿越道路工程所在区域的环境条件及地下管线平面布置如下图所示,地下水位高于套管管底 0.2m。

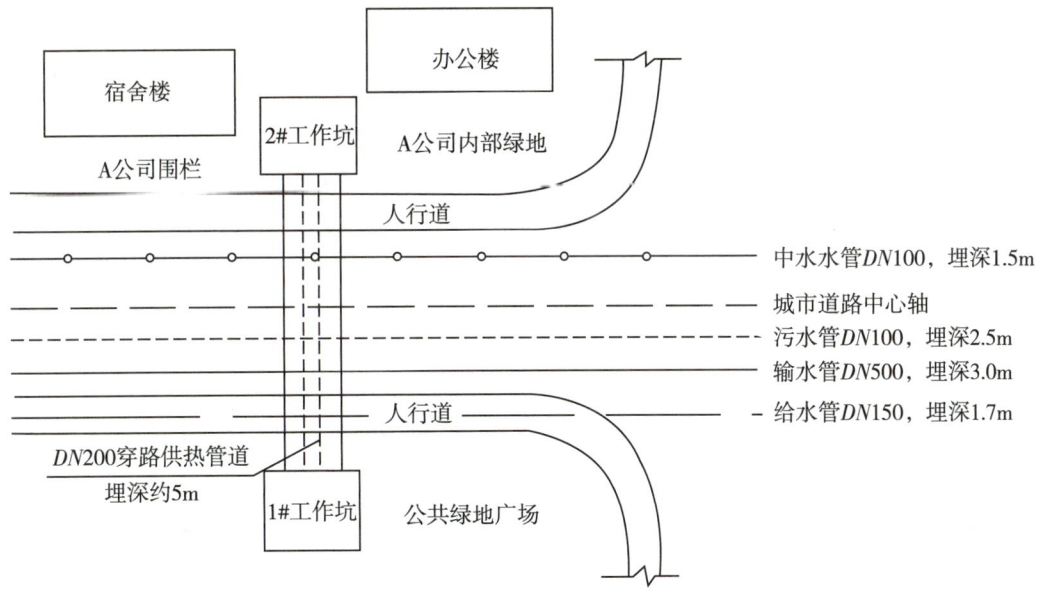

热力管道过路段平面布置示意图

[问题]

1. 顶管穿越时需要保护哪些建筑物?
2. 顶管穿越地下管线时应与什么单位联系?
3. 根据现场条件,顶管应从哪一个工作坑始发?说明理由。
4. 顶管施工时是否需要降水?写出顶管作业对地下水位的要求。
5. 本工程的工作坑土建施工时,应设置哪些主要安全设施?

参考答案及解析

一、单项选择题

1. B [解析]人工开挖沟槽的槽深超过3m时应分层开挖,每层深度不超过2m。故选B。

2. C [解析]水平定向钻适用于柔性管道,在砂卵石及含水地层不适用,其施工速度快、控制精度低。故选C。

3. B [解析]沟槽回填管道应符合以下要求:压力管道水压试验前,除接口外,管道两侧及管顶以上回填高度不应小于0.5m;水压试验合格后,应及时回填沟槽的其余部分。故选B。

4. B [解析]无压管道闭水试验准备工作:①管道及检查井外观质量已验收合格;②开槽施工管道未回填土且沟槽内无积水;③全部预留孔应封堵,不得渗水;④管道两端堵板承载力经核算应大于水压力的合力;除预留进出水管外,应封堵坚固,不得渗水;⑤顶管施工,其注浆孔封堵且管口按设计要求处理完毕,地下水位于管底以下;⑥应做好水源引接、排水疏导等方案。故选B。

5. B [解析]选项B属于反拱砌筑的施工技术要求。故选B。

6. C [解析]选项ABD属于管道全断面修复。管道更新根据破碎旧管的方式不同,常见的有破管外挤法(也称爆管法或胀管法)及破管顶进。故选C。

7. B [解析]选项B正确,闭式系统中,一次热网与二次热网采用换热器连接。故选B。

8. B [解析]地上敷设的热力管道同架空输电线路或电气化铁路交叉时,管道的金属部分和交叉点5m范围内钢筋混凝土结构的钢筋应接地,接地电阻不大于10Ω。故选B。

9. A [解析]将供热管道施工前的准备工作划分为"技术准备"和"物资设备准备"两大类。履行审批手续显然属于其中的技术准备。故选A。

10. D [解析]选项D属于砖砌拱券的施工要点。故选D。

11. B [解析]补偿器的作用是补偿因供热管道升温导致的管道热伸长,从而释放温度变形,消除温度应力,避免因热伸长或温度应力的作用而引起管道变形或破坏,以确保管网运行安全。故选B。

12. B [解析]方形补偿器的优点是制造方便,补偿量大,轴向推力小,维修方便,运行可靠;缺点是占地面积较大。故选B。

13. C [解析]疏水阀安装在蒸汽管道的末端或低处,主要用于自动排放蒸汽管路中的凝结水,阻止蒸汽逸漏和排除空气等非凝性气体,对保证系统正常工作,防止凝结水对设备的腐蚀以及汽水混合物对系统的水击等均有重要作用。故选C。

14. A [解析]次高压燃气管道,应采用钢管;中压燃气管道,宜采用钢管或铸铁管;低压地下燃气管道采用聚乙烯管材时,应符合有关标准的规定。故选A。

15. C [解析]穿越铁路、高速公路、电轨轨道和城市主要干道的燃气管道的套管,套管两端与燃气管的间隙应采用柔性的防腐、防水材料密封,其一端应装设检漏管。故选C。

16. A [解析]利用道路、桥梁跨越河流的燃气管道,其管道的输送压力不应大于0.4MPa。故选A。

17. D [解析]敷设于桥梁上的燃气管道应采用加厚的无缝钢管或焊接钢管,尽量减少焊缝,对焊缝应进行100%超声检测和100%射线检测。故选D。

二、多项选择题

1. ABDE [解析]选择不开槽管道施工方法应考虑的因素有适用范围、适用管径、施工精度、施工距离、适用地质条件、施工成本等。故选ABDE。

2. ABCE [解析]压力管道试验准备工作:①试验管段所有敞口应封闭,不得有渗漏水现象;②试验管段不得用闸阀做堵板、不得含有消火栓、水锤消除器、安全阀等附件;③水压试验前应清除管道内的杂物;④应做好水源引接、排水等疏导方案。故选ABCE。

3. ABCD　[解析]进行局部修复的方法很多,主要有密封法、补丁法、铰接管法、局部软衬法、灌浆法、机器人法等。故选ABCD。

4. ABCE　[解析]管道安装前的准备工作:①管道安装前,应完成支、吊架的安装及防腐处理。支架的制作质量应符合设计和使用要求,支、吊架的位置应准确、平整、牢固,标高和坡度符合设计规定。管件制作和可预组装的部分宜在管道安装前完成,并经检验合格。②管道的管径、壁厚和材质应符合设计要求,并经检验合格。③对钢管和管件进行除污,对有防腐要求的宜在安装前进行防腐处理。④安装前对中心线和支架高程进行复核。故选ABCE。

5. CDE　[解析]选项C错误,管道支架支承面的标高可采用加设金属垫板的方式进行调整,垫板不得大于两层,并与预埋钢板或钢结构进行焊接。选项D错误,有角向型、横向型补偿器的管段应与管道同时进行安装与固定。选项E错误,弹簧的临时固定件应在管道安装、试压、保温完毕后拆除。故选CDE。

6. ABC　[解析]无压管道闭水试验长度要求:①试验管段应按井距分隔,带井试验,若条件允许可一次试验不超过5个连续井段。②当管道内径大于700mm时,可按管道井段数量抽样选取1/3进行试验;试验不合格时,抽样井段数量应在原抽样基础上加倍进行试验。故选ABC。

7. ABC　[解析]燃气管道不得穿越的规定:①地下燃气管道不得从建筑物和大型构筑物的下面穿越。②地下燃气管道不得在堆积易燃、易爆材料和具有腐蚀性液体的场地下面穿越。故选ABC。

8. BCD　[解析]穿越高速公路的燃气管道的套管、穿越电车轨道和城镇主要干道的燃气管道的套管或地沟,应符合下列要求:①套管内径应比燃气管道外径大100mm以上,套管或地沟两端应密封,在重要地段的套管或地沟端部宜安装检漏管。②套管端部距电车边轨不应小于2.0m;距道路边缘不应小于1.0m。③燃气管道宜垂直穿越铁路、高速公路、电车轨道和城镇主要干道。故选BCD。

9. AE　[解析]选项A错误,燃气管道可以采用水平定向钻法施工,只是不推荐使用。选项E错误,敷设在桥梁上的燃气管道当采用厚壁管时,尽量减少焊缝,对焊缝进行100%超声检测和100%射线检测。题目的难点在于选项C。教材原文是"利用道路桥梁跨越河流的燃气管道,其输气压力不应大于0.4MPa",而本题给出的是中压B燃气管道,它的压力值在$0.01 < P \leq 0.2$(MPa)这个区间内。故选AE。

10. ABCD　[解析]选项A错误,利用道路桥梁跨越河流的燃气管道压力不应大于0.4MPa。选项B错误,燃气管道宜采用钢管,而不是必须采用。选项C错误,在埋设燃气管道位置的河流两岸上、下游应设立标志。选项D错误,燃气管道至规划河底的覆土厚度,应根据水流冲刷条件及规划河床标高确定,对不通航河流不应小于0.5m,对通航的河流不应小于1.0m,还应考虑疏浚和投锚深度。故选ABCD。

11. ABCE　[解析]燃气管网附属设备包括阀门、补偿器、凝水缸、放散管等。故选ABCE。

12. ABDE　[解析]两相邻管道连接时,纵向焊缝或螺旋焊缝之间的相互错开距离不应小于100m,不得有十字形焊缝。选项B错误,不宜在焊缝及其边缘上开孔。当必须在焊缝上开孔或开孔补强时,应对开孔直径1.5倍或开孔补强板直径范围内的焊缝进行射线或超声检测,确认焊缝合格后,方可进行开孔。选项D错误,对接管口时,应在距接口两端各200mm处测量管道平直度。选项E错误,不得采用在焊口两侧加热延伸管道长度、螺栓强力拉紧、夹焊金属填充物和使补偿器变形等方法强行对口焊接。故选ABDE。

三、实务操作与案例分析题

案例(一)

1. A:⑤。B:⑦。C:⑥。

2. 地质条件和土的类别,坡顶荷载情况,地下水位,开挖深度,沟槽支撑。

3. (1)沟槽开挖土方量=沟槽断面面积×沟槽长度
=(沟槽顶宽+沟槽底宽)×平均开挖深度÷2×

沟槽长度 = [(3÷2×2 + 0.5×2 + 1000 + 100×2) + (0.5×2 + 1000 + 100×2)] × 3÷2 × 1000 = 11100 (m³)。

(2)根据土方体积换算系数表,土方天然密实体积为 11100m³,虚方体积为 11100 × 1.30 = 14430 (m³)。

土方外运直接成本 = 14430 ÷ 10 × 100 = 144300 (元)。

案例(二)

1. 给水管道、中水管道、雨水管道、污水管道、道路、围栏。

2. 应取得地下管线所属单位(管道管理部门或市政工程管理处、供排水管网管理部门等)的同意和配合。

3. 1#工作坑。因为1#工作坑的场地条件较好。理由:1#工作坑附近为公共绿地广场,场地开阔,适于作为清运挖掘出来的泥土和堆放管材、工具设备的场所。2#工作坑邻近办公楼、宿舍楼,人流量较大,不安全。

4. 需要降水;采用人工挖土顶管施工时,应将地下水位降至管底0.5m以下。

5. 基坑防护栏、夜间照明、指示红灯、警示牌、爬梯。

第6章 生活垃圾处理工程

考情概述

本章在市政公用工程实务考核占比较小,考生简单了解即可。本章知识点在近5年考试中平均为1分。在复习时,考生必须精通原理,回归施工现场。

扫码领取视频课程

近5年考试真题分值统计表　　　　　　　　　　　　（单位:分）

序号	专题名	2022	2021	2020	2019	2018
0	生活垃圾填埋处理工程施工	1	1	1	1	1

思维导图

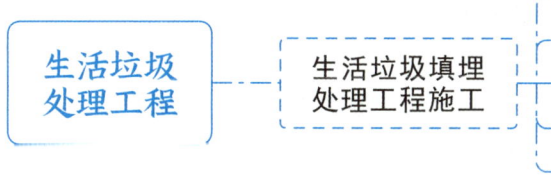

核心考点

专题　生活垃圾填埋处理工程施工

备考提示▷ 生活垃圾填埋处理工程施工中,生活垃圾填埋场填埋区防渗层施工技术、生活垃圾填埋场填埋区导排系统施工技术两部分属于选择题高频考点,重点掌握。

[考点1] 生活垃圾填埋场填埋区结构形式

防渗系统结构可分为单层防渗系统结构和双层防渗系统结构。

(1)**单层防渗系统基本结构**——**渗沥液收集导排系统、防渗层及上下保护层和基础层**。

(2)**双层防渗系统基本结构**——渗沥液导排系统、主防渗层及上下保护层、渗沥液检测层、次防渗层及上下保护层和基础层。

(3)应根据需要设置地下水导排系统和反滤层。单层防渗系统结构形式如下图所示。

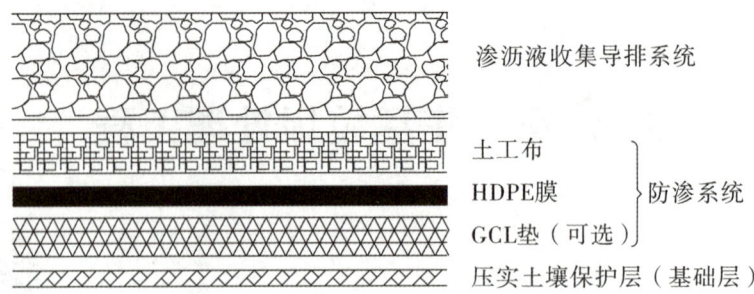

渗沥液防渗系统、收集导排系统断面示意图

🌐 **精选真题**

[2017年真题·单选] 生活垃圾填埋场填埋区防渗系统结构层,自上而下材料排序,正确的是( )。

A. 土工布、GCL 垫、HDPE 膜　　　B. 土工布、HDPE 膜、GCL 垫

C. HDPE 膜、土工布、GCL 垫　　　D. HDPE 膜、GCL 垫、土工布

[答案] B

[解析] 防渗系统结构可分为单层防渗系统结构和双层防渗系统结构。单层防渗系统从上至下主要为土工布、HDPE 膜、GCL 垫。2022 版教材此处知识点变动。故选 B。

[考点 2] 生活垃圾填埋场填埋区防渗层施工技术

1. 泥质防水层施工

泥质防水层施工技术的**核心**是**掺加膨润土**的拌和土层施工技术。常用的防渗材料有黏土、膨润土、土工膜和土工织物膨润土垫(GCL)。

泥质防水层施工现场

膨润土

(1) 施工程序

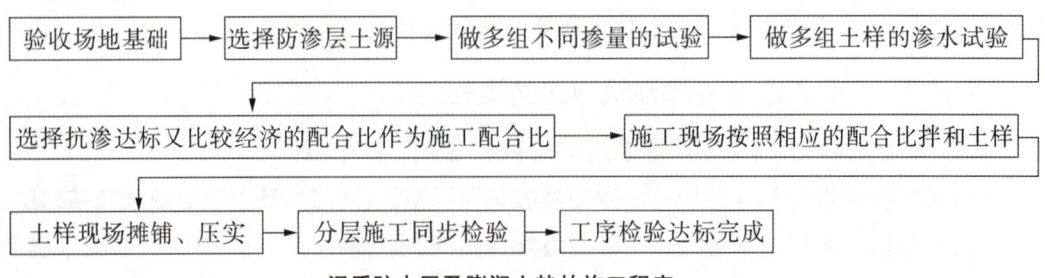
泥质防水层及膨润土垫的施工程序

(2)质量技术控制要点

①**施工队伍的资质与业绩**。营业执照、专业工程施工许可证质量管理水平是否符合本工程的要求;从事同类工程的业绩和工作经验;合同履约情况是否良好。

②**膨润土进货质量**。核验产品出厂三证(产品合格证、产品说明书、产品试验报告单),进货时组织产品质量复验或见证取样。

③**膨润土掺加量的确定**。通过对多组配合土样的对比分析,优选出最佳配合比,达到既能保证施工质量,又可节约工程造价的目的。

④**拌和均匀度、含水量及碾压压实度**。拌和均匀度,机拌≥2遍、含水量最大偏差±2%,以及碾压压实4~6遍。

⑤**质量检验**。最后应严格按照合同约定的检验频率和质量检验标准同步进行,检验项目包括压实度试验和渗水试验两项。

[速记] 人(人员)才(材料)比(配比)作(操作)眼(检验)。

2. 膨润土防水毯铺设

膨润土防水毯

膨润土防水毯施工现场

(1)膨润土防水毯选用

①用于垃圾填埋场防渗系统工程的膨润土防水毯可选用天然钠基膨润土防水毯或人工钠基膨润土防水毯。应符合下列规定:

a. 膨润土体积膨胀度不应小于 24mL/(2g);

b. 抗拉强度不应小于 800N/(100mm);

c. 抗剥强度不应小于 65N/(10cm);

d. 渗透系数应小于 5×10^{-11} m/s;

e. 抗静水压力 0.4MPa/1h,无渗漏。

②根据防渗要求选用粉末型膨润土防水毯(防渗要求高的工程中优先选用)或颗粒型膨润土防水毯。

③应保证膨润土平整度,并防止缺土。

④垃圾填埋场防渗系统工程中的膨润土防水毯应表面平整、厚度均匀,无破洞、破边现象。针刺类产品的针刺应均匀密实,并应无残留断针。

(2)膨润土防水毯施工

①应自然与基础层贴实,不应褶皱、悬空;

②应以品字形分布,**不得出现十字搭接**;

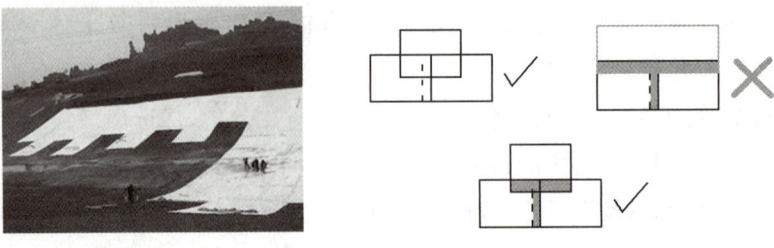

品行分布

③边坡施工应沿坡面铺展,边坡不应存在水平搭接。

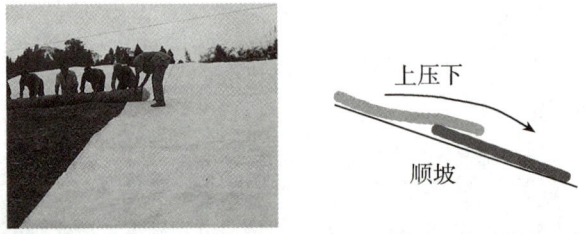

顺坡搭接

(3)膨润土防水毯的连接

①现场铺设的连接应采用搭接。搭接膨润土防水毯应在下层膨润土防水毯的边缘150mm处撒上膨润土粉状密封剂,其宽度宜为50mm,单位质量宜为0.5kg/m²。当膨润土防水毯材料的一面为土工膜时,应焊接。

②膨润土防水毯及其搭接部位应与基础层贴实且无折皱和悬空。

③**搭接宽度为(250±50)mm**。

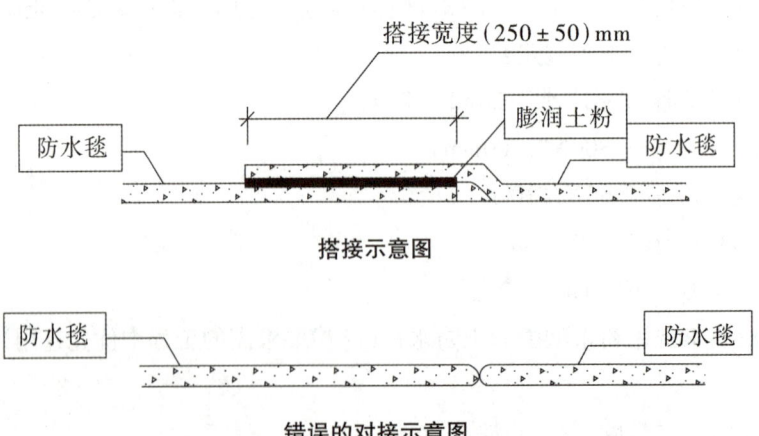

④局部可用钠基膨润土粉密封。

⑤坡面铺设完成后,应在底面留下不少于2m的膨润土防水毯余量。

🌐 精选真题

1.[2022年真题·单选] 关于膨润土防水毯施工的说法,正确的是( )。

A. 防水毯沿坡面铺设时,应在坡顶处预留一定余量

B. 防水毯应以品字形分布,不得出现十字搭接

C. 铺设遇管时,应在防水毯上剪裁直径大于管道的空洞套入

D. 防水毯如有撕裂,必须撒布膨润土粉状密封剂加以修复

[答案] B

[解析] 选项 A 错误,坡面铺设完成后,应在底面留下不少于2m的膨润土防水毯余量。选项 C 错误,膨润土防水毯在管道或构筑立柱等特殊部位施工,可首先裁切以管道直径加500mm为边长的方块,再在其中心裁剪直径与管道直径等同的孔洞,修理边缘后使之紧密套在管道上。选项 D 错误,膨润土防水毯如有撕裂等损伤应全部更换。故选 B。

2.[2019年真题·单选] 关于泥质防水层质量控制的说法,正确的是( )。

A. 含水量最大偏差不宜超过8%

B. 全部采用砂性土压实做填埋层的防渗层

C. 施工企业必须持有道路工程施工的相关资质

D. 振动压路机碾压控制在4~6遍

[答案] D

[解析] 选项 A 错误,含水量最大偏差不宜超过2%。选项 B 错误,泥质防水层施工技术的核心是掺加膨润土的拌和土层。选项 C 错误,施工企业应具备垃圾填埋场相关施工资质及营业执照。故选 D。

3.[2018年真题·单选] 关于 GCL 垫质量控制要点的说法,错误的是( )。

A. 搭接时应采用顺坡搭接、上压下的搭接方式

B. 应避免出现品形分布,尽量采用十字搭接

C. 遇有雨雪天气应停止施工

D. 摊铺时应确保无褶皱、无悬空现象

[答案] B

[解析] 选项 B 错误,避免出现十字搭接,而尽量采用品形分布。故选 B。

[考点3] 聚乙烯(HDPE)膜防渗层施工技术

HDPE 膜防渗层的特点是不易被破坏、寿命长且防渗效果极强。HDPE 膜的质量及其焊接质量是防渗层施工质量的关键。

1. HDPE 膜施工工艺流程

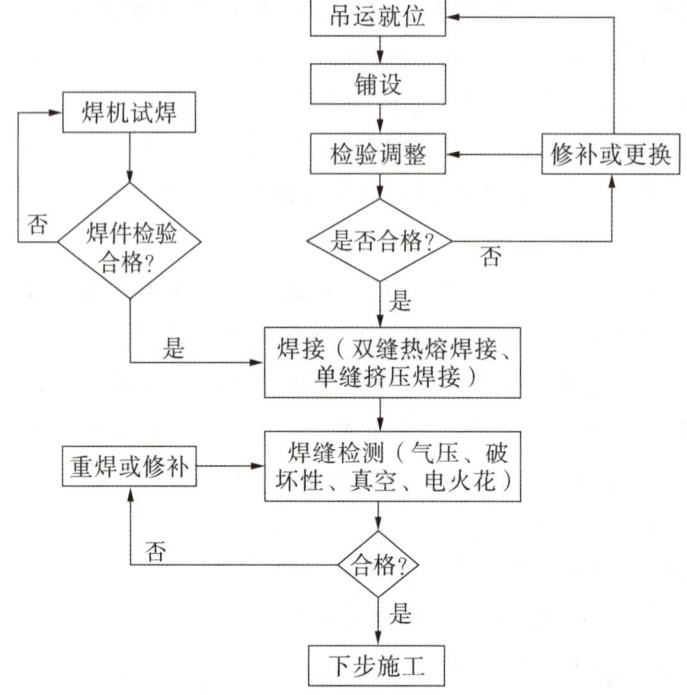

HDPE 膜施工程序

HPDE 膜

焊接

成型效果

2. HDPE 膜的验收

进入施工现场的材料，必须是规格、质量合格的材料。材料的验收分为初检和材料外观质量检查。

项目	要求	检测方法
切口	平直,无明显锯齿现象	目测
穿孔修复点	不允许	目测
机械(加工)划痕	无或不明显	目测
僵块	每平方米 <10 个,$d \leqslant 2.0 \mathrm{mm}$,截面上不允许有贯穿膜厚度的僵块	目测、尺量
气泡和杂质	不允许	目测
裂纹、分层、接头和断头	不允许	目测
糙面膜外观	均匀,不应有结块、缺损等现象	目测

3. HDPE 膜的铺设

（1）铺设要求

①铺设一次展开到位，不宜展开后再拖动。

②应为材料热胀冷缩产生的尺寸变化留出伸缩量。
③应对膜下保护层采取防水、排水措施。
④应采取相应措施防止 HDPE 膜受风力影响而破坏。
⑤铺设过程中必须进行搭接宽度和焊缝质量控制,监理必须全程监督膜的焊接和检验。
⑥施工中应注意保护 HDPE 膜不受破坏,车辆**不得直接在 HDPE 膜上碾压**。

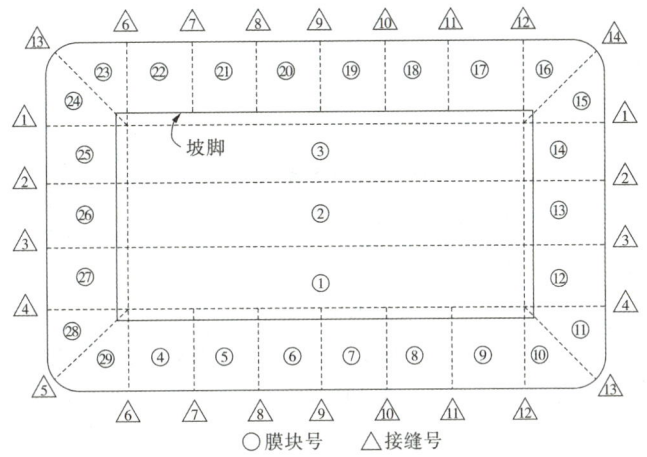

HDPE 膜的平面铺设标准图

注:图中编号表示铺设和焊接施工的顺序。

(2)铺设要点
①减少十字焊缝和应力集中,完工地基上部 15cm 内不应有石头或碎屑。(铺前消除硬块)
②以斜坡上不出现横缝为原则,膜在边坡的顶部和底部延长≥1.5m。
③铺设总体顺序一般为"**先边坡后场底**";卷材自上而下滚铺。

先边坡后场底

自上而下滚铺

④外露的 HDPE 膜边缘应及时用沙袋或者其他重物压上。

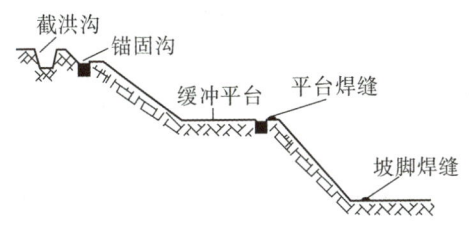
示意图

临时锚固

⑤施工中需要足够的临时压载物或地锚,有大风须临时锚固,安装工作应停止进行。

⑥焊多少铺多少,冬期严禁铺设。

⑦可通过对HDPE膜的重新铺设或通过切割和修理来解决褶皱问题。

⑧及时填写HDPE膜铺设施工记录表,经现场监理和技术负责人签字后存档。

[补充] HDPE膜施工流程为HDPE膜铺设→HDPE膜试验性焊接→HDPE膜生产焊接。

4. HDPE膜的焊接

(1) HDPE防渗膜焊接工艺

焊接工艺	设备	原理	特点
双缝热熔焊接	双轨热熔焊机	在膜的接缝位置施加一定温度使HDPE**膜本体融化**,在一定压力作用下结合在一起	焊缝严密,与原材料性能完全一致、厚度更大、力学性能更好。(大面积使用)
单缝挤出焊接	单轨挤出焊机	通过单轨挤出焊机把HDPE**焊条熔融挤出**,通过外界压力把融料均匀挤压在除去表面氧化物的焊缝上	主要用于粗面膜与粗面膜之间的连接、各类修补和双轨热熔焊机无法焊接的部位。(小面积修补使用)

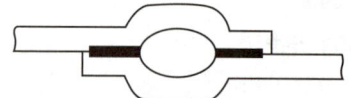

双缝热熔焊接示意图

单缝挤压焊接示意图

双缝热熔焊接

单缝挤压焊接

[提示] HDPE管的焊接流程为焊机状态调试→管材准备就位→管材对正检查→预热→加温熔化→加压对接→保压冷却。

(2) 焊缝检测

检测类型	试验方法		具体内容
非破坏性检测	双缝热熔焊缝	气压检测	加压至250kPa,维持3~5min,气压不应低于240kPa,然后在焊缝的另一端开孔放气,气压表指针能够迅速归零视为合格
	单缝挤压焊缝	真空检测(传统的老方法)	HDPE膜焊缝上涂肥皂水,罩上五面密封的真空罩,用真空泵抽真空,当真空罩内气压达到25~35kPa时焊缝无任何泄漏视为合格
		电火花检测	挤压焊缝中预先埋设一条$\phi 0.3$~$\phi 0.5$mm细铜线,用35kV的高压脉冲电源探头在距离焊缝10~30mm探扫,无火花出现视为合格

(续表)

检测类型	试验方法	具体内容
破坏性检测	剪切、剥离试验	取 10 个 25.4mm 宽的试件，分别做 5 个剪切和剥离试验。5 个中 4 个符合要求且平均值达标，最低值≥80% 标准值视为通过测试

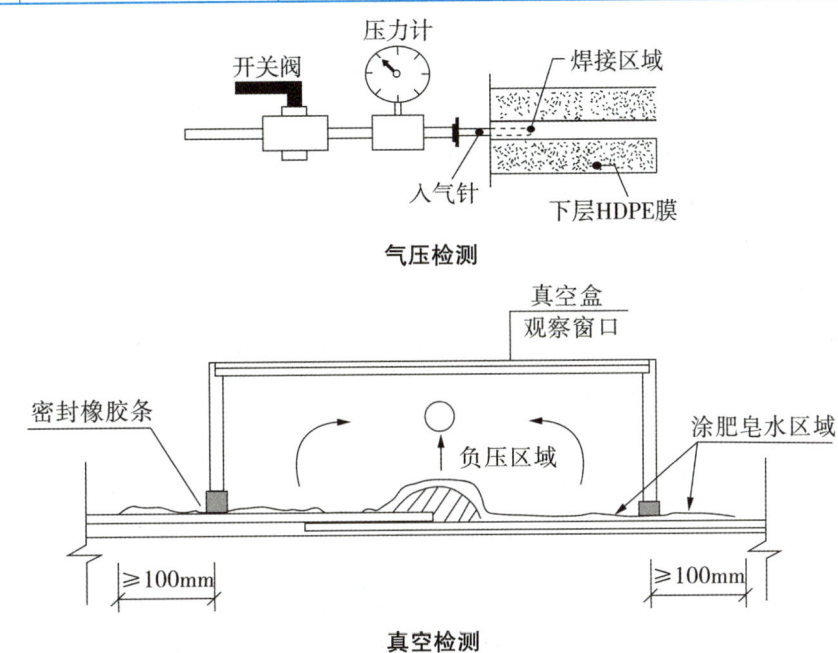

气压检测

真空检测

[补充] 破坏性测试中热熔及挤压焊缝强度判定标准值应符合下表的规定。

厚度(mm)	剪切		剥离	
	热熔焊(N/mm^2)	挤出焊(N/mm^2)	热熔焊(N/mm^2)	挤出焊(N/mm^2)
1.5	21.2	21.2	15.7	13.7
2.0	28.2	28.2	20.9	18.3

5. HDPE 膜的成品保护

HDPE 膜的成品保护包括以下几个方面：

(1)应穿平软底工作鞋进入施工现场，不得穿硬底鞋或带有铁钉、铁掌的鞋。

(2)严禁在现场吸烟或使用各种火源和化学溶剂。

(3)在膜上卸料时，不应使重、硬的物品从高处下落直接冲击垫衬。

(4)初始使用仍有余热的设备，应放置在 1~2 层可以隔温的材料垫层上，以防止膜被烫坏。

🌐 精选真题

1. [2018年真题·单选] HDPE膜焊缝非破坏性检测的传统老方法是( )。

A. 真空检测　　　　　　　　　B. 气压检测

C. 水压检测　　　　　　　　　D. 电火花检测

[答案] A

[解析] 真空检测是传统的老方法。挤压焊接所形成的单轨焊缝,应采用真空检测法检测。故选A。

2. [2017年真题·多选] 关于生活垃圾填埋场HDPE膜铺设的做法,错误的有( )。

A. 总体施工顺序一般为"先边坡后场底"

B. 冬期施工时应有防冻措施

C. 铺设时应反复展开并拖动,以保证铺设平整

D. HDPE膜施工完成后应立即转入下一工序,以形成对HDPE膜的保护

E. 应及时收集整理施工记录表

[答案] BC

[解析] 选项B错误,HDPE膜严禁冬期施工。选项C错误,HDPE膜铺设应一次展开到位,不宜展开后拖动。故选BC。

[考点4] 生活垃圾填埋场填埋区导排系统施工技术

渗沥液收集导排系统施工主要有导排层摊铺、收集花管连接、收集渠码砌等施工过程。

1. 施工控制要点

(1)卵石粒料的运送使用小吨位自卸汽车(<5t),环形前进,间隔5m堆料。

(2)摊铺导排层、收集渠码砌均采用人工施工。

(3)导排层应优先采用卵石作为排水材料,可采用碎石,石材粒径宜为20~60mm,石材$CaCO_3$含量必须<5%,防止年久钙化使导排层板结造成填埋区侧漏。

小吨位自卸汽车

渗沥液收集花管(PE穿孔导渗管)

2. HDPE渗沥液收集花管连接

(1)HDPE渗沥液收集花管连接一般采用热熔焊接。HDPE渗沥液收集花管连接五个阶段包括预热、吸热、加热板取出、对接、冷却。

(2) HDPE 管焊接施工工艺流程如下图所示。

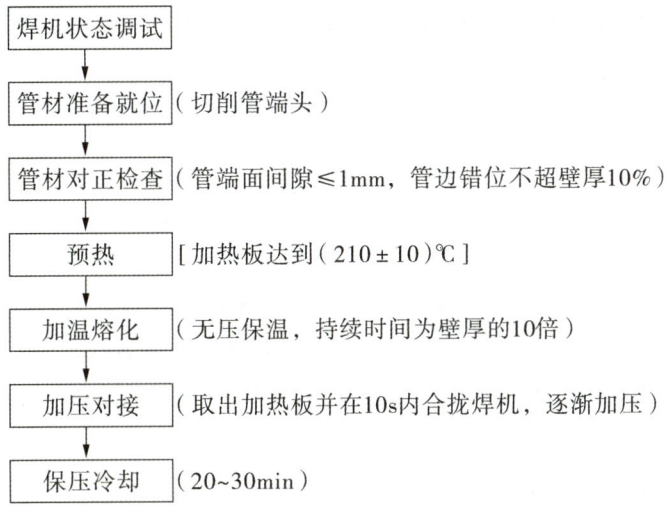

[速记] 机关正预温加保。

◉ 精选真题

[2020 年真题·单选] 渗沥液收集导排系统施工控制要点中,导排层所用卵石(　　)含量必须小于10%。

A. 碳酸钠(Na₂CO₃)　　　　　　B. 氧化镁(MgO)

C. 碳酸钙(CaCO₃)　　　　　　D. 氧化硅(SiO₂)

[答案] C

[解析] 导排层滤料需要过筛,粒径要满足设计要求。导排层应优先采用卵石作为排水材料,可采用碎石,石材粒径宜为 20~60mm,石材 CaCO₃ 含量必须小于 5%(旧版10%),防止年久钙化使导排层板结造成填埋区侧漏。2022 版教材此处知识点变动。故选 C。

[考点 5]　垃圾填埋与环境保护要求

封闭型垃圾填埋场是目前我国通行的填埋类型。垃圾填埋场选址、设计、施工、运行都与环境保护密切相关。

1. 基本规定和标准要求

基本规定	标准要求
(1) 使用期限较长,达 10 年以上。 (2) 选址应考虑地质结构、地理水文、运距、风向等因素。 (3) 选址应符合当地城乡建设总体规划、大地污染防治、水资源保护、自然保护等要求。 (4) 生活垃圾填埋场场址的位置及与周围人群的距离应依据环境影响评价结论确定并经地方环境保护行政主管部门批准	(1) 必须远离饮用水源,尽量少占良田。一般选择在远离居民区的位置。 (2) 建设在当地夏季主导风向的下风处,地下水流向下游地区。 (3) 生活垃圾卫生填埋场用地内绿化隔离带宽度不应小于 20m

2. 生活垃圾填埋场不应设置的地区

(1)生活饮用水水源保护区,供水远景规划区。

(2)洪泛区和泄洪道。

(3)尚未开采的地下蕴矿区和岩溶发育区。

(4)自然保护区。

(5)文物古迹区,考古学、历史学及生物学研究考察区。

🌐 精选真题

1. [2016年真题·单选] 生活垃圾填埋场一般应选在(　　)。

A. 直接与航道相通的地区　　　　B. 石灰坑及熔岩区

C. 当地夏季主导风向的上风向　　D. 远离水源和居民区的荒地

[答案] D

[解析] 垃圾填埋场必须远离饮用水源,尽量少占良田,利用荒地和当地地形。一般选择在远离居民区的位置,填埋库区与敞开式渗沥液处理区边界距居民居住区或人畜供水点等敏感目标的卫生防护距离,应通过环境影响评价确定。生活垃圾填埋场应设在当地夏季主导风向的下风向。故选D。

2. [2016年真题·多选] 垃圾填埋场与环境保护密切相关的因素有(　　)。

A. 选址　　　　　　　　　　B. 设计

C. 施工　　　　　　　　　　D. 移交

E. 运行

[答案] ABCE

[解析] 垃圾填埋场选址、设计、施工、运行都与环境保护密切相关。故选ABCE。

强化练习

一、单项选择题

1. 垃圾卫生填埋场填埋区工程的单层防渗系统结构形式从下至上,除了基础层为压实土壤保护层外,依次由(　　)组成。

A. 渗沥液收集导排系统、土工布、HDPE膜、膨润土垫

B. 膨润土垫、HDPE膜、土工布、渗沥液收集导排系统

C. 土工布、HDPE膜、膨润土垫、渗沥液收集导排系统

D. 渗沥液收集导排系统、膨润土垫、HDPE膜、土工布

2. 生活垃圾填埋处理工程中,泥质防水层施工技术的核心是掺加(　　)的拌和土层施工技术。

A. 石灰土　　　　　B. 砂砾土

C. 水泥土　　　　　D. 膨润土

3. 土工织物膨润土垫可用于(　　)。

A. 防渗　　　　　　B. 干燥

C. 粘接　　　　　　D. 缝合

4. 高密度聚乙烯(HDPE)膜防渗层的施工程序是(　　)。

A. 吊运就位→铺设→检验调整→焊接→焊缝检测→下步施工

B. 吊运就位→检验调整→铺设→焊接→焊缝检测→下步施工

C. 检验调整→吊运就位→铺设→焊接→焊缝检测→下步施工

D. 焊接→焊缝检测→吊运就位→铺设→检验调整→下步施工

5. HDPE 膜铺设工程中,不属于挤压焊接检测项目的是( )。

A. 电火花检验　　B. 气压检测
C. 真空检测　　　D. 破坏性检测

二、多项选择题

1. 生活垃圾填埋场泥质防渗层质量控制要点有( )。

A. 膨润土掺加量　　B. 砂石级配
C. 水泥强度等级　　D. 压实度
E. 渗水量

2. 下列关于膨润土防水毯的施工,正确的有( )。

A. 边坡施工应沿坡面展开,不得存在水平搭接
B. 搭接宽度控制在(250±50)mm 范围内
C. 采用上压下的十字搭接
D. 应在自然与基础层贴实,不应出现褶皱、悬空
E. 雨雪天气应停止施工

3. 关于 HDPE 膜铺设要求正确的有( )。

A. 铺设应一次展开到位,不宜展开后拖动
B. 应防止 HDPE 膜受风力影响而破坏
C. 铺设过程中必须进行搭接宽度和焊缝质量控制
D. 车辆可以直接在 HDPE 膜上碾压
E. 不应为材料热胀冷缩导致的尺寸留出伸缩量

参考答案及解析

一、单项选择题

1. B　[解析] 生活垃圾填埋场填埋区工程的单层防渗系统结构形式从上至下主要为渗沥液收集导排系统、防渗系统(土工布、HDPE 膜、GCL 垫)和基础层。注意题中问的是以下至上,易被迷惑。故选 B。

2. D　[解析] 泥质防水层施工技术的核心是掺加膨润土的拌和土层施工技术。故选 D。

3. A　[解析] 目前,防渗层常用的有四种:黏土、土工膜、土工织物膨润土垫(GCL)。根据防渗要求选用粉末型膨润土防水毯或颗粒型膨润土防水毯,防渗要求高的工程中应优先选用粉末型膨润土防水毯。故选 A。

4. B　[解析] HDPE 膜防渗层的施工程序为吊运就位→铺设→检验调整→焊接→焊缝检测→下步施工。故选 A。

5. B　[解析] 挤压焊接是单缝,选项 ACD 都可以。选项 B 正确,气压检测属于双缝热熔焊接焊缝的检测项目。故选 B。

二、多项选择题

1. ADE　[解析] 泥质防水层的质量控制要点包括:施工队伍的资质与业绩;膨润土进货质量;膨润土掺加量的确定、拌和均匀度;含水量及碾压压实度;压实度试验和渗水试验。故选 ADE。

2. ABDE　[解析] 膨润土防水毯施工应以品字形分布,不得出现十字搭接。故选 ABDE。

3. ABC　[解析] 选项 D 错误,车辆不得直接在 HDPE 膜上碾压。选项 E 错误,应为材料热胀冷缩导致的尺寸留出伸缩量。故选 ABC。

第7章 施工测量与监控量测

考情概述

本章是市政工程基础内容,一共包括2节,为针对各类施工工程的基础测量工作与施工过程中的监控量测工作,考查频率相对较低。本章知识点在近5年考试中平均为4分。在本章备考中,施工测量方法及仪器、施工测量程序、监控量测项目均为高频考查内容,应当重点学习。本章在学习过程中注意与施工工艺流程的结合,注意和明挖基坑、隧道喷锚暗挖工法之间的联系。

扫码领取视频课程

近5年考试真题分值统计表 （单位:分）

序号	专题名	2022	2021	2020	2019	2018
1	施工测量	1	3	1	7	1
2	监控量测	0	0	0	2	5

思维导图

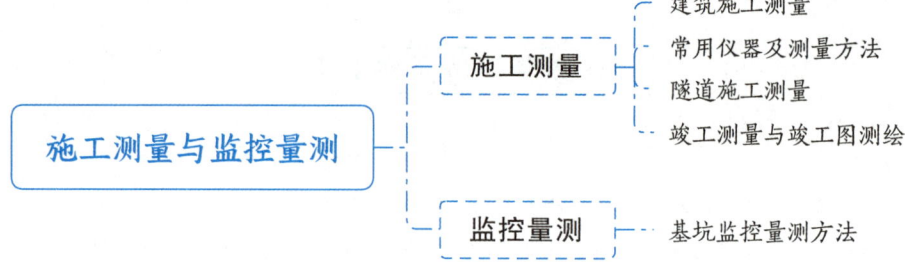

核心考点

专题1 施工测量

备考提示▷ 施工测量中,施工测量主要内容与常用仪器、场区控制测量、竣工图编绘与实测主要考核选择题。考查频率较低,以理解记忆为主。

[考点1] 建筑施工测量

1. 作用与内容

(1)施工测量以规划和设计为依据,是保障工程施工质量和安全的重要手段。

(2)施工测量作业人员应遵循"**由整体到局部,先控制后细部**"的原则。

(3)市政公用工程施工测量的特点是贯穿于工程实施的全过程。

(4)竣工测量为市政公用工程的验收、运行管理及设施扩建改造提供了基础资料。

2. 准备工作

(1)施工测量前,应依据设计图纸、施工组织设计和施工方案,编制施工测量方案。

(2)定期对仪器进行检校,保证仪器满足规定的精度要求。

(3)测量作业前、后均应采用不同数据采集人核对的方法,分别核对从图纸上采集的数据、实测数据的计算过程与计算结果,并据以判定测量成果的有效性。

3. 基本规定

综合性的市政基础设施工程中,使用不同的设计文件时,施工控制网测设后,应进行相关的道路、桥梁、管道与各类构筑物的平面控制网联测。

4. 作业要求

(1)作业人员应经专业培训、考核合格,持证上岗。

(2)测量记录应按规定填写并按编号顺序保存,做到表头完整、字迹清楚、规整,严禁擦改、涂改,必要时可用斜线划掉改正,但不得转抄。

(3)应建立测量复核制度。

◈ 精选真题

1.[2019年真题·单选] 施工测量是一项琐碎而细致的工作,作业人员应遵循(　　)的原则开展测量工作。

A. 由局部到整体,先细部后控制　　B. 由局部到整体,先控制后细部

C. 由整体到局部,先控制后细部　　D. 由整体到局部,先细部后控制

[答案]　C

[解析]　施工测量是一项琐碎而细致的工作,作业人员应遵循由整体到局部,先控制后细部的原则开展测量工作。故选C。

2.[2017年真题·单选] 关于施工测量的说法,错误的是(　　)。

A. 规划批复和设计文件是施工测量的依据

B. 施工测量贯穿于工程实施的全过程

C. 施工测量应遵循"由局部到整体,先细部后控制"的原则

D. 综合性工程使用不同的设计文件时,应进行平面控制网联测

[答案]　C

[解析]　施工测量原则是由整体到局部,先控制后细部。故选C。

[考点2] 常用仪器及测量方法

1. 光学水准仪

光学水准仪在现场施工中多用来测量构筑物标高和高程,共分为普通水准仪、精密水准仪、电子水准仪三种。

分类		原理	特点
普通水准仪	光学微倾式水准仪	用圆水准器进行粗略整平,用水准管进行精确整平	对环境要求高,尤其是多风地区,使用难度较大,已经较少使用
	光学自动安平水准仪	将圆水准器气泡居中	取消了水准管及微倾螺旋,增加了光学补偿器
精密水准仪		先转动测微螺旋,使望远镜中的楔形横丝夹住尺上的就近分划,后在尺上读出	由望远镜、水准器、基座三部分组成
电子水准仪		探测器将采集到的标尺编码光信号转换成电信号,并与仪器内部存储的标尺编码信号进行比较	自动读数、作业效率高、操作简便、无疲劳观测及操作、可对数据进行传输并在计算机上进行数据处理

高程测设示意图前视读数:$b = H_A + a - H_B$。

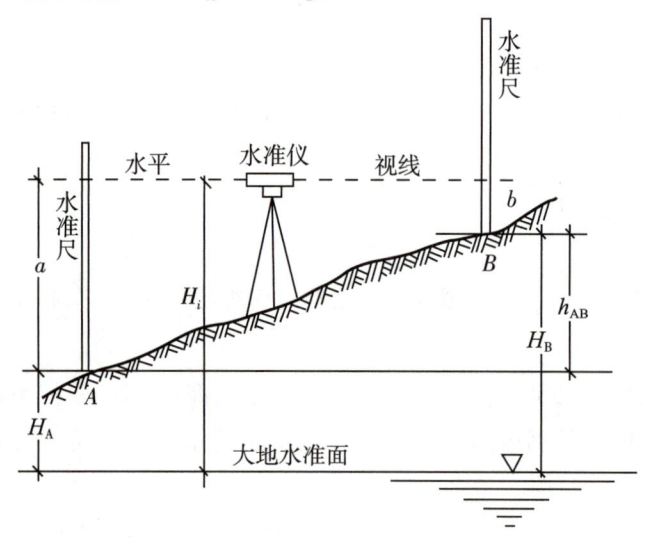

高程测设示意图

2. 光学经纬仪

(1)光学经纬仪是一种高精度的光学仪器。它的主要功能是测量纵、横轴线(中心线)以及垂直度的控制测量等。它分为普通光学经纬仪和精密光学经纬仪两种类型。

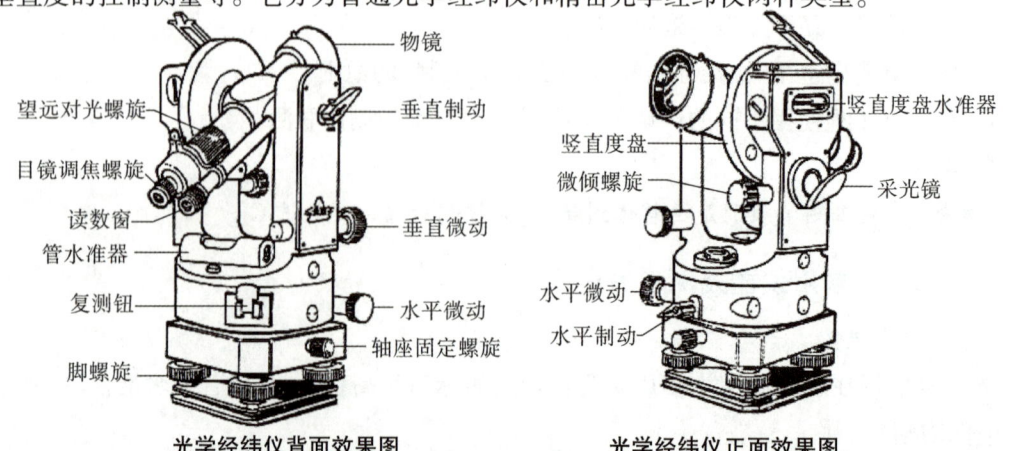

光学经纬仪背面效果图　　光学经纬仪正面效果图

(2)光学经纬仪的主要轴及其相互关系如下表所示。

项目	概念	关系
视准轴	望远镜的物镜光心与十字丝交点的连线	视准轴应垂直于横轴
横轴	望远镜的旋转轴	横轴应与竖轴垂直
竖轴	照准部在水平方向的旋转轴	竖轴应垂直于管水准器轴
管水准器轴	过水准管零点的圆弧切线	管水准器轴水平,气泡居中,表示水平
圆水准器轴	圆水准器球面顶点和球心的连线	圆水准器轴竖直,气泡居中,表示竖直

3. 全站仪

全站仪是一种采用红外线自动数字显示距离的测量仪器。与普通测量方法不同的是,采用全站仪进行水平距离测量时省去了钢卷尺。主要应用于施工平面控制网的测量以及施工过程中点间水平距离、水平角度的测量。

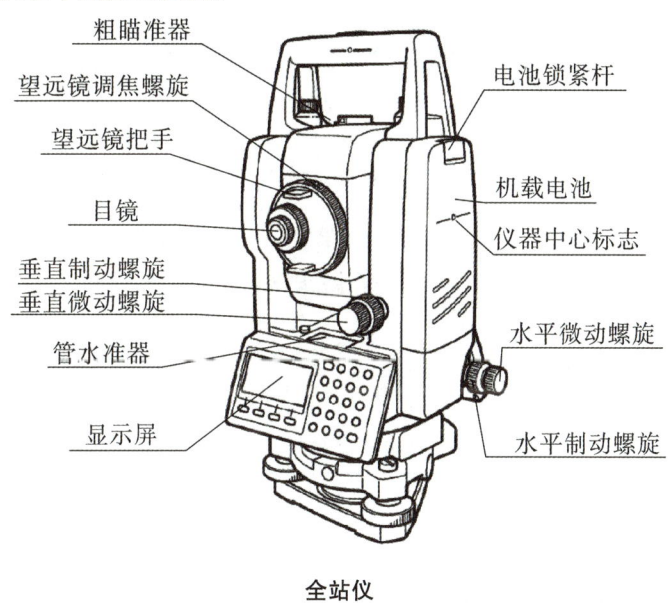

全站仪

4. 测距仪

测距仪按测距基本原理可以分为激光测距仪、超声波测距仪、红外线测距仪。

测距仪	原理	特点
激光测距仪	利用激光对目标的距离进行测定	相位式激光测距仪一般应用在精密测距中,精度高,一般为毫米级
超声波测距仪	根据超声波遇到障碍物反射回来的特性进行测量	受周围环境影响较大,所以一般测量距离比较短,测量精度比较低
红外线测距仪	用调制的红外光进行精密测距	优点是便宜、易制、安全;缺点是精度低、方向性差

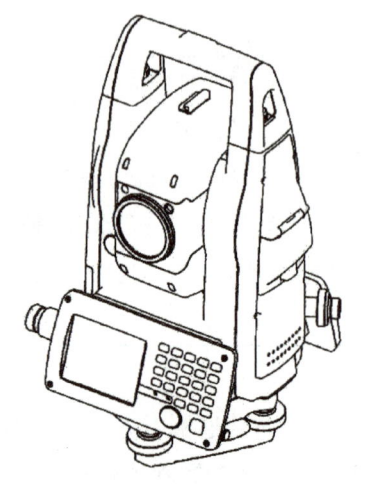
激光测距仪立体图

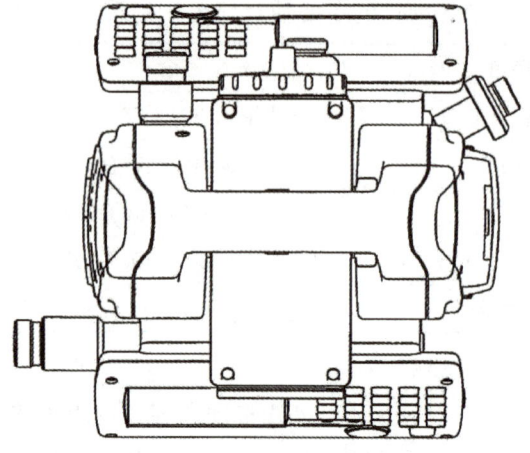
激光测距仪俯视图

[总结] 仪器的测量项目与应用范围如下表所示。

仪器	测量项目	应用范围
光学水准仪	标高、高程	建筑工程测量控制网标高基准点的测设及厂房、大型设备基础沉降观察的测量
光学经纬仪	角度	机电工程建(构)筑物建立平面控制网的测量以及厂房(车间)柱安装垂直度的控制测量
全站仪	距离、角度、高程	建筑工程平面控制网水平距离的测量及测设、安装控制网的测设、建筑安装过程中水平距离的测量
测距仪	距离	根据不同测距仪器而不同

精选真题

1. [2018年真题·单选] 采用水准仪测量工作井高程时,测定高程为3.440m,后视读数为1.360m,已知前视测点高程为3.560m,前视读数应为( )。

A. 0.960m B. 1.120m C. 1.240m D. 2.000m

[答案] C

[解析] 高程测设示意图前视读数为 $b = H_A + a - H_B$。根据题干已知信息可知前视读数 $= 3.440 + 1.360 - 3.560 = 1.240(m)$。故选C。

2. [2016年真题·单选] 不能进行角度测量的仪器是( )。

A. 全站仪 B. 准直仪 C. 水准仪 D. GPS

[答案] C

[解析] 选项A错误,全站仪主要应用于施工平面控制网的测量以及施工过程中点间水平距离、水平角度的测量。选项B错误,激光准直(铅直)仪在现场施工测量用于角度坐标测量和定向准直测。选项D错误,现在的GPS-RTK作业已经能代替大部分的传统外业测量,关键

在于数据处理技术和数据传输技术。此真题有瑕疵,当年阅卷答案为水准仪,实际水准仪是可以通过度盘测量角度的。故选 C。

[考点 3] 隧道施工测量

隧道施工测量主要是确定盾构掘进方位和高程,正确标定隧道轴线,使隧道沿着设计轴线延伸和贯通以及隧道衬砌的三维位置符合设计要求。

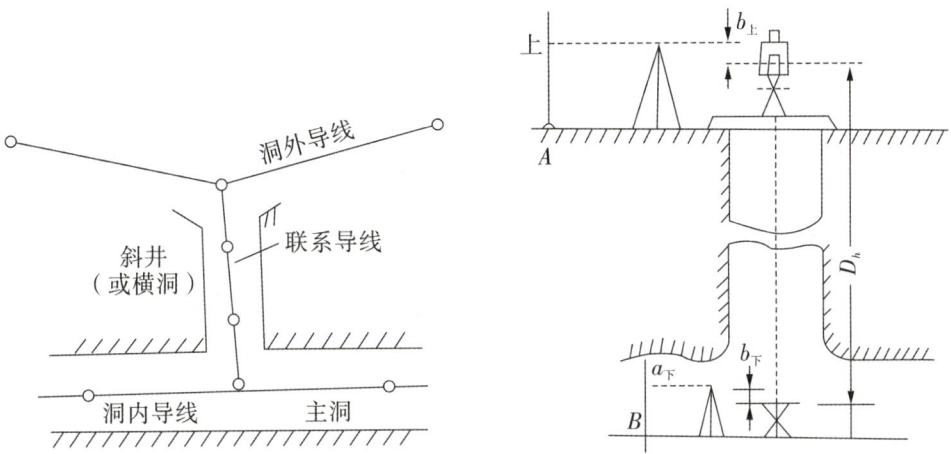

注:斜井、横洞、竖井可用作投测坐标导线、运输材料、增加工作面等。

1. 隧道施工测量的主要任务

(1)地面控制测量是在地面上建立平面和高程控制网。

(2)联系测量是将地面上的坐标、方向和高程传到地下,建立地面地下统一坐标系统。

(3)地下控制测量包括地下平面与高程控制测量。

(4)隧道放样测量指为指导开挖及衬砌,需根据隧道设计要求进行中线测设和高程放样的测量。

2. 盾构推进施工测量

(1)隧道设计轴线的标定。在隧道内每隔一定距离设置一个测站点,控制盾构沿设计轴线跟踪。

(2)盾构法施工测量包括盾构始发、掘进、接收的测量。盾构机拼装后应进行初始姿态测量,掘进过程中应进行实时姿态测量。盾构机姿态测量包括俯仰角、方位角、旋转角、平面偏离值、高程偏离值、切口里程。

(3)当贯通面一侧的隧道长度进入控制范围时,应提高定向测量精度,一般可采取在贯通距离约 1/2 处通过钻孔投测坐标点或加测陀螺方位角等方法进行贯通测量。

(4)在工程施工过程中,要及时测绘开挖和衬砌断面,在两侧衬砌边墙上须埋设一定数量的永久标志,并联测高程、里程等数据,作为竣工验收和运行管理的基本资料。

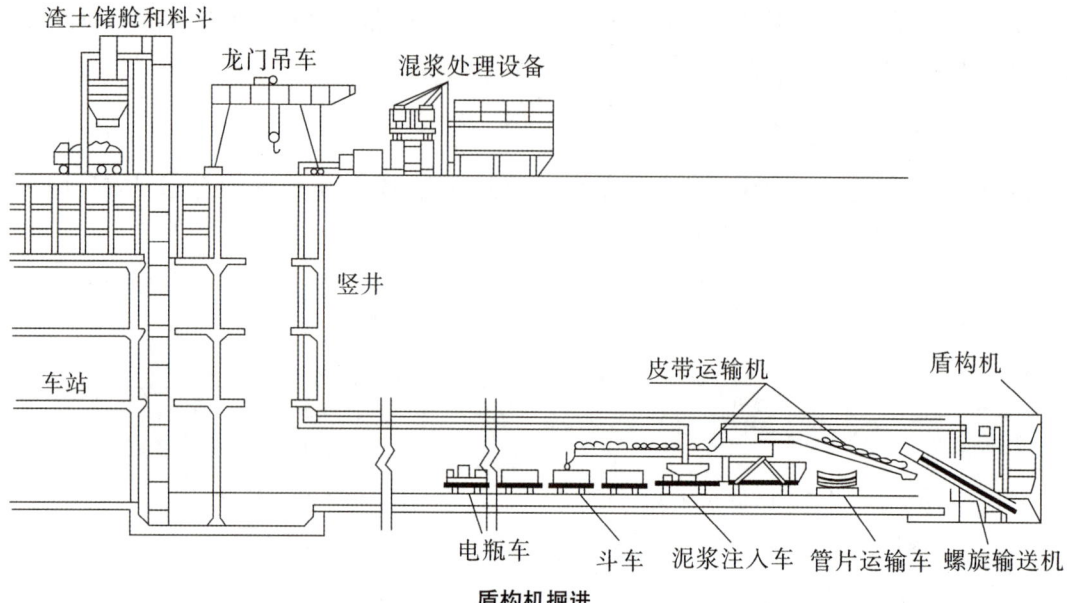

盾构机掘进

🌐 **精选真题**

[2021年真题·单选] 关于隧道施工测量的说法,错误的是( )。

A. 应先建立地面平面和高程控制网

B. 矿山法施工时,在开挖掌子面上标出拱顶、边墙和起拱线位置

C. 盾构机掘进过程应进行定期姿态测量

D. 有相向施工段时需有贯通测量设计

[答案] C

[解析] 盾构法施工测量包括盾构始发、掘进、接收的测量。盾构机拼装后应进行初始姿态测量,掘进过程中应进行实时姿态测量。故选C。

[考点 4] 竣工测量与竣工图测绘

市政公用工程竣工图编绘具有边竣工、边编绘,分部编绘竣工图、实测竣工图等特点。竣工总图编绘完成后,应经施工单位项目技术负责人、监理单位总监理工程师审核、会签。当平面布置改变**超过**图上面积1/3时,不宜在原施工图上修改和补充,**应重新绘制**竣工图。

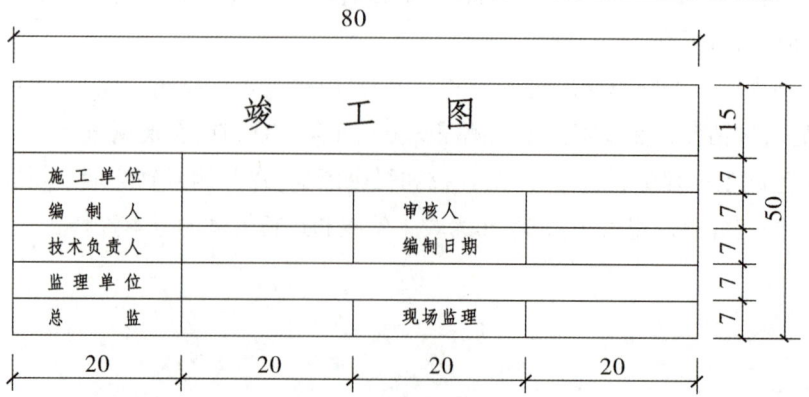

1. 民用建筑工程竣工图

测定建筑物坐标的角点应与建筑建设放样角点一致,矩形建筑不应少于3点,圆形建筑不应少于4点。除分段标注各高差外,还必须在立面图上标出整体高度,标注格式如下图所示。

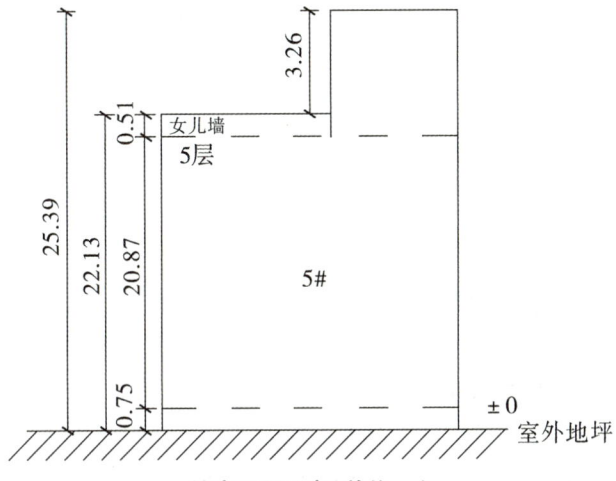

楼高立面示意(单位:m)

2. 城市道路工程竣工图

(1) 道路中心直线段,应每25m施测一个坐标和高程点;曲线段起终点、中间点,应每隔15m施测一个坐标和高程点;道路坡度变化处应加测坐标和高程点。

(2) 过街管道、路边沟道以及立交桥附属的地下管线等设施的竣工测量应在施工中进行。

(3) 过街天桥应测注天桥底面高程,并应标注与路面的净空高。

[提示] 标注于路面的净空高是为了防止车辆发生碰撞。

3. 城市桥梁工程竣工图

桥梁工程竣工测量主要包含桥墩、桥面及其附属设施现状测量等内容。

(1) 每个桥墩应按地面实际大小施测角点或周边坐标和高程

(2) 桥面测量应沿桥梁中心线和两侧,并包括桥梁特征点在内,以20~50m间距施测坐标和高程点。

(3) 桥梁工程竣工测量提交的资料包括1:500桥梁竣工图、墩台中心间距表、桥梁中心线中桩高程一览表、桥梁竣工测量技术说明。

4. 地下管线工程竣工图

地下管线工程的竣工测量宜在覆土前进行:

(1) 测量管线起讫点、转折点、分支点、交叉点、变径点及每隔适当距离的直线点等的平面位置、高程以及架空管道的高度等。

(2) 调查并标注管线的类别、材质、埋深、断面尺寸、电缆孔数、管偏、传输物质特征(流向、压力、电压等)、埋设年月等。

5. 工业建筑工程竣工图

(1) 厂区铁路直线段,应每25m测出轨顶及路基的平面位置和高程;曲线段,半径小于

500m 的应每 10m 测一点,半径大于 500m 的应每 20m 测一点。

(2)地下管线应测定检修井、转折点、起终点和三通等特征点的坐标,测定井旁地面、井盖、井底、沟槽、井内敷设物和管顶等处的高程。井距大于 75m 时,应加测中间点。

(3)架空管线应测定管线转折点、结点、交叉点和支点的平面位置和高程,测定支架旁地面高程。

🌐 精选真题

[2021 年真题·多选] 关于竣工测量编绘的说法,正确的有( )。

A. 道路中心直线段应每隔 100m 施测一个高程点

B. 过街天桥测量天桥底面高程及净空高

C. 桥梁工程对桥墩、桥面及附属设施进行现状测量

D. 地下管线在回填后,测量管线的转折、分支位置坐标及高程

E. 场区矩形建(构)筑物应注明两点以上坐标及室内地坪标高

[答案] BCE

[解析] 选项 A 错误,道路中心直线段应每 25m 施测一个坐标和高程点。选项 D 错误,地下管线在回填前,测量管线的转折、分支位置坐标及高程。故选 BCE。

专题2 监控量测

备考提示▷ 监控量测方法的基坑工程监控量测项目可以采用简答题、补充题等形式结合案例进行考核。

[考点] 基坑监控量测方法

监测内容应根据具体情况而定,主要取决于工程的设计要求、地质条件、规模的大小、周围环境以及建设单位的要求等。

监测项目	基坑工程安全等级		
	一级	二级	三级
围护墙(边坡)顶部水平位移	应测	应测	应测
围护墙(边坡)顶部竖向位移	应测	应测	应测
深层水平位移	应测	应测	宜测
立柱竖向位移	应测	应测	宜测
围护墙内力	宜测	可测	可测
支撑轴力	应测	应测	宜测
立柱内力	可测	可测	可测

(续表)

监测项目		基坑工程安全等级		
		一级	二级	三级
锚杆轴力		应测	宜测	可测
坑底隆起		可测	可测	可测
围护墙侧向土压力		可测	可测	可测
孔隙水压力		可测	可测	可测
地下水位		应测	应测	应测
土体分层竖向位移		可测	可测	可测
周边地表竖向位移		应测	应测	宜测
周边建筑	竖向位移	应测	应测	应测
	倾斜	应测	宜测	可测
	水平位移	宜测	可测	可测
周边建筑裂缝、地表裂缝		应测	应测	应测
周边管线	竖向位移	应测	应测	应测
	水平位移	可测	可测	可测
周边道路竖向位移		应测	宜测	可测

监测方法：

(1)围护结构水平位移一般采用测斜仪监测；

(2)周围建筑物、地下管线、坑边地面及支撑立柱的沉降变形采用水准仪量测；

(3)支撑轴力采用轴力计量测；

(4)地下连续墙内力采用钢筋应力计量测；

(5)地下水位采用水位计量测。

[总结] (1)对于所有等级基坑,应测项目均包括:①顶部水平位移;②顶部竖向位移;③地下水位;④周边建筑裂缝、地表裂缝;⑤周边建筑竖向位移;⑥周边管线竖向位移。

(2)对于一级基坑,应测项目还应包括:①深层水平位移;②立柱竖向位移;③支撑轴力;④锚杆轴力;⑤周边地表竖向位移;⑥周边道路竖向位移;⑦周边建筑倾斜。

🌐 精选真题

1.[2019年真题·多选] 下列基坑工程监控量测项目中,属于一级基坑应测的项目有( )。

A. 孔隙水压力　　　　　　　　B. 土压力
C. 坡顶水平位移　　　　　　　D. 周围建筑物水平位移
E. 地下水位

[答案] CE

[解析] 一级基坑应测项目包括：①围护墙（边坡）顶部水平/竖向位移；②深层水平位移；③立柱竖向位移；④支撑轴力；⑤锚杆轴力；⑥地下水位；⑦周边地表竖向位移；⑧周边建筑竖向位移/倾斜；⑨周边建筑裂缝、地表裂缝；⑩周边管线竖向位移；⑪周边道路竖向位移。故选 CE。

2. [2018年真题·多选] 下列一级基坑监测项目中，属于应测项目的有（　　）。
   A. 坡顶水平位移　　　　　　B. 立柱竖向位移
   C. 土压力　　　　　　　　　D. 周围建筑物裂缝
   E. 坑底隆起
   [答案] ABD
   [解析] 围护墙侧向土压力和坑底隆起属于可测项目。故选 ABD。

强化练习

一、单项选择题

1. 施工测量是一项琐碎而细致的工作，作业人员应遵循（　　）的原则开展测量工作。
   A. "由局部到整体，先细部后控制"
   B. "由局部到整体，先控制后细部"
   C. "由整体到局部，先控制后细部"
   D. "由整体到局部，先细部后控制"

2. 不能进行角度测量的仪器是（　　）。
   A. 全站仪　　　　　　B. 激光准直仪
   C. 光学水准仪　　　　D. GPS

3. 关于施工平面控制网的说法，不符合规范规定的是（　　）。
   A. 坐标系统应与工程设计所采用的坐标系统相同
   B. 当利用原有的平面控制网时，应进行复测
   C. 场地大于 $1km^2$ 时，宜建立一级导线精度的平面控制网
   D. 当场地为重要工业区时，宜建立二级导线精度的平面控制网

4. 下列属于绘制竣工图的依据的是（　　）。
   A. 施工前场地绿化图
   B. 建（构）筑物所在场地原始地形图
   C. 设计变更资料
   D. 建筑物沉降、位移等变形观测资料

5. 基坑工程中，应由（　　）委托第三方监测。
   A. 施工方　　　　　B. 建设方
   C. 设计方　　　　　D. 质量监督机构

二、多项选择题

1. 管道施工测量控制点有（　　）。
   A. 管道中心线　　　B. 沟槽开挖宽度
   C. 管内底高程　　　D. 管顶高程
   E. 井室中心点

2. 竣工总图编绘完成后，应经（　　）审核、会签。
   A. 原设计技术负责人
   B. 原勘察技术负责人
   C. 施工单位技术负责人
   D. 总监理工程师
   E. 建设单位技术负责人

参考答案及解析

一、单项选择题

1. C [解析]作业人员应遵循"由整体到局部,先控制后细部"的原则。故选 C。
2. C [解析]光学水准仪适用于施工控制网水准基准点的测设及施工过程中的高程测量。故选 C。
3. D [解析]场地大于 $1km^2$ 或重要工业区,宜建立相当于一级导线精度的平面控制网。故选 D。
4. C [解析]绘制竣工图的依据有:①设计总平面图、单位工程平面图、纵横断面图和设计变更资料;②控制测量资料、施工检查测量及竣工测量资料。故选 C。
5. B [解析]基坑工程施工前,应由建设方委托具备相应能力的第三方对基坑工程实施现场监控量测。故选 B。

二、多项选择题

1. ACE [解析]管道工程和各类控制桩包括起点、终点、折点、井室中心点、变坡点等特征控制点。矩形井室应以管道中心线及垂直管道中心线的井中心线为轴线进行放线。排水管道工程高程应以管内底高程作为施工控制基准,井室附属构筑物内底高程作为控制基准。故选 ACE。
2. CD [解析]竣工总图编绘完成后,应经施工单位项目技术负责人、监理单位总监理工程师审核、会签。故选 CD。

第 8 章　市政公用工程项目施工管理

考情概述

市政公用工程项目施工管理部分模块较多,选择题和案例题均有考查。每个模块考查分值均不高,相对前边内容重要程度较低,但管理部分整体内容仍不可忽视。本章知识点在近 5 年考试中平均为 30 分左右。本章在学习过程中务必结合真题多练习,在记忆的基础上领悟考法,注重专业术语的积累。

扫码领取视频课程

近 5 年考试真题分值统计表　　　　　　　　　　　　　　（单位：分）

序号	专题名	2022	2021	2020	2019	2018
1	市政公用工程施工招标投标管理	0	0	1	0	0
2	市政公用工程造价管理	0	1	2	0	0
3	市政公用工程合同管理	1	1	16	4	0
4	市政公用工程施工成本管理	0	0	2	0	1
5	市政公用工程施工组织设计	5	0	13	1	5
6	市政公用工程施工现场管理	5	9	0	1	2
7	市政公用工程施工进度管理	0	0	7	0	12
8	城镇道路工程质量检查与验收	0	0	4	9	0
9	城市桥梁工程质量检查与验收	3	2	0	1	3
10	城市轨道交通工程质量检查与验收	0	0	0	0	1
11	城市给水排水场站工程质量检查与验收	5	0	0	1	0
12	城市管道工程质量检查与验收	3	0	5	0	7
13	市政公用工程施工安全管理	0	0	4	0	1
14	明挖基坑施工安全事故预防	2	0	0	0	9
15	市政公用工程竣工验收备案	1	0	2	0	1

第 8 章 市政公用工程项目施工管理

思维导图

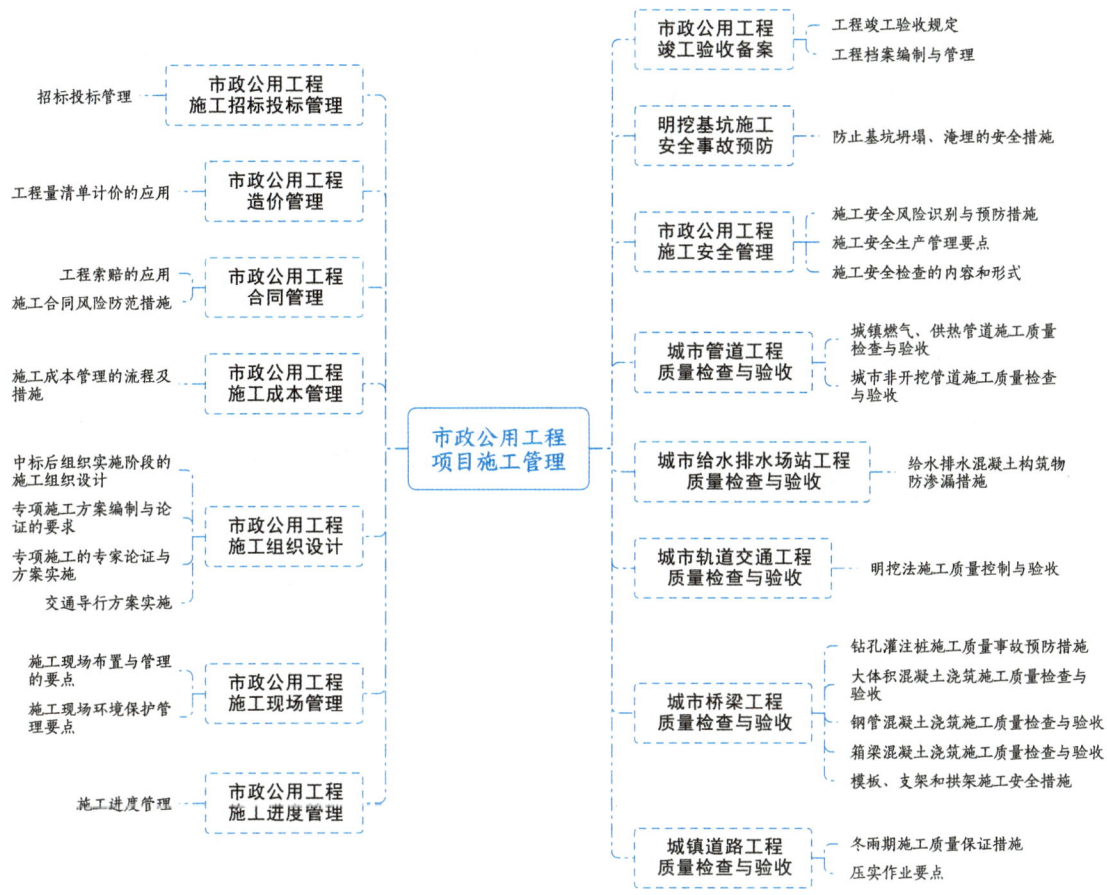

核心考点

专题1 市政公用工程施工招标投标管理

备考提示▷ 市政公用工程施工招标投标管理中,关于投标文件应包括的主要内容、技术标书编制的主要内容等可以采用简答、补充方式考核,其余主要考查选择题。

[考点] **招标投标管理**

1. 建设工程招标

工程招标是招标单位就拟建设的工程项目发出要约邀请,对应邀请参与竞争的承包(供应)商进行审查、评选,并择优作出承诺,从而确定工程项目建设承包人的活动。

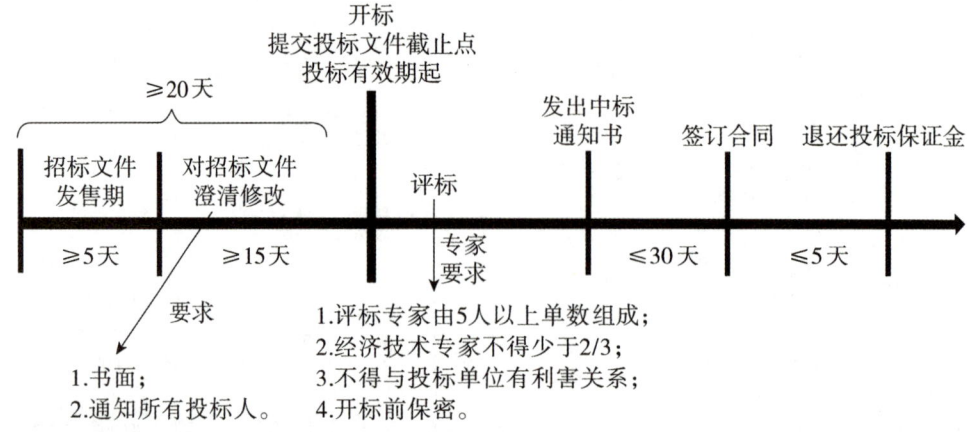

(1) 建设工程的招标文件

招标文件的主要内容：①招标公告（或投标邀请书）；②投标人须知；③合同主要条款；④投标文件格式；⑤工程量清单；⑥技术条款；⑦设计图纸；⑧评定标准和方法；⑨投标其他材料。

(2) 建设工程的招标方式

招标方式	要求	优点	缺点
公开招标	招标人应当发布招标公告，向不特定的法人或者其他组织发出投标邀请	有较大的选择余地，有利于降低工程造价，缩短工期和保证工程质量	投标单位多且良莠不齐，工作量大，所需时间较长，而且容易被不负责任的单位抢标
邀请招标	招标人应当向三家以上的特定法人或者其他组织发出投标邀请	所需时间较短，工作量小，目标集中，且招标花费较省；被邀请的投标单位的中标概率高	不利于获得最优报价，取得最佳投资效益；投标单位数量少，可能找不到最合适的承包商

(3) 建设工程的招标程序

建设工程施工招标程序，指建设工程招标活动按照一定的时间和空间应遵循的先后顺序，是以招标单位和其代理人为主进行的有关招标的活动程序。

一般来说，资格审查包括资格预审和资格后审。

审查类型	时间	对象
资格预审	投标前	潜在投标人
资格后审	开标后	投标人

2. 建设工程投标

(1) 投标文件

投标文件应当对招标文件有关工期、投标有效期、质量要求、技术标准和招标范围等实质性内容作出响应。

投标文件组成	主要内容
商务部分	①投标函及投标函附录。 ②法定代表人身份证明或附有法定代表人身份证明的授权委托书。 ③联合体协议书。 ④投标保证金 ⑤资格审查资料。 ⑥投标人须知前附表规定的其他材料
经济部分	①投标报价。 ②已标价的工程量清单。 ③拟分包项目情况等
技术部分 (投标文件主要内容)	①主要施工方案。 ②进度计划及措施。 ③质量保证体系及措施。 ④安全管理体系及措施。 ⑤消防、保卫、健康体系及措施。 ⑥文明施工、环境保护体系及措施。 ⑦风险管理体系及措施。 ⑧机械设备配备及保障。 ⑨劳动力、材料配置计划及保障。 ⑩项目管理机构及保证体系。 ⑪施工现场总平面图等

(2) 投标保证金

①招标人可以在招标文件中要求投标人提交投标担保,投标担保可以采用投标保函或投标保证金的形式。投标保证金可以使用支票、银行汇票等。

②投标保证金一般**不得超过投标估算价的 2%**。投标保证金有效期应当与投标有效期一致。

③投标人不按招标文件要求提交投标保证金的,该投标文件将被拒绝,作废标处理。

(3) 投标人

投标人的禁止行为主要包括:

①禁止投标人之间串通投标;

②禁止投标人与招标人之间串通投标;

③投标人不得以行贿手段谋取中标;

④投标人不得以低于成本的报价竞标;

⑤投标人不得以其他人名义投标。

✦ 精选真题

1. [2020 年真题·单选] 下列投标文件中,属于经济部分的是( )。

A. 投标保证金 B. 投标报价
C. 投标函 D. 施工方案

[答案] B

[解析] 招标投标文件中的经济部分包括:①投标报价。②已标价的工程量清单。③拟分包项目情况等。故选 B。

2. [2017 年真题·多选] 市政工程投标文件经济部分内容有( )。

A. 投标保证金 B. 已标价的工程量
C. 投标报价 D. 资金风险管理体系及措施
E. 拟分包项目情况

[答案] BCE

[解析] 投标文件通常由商务部分、经济部分、技术部分等组成。经济部分包括:①投标报价;②已标价的工程量;③拟分包项目情况。选项 A 属于商务部分文件。选项 D 属于技术部分文件。故选 BCE。

专题 2　市政公用工程造价管理

备考提示▷ 市政公用工程造价管理中,工程量清单计价的应用是核心内容,尤其是工程实施阶段,很容易结合合同变更和工程索赔进行考核,可采用简答题等形式考查案例题。

[考点] 工程量清单计价的应用

1. 工程量清单计价有关规定

(1)使用国有资金投资的建设工程,必须采用工程量清单计价。

(2)工程量清单应采用综合单价计价。

(3)建设工程发承包及实施阶段的工程造价应由分部分项工程费、措施项目费、其他项目费、规费和税金组成。

①分部分项工程量清单应采用综合单价法计价。

②招标文件中的工程量清单标明的工程量是投标人投标报价的共同基础,竣工结算的工程量按发承包双方在合同中约定应予计量且实际完成的工程量确定。

③**规费、税金及措施项目清单中的安全文明施工费**应按照国家或省级、行业建设主管部门的规定计价,**不得作为竞争性费用**。

(4)风险费用隐含于已标价工程量清单综合单价中。

[提示] 以下各项不得作为竞争性费用:安全文明施工费、规费、税金。

2. 工程价款调整

(1) 招标工程以投标截止到日前 28 天,非招标工程以合同签订前 28 天为基准日。

(2) 因分部分项工程量清单漏项或非承包人原因的工程变更,造成增加新的工程量清单项目,其对应的综合单价按下表方法确定。

合同中已有适用的综合单价	按合同中已有的综合单价确定
合同中有类似的综合单价	参照类似的综合单价确定
合同中没有适用或类似的综合单价	由承包人提出综合单价,经发包人确认后执行

(3) 分部分项工程量清单漏项或非承包人原因的工程变更,其措施项目发生变化,造成施工组织设计或施工方案变更,原措施费中已有的措施项目,按原有措施费的组价方法调整,原措施费中没有的措施项目,由承包人根据措施项目变更情况,提出适当的措施费变更,经发包人确认后调整。

(4) 非承包人原因引起的工程量增减,该项工程量变化在合同约定幅度以内的,应执行原有的综合单价;该项工程量变化在合同约定幅度以外的,其综合单价及措施费应予以调整。

(5) 施工期内市场价格波动超出一定幅度时,应按合同约定调整工程价款;合同没有约定或约定不明确的,应按省级或行业建设主管部门或其授权的工程造价管理机构的规定调整。

[提示] (4)、(5) 可考查计算题。

(6) 因不可抗力事件导致的费用,发承包双方应按下表原则分别承担并调整工程价款。

发包人承担	承包人承担
①工程本身的损害、因工程损害导致第三方人员伤亡和财产损失以及运至施工现场用于施工的材料和待安装的设备的损害; ②发包人人员伤亡; ③停工期间,承包人应发包人要求留在施工现场的必要的管理人员及保卫人员的费用工程所需清理、修复费用	①承包人人员伤亡; ②承包人施工机具设备的损坏及停工损失

(7) 经发承包双方确定调整的工程价款,作为追加(减)合同价款与工程进度款同期支付。

[提示] 不可抗力影响到谁的东西,谁自认倒霉。

⊕ 精选真题

1. [2021年真题·单选] 在工程量清单计价的有关规定中,可以作为竞争性费用的是( )。

A. 安全文明施工费 B. 规费和税金
C. 冬雨期施工措施费 D. 防止扬尘污染费

[答案] C

[解析] 选项 ABD 都是不可竞争费用。措施项目清单中的安全文明施工费应按照国家或省级、行业建设主管部门的规定计价,不得作为竞争性费用。规费和税金应按国家或省级、行业建设主管部门的规定计算,不得作为竞争性费用。故选 C。

2. [2020年真题·多选] 关于因不可抗力导致相关费用调整的说法,正确的有(　　)。
   A. 工程本身的损害由发包人承担
   B. 承包人人员伤亡所产生的费用,由发包人承担
   C. 承包人的停工损失,由承包人承担
   D. 运至施工现场待安装设备的损害,由发包人承担
   E. 工程所需清理、修复费用,由发包人承担

[答案]　ACDE

[解析]　承包人人员伤亡所产生的费用,由承包人承担。故选ACDE。

专题3　市政公用工程合同管理

备考提示▷ 市政公用工程合同管理中,关于合同变更、工程索赔等可以采用简答题、改错题等方式考核案例题,是案例题高频考核知识点。

[考点1] 工程索赔的应用

工程索赔是在工程承包合同履行中,当事人一方由于另一方未履行合同所规定的义务或者出现了应当承担的风险而遭受损失时,向对方提出索赔要求的行为。

1. 工程索赔的处理原则

承包方必须掌握有关法律政策和索赔知识,进行索赔须做到:
(1)有正当索赔理由和充分证据。
(2)索赔必须以合同为依据,按施工合同文件有关规定办理。
(3)准确、合理地记录索赔事件和计算工期、费用。

[提示]　(1)获利者提出、理亏者买单。
(2)索赔必须发生在有合同关系的双方当事人之间。

2. 索赔的程序

(1)索赔事件发生28天内,承包方向监理发索赔意向通知书。不属于承包人责任导致项目拖延和成本增加事件发生后28天内,必须以正式函件通知监理工程师,要求赔偿。
(2)准备索赔证据资料,在索赔申请发出的28天内向监理工程师提交。
(3)监理收到索赔报告和有关资料后,28天内给予答复,未予回复,视为认可索赔事项。
(4)持续性事件终了后28天内,向监理提出索赔的有关资料和最终索赔报告。

第 8 章　市政公用工程项目施工管理　》267

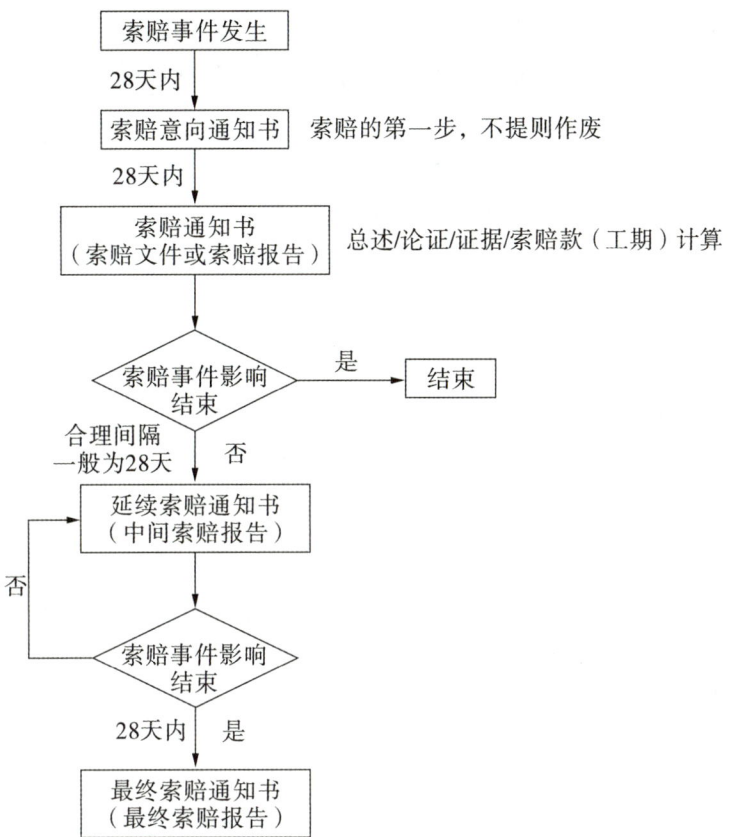

3. 索赔项目概述及起止日期计算方法

施工过程中主要是工期索赔和费用索赔。

主体	索赔类型	可索赔内容	索赔起算日	索赔结束日
发包人	延期发出图纸	工期	接中标通知书后第29天	收到图纸
	外部环境的影响（征地拆迁、施工条件）	工期、工程机械停滞费	监理批准的施工计划影响的第1天	终止日
	工程变更	工期、费用	收到变更令/图纸	变更工程完成日
监理	监理工程师指令	工期、费用	收到指令	工作完成日
不可预见	承包方能力不可预见（地质情况/软基处理）	—	未预见出现第1天	终止日
不可抗力	恶劣的气候条件	工期（保险费）	开始影响第1天	终止日

[提示]　(1)命题模式提示:事件→可否索赔→理由;事件→可否索赔→索赔项目。

(2)工期索赔:工期顺延。费用索赔:①人工费;②材料费;③设备费;④管理费;⑤利润。索赔项目≠索赔费用。

(3)工期能否索赔还要看关键线路和总时差;季节性气候不属于不可抗力。

4. 同期记录

（1）索赔意向书提交后每天均应记录，并经现场监理工程师签认。索赔事件造成现场损失时，还应留存好现场照片、录像资料。

（2）同期记录内容包括事件发生及过程中现场实际状况；现场人员、设备的闲置清单；对工期的延误；对工程损害程度；导致费用增加的项目及所用的工作人员、机械、材料数量、有效票据等。

5. 最终报告

（1）索赔申请表——填写索赔项目、依据、证明文件、索赔金额和日期。

（2）批复的索赔意向书。

（3）编制说明——索赔事件的起因、经过和结束的详细描述。

（4）附件——与本项费用或工期索赔有关的各种往来文件。

6. 索赔台账

索赔台账应反映索赔发生的原因，索赔发生、索赔意向提交、索赔结束的时间，索赔申请工期和费用，监理工程师审核结果，发包人审核结果等内容。

精选真题

1. [2022年真题·单选] 承包人应在索赔事件发生（　　）天内，向（　　）发出索赔意向通知。

A. 14，监理工程师　　　　　　　B. 28，建设单位
C. 28，监理工程师　　　　　　　D. 14，建设单位

[答案] C

[解析] 承包人应在索赔事件发生28天内，向监理工程师发出索赔意向通知。故选C。

2. [2021年真题·单选] 下列索赔项目中，只能申请工期索赔的是（　　）。

A. 工程施工项目增加　　　　　　B. 征地拆迁滞后
C. 投标图纸中未提及的软基处理　D. 开工前图纸延期发出

[答案] D

[解析] 选项ABC属于可以索赔工期和费用的事项。选项D正确，开工前图纸延期发出，还没有开工则不涉及费用及利润的索赔。故选D。

[考点2] 施工合同风险防范措施

1. 工程常见风险种类

（1）工程项目的技术、经济、法律等方面的风险。

（2）业主资信风险。

（3）外界环境的风险。

外界环境的风险包括政治、经济、法律、现场条件、水电供应、建材供应不能保证、自然环境等。

(4)合同风险。

2. 合同风险因素的分类

分类依据	风险种类
风险严峻程度	特殊风险(非常风险)和其他风险
工程实施不同阶段	投标阶段的风险、合同谈判阶段的风险、合同实施阶段的风险
风险的范围	项目风险、国别风险和地区风险
风险的来源性质	政治风险、经济风险、技术风险、商务风险、公共关系风险和管理风险等

3. 合同风险的防范

(1)**合同风险的规避**。充分利用合同条款;增设保值条款;增设风险合同条款;增设有关支付条款;外汇风险的回避;减少承包人资金、设备的投入;加强索赔管理,进行合理索赔。

(2)**风险的分散和转移**。向保险公司投保;向分包商转移部分风险。

(3)**确定和控制风险费**。工程项目部必须加强成本控制,编制成本控制计划时,每一类费用及总成本计划都应适当留有余地。

◉ 精选真题

[2018年真题·多选] 在施工合同风险防范措施中,工程项目常见的风险有( )。

A. 质量   B. 安全
C. 技术   D. 经济
E. 法律

[答案] CDE

[解析] 工程常见的风险种类有工程项目的技术、经济、法律等方面的风险。故选CDE。

专题4 市政公用工程施工成本管理

备考提示▷ 本专题的命题形式以选择题为主。建议考生对重要考点进行记忆。施工成本管理为本专题的重点学习内容。

[考点] 施工成本管理的流程及措施

1. 施工成本管理组织

(1)管理的组织机构设置要求:①高效精干;②分层统一;③业务系统化;④适应变化。

[速记] 是(适)高分耶(业)!

(2)管理方法选用原则:实用性、坚定性、灵活性、开拓性。

2. 施工成本管理的流程

施工项目成本管理是指在保证工程质量的前提下,以目标成本为核心所采取的一系列科学有效的管理手段和方法。施工项目成本管理的基本流程：成本预测→成本计划→成本控制→成本核算→成本分析→成本考核。

流程 A	流程 B	A 对 B 的作用
成本预测	成本计划	编制基础
成本计划	成本控制和核算	开展基础
成本控制	成本计划	实现保证
成本核算	成本计划	最后检查
成本分析	成本考核	提供依据
成本考核	成本目标责任制	保证和手段

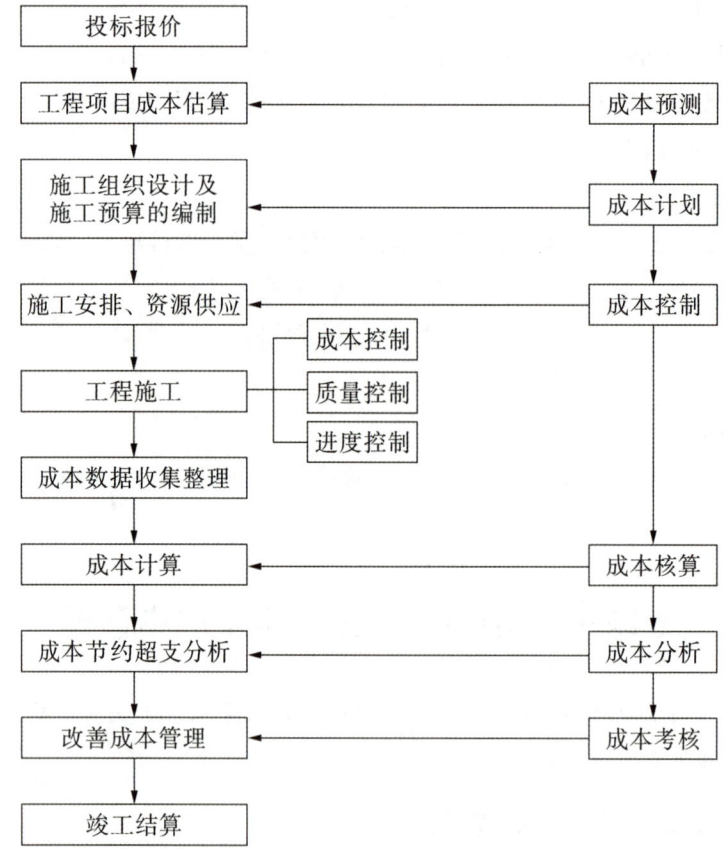

施工成本管理流程图

3. 施工项目成本控制的措施

施工项目成本控制的措施包括组织措施、技术措施、经济措施、合同措施。通过这几方面的措施来进行施工成本控制，使之达到降低成本的目标。

控制措施	控制途径	作用
组织措施	企业管理层的组织	落实成本管理责任和成本管理目标
技术措施	先进的施工技术、新材料、新开发机械设备	降低施工成本
经济措施	人工费、材料费、机械费成本控制	提高作业效率；确保消耗量≤定额总需要量
合同措施	选择适合工程技术要求和施工方案的合同结构	降低风险的改进方案；寻求合同索赔机会

[提示] 计算类问题、调价问题、成本控制原则：
①造价管理：工程价款的调整（变更、工程量、市场价），造价控制。
②成本管理：人、材、机控制，成本控制计划与原则。

◉ 精选真题

1. [2018 年真题·单选] 施工成本管理的基本流程是(　　)。
   A. 成本分析→成本核算→成本预测→成本计划→成本控制→成本考核
   B. 成本核算→成本预测→成本考核→成本分析→成本计划→成本控制
   C. 成本预测→成本计划→成本控制→成本核算→成本分析→成本考核
   D. 成本计划→成本控制→成本预测→成本核算→成本考核→成本分析

   [答案]　C

   [解析]　施工成本管理是项目管理的核心。施工成本管理的基本流程：成本预测→成本计划→成本控制→成本核算→成本分析→成本考核。施工成本管理通过施工成本的过程管理进行工程项目施工过程的成本控制。故选 C。

2. [2020 年真题·多选] 在设置施工承包管理组织机构时，要考虑到市政公用工程施工项目具有(　　)等特点。
   A. 多变性　　　　　　　　　　B. 阶段性
   C. 流动性　　　　　　　　　　D. 单件性
   E. 简单性

   [答案]　ABC

   [解析]　市政公用工程施工项目具有多变性、流动性、阶段性等特点，这就要求成本管理工作和成本管理组织机构随之进行相应调整，以使组织机构适应施工项目的变化。故选 ABC。

专题5　市政公用工程施工组织设计

备考提示▷ 市政公用工程施工组织设计中，关于施工组织设计编审、安全专项方案、交通导行措施等可以采取简答、补充、改错的方式考核。案例题考查形式较多，根据习题理解记忆。

[考点 1] 中标后组织实施阶段的施工组织设计

1. 基本规定

（1）施工组织设计应经现场踏勘、调研，且在施工前编制。大中型市政工程还应编制分部、分阶段施工组织设计。

（2）施工组织设计由项目负责人主持编制且必须经企业技术负责人批准，并加盖企业公章后方可实施，有变更时要及时办理变更审批。

[提示]　施工组织设计的编审程序：施工组织设计由施工单位项目负责人主持编制，经施工单位技术负责人审批，并加盖企业公章，再经监理单位总监理工程师、建设单位项目负责人审查后方可实施。

2. 主要内容

（1）工程概况与特点。

（2）施工总体部署。

（3）施工现场平面布置图。

（4）施工准备。

（5）施工技术方案：施工方案是施工组织设计的核心部分。

（6）施工保证措施。

3. 编制方法与程序

施工组织设计编制方法与程序如下图所示。

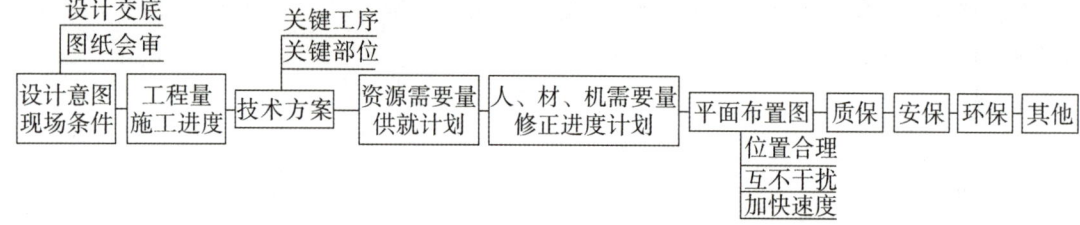

⊕ 精选真题

1. [2019 年真题·单选] 施工组织设计的核心部分是（　　）。

A. 管理体系　　　　　　　　　　B. 质量、安全保证计划

C. 技术规范及检验标准　　　　　D. 施工方案

[答案]　D

[解析]　施工方案是施工组织设计的核心部分，主要包括拟建工程的主要分项工程的施工方法、施工机具的选择、施工顺序的确定，还应包括季节性措施、四新技术措施以及结合工程特点和由施工组织设计安排的、根据工程需要采取的相应方法与技术措施等方面的内容。故选 D。

2. [2017 年真题·案例节选]

背景资料

事件一：项目部将原已获批的施工组织设计中的施工部署即非机动车道（双侧）→人行道

(双侧)→挖孔桩→原机动车道加铺,改为挖孔桩→非机动车道(双侧)→人行道(双侧)→原机动车道加铺。

……

[问题]
事件一中,项目部改变施工部署需要履行哪些手续?

[答案]
应履行手续:①施工部署是施工组织设计的主要内容之一,有变更时要及时办理变更手续。②项目负责人主持(组织)重修编制施工组织设计文件,报施工单位技术负责人审批、加盖公章、填报会签审批表,报监理单位(总监)批准,经建设单位同意后实施。

[考点2] 专项施工方案编制与论证的要求

危险性较大及超过一定规模的危险性较大的分部分项工程范围见下表。

工程名称	仅需要专项方案	需要专项方案和专家论证
基坑的土方开挖、支护、降水工程	开挖深度≥3m	开挖深度≥5m
工具式模板工程	滑模、爬模、飞模、隧道模	
混凝土模板支撑工程(支架)	(1)搭设高度≥5m; (2)搭设跨度≥10m; (3)总荷载≥10kN/m^2; (4)集中线荷载≥15kN/m	(1)搭设高度≥8m; (2)搭设跨度≥18m; (3)总荷载>15kN/m^2; (4)集中线荷载≥20kN/m
承重支撑体系:满堂支撑体系	全部	单点集中荷载≥7kN
起重吊装及起重机械安装拆卸工程	(1)非常规起重设备、方法,且单件起吊重力在≥10kN的起重吊装工程; (2)采用起重机械进行安装的工程; (3)起重机械安装和拆卸工程	(1)采用非常规起重设备、方法,且单件起吊重力在≥100kN的起重吊装工程; (2)起吊重力≥300kN; (3)搭设总高度≥200m; (4)搭设基础标高≥200m
脚手架工程	(1)≥24m的落地式钢管脚手架; (2)附着式升降脚手架工程; (3)悬挑式脚手架工程; (4)高处作业吊篮; (5)卸料平台、操作平台工程; (6)异型脚手架工程	(1)≥50m的落地式钢管脚手架; (2)提升高度≥150m的附着式升降脚手架工程或附着式升降操作平台工程; (3)分段架体搭设高度≥20m的悬挑式脚手架工程

(续表)

工程名称	仅需要专项方案	需要专项方案和专家论证
拆除工程	可能影响行人、交通、电力设施、通信设施或其他建、构筑物安全的拆除工程	(1)码头、桥梁、高架、烟囱、水塔或拆除中容易引起有毒有害气(液)体或粉尘扩散、易燃易爆事故发生的特殊建、构筑物的拆除工程; (2)文物保护建筑、优秀历史建筑或历史文化风貌区影响范围内的拆除工程
暗挖工程	采用矿山法、盾构法、顶管法施工的隧道、洞室工程	
其他	建筑幕墙安装工程	施工高度≥50m的建筑幕墙安装工程
	钢结构、网架和索膜结构安装	(1)跨度≥36m的钢结构安装工程; (2)跨度≥60m的网架和索膜结构安装工程
	人工挖孔桩工程	≥16m的人工挖孔桩工程
	水下作业工程	
	装配式建筑混凝土预制构件安装工程	重力≥1000kN及以上的大型结构整体顶升、平移、转体等施工工艺装配式建筑混凝土预制构件安装工程
	采用新技术、新工艺、新材料、新设备可能影响工程施工安全,尚无国家、行业及地方技术标准的分部分项工程	

深基坑工程

起重吊装工程

脚手架工程

拆除工程

暗挖工程

挖孔桩工程

精选真题

[2018年真题·多选] 下列分项工程中,需要编制安全专项方案并进行专家论证的是(　　)。
A. 跨度为30m的钢结构安装工程　　B. 开挖深度5m的基坑降水工程
C. 架体高度20m的悬挑式脚手架工程　　D. 单件起吊重力为80kN的预制构件
E. 搭设高度8m的混凝土模板支撑工程

[答案] BCE

[解析] 选项 A 错误,跨度36m 及以上的钢结构安装工程需进行专家论证。选项 D 错误,采用非常规起重设备、方法,且单件起吊重力在100kN 及以上的起重吊装工程需进行专家论证。故选 BCE。

[考点 3] 专项施工的专家论证与方案实施

1. 专项施工方案的专家论证

对于超过一定规模的危大工程,施工单位应当组织召开专家论证会对专项施工方案进行论证。实行施工总承包的,由施工总承包单位组织召开专家论证会。专家论证前专项施工方案应当通过施工单位审核和总监理工程师审查。

应出席论证会人员	(1)专家。 (2)建设单位项目负责人。 (3)有关勘察、设计单位项目技术负责人及相关人员。 (4)总承包单位和分包单位技术负责人或授权委派的专业技术人员、项目负责人、项目技术负责人、专项施工方案编制人员、项目专职安全生产管理人员以及相关人员。 (5)监理单位项目总监理工程师及专业监理工程师
专家组构成	(1)专家从当地专家库选取,符合专业要求且≥5 名。 (2)与本工程有利害关系的人员不得以专家身份参加
论证报告	经专家论证后结论为"通过"的,施工单位可参考专家意见自行修改完善;结论为"修改后通过"的,专家意见要明确具体修改内容,施工单位应当按照专家意见进行修改,并履行有关审核和审查手续后方可实施,修改情况应及时告知专家

[提示] (1)应出席论证会人员=专家+参建各方的负责人及相关人员。
(2)施工单位应当"按照"不是"参照"。

2. 专项施工方案的实施

(1)应当在施工现场显著位置公告危大工程名称、施工时间和具体责任人员,并在危险区域设置安全警示标志。

(2)实施前,编制人员或者项目技术负责人应当向施工现场管理人员进行方案交底。施工现场管理人员应当向作业人员进行安全技术交底,并由双方和项目专职安全生产管理人员共同签字确认。

(3)施工单位**不得擅自修改**专项施工方案。确需调整,修改后应当重新审核和论证。

(4)项目负责人应当在施工现场履职。项目专职安全员应当对专项施工方案实施情况进行现场监督。

(5)需要进行第三方监测的危大工程,建设单位委托具有相应勘察资质的单位进行监测。监测单位应当编制监测方案。监测方案由监测单位技术负责人审核签字并加盖单位公章,报送监理单位方可实施。

(6)危大工程需要验收的,施工单位、监理单位应当组织相关人员进行验收;验收合格,经施工单位项目技术负责人及总监理工程师签字确认后,方可进入下道工序。

(7)危大工程发生险情或事故时,施工单位应立即采取应急处置措施,报告工程所在地住房城乡建设建设主管部门;建设、勘察、设计、监理等单位配合施工单位开展应急抢险工作。

[提示] 回答专项施工方案的修改必须将原审批程序重新写一遍。

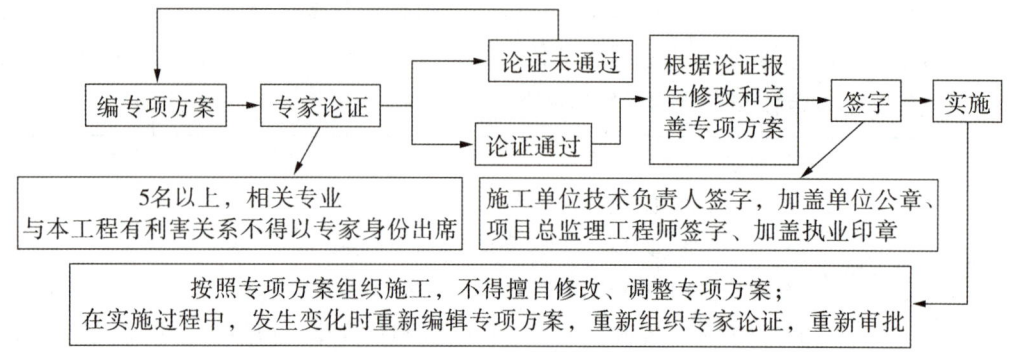

3. 施工组织设计、施工方案、专项施工方案编审对比

分类	编制内容	主持编制	审批
施工组织设计	工程概况,施工总体部署、施工现场平面布置、施工准备、施工技术方案、主要施工保证措施等	项目负责人	企业技术负责人,并加盖企业公章;总监理工程师审查签字、加盖执业印章
施工方案	工程概况、施工安排、施工准备、施工方法、主要施工保证措施等	项目负责人	项目技术负责人,重难点总承包单位技术负责人
施工方案专业承包单位		专业承包单位项目技术负责人	专业承包单位技术负责人,总包单位项目技术负责人核准备案
专项施工方案	工程概况、编制依据、施工计划、施工工艺技术、施工安全保证措施、施工管理及作业人员配备和分工、验收要求、应急处置措施、计算书及相关图纸	总承包单位	施工单位技术负责人审核签字、加盖单位公章,总监理工程师审查签字、加盖执业印章
专项施工方案专业承包单位		专业承包单位	总承包单位技术负责人及分包单位技术负责人共同审核签字并加盖单位公章

⊕ 精选真题

[2020年真题·案例节选]

背景资料

A公司承建某地下水池工程,为现浇钢筋混凝土结构。混凝土设计强度为C35,抗渗等级

为 P8。水池结构内设有三道钢筋混凝土隔墙,顶板上设置有通气孔及人孔。水池基坑深为 5.35m。

A 公司项目部将场区内降水工程分包给 B 公司。结构施工正值雨期,为满足施工开挖及结构抗浮要求,B 公司编制了降排水方案,经项目部技术负责人审批后报送监理单位。

[问题]

B 公司方案报送审批流程是否正确?说明理由。

[答案]

(1)不正确;

(2)理由:应先由 B 公司(或"分包单位")的技术负责人审批(或"签字")、加盖单位公章,再由 A 公司(或"总包单位")的技术负责人审批(或"签字")、加盖单位公章,再送审。

[考点 4] 交通导行方案实施

1. 获得交通管理和道路管理部门批准后组织实施

(1)占用慢行道和便道按照获准的交通疏导方案修建临时施工便线、便桥。

(2)按照施工组织设计设置围挡,严格控制临时占路时间和范围。

(3)按规定设置临时交通导行标志、设置路障和隔离设施。

(4)组建现场人员协助交通管理部门疏通交通。

围挡

临时交通导行标志

2. 交通导行措施

(1)严格划分警告区、上游过渡区、缓冲区、作业区、下游过渡区、终止区范围。

(2)统一设置各种交通标志、隔离设施、夜间警示信号等。

(3)对作业工人进行安全教育、培训、考核,并与作业队签订《施工交通安全责任合同》。

(4)依据现场变化,及时引导交通车辆,为行人提供方便。

3. 保证措施

(1)施工现场按照施工方案,在主要道路交通路口设专职交通疏导员,积极配合交通民警与协警搞好施工和社会交通的疏导工作。

(2)沿街居民出入口要设置足够的照明装置,必要处搭设便桥,为保证居民出行和夜间施工创造必要的条件。

[速记] 批准划区围挡,便线便桥标志,照明疏导工人。

🌐 精选真题

[2020年真题·案例节选]

背景资料

某单位承建城市主干道大修工程……

接到任务后,项目部对现状道路进行综合调查,编制了施工组织设计和交通导行方案,并报监理单位及交通管理部门审批。导行方案如下图所示。因办理占道、挖掘等相关手续,实际开工日期比计划日期滞后2个月。

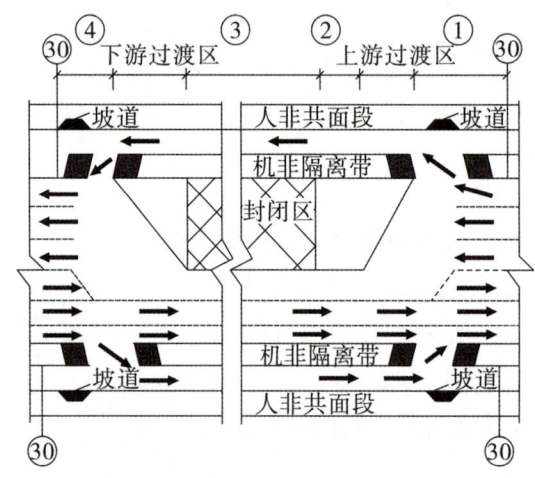

[问题]

1. 交通导行方案还需要报哪个部门审批?
2. 根据交通导行平面示意图,请指出图中①、②、③、④各为哪个疏导作业区?

[答案]

1. 交通导行方案还需要报道路管理部门批准。
2. ①:警告区(或"警示区")。②:缓冲区。③:作业区(或"工作区")。④:终止区。

专题6 市政公用工程施工现场管理

备考提示▷ 市政公用工程施工现场管理中,关于封闭管理、环境保护、实名制等可以采取简答、补充、改错的方式考核。市政工程对现场管理要求越来越高,且现场与安全高度相关,需要引起足够的重视。

[考点1] 施工现场布置与管理的要点

1. 施工现场的总平面布置

(1)施工平面布置原则

①布置合理、紧凑,用地尽可能减少施工。

②运输合理组织,避免二次搬运。
③满足施工流程要求,减少各工种之间干扰。
④尽可能利用原有建筑物,减少临时设施搭设。
⑤办公用房靠近施工现场,福利设施应在生活区范围之内。
(2)施工平面布置的内容
市政公用工程的施工平面布置图有明显的动态特性。
①施工图上所有地上、地下建筑物、构筑物以及其他设施的平面位置。
②给水、排水、供电管线等临时位置。
③生产、生活临时区域及仓库、材料构件、机具设备堆放位置。
④现场运输通道、便桥及安全消防临时设施。
⑤环保、绿化区域位置。
⑥围墙(挡)与入口(至少要有两处)位置。
施工现场按照功能可划分为施工作业区、辅助作业区、材料堆放区和办公生活区。

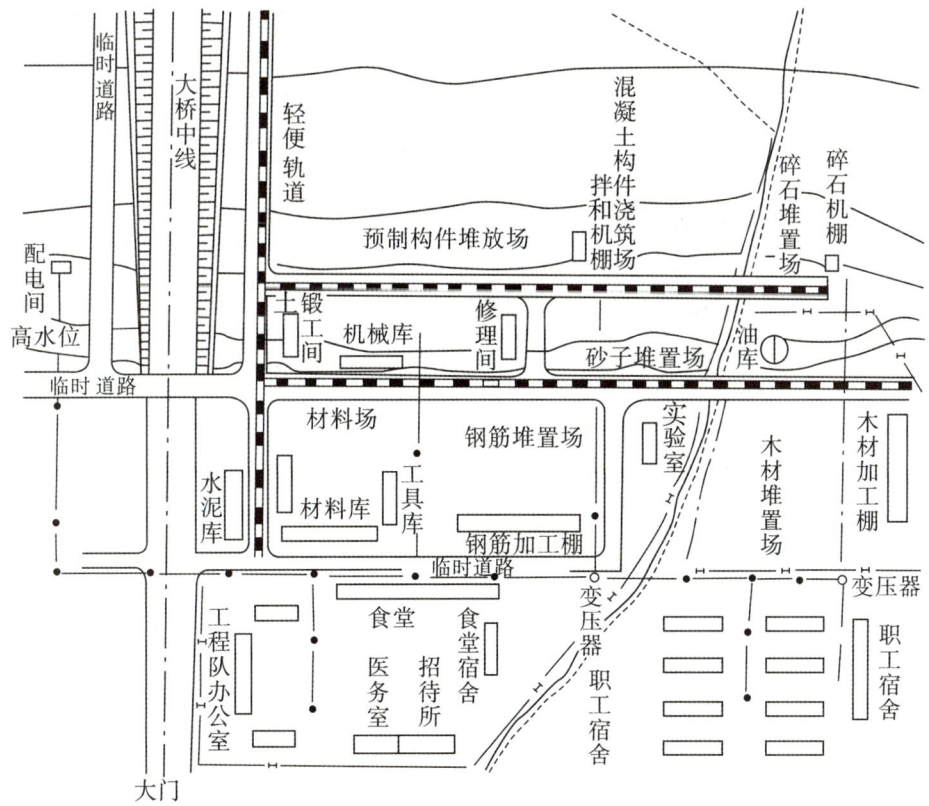

2. 施工现场封闭管理

施工现场必须实施封闭式管理,将施工现场与外界隔离,防止"扰民"和"民扰",同时保护环境、美化市容。

(1)围挡
①沿工地四周连续设置,不得留有缺口;

②宜选用砌体、金属材板等硬质材料；

③施工现场的**围挡**一般应**不低于1.8m，在市区内不低于2.5m**；

④禁止在围挡内侧堆放泥土、砂石等散状材料以及架管、模板等；

⑤雨后、大风后以及春融季节应检查围挡稳定性，发现问题及时处理。

（2）大门和出入口

①施工现场应有固定出入口，出入口应设置大门，在适当位置留有供紧急疏散的出口；

②施工现场的大门应牢固美观，大门上应标有企业名称或企业标识；

③出入口应当设置专职门卫及安保人员，制定门卫管理制度及交接班记录制度；

④施工现场的施工人员应当佩戴工作卡；

⑤进口处应有整齐、明显的"五牌一图"，在办公区、生活区设置"两栏一报"。

[补充] 五牌一图——五牌：工程概况牌、管理人员名单及监督电话牌、消防安全牌、安全生产牌、文明施工牌。一图：施工现场总平面图。

(3)警示标牌

①警示标牌的定义

安全警示标志是指提醒人们注意的各种标牌、文字、符号以及灯光等。一般来说,安全警示标志包括安全色和安全标志。

标志类型	安全色	作用	示例
禁止	红色	禁止人员不安全行为	禁止烟火、禁止吸烟
警告	黄色	提醒人员对周围环境引起注意,以避免可能发生危险	当心触电、当心伤手
指令	蓝色	强制人员做出某种动作或采取防范措施	必须戴安全帽
提示	绿色	提供某种信息	设置安全通道

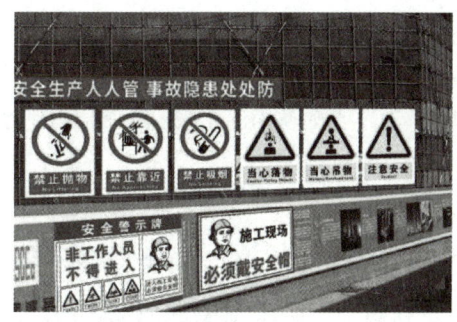 

②警示标牌的设置

根据国家有关规定,施工现场入口处、施工起重机械、临时用电设施、脚手架、出入通道口、楼梯口、电梯井口、孔洞口、桥梁口、隧道口、基坑边沿、爆破物及有害危险气体和液体存放处等属于危险部位,应当设置明显的安全警示标志。

(4)临时设施的种类搭设与管理

临时设施的种类见下表。

办公设施	办公室、会议室、门卫传达室
生活设施	宿舍、食堂、厕所、淋浴室、阅览娱乐室、卫生保健室
生产设施	材料仓库、防护棚、加工棚、操作棚
辅助设施	道路、现场排水设施、围墙、大门、供水处、吸烟处

临时设施的搭设与使用管理见下表。

员工宿舍	仓库
①不得在尚未竣工建筑物内设置员工集体宿舍。 ②必须设置可开启式窗户,设置外开门。 ③室内净高≥2.5m,通道宽度≥0.9m。 ④宿舍内的单人铺不得超过2层,严禁使用通铺	①面积通过计算确定,水泥仓库选择地势较高、排水方便、靠近搅拌机的地方。 ②易燃、易爆和剧毒物不得与其他物品混放(保持安全距离),建立严格进出库制度

（5）材料堆放与库存

一般要求	①合理组织材料进场，减少现场堆放量及场地和仓库面积； ②已进场的材料、机具设备严格按照施工总平面布置图位置码放整齐； ③位置应选择适当，便于运输和装卸，应减少二次搬运； ④地势较高、坚实、平坦，回填土分层夯实，有排水措施，符合安全、防火要求； ⑤材料按照品种、规格堆放，并设明显标牌； ⑥施工过程中做到"活完、料净、脚下清"
主要材料半成品的堆放	①大型工具，应当一头见齐； ②钢筋应当堆放整齐，方木垫起，不宜放在潮湿处和暴露在外； ③砖应丁码成方垛，不准超高并沿沟槽坑边≥0.5m； ④砂应堆成方，石子应当按不同粒径规格分别堆放； ⑤各种模板应当按规格分类堆放整齐，地面应平整坚实，高度一般≤1.6m； ⑥混凝土构件堆放场地应坚实、平整，按规格、型号堆放，垫木位置要正确，多层构件的垫木要上下对齐，垛位不准超高

钢筋堆放　　　　　　　　　砖堆放　　　　　　　　　模板堆放

[补充]　施工现场封闭管理的要求：①作业区、围挡；②警示标志；③专人值守；④非作业人员严禁入内。

🌐 **精选真题**

1. [2019年真题·单选] 在施工现场入口处设置的戴安全帽的标志，属于（　　）。
   A. 警告标志　　　B. 指令标志　　　C. 指示标志　　　D. 禁止标志
   [答案]　B
   [解析]　在施工现场入口处设置的戴安全帽的标志，属于指令标志。故选B。

2. [2018年真题·多选] 施工现场"文明施工承诺牌"的基本内容包括（　　）。
   A. 泥浆不外流　　　　　　　　B. 轮胎不沾泥
   C. 管线不损坏　　　　　　　　D. 渣土不乱抛
   E. 红灯不乱闯
   [答案]　ABCD
   [解析]　文明施工承诺牌的内容包括泥浆不外流、轮胎不沾泥、管线不损坏、渣土不乱抛、爆破不扰民、夜间少噪声。故选ABCD。

3. [2021年真题·案例节选]

背景资料

养护单位接到巡视检查结果处置通知后,将该路段采取 1.5m 低围挡封闭施工,方便行人通行,设置安全护栏将施工区域隔离,设置不同的安全警示标志、道路安全警告牌,夜间挂闪烁灯示警,并派养护工人维护现场行人交通。

[问题]

项目部在对施工现场安全管理采取的措施中,有几处描述错误,请改正。

[答案]

改正一:在市区内,围挡高度不应低于 2.5m。

改正二:围挡的用材应坚固、稳定、整洁、美观,宜选用砌体、金属材板等硬质材料隔离施工区域。

改正三:设专职交通疏导员积极配合交通民警与协警做好施工现场交通疏导工作。

[考点 2] 施工现场环境保护管理要点

1. 防治大气污染

(1)主要道路、料场、生活办公区域必须进行硬化处理;裸露的场地和集中堆放的土方应采取覆盖、固化、绿化、洒水降尘措施。

场地硬化

土方覆盖

(2)使用密闭式防尘网对在建建筑物、构筑物进行封闭。拆除旧有建筑物时,应采用隔离、洒水等措施。

密闭式防尘网

拆除旧有建筑

(3)不得在施工现场熔融沥青,严禁在施工现场焚烧有毒、有害化学成分的装饰废料、油毡、沥青、垃圾等各类废弃物。

(4)出入口处应采取保证车辆清洁的措施,并设专人清扫社会交通路线。现场应设置密闭式垃圾站,施工垃圾、生活垃圾应分类存放,并及时清运出场。

进出车辆冲洗　　　　　　　密目式垃圾站

(5)根据风力和大气湿度的具体情况,进行土方回填、转运作业。沿线安排洒水车降尘。

土方转运、回填　　　　　　洒水车降尘

(6)混凝土搅拌场所应采取封闭、降尘措施。水泥和易飞扬的细颗粒建筑材料应密闭存放,砂石等散料应采取覆盖措施。

(7)土方、渣土和施工垃圾运输应采用密闭式运输车辆或采取覆盖措施。

2. 防治水污染

(1)施工现场应设置排水沟及沉淀池,现场废水不得直接排入市政污水管网和河流;

(2)现场存放的油料、化学溶剂等应设有专门的库房,地面应进行防渗漏处理;

(3)食堂应设置隔油池,并应及时清理;

(4)厕所的化粪池应进行抗渗处理;

(5)食堂、盥洗室、淋浴间的下水管线应设置隔离网,并应与市政污水管线连接。

排水沟　　　　　存放库房　　　　　化粪池

3. 防治施工噪声污染

(1)施工现场的强噪声设备宜设置在远离居民区的一侧;

(2)22时至次日6时期间进行强噪声施工,应经有关部门批准后进行,并公告附近居民;

(3)夜间运输材料的车辆进入施工现场,严禁鸣笛,装卸材料应做到轻拿轻放;

(4)对产生噪声和振动的施工机械、机具的使用,应当采取消声、吸声、隔声等有效控制和降低噪声。不同施工阶段作业噪声限值如下表所示。

施工阶段	主要噪声源	噪声限值(dB)	
		昼间	夜间
土石方	推土机、挖掘机、装载机等	75	55
打桩	各种打桩机等	85	禁止施工
结构	混凝土搅拌机、振捣棒、电锯等	70	55
装饰	吊车、升降机等	65	55

注:表中噪声限值是指与敏感区域相应的建筑施工工地边界线处的限值。在建筑施工工地边界线处进行检测。

4. 防治施工照明和固体废弃物污染

施工照明污染	固体废弃物污染
(1)未经批准,禁止夜间施工。 (2)灯具配备定向照明灯罩,使用前调整好射角,不得射入居民家,夜间施工照明灯罩使用率达100%	(1)出场前用苫布覆盖,按指定地点倾卸,防止固体废物污染环境。 (2)车辆不得装载过满;出场前专人检查,出口设洗车池,要求司机在转弯、上坡时减速慢行,避免遗撒;安排专人对土方车辆行驶路线进行检查,发现遗撒及时清扫

照明

固体废弃物

🌐 **精选真题**

[2021年真题·案例节选]

背景资料

项目部按照制定的扬尘防控方案,对土方平衡后多余的土方进行了外弃。

[问题]

项目部在土方外弃时应采取哪些扬尘防控措施?

[答案]

运送车辆不得装载过满;车辆出场前设专人检查,在场地出口处设置洗车池,待土方车出口时将车轮冲洗干净;应要求司机在转弯、上坡时减速慢行,避免遗撒;安排专人对土方车辆行驶路线进行检查,发现遗撒及时清扫。土方外运时采取覆盖、洒水降尘措施。

专题7 市政公用工程施工进度管理

备考提示 ▷ 市政公用施工进度管理中,要求考生能够根据案例所给的条件进行绘制、调整、转换横道图和双代号网络图,能找出关键线路、计算工期及总时差等。

[考点] 施工进度管理

1. 施工过程组织方法和特点

施工组织方式	依次施工	平行施工	流水施工
特点	单位时间的资源消耗最小,但工期最长	工期最短,但单位时间的资源消耗最大	专业化施工;工期、单位时间的资源消耗居中

工段	各作业方法进度															
	顺序作业										平行作业			流水作业		
	3	6	9	12	15	18	21	24	27	30	33	36	3	6	9	3	6	9	12	15	18
洞一																					
洞二																					
洞三																					
洞四																					
工期	$T=36$天												$T=9$天			$T=18$天					
劳动力分布图	32 16																				
人数/人	4	8	6	4	8	6	4	8	6	4	8	6	16	32	24	4	12	18	18	14	6
总量/人	注:基础施工4人,洞身施工8人,洞口施工6人。																				

三种作业方法的示例

[提示] (1)进度调整案例分析题(文字描述型)的答题思路:①增加资源供应,缩短工作持续时间;②调整工作关系——依次施工的工期＞流水施工的工期＞分段平行施工的工期。

(2)进度调整案例分析题(优化网络图型)的答题思路:①找出关键线路,缩短关键线路上关键工作的持续时间;②调整工作关系。

2. 施工进度计划编制方法的应用

常用的表达工程进度计划方法有网络计划图和横道图两种形式。

(1)横道图可比较直观地反映出施工资源的需求及工程持续时间。

下图所示为分成两个施工段的某一基础工程施工横道图进度计划。该基础工程的施工过程是挖基槽→铺垫层→做基础→回填。

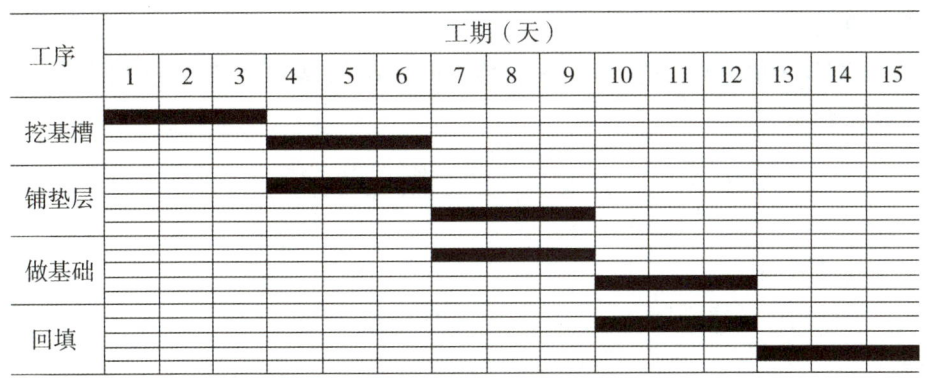

用横道图表示的进度计划

（2）网络计划图能充分揭示各项工作之间的相互制约和相互依赖关系，并能明确反映出进度计划中的主要矛盾，使施工进度计划更加科学。

①用双代号网络计划表示的进度计划

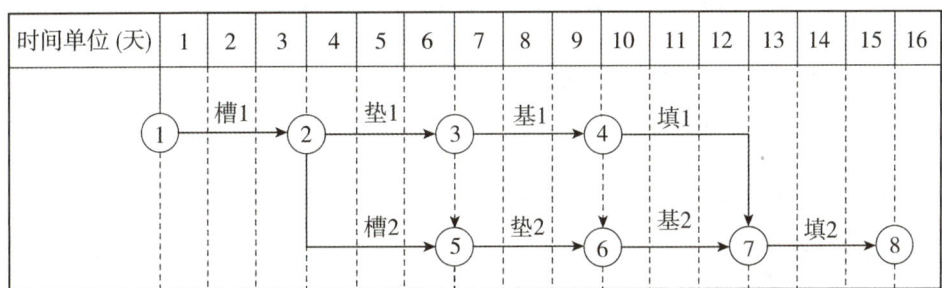

用双代号时标网络计划表示的进度计划

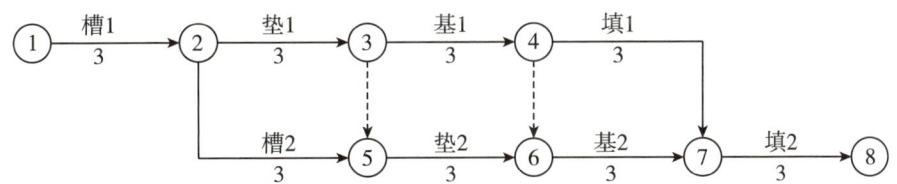

用双代号网络计划表示的进度计划

②用单代号网络计划表示的进度计划

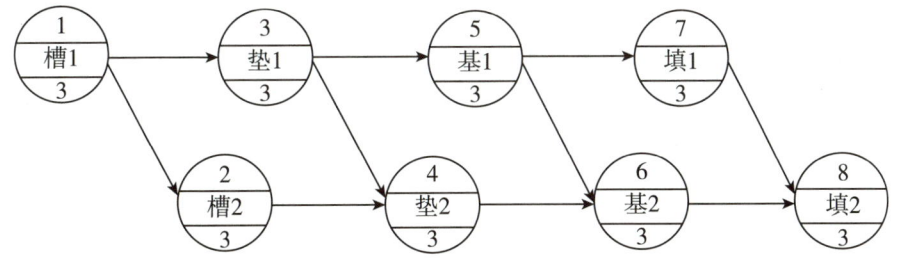

用单代号网络计划表示的进度计划

[补充] 双代号网络计划图要点：①节点必须由小指向大、可以不连续、但不能重复。②紧前工作完成后，才能开始紧后工作。③虚箭线为实际工作中并不存在的一项虚设工作，故它们既不占用时间，又不消耗资源。④从开始节点到完成节点之间，持续时间最长的为关键线路。

精选真题

[2017年真题·单选]某桥梁双代号网络进度计划中,盖梁施工节点如下图所示,图中数字"15"表示盖梁施工( )。

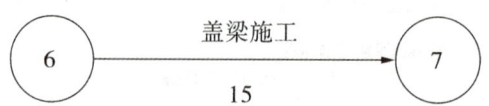

A. 工作持续时间
B. 工作自由时差
C. 在关键线路中的顺序号
D. 构件数量

[答案] A

[解析] 数字15表示工作持续时间。故选A。

专题8 城镇道路工程质量检查与验收

备考提示▷ 本专题的命题形式以案例题为主。建议考生结合道路工程技术部分的知识学习。冬雨期施工质量保证措施为本专题的重点学习内容。

[考点1] 冬雨期施工质量保证措施

1. 冬期施工质量控制

当施工现场环境日平均气温连续5天稳定低于5℃或最低环境气温低于-3℃时,应视为进入冬期施工。

[速记] 冬期捂(5℃)捂(5℃)负伤(-5℃)。

部位	质量要求
路基施工	(1)机械为主、人工为辅,挖到设计标高立即碾压成型。 (2)如当日达不到设计标高,下班前应将操作面刨松或覆盖,防止冻结。 (3)快速路、主干路的路基不得用含有冻土块的土料填筑。次干路以下道路填土材料中冻土块最大尺寸≤100mm,冻土块含量<15%
基层施工	(1)石灰及石灰稳定土类基层,宜在进入冬期前30~45天停止施工。 (2)水泥稳定土类基层,宜在进入冬期前15~30天停止施工。 (3)级配砂石(砾石)、级配碎石施工,应根据施工环境最低温度洒布防冻剂溶液,随洒布,随碾压
混凝土面层施工 沥青面层	(1)城镇快速路、主干路的沥青混合料面层严禁冬期施工。次干路及其以下道路在施工温度低于5℃时,应停止施工。当风力在6级及以上时,沥青混合料面层不应施工。 (2)粘层、透层、封层严禁在冬期施工

(续表)

部位		质量要求
混凝土面层施工	水泥面层	(1)搅拌站应搭设工棚或其他挡风设备,搅拌机出料温度≥10℃,掩铺混凝土温度≥5℃。 (2)当连续5昼夜平均气温<-5℃或最低气温<-15℃时,宜停止施工。 (3)混凝土拌和料温度≤35℃。拌和物中不得用带有冰雪的砂、石料,可加防冻剂、早强剂,搅拌时间适当延长。 (4)混凝土板弯拉强度<1MPa时或抗压强度<5MPa时,不得受冻。 (5)混凝土板浇筑前,基层应无冰冻、不积冰雪,摊铺混凝土时气温≥5℃。 (6)尽量缩短各工序的时间,快速施工。成型后及时覆盖保温层,使混凝土的强度在温度降到0℃前达到规范要求

⊕ 精选真题

[2019年真题·单选] 冬期施工质量控制要求的说法,错误的是(   )。

A. 粘层、透层、封层严禁冬期施工

B. 水泥混凝土拌和料温度应不高于35℃

C. 水泥混凝土拌和料可加防冻剂、缓凝剂,搅拌时间适当延长

D. 水泥混凝土板弯拉强度低于1MPa或抗压强度低于5MPa时,不得受冻

[答案] C

[解析] 冬期施工不应添加缓凝剂,而应添加早强剂。故选C。

2. 雨期施工质量控制

(1)基本要求

①加强和气象部门联系,掌握天气预报,安排不下雨时施工。

②调整施工步序,集中力量分段施工。

③做好防雨准备,在料场及搅拌站搭雨棚。

④建立完善的排水系统,发现积水、挡水处,及时疏通。

⑤道路工程有损坏,及时修复。

[速记] 不断(段)修牌(排)坊(防)。

(2)施工部位的质量控制要求

部位	要求
路基施工	①对于土路基快速施工,分段开挖,切忌全面开挖或挖段过长。 ②挖方地段要留好横坡,做好截水沟。坚持当天挖完、压完,不留后患。 ③因雨翻浆地段,坚决换料重做。 ④填方地段施工,应按2%~3%的横坡整平压实,以防积水
基层施工	①对稳定类材料基层,坚持拌多少、铺多少、压多少、完成多少。 ②下雨来不及完成时,要尽快碾压,防止雨水渗透。 ③在多雨地区,应避免在雨期进行石灰土基层施工。 ④防止水泥和混合料遭雨淋;降雨时应停止施工,已摊铺的水泥混合料应尽快碾压密实。路拌法施工时,应排除下承层表面的水,防止集料过湿

(续表)

部位	要求
面层施工	①沥青面层不允许在下雨或下层潮湿时施工。雨期应缩短施工工期,及时摊铺、及时完成碾压。 ②施工中遇雨时,应立即使用防雨设施完成对已铺筑混凝土的振实成型,不应再开新作业段,并应采用覆盖等措施保护尚未硬化的混凝土面层

[速记] 路基施工——快捷(截)换牌(排)。

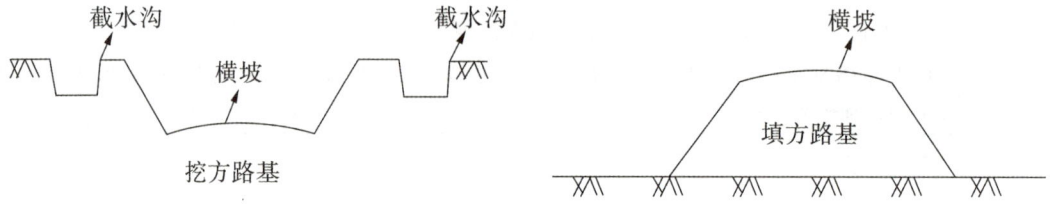

[考点 2] 压实作业要点

1. 路基填筑

(1)填土应分层进行。下层填土合格后,方可进行上层填筑。路基填土宽度应比设计宽度宽 500mm。(超宽填筑,满宽压实)

(2)对过湿土翻松、晾干,或对过干土均匀加水,使其含水量接近最佳含水量。

2. 路基压实施工要点

(1)试验段目的

①确定路基预沉量值。

②合理选用压实机具。

③按压实度要求,确定压实遍数。

④确定路基宽度内每层虚铺厚度。

⑤根据土的类型、湿度、设备及场地条件,选择压实方式。

[速记] 预度三亚(压)。

(2)路基压实

①土质路基压实应遵循的原则:"先轻后重、先静后振、先低后高、先慢后快、轮迹重叠。"

②压路机速度不宜超过 4km/h。

③碾压应从路基边缘向中央进行。

④碾压不到的部位应采用小型夯压机夯实,防止漏夯,要求夯击面积重叠 1/4～1/3。

3. 压实度的测定

压实度的测定方法有灌砂法、环刀法、核子密度仪检测、钻芯法检测,如下表所示。

方法	适用范围	结构层
环刀法	土路基压实度检测;不宜用于填石路堤等大空隙材料的压实检测	路基、基层
灌砂法	适用于土路基压实度检测;不宜用于填石路堤等大空隙材料的压实检测	
钻芯法检测	现场钻芯取样送实验室试验,评定沥青面层的压实度	沥青路面
核子密度仪检测	(1)直接透射法测定各种土基的密实度和含水率。 (2)散射法检测路面或路基材料的密度和含水量,并换算施工压实度	

灌砂法

环刀法

4. 压实质量标准

(1)按照土方路基填挖类型(填方、挖方、半填半挖路段)、填筑深度及道路类型(快速路及主干路、次干路、支路),判断标准如下表所示。

土质路基最低压实度

填挖类型	深度范围(cm)	最低压实度(%)		
		快速路及主干路	次干路	支路
填方	0~80	95	93	90
	80~150	93	90	90
	>150	90	90	90
挖方	0~30	95	93	90

(2)按照路面类型有热拌沥青混合料(快速路及主干路、次干路、支路)、冷拌沥青混合料、沥青贯入式,判断标准如下表所示。

路面类型	最低压实度(%)		
	快速路及主干路	次干路	支路
热拌沥青混合料	96	95	95
冷拌沥青混合料	95		
沥青贯入式	95		

(3)土基、路基、沥青路面工程施工质量检验项目中,压实度均为主控项目,必须达到

100%合格;检验结果达不到要求值时,应采取措施加强碾压。

[补充] 填石路堤的压实质量标准如下表所示。

分区	路面底面以下深度(m)	硬质石料		中硬石料		软质石料	
		摊铺厚度(mm)	孔隙率(%)	摊铺厚度(mm)	孔隙率(%)	摊铺厚度(mm)	孔隙率(%)
上路堤	0.8~1.5 (1.20~1.90)	≤400	≤23	≤400	≤22	≤300	≤20
下路堤	>1.5 (71.90)	≤600	≤25	≤500	≤24	≤400	≤22

注:"路面底面以下深度"档,括号数值分别为特重、极重交通的上路堤、下路堤的深度范围。

◉ 精选真题

[2019年真题·单选] 根据《城镇道路工程施工与质量验收规范》(CJJ 1—2008),土方路基压实度检测的方法是( )。

A. 环刀法、灌砂法和灌水法
B. 环刀法、钻芯法和灌水法
C. 环刀法、钻芯法和灌砂法
D. 灌砂法、钻芯法和灌水法

[答案] A

[解析] 本题可采用排除法,钻芯法检测为现场钻芯取样送实验室试验,以评定沥青面层的压实度,为沥青面层而非土方路基。路基、基层的检测方法有环刀法和灌砂法。2022版教材已删除灌水法。故选A。

专题9 城市桥梁工程质量检查与验收

备考提示▷ 本专题的命题形式以选择题为主,建议考生了解记忆。钻孔灌注桩施工质量事故预防措施为本专题的重点学习内容。

[考点1] 钻孔灌注桩施工质量事故预防措施

1. 孔口高程及钻孔深度的误差

误差	原因	措施
孔口高程	地质勘探完后场地再次回填	认真校核原始水准点和各孔口绝对高程;每根桩开孔前复测桩位孔口高程
	施工过程中废渣不断堆积	
钻孔深度	采用测绳测定孔深	采用丈量钻杆的方法,取钻头的2/3长度处作为孔底终孔界面
	以固定孔深终孔	端承桩钻孔的终孔高程应以桩端进入持力层深度为准;取样鉴定
孔径	错用其他规格钻头	对于直径800~1200mm的桩,钻头直径比设计桩径小30~50mm是合理的;每根桩孔开孔时,应检查钻头,实行签证手续
	钻头陈旧、磨损直径偏小	

2. 钻孔垂直度不符合规范

主要原因	技术措施
场地平整度和密实度差,不均匀沉降;钻机不平	压实、平整场地;检查钻机平整度、钻杆垂直度
钻杆弯曲、钻杆接头间隙大	钻杆检查维修,连接紧密
钻头翼板磨损不一、受力不均	定期检查钻头,及时维修或更换
软弱土层交接层或倾斜岩面,钻压过高钻头受力不均	低速低钻压钻进,复杂地层加扶正器,钻孔倾斜应回填黏土,冲平后低速,低钻压钻进

[提示] 场地→钻机→钻杆→钻头→钻法(软硬土层交界面)。

3. 塌孔与缩径

原因	地层复杂,护壁泥浆性能差	钻进速度过快	成孔后放置时间过长
措施	添加黏土粉、烧碱、木质素改善泥浆性能,泥浆除砂	在较厚砂层、砾石层,成孔速度控制在2m/h内	钢筋笼安放后立即灌注混凝土

[速记] 稠泥浆+慢钻进+早灌注。

4. 桩端持力层判别错误

持力层	难易程度	判别
非岩石类	易判	地质资料+现场取样
强、中风化岩	难判	地质资料+钻机受力+主动钻杆抖动情况+孔口捞样+原位取芯(必要时)

5. 孔底沉渣过厚或灌注混凝土前孔内泥浆含砂量过大

原因	泥浆质量差		测量方法不当
措施	粗砂、砾砂和卵石的地层,优先采用泵吸反循环清孔	正循环清孔时,前期用高黏度浓浆,加大泥浆泵流量	专人孔口捞渣、测量孔底沉渣厚度	钻杆长度+钻头长度(至钻尖2/3)

6. 水下混凝土灌注和桩身混凝土质量问题

(1)初灌时埋管深度达不到规范要求

灌注导管底端至孔底的距离应为0.3~0.5m,初灌时导管首次埋深应≥1.0m。在计算混凝土的初灌量时,除计算桩长所需的混凝土量外,还应计算导管内积存的混凝土量。

(2)灌注混凝土时的问题的原因及措施

类型	原因	措施
灌注混凝土时堵管	灌注导管破漏	专人检查导管;进行水密承压和接头抗拉试验,试验水压≥孔内水深1.5倍压力
	导管底距孔底深度小、灌注中灌导管埋深过大	—
	二次清孔后准备时间太长	二次清孔后立即灌注,因故推迟重新清孔
	隔水栓不规范	认真制作,直径和椭圆度应符合使用要求
	混凝土配制质量差	控制配合比

(续表)

类型	原因	措施
灌注混凝土过程中钢筋骨架上浮	泥浆悬浮砂粒过多,回沉形成较密实砂层托起钢筋骨架	认真清孔、改善泥浆质量、泥浆除砂
	灌注至钢筋骨架底部时,灌注速度太快,钢筋骨架上浮	①混凝土面距骨架底部1m左右,降低灌注速度; ②上升到骨架口4m以上时,提升导管; ③导管底口高于骨架底部2m以上,恢复正常灌注速度
	初凝、终凝时间太短,结块托起钢筋骨架	掺加缓凝剂;单桩混凝土灌注时间宜控制在1.5倍混凝土初凝时间内
桩身混凝土强度低或混凝土离析	水泥质量差	严格把好水泥质量关
	混凝土配合比控制不严	控制好施工现场混凝土配合比
	搅拌时间不够	掌握好搅拌时间和混凝土的和易性
桩身混凝土夹渣或断桩	泥浆悬浮的砂粒太多	二次清孔,清除悬浮砂粒,加强清孔
	初灌量不够,导管埋深小,灌注过程导管拔出混凝土面	初灌量足够,导管埋深2~6m,专人指挥拔管,采用理论灌入量和重锤实测混凝土面,取低值
	凝结时间短或灌注时间长	单桩混凝土灌注时间宜控制在1.5倍混凝土初凝时间内
桩顶混凝土不密实或强度达不到设计要求	超灌高度不够	桩顶混凝土灌注完成后应高出设计标高0.5~1m
	混凝土浮浆太多	大体积混凝土,桩顶10m内调整配合比,增大碎石含量
	孔内混凝土面测定不准	灌注最后阶段,采用硬杆筒式取样法测定灌注面

7. 混凝土灌注过程因故中断

发生阶段	措施	速记
开灌不久	拔起导管和吊起钢筋笼,重新钻孔、安装、清孔、灌注	从头再来
已灌注部分	迅速拔出导管,清理和检查导管后,重新安装导管和隔水栓,按初灌方法灌注,隔水栓完全排出导管后,立即将导管插入原混凝土内,此后便可按正常灌注。处理过程必须在混凝土的初凝时间内完成	拔管再灌

⊕ 精选真题

[2018年真题·多选] 钻孔灌注桩桩端持力层为中风化岩层时,应采用(　　)判定岩层界面。

A. 钻头质量　　　　　　　　　　B. 地质资料
C. 钻头大小　　　　　　　　　　D. 主动钻杆抖动情况
E. 现场捞渣取样

[答案]　BDE

[解析] 对于桩端持力层为强风化岩或中风化岩的桩,判定岩层界面难度较大,可采用以地质资料的深度为基础,结合钻机受力、主动钻杆抖动情况和孔口捞样来综合判定,必要时进行原位取芯验证。故选BDE。

[考点2] **大体积混凝土浇筑施工质量检查与验收**

大体积混凝土由于截面大、水泥用量大,水泥水化释放的水化热会产生较大的温度变化,其外部的热量散失较快,而内部的热量不易散失,造成混凝土各个部位之间产生温度差和温度应力,从而产生温度裂缝。

1. 裂缝种类

划分依据	分类		特点
产生原因	荷载作用下的裂缝		约占裂缝产生的10%
	变形作用下的裂缝		约占裂缝产生的80%
	耦合作用下的裂缝		约占裂缝产生的10%
有害程度	有害裂缝	轻度有害裂缝	裂缝宽度超规定20%
		中度有害裂缝	裂缝宽度超规定50%
		重度有害裂缝	裂缝宽度超规定100%
	无害裂缝		按规定
出现时间	早期裂缝		裂缝宽度出现时间在3~28天
	中期裂缝		裂缝宽度出现时间在28~180天
	晚期裂缝		裂缝宽度出现时间在180~720天,最终20年
裂缝深度	表面裂缝		危害性较小,影响外观质量
	深层裂缝		部分切断了结构断面,对结构耐久性产生一定危害
	贯穿裂缝		切断了结构的断面,危害性较为严重

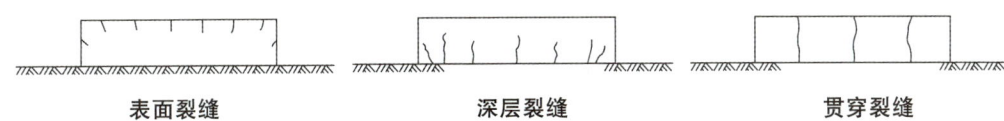

表面裂缝　　　　　深层裂缝　　　　　贯穿裂缝

2. 裂缝产生的原因

(1)产生温度裂缝是其内部矛盾发展的结果。一方面是混凝土内外温差产生应力和应变;另一方面是结构的外约束和混凝土各质点间的内约束阻止这种应变。

(2)具体原因有以下五条:①水泥水化热的影响;②内外约束条件的影响;③外界气温变化的影响;④混凝土的收缩变形;⑤混凝土的沉陷裂缝。

🌐 精选真题

[2021年真题·单选] 下列因素中,可导致大体积混凝土现浇结构产生沉陷裂缝的是( )。

A. 水泥水化热　　　　　　　　　　B. 外界气温变化
C. 支架基础变形　　　　　　　　　D. 混凝土收缩

[答案] C

[解析] 混凝土的沉陷裂缝中,支架、支撑变形下沉会引发结构裂缝,过早拆除模板支架易使未达到强度的混凝土结构发生裂缝和破损。故选 C。

[考点 3] 钢管混凝土浇筑施工质量检查与验收

1. 质量标准

(1)钢管(钢管柱和钢管拱)内混凝土浇筑的施工质量是验收主控项目。

(2)检验方法为观察出浆孔混凝土溢出情况,检查超声波检测报告,检查混凝土试件试验报告。

2. 基本规定

(1)钢管上应设置混凝土压注孔、倒流截止阀、排气孔。

(2)钢管混凝土应具有低泡、大流动性、补偿收缩、延缓初凝和早强的性能。

(3)混凝土浇筑泵送顺序应按设计要求进行,宜先钢管后腹箱。

(4)钢管混凝土的质量检测应以超声波检测为主,人工敲击为辅。

◆ 精选真题

1. [2021 年真题·单选] 钢管混凝土内的混凝土应饱满,其质量检测应以(   )为主。

A. 人工敲击　　　　　　　　B. 超声波检测
C. 射线检测　　　　　　　　D. 电火花检测

[答案] B

[解析] 钢管混凝土的质量检测应以超声波检测为主,人工敲击为辅。故选 B。

2. [2019 年真题·单选] 下列混凝土性能中,不适宜用于钢管混凝土拱的是(   )。

A. 早强　　　B. 补偿收缩　　　C. 缓凝　　　D. 干硬性

[答案] D

[解析] 钢管混凝土应具有低泡、大流动性、补偿收缩、延缓初凝和早强的性能。故选 D。

[考点 4] 箱梁混凝土浇筑施工质量检查与验收

1. 支架上浇筑箱梁

(1)支架上浇筑箱梁检验标准如下表所示。

项目	检验内容	合格质量标准	检查数量	检查方法
主控项目	表面受力裂缝	结构表面不得出现超过设计规定的受力裂缝	全数检查	观察或用读数放大镜观测
一般项目	表面外观质量	结构表面无孔洞、露筋、蜂窝、麻面和宽度超过 0.15mm 的收缩裂缝		
	允许偏差	整体浇筑钢筋混凝土梁、板允许偏差符合的规定		

(2)支架上浇筑箱梁检验一般项目允许偏差如下表所示。

检查项目		允许偏差(mm)	检查频率		检验方法
			范围	点数	
轴线偏位		10	每跨	3	用经纬仪测量
梁板顶面高程		±10		3~5	用水准仪测量
断面尺寸(mm)	高	+5,-10		1~3个断面	用钢尺量
	宽	±30			
	顶、底、腹板厚	+10,0			
长度		+5,-10		2	用钢尺量
横坡(%)		±0.15		1~3	用水准仪测量
平整度		8		向每侧面每10m测1点	用2m直尺、塞尺量

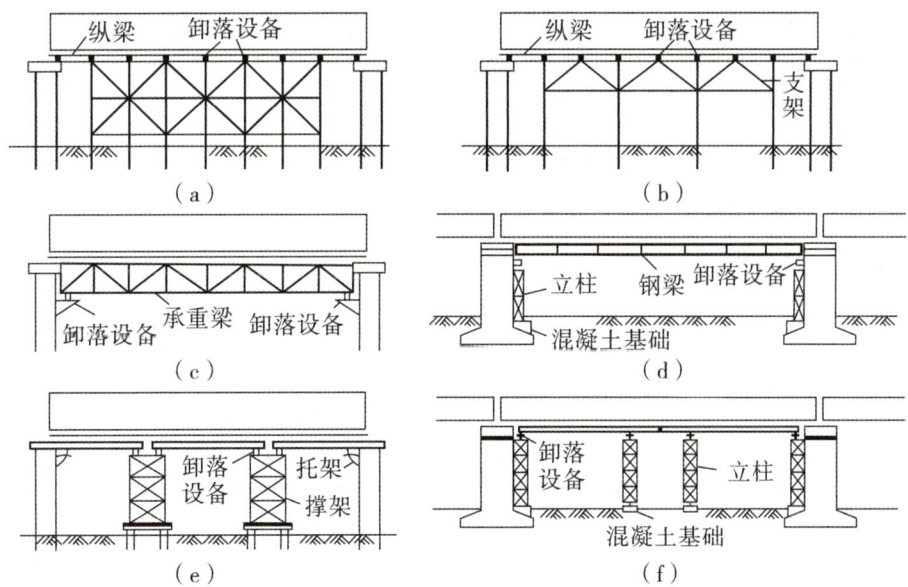

2. 悬臂浇筑

悬臂浇筑检验标准如下表所示。

项目	检验内容	合格质量标准	检查数量	检查范围
主控项目	悬臂浇筑控制	浇筑必须对称进行,桥墩两侧平衡偏差≤设计规定,轴线挠度必须在设计规定范围内	全数检查	检查监控量测记录
	表面受力裂缝	梁体表面不得出现超过设计规定的受力裂缝		观察或用读数放大镜观测
	梁体合龙高差	悬臂合龙时,两侧梁体的高差必须在设计规定允许范围内		用水准仪测量、检查测量记录

(续表)

项目	检验内容	合格质量标准	检查数量	检查范围
一般项目	梁体外观质量	梁体线形平顺、相邻梁段接缝处无明显折弯和错台,梁体表面无孔洞、露筋、蜂窝、麻面和宽度超过0.15mm的收缩裂缝	全数检查	观察、用读数放大镜观测
	允许偏差	悬臂浇筑预应力混凝土梁允许偏差符合下表规定		

项目		允许偏差(mm)	检验频率		检验方法
			范围	点数	
轴线偏位	$L \leq 100m$	10	节段	2	用全站仪、经纬仪测量
	$L > 100m$	$L/10000$			
顶面高程	$L \leq 100m$	±20	节段	2	用水准仪测量
	$L > 100m$	$±L/5000$			
	相邻节段高差	10		3~5	
断面尺寸	高	+5,-10		1个断面	用钢尺量
	宽	±30			
	顶、底、腹板厚	+10,0			
合龙后同跨对称点高程差	$L \leq 100m$	20	每跨	5~7	用水准仪测量
	$L > 100m$	$L/5000$			
横坡(%)		±0.15	节段	1~2	
平整度		8	检查竖直、平面两个方向,每侧面每10m梁长	1	用2m直尺、塞尺量

⊕ 精选真题

[2018年真题·单选] 下列质量检验项目中,属于悬臂预应力混凝土连续梁浇筑质量验收主控项目的是( )。

A. 合龙时两侧梁体的高差 B. 轴线偏位
C. 顶面高程 D. 断面尺寸

[答案] A

[解析] 悬臂浇筑的主控项目:①悬臂浇筑必须对称进行,桥墩两侧平衡偏差不得大于设计规定,轴线挠度必须在设计规定范围内。②梁体表面不得出现超过设计规定的受力裂缝。③悬臂合龙时,两侧梁体的高差必须在设计规定允许范围内。选项BCD属于一般项目。故选A。

[考点 5] 模板、支架和拱架施工安全措施

1. 施工前准备阶段

(1)作业人员应经过专业培训、考试合格,持证上岗,并应定期体检,不适合高处作业者,不

得进行搭设与拆除作业。

(2)进行搭设与拆除作业时,作业人员必须戴安全帽、系安全带、穿防滑鞋。

2. 模板、支架和拱架搭设

(1)模板、支架和拱架支架搭设与安装

①严格按照获准的施工方案或专项方案搭设和安装。

②支搭完成后,必须进行质量检查,经验收合格,并形成文件后,方可交付使用。

③施工中不得超载,不得在模板、支架和拱架上集中堆放物料。

④使用期间应经常检查、维护,保持完好状态。

(2)脚手架搭设

①按规定采用连接件与构筑物相连接,使用期间不得拆除;不得与模板支架相连接。

②作业平台上的脚手板必须在脚手架的宽度范围内铺满、铺稳。作业平台下应设置水平安全网或脚手架防护层,防止高空物体坠落造成伤害。

 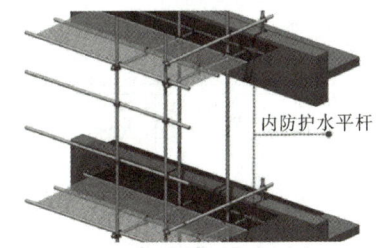

外架内防护构造

③严禁在脚手架上架设混凝土泵等设备。

④脚手架支搭完成后应与模板、支架和拱架一起进行检查验收,并形成文件后,方可交付使用。

3. 模板、支架和拱架拆除

(1)拆除现场应设作业区,其边界设警示标志,并由专人值守,非作业人员严禁入内。

(2)模板、支架和拱架拆除采用机械作业时应由专人指挥。

(3)模板、支架和脚手架拆除应按施工方案或专项方案要求**由上而下逐层进行**,严禁上下同时作业。

(4)严禁敲击、硬拉模板、杆件和配件。严禁抛掷模板、杆件、配件。

(5)拆除的模板、杆件、配件应分类码放。

模板拆除　　　　　　　　　　　　分类码放

[补充] 拆除强度应符合设计要求,当设计无规定时,应如下表所示。

现浇结构拆除底模时的混凝土强度

结构类型	板			梁、拱		悬臂构件	
结构跨度(m)	≤2	2~8	>8	≤8	>8	≤2	>2
按设计混凝土强度标准值的百分率(%)	50	75	100	75	100	75	100

🌐 **精选真题**

[2020年真题·案例节选]

背景资料

A公司承建某地下水池工程,为现浇钢筋混凝土结构。混凝土设计强度为C35,抗渗等级为P8。水池结构内设有三道钢筋混凝土隔墙,顶板上设置有通气孔及人孔,水池结构如下图所示。

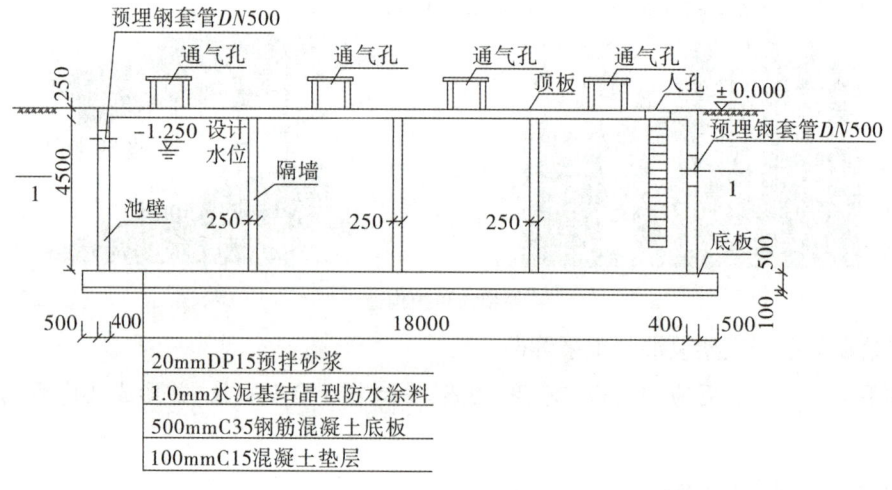

水池剖面图(标高单位:m;尺寸单位:mm)

水池顶板混凝土采用支架整体现浇,项目部编制了顶板支架支拆施工方案,明确了拆除支架时混凝土强度、拆除安全措施,如设置上下爬梯、洞口防护等。

[问题]

项目部拆除顶板支架时混凝土强度应满足什么要求?请说明理由。请列举拆除支架时,还有哪些安全措施?

[答案]

(1)混凝土的强度应不小于设计抗压强度的100%。

理由:顶板跨度为18m,大于8m。

(2)支架拆除安全措施:

①拆除人员应经过专业培训、考试合格,持证上岗;拆除作业时应戴安全帽、系安全带、穿防滑鞋。

②由上而下逐层进行,严禁上下同时作业。

③严禁敲击、硬拉模板、杆件和配件;严禁抛掷模板、杆件、配件;拆除的模板、杆件、配件应分类码放。

④拆除现场设置作业区,其边界设警示标志,并由专人值守,非作业人员严禁入内。

专题 10　城市轨道交通工程质量检查与验收

备考提示▷ 本专题的命题形式以选择题为主。建议考生在学习时结合轨道交通工程技术部分的知识点理解记忆。

[考点] 明挖法施工质量控制与验收

1. 基坑开挖施工

(1)确保围护结构位置、尺寸、稳定性。

(2)自上而下分层、分段依次开挖。挖至邻近基底 200mm 时,应人工配合清底,不得超挖或扰动基底土。基底经勘察、设计、监理、施工单位验收合格后,应及时施工混凝土垫层。

基坑开挖

人工配合清底

(3)基坑开挖应对下列项目进行中间验收:

①基坑平面位置、宽度、高程、平整度、地质描述;

②基坑降水;

③基坑坡度和围护桩及连续墙支护的稳定情况;

④地下管线的悬吊和基坑便桥稳固情况。

2. 结构施工

(1)钢筋进场时应抽取试件做力学性能和工艺性能试验;当需要进行钢筋代换时,应办理设计变更文件。

(2)混凝土强度分批检验评定,划入同一检验批的混凝土,其施工持续时间不宜超过 3 个月。用于检验混凝土强度的试件应在浇筑地点随机抽取。

(3)首次使用的混凝土配合比应进行开盘鉴定,其原材料、强度、凝结时间、稠度等应满足设计配合比要求。

(4)底板混凝土应沿线路方向分层留台阶灌注,灌注至高程初凝前,应用表面振捣器振捣一遍后抹面;墙体混凝土左右对称、水平、分层连续灌注,至顶板交界处间歇 1~1.5h,然后灌注顶板混凝土;顶板混凝土连续水平、分台阶由边墙、中墙分别向结构中间方向灌注。表面振捣器振捣一遍后抹面。

(5)混凝土终凝后及时养护,垫层混凝土养护期不得少于7天,结构混凝土养护期不得少于14天。

⊕ **精选真题**

[2018年真题·单选] 地铁车站混凝土结构施工时,用于检验混凝土强度的试件应在( )随机抽取。

A. 混凝土拌和后30min时 B. 浇筑地点
C. 混凝土拌和后60min时 D. 搅拌站

[答案] B

[解析] 用于检验混凝土强度的试件应在浇筑地点随机抽取。故选B。

专题11 城市给水排水场站工程质量检查与验收

备考提示▷ 本专题的命题形式以选择题为主。建议考生在学习时结合城市给排水工程技术部分的知识点理解记忆。

[考点] 给水排水混凝土构筑物防渗漏措施

1. 设计应考虑的主要措施

(1)合理增配构造(钢)筋,提高结构抗裂性能。构造配筋应尽可能采用小直径、小间距。全断面的配筋率不小于0.3%。

(2)避免结构应力集中,避免结构断面突变产生的应力集中。

(3)按照设计规范要求,设置变形缝或结构单元。

2. 施工应采取的措施

(1)一般规定

①给水排水构筑物的施工顺序为"**先地下后地上、先深后浅**"。

②建在地表水水体中、岸边及地下水位以下的构筑物,主体结构宜在枯水期施工。

③在冬雨期施工时,有防水、防雨、防冻、混凝土保温及地基保护等措施。

④降排水时,应对影响范围内邻近建(构)筑物和拟建水池进行沉降观测,必要时采取防护措施。

(2)设计应考虑的主要措施

施工应采取的措施包括混凝土原材料与配合比、模板支架(撑)安装、浇筑与振捣、养护四个方面,具体内容如下表所示。

第8章 市政公用工程项目施工管理

项目	措施
混凝土原材料与配合比	①砂和碎石要连续级配,含泥量不能超过规范要求,宜用普通硅酸盐水泥; ②降低水泥用量,降低水胶比中水灰比;使用外加剂改善混凝土性能,降低水化热峰值; ③热期浇筑水池,应及时更换混凝土配合比,且严格控制混凝土坍落度。抗渗混凝土宜避开冬期和热期施工,减少温度裂缝产生
模板支架(撑)安装	①在设计、安装和浇筑混凝土过程中,保证其稳固性,防止沉陷性裂缝的产生。 ②模板接缝处应严密、平整,变形缝止水带安装符合设计要求。 ③后浇带处的模板及支架应独立设置
浇筑与振捣	①避免混凝土结构内外温差过大,降低混凝土的入模温度,且不应大于25℃。 ②控制入模坍落度,做好浇筑振捣工作。在满足混凝土运输和布放要求前提下,尽可能减小入模坍落度,及时振捣,既不漏振,又不过振。重点部位做好二次振捣工作。 ③合理设置后浇带;设置后浇带时,应遵循"数量适当,位置合理"的原则
养护	①采取延长拆模时间和外保温等措施,使内外温差在一定范围之内。 ②对于地下部分结构,拆模后及时回填土,控制早期、中期开裂。 ③加强冬期施工混凝土质量控制,特别是新浇混凝土入模温度、拆模时内、外部温差控制

[提示] ①原材料:水泥、水、砂石、外加剂。②混凝土配合比。③混凝土施工:入模温度、坍落度、振捣、后浇带。④混凝土养护:拆模时间、内外温差。

🌐 精选真题

[2021年真题·单选] 给水排水混凝土构筑物防渗漏构造配筋设计时,尽可能选用( )。

A. 大直径,大间距 B. 大直径,小间距
C. 小直径,大间距 D. 小直径,小间距

[答案] D

[解析] 合理增配构造(钢)筋,提高结构抗裂性能。构造配筋应尽可能采用小直径、小间距。全断面的配筋率不小于0.3%。故选D。

专题12 城市管道工程质量检查与验收

备考提示▷ 本专题的命题形式以选择题为主。建议考生在学习时结合城市管道工程技术部分的知识点理解记忆。

[考点1] 城镇燃气、供热管道施工质量检查与验收

1. 钢管焊接人员应具备的条件

(1)承担燃气钢质管道、设备焊接的人员,应持有《特种设备作业人员证》,且在证书的有

效期及合格范围内从事焊接工作。

（2）**间断**焊接作业超过 **6 个月**，再次上岗前应**复审抽考**。

（3）年龄**超过 55 岁**的焊工，需要继续从事燃气钢质管道、设备焊接作业，**根据情况**由发证机关决定是否需要进行考试。

2. 金属管道安装质量要求

（1）管道安装应按"**先大管、后小管，先主管、后支管，先下部管、后上部管**"的原则进行。

（2）两相邻管道的纵向焊缝或螺旋焊缝之间的相互错开距离≥100mm（弧长），不得有十字形焊缝；同一管道上两条纵向焊缝之间的距离≥300mm。

（3）环焊缝不得设置在建筑物（构筑物）结构中，支架处不得有焊缝；套管或保护性地沟内的环焊缝，应**100% 无损探伤**检验。

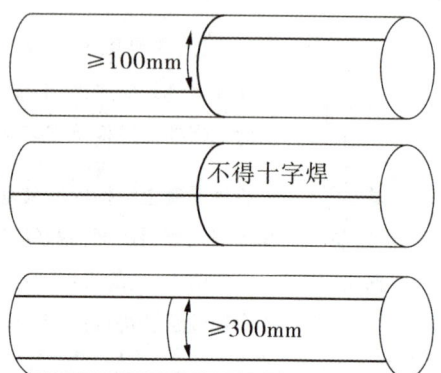

（4）严禁强行对口焊接（焊口两侧加热延伸管道长度、螺栓强力拉紧、夹焊金属填充物和使补偿器变形等）。

3. 管道焊接质量控制

（1）焊接前质量控制

①首次使用的管材、焊材及焊接方法，应进行焊接工艺评定，制定焊接工艺指导书，严格按焊接工艺指导书规定作业。

②焊件纵向焊缝端部（包括螺旋管焊缝）不得进行定位焊。为减少变形，定位焊应对称进行。

（2）焊接质量检验

焊接质量检验应按对口质量检验、外观质量检验、无损检测、强度和严密性试验的次序进行。

（3）焊缝内部质量检查

①焊缝内部质量检查的方法主要有射线检测和超声检测。

②焊缝无损检测必须由有资质的检验单位完成。

③对检验不合格的焊缝必须返修至合格，但同一部位焊缝的返修次数≤2 次，返修的焊缝长度≥50mm。

4. 聚乙烯（PE）管道连接质量控制

（1）热熔连接

①热熔工艺包括组对→清理→加热→加压对接→保压冷却→外观和翻边切除检验。

②在固定连接件时，连接件的连接端伸出夹具，伸出的自由长度≥公称外径的 10%。

③热熔对接连接完成后，对接头进行 100% 卷边对称性和接头对正性检验，应对开挖敷设不少于 15% 的接头进行卷边切除检验，水平定向钻非开挖施工进行 100% 接头卷边切除检验。

(2)电熔连接

聚乙烯管材、管件和阀门的连接在下列情况下应采用电熔连接:

①不同级别(PE80 与 PE100)。

②熔体质量流动速率差值大于等于 0.5g/(10min)(190℃,5kg)。

③焊接端部标准尺寸比(SDR 值)不同。

④公称外径小于 90mm 或壁厚小于 6mm。

(3)溢边量

电熔连接熔焊溢边量(轴向尺寸)如下表所示。

管道公称直径(mm)	50~300	350~500
溢出电熔管件边缘量(mm)	10	15

(4)冷却时间

当焊机显示电熔接口完成并达到冷却时间后方可拆除器具,冷却时间如下表所示。

聚乙烯管口径(mm)	dn315	dn200	dn160	dn110	dn75	dn50	dn32
冷却时间(s)	900	600	600	600	400	400	400

🌐 精选真题

[2017 年真题·单选] 关于聚乙烯燃气管道连接的说法,错误的是(　　)。

A. 不同标准尺寸比(SDR 值)的材料,应使用热熔连接

B. 不同级别材料,必须使用电熔连接

C. 施工前应对连接参数进行试验

D. 在热熔连接组对前,应清除表皮的氧化层

[答案]　A

[解析]　聚乙烯管材、管件和阀门的连接在下列情况下应采用电熔连接:①不同级别(PE80 与 PE100)。②熔体质量流动速率差值大于等于 0.5g/(10min)(190℃,5kg)。③焊接端部标准尺寸比(SDR 值)不同。④公称外径小于 90mm 或壁厚小于 6mm。2022 版教材此处知识点变动。故选 A。

[考点 2] 城市非开挖管道施工质量检查与验收

1. 顶管进、出工作井质量控制

洞口周围土体含地下水时,若条件允许可采取降水措施,或采取注浆等措施加固土体以封堵地下水;在拆除封门时,顶管机外壁与工作井洞圈之间应设置洞口**止水装置**,防止顶进施工时泥水渗入工作井。

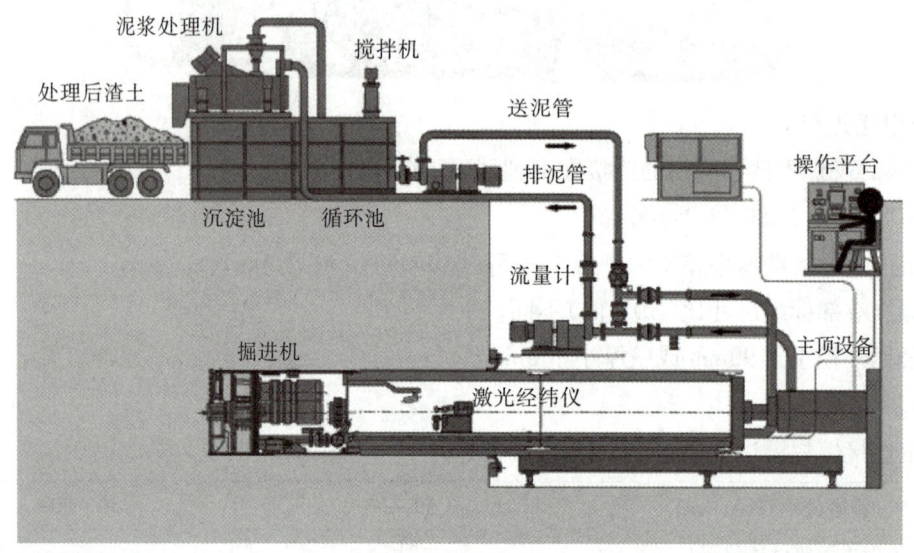

2. 顶进作业质量控制

(1)采用敞口式(手工掘进)顶管机,在允许超挖的稳定土层中正常顶进时,管下部135°范围内不得超挖,管顶以上超挖量不得大于15mm。

(2)管道顶进过程中,应遵循"**勤测量、勤纠偏、微纠偏**"的原则。

(3)开始顶进阶段,应严格控制顶进的速度和方向。

管顶超挖量控制

(4)在软土层中顶进混凝土管时,宜将前3~5节管体与顶管机**连成一体**。

(5)严格控制管道线形,对于柔性接口管道,其相邻管间转角不得大于该管材的允许转角。

[补充] 手掘式顶管工艺流程如下图所示。

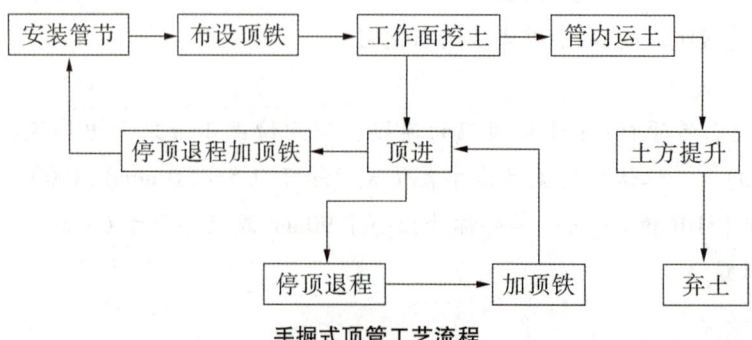

手掘式顶管工艺流程

3. 纠偏基本要领

(1)及时纠偏和小角度纠偏。

(2)挖土纠偏和调整顶进合力方向纠偏。

(3)纠偏时开挖面土体应保持稳定。

(4)刀盘式顶管机纠偏时,可采用的措施:①调整挖土方法;②调整顶进合力方向;③改变切削刀盘的转动方向;④在管内相对于机头旋转的反向增加配重等。

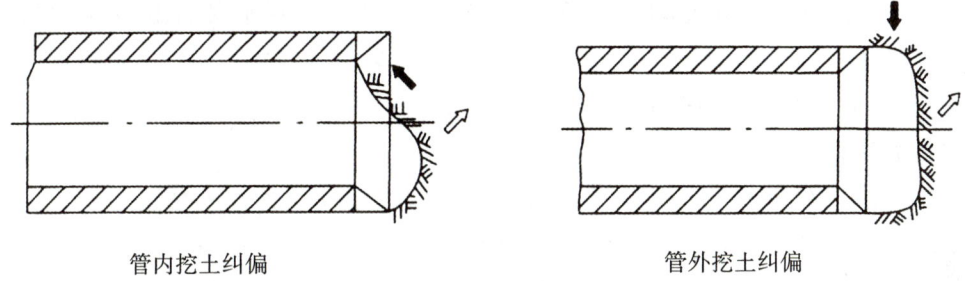

管内挖土纠偏　　　　　　　管外挖土纠偏

挖土纠偏示意图

注:⬆纠偏阻力;⇗纠偏方向。

4. 顶管管道贯通后质量控制

(1)管道两端露在工作井中的长度≥0.5m,且不得有接口;露出的混凝土管道端部应及时浇筑混凝土基础。

(2)顶管结束后进行触变泥浆置换时,采用水泥砂浆、粉煤灰水泥砂浆等易于固结或稳定性较好的浆液置换泥浆填充管外侧超挖、塌落等原因造成的空隙。

(3)钢筋混凝土管顶进结束后,管道内的管节接口间隙应按设计要求处理;设计无要求时,可采用弹性密封膏密封,其表面应抹平、不得凸入管内。

🌐 **精选真题**

[2018年真题·多选] 关于顶管顶进作业质量控制的说法,正确的是(　　)。

A. 开始顶进阶段,应严格控制顶进的速度和方向

B. 顶进过程应采取及时纠偏和小角度纠偏措施

C. 手工掘进管道下部120°范围不能超挖

D. 在稳定土层中,手工掘进管道管顶以上超挖量宜为25mm

E. 在软土层中顶进混凝土管时,宜采取防管节飘移措施

[答案]　ABE

[解析]　选项CD错误,采用敞口式(手工掘进)顶管机,在允许超挖的稳定土层中正常顶进时,管下部135°范围内不得超挖,管顶以上超挖量不得大于15mm。故选ABE。

专题 13　市政公用工程施工安全管理

备考提示▷　在学习时要重点掌握《建设工程项目管理》和《建设工程法规及相关知

识》教材上的部分安全管理知识,例如安全事故等级、安全事故处理等相关内容。因为每个专业的危险性并不一样,所以安全管理更容易结合危险性更高的桥梁工程、基坑工程等进行考核。

[考点 1] 施工安全风险识别与预防措施

1. 市政公用工程特点与安全控制重点

我国将职业伤害事故分成 20 类。最常见的有触电、机械伤害、物体打击、火灾、坍塌、高处坠落、中毒和窒息。

[速记] 电机打火坍落度(毒)。

(1)高处作业

①高处坠落是作业人员从不低于 2m 高处发生坠落造成人身伤亡的事故。

②根据高处作业人员工作时所处的部位不同,常见的高处作业坠落事故易发生在临边作业、"四口"(楼梯口、电梯口、预留洞口、通道口)作业、攀登作业、悬空作业、操作平台作业等处。

(2)影响因素

影响施工安全生产因素有人的不安全行为、物的不安全状态、作业环境的不安全因素和管理缺陷。把好安全生产"六关",即措施关、交底关、教育关、防护关、检查关、改进关。

影响因素	人的不安全行为	物的不安全状态	环境条件的控制	管理条件的控制
地位	潜在因素	主要原因	重要保障	重大影响
内容	人员的素质	安全物资的控制	工程技术环境、工程作业环境、现场自然环境、工程周边环境	加强施工安全管理

2. 安全风险等级评价

安全风险等级由安全风险发生概率等级和安全风险损失等级间的关系矩阵确定。

安全风险损失等级包括直接经济损失等级、周边环境影响损失等级以及人员伤亡等级,当三者同时存在时,以较高的等级作为该风险事件的损失等级。

(1)概率等级

风险事件发生概率的描述及等级标准应符合的规定如下表所示。

描述	等级	发生概率区间
非常可能	1 级	$0.1 \leqslant P \leqslant 1$
可能	2 级	$0.01 \leqslant P < 0.1$
偶尔	3 级	$0.001 \leqslant P < 0.01$
不太可能	4 级	$0 \leqslant P < 0.001$

(2)损失等级

风险事件发生后果的描述及等级标准应符合的规定如下:

①直接经济损失等级

损失等级	1级	2级	3级	4级
经济损失(万元)	$EL \geq 10000$	$5000 \leq EL < 10000$	$1000 \leq EL < 5000$	$EL < 1000$

注：EL = 经济损失。

②周边环境影响损失等级

损失等级	涉及范围	影响程序描述
1级	很大	周边环境发生严重污染或破坏
2级	大	周边环境发生较重污染或破坏
3级	一般	周边环境发生轻度污染或破坏
4级	很小	周边环境发生少量污染或破坏

注：周边环境指自然环境、周边场地及邻近建(构)筑物、市政设施等。

③人员伤亡等级

损失等级	死亡人数 x(人)	重伤人数 y(人)
4级	$x < 3$	$y < 10$
3级	$3 \leq x < 10$	$10 \leq y < 50$
2级	$10 \leq x < 30$	$50 \leq y < 100$
1级	$x \geq 30$	$y \geq 100$

注：重伤人数包括急性中毒人数。

(3)风险等级确定及接收准则

①通过风险概率和风险损失综合评估得出的风险等级应符合下表的规定。

风险等级		损失等级			
		1	2	3	4
概率等级	1	Ⅰ级	Ⅰ级	Ⅱ级	Ⅱ级
	2	Ⅰ级	Ⅱ级	Ⅱ级	Ⅲ级
	3	Ⅱ级	Ⅱ级	Ⅲ级	Ⅲ级
	4	Ⅱ级	Ⅲ级	Ⅲ级	Ⅳ级

②工程建设风险事件按照不同风险程度可分为4个等级，不同风险等级的风险接受准则各不相同，应符合的规定如下表所示。

风险等级	风险描述	接受准则
Ⅰ级	风险最高，风险后果是灾难性的，并造成恶劣的社会影响和政治影响	完全不可接受，应立即排除

风险等级	风险描述	接受准则
Ⅱ级	风险较高,风险后果很严重,可能在较大范围内造成破坏或有人员伤亡	不可接受,应立即采取有效的控制措施
Ⅲ级	风险一般,风险后果一般,对工程可能造成破坏的范围较小	允许在一定条件下发生,但必须对其进行监控并避免其风险升级
Ⅳ级	风险较低,风险后果在一定条件下可忽略,对工程本身以及人员等不会造成较大损失	可接受,但应尽量保持当前风险水平和状态

◉ **精选真题**

[2017年真题·多选] 工程施工过程中,影响施工安全生产的主要环境因素有(　　)。

A. 水文地质　　　　　　　　　B. 项目人文氛围
C. 防护设施　　　　　　　　　D. 冬雨期施工
E. 邻近建(构)筑物

[答案] ACDE

[解析] 环境因素包括工程技术环境(地质、水文、气象);工程作业环境(作业面大小、防护设施、通风、通信);现场自然环境(冬雨期);工程周边环境[邻近地下管线、建(构)筑物]。故选ACDE。

[考点 2] **施工安全生产管理要点**

认真贯彻"安全第一,预防为主,综合治理"的安全生产方针。企业必须取得行业主管部门颁发的"安全生产许可证",工程项目取得"建设工程施工许可证"方可开工。

1. 安全生产管理体系

项目部应建立以项目负责人为组长的安全生产领导小组。实行施工总承包的,应成立由总承包、专业承包和劳务分包企业的项目经理、技术负责人和专职安全生产管理人员组成的安全管理领导小组。

(1)建筑施工企业安全生产管理机构专职安全生产管理人员的配备应满足下表要求,并应根据企业经营规模、设备管理和生产需要予以增加。

①建筑工程、装修工程按照建筑面积配备

建筑面积(万 m²)	<1	1~5	>5
专职安全员数量(人)	≥1	≥2	≥3

②土木工程、线路管道、设备安装工程按照合同价格配备

合同价	<5000万元	5000万~1亿元	≥1亿元
专职安全员数量(人)	≥1	≥2	≥3

③按建设施工承包资质序列企业配备

承包单位	特级资质(人)	一级资质(人)	二级和二级以下(人)
总承包	≥6	≥4	≥3
专业承包	—	≥3	≥2

(2)分包单位配备项目专职安全生产管理人员应当满足下表要求。

施工人员数量	专业承包单位	劳务分包单位		
	依据工程量、危险程度	≤50	50~200	≥200
专职安全员数量(人)	≥1	1	2	≥3,且不低于工程施工人员总人数的0.5%

(3)总承包人对分包人的安全生产责任包括:

①审查分包人的安全施工资格和安全生产保证体系,不应将工程分包给不具备安全生产条件的分包人;

②在分包合同中应明确分包人安全生产责任和义务;

③对分包人提出安全要求,并认真监督,检查;

④对违反安全规定冒险蛮干的分包人,应令其停工整改;

⑤总承包人应统计分包人的伤亡事故,按规定上报,并按分包合同约定协助处理分包人的伤亡事故。

(4)分包人安全生产责任应包括:

①分包人对本施工现场的安全工作负责,认真履行分包合同规定的安全生产责任;

②遵守总承包人的有关安全生产制度,服从总承包人的安全生产管理,及时向总承包人报告伤亡事故并参与调查,处理善后事宜。

③实行总承包的项目,安全控制由总承包人负责,分包人应服从总承包人管理,落实总承包企业的安全生产要求。

2. 安全生产许可证

安全生产许可证有效期为3年,应当在安全生产许可证有效期届满前3个月内,经所在企业向原考核机关申请证书延续。准予证书延续的,证书有效期延续3年。

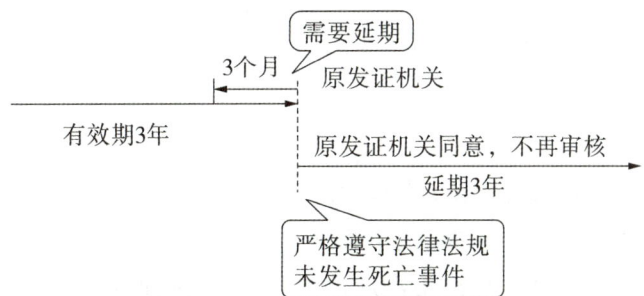

[提示] 安全生产许可证与施工许可证的区别。

类别	办理单位	颁发部门	对象	有效期
安全生产许可证	施工单位	建设主管单位	企业	3年
施工许可证	建设单位	建设行政主管单位	项目	一次性

3. 安全生产责任制

安全生产责任制是安全制度中最基本的一项制度。

(1)项目负责人:项目工程安全生产第一责任人,负全面领导责任。

(2)项目生产安全负责人:对项目的安全生产负直接领导责任,协助项目负责人落实。

(3)项目技术负责人:对项目的安全生产负技术责任。

(4)专职安全员:负责安全生产,监督检查;发现隐患,及时向项目负责人和安全生产管理机构报告;制止违章指挥、作业。

(5)施工员(工长):所管辖区域范围内安全生产第一负责人。

4. 安全教育培训

(1)项目安全培训教育率应实现100%。

人员	考核部门	任职条件
主要负责人、项目负责人、专职安全生产管理人员	建设行政主管部门或者其他有关部门	考核合格后方可任职
项目经理、专职安全员和特种作业人员	行业主管部门	考核合格,取得相应资格证书,方可上岗作业,并按规定年限进行延期审核

(2)项目应建立安全培训教育制度,对管理人员和作业人员的安全培训教育情况记入档案。安全培训教育考核不合格的人员,不得上岗。

(3)新进场的工人,必须接受**公司(15h)**、**项目(15h)**、**班组(20h)**的三级安全培训教育,经考核合格后方能上岗。

(4)企业管理人员和作业人员应每年接受安全教育,教育培训时间如下表所示。

人员	企业法人代表、项目经理	专职安全管理人员(持证上岗)	其他管理人员和技术人员	特殊工种	其他职工	重新上岗职工
时长	每年30学时	每年40学时	每年20学时	每年20学时	每年15学时	上岗前20学时

(5)其他安全培训教育:①班前安全活动交底;②季节性施工安全教育;③节假日安全教育;④特殊情况安全教育。

5. 应急救援预案与组织计划

(1)项目部制定施工现场生产安全事故应急救援预案。实行施工总承包的由总承包单位统一组织编制建设工程生产安全事故应急预案。

(2)应急预案分为综合应急预案、专项应急预案和现场处置方案。根据事故风险特点,演练计划如下表所示。

第8章 市政公用工程项目施工管理

名称	综合应急预案	专项应急预案	现场处置方案
演练计划	每年至少组织一次	每年至少组织一次	每半年至少组织一次

(3)应急预案自发布之日起20个工作时内,按照分级属地原则,向上级单位和属地应急管理部门及其他负有安全生产监督管理职责的部门备案。

⊕ 精选真题

[2018年真题·案例节选]

背景资料

某公司承建一项城市污水管道工程,管道全长1.5km,采用DN1200mm的钢筋混凝土管,管道平均覆土深度约6m……

为加快施工进度,项目部拟增加现场作业人员。

[问题]

写出新进场工人上岗前应具备的条件。

[答案]

新进场的工人,必须接受公司、项目、班组的三级安全培训教育,经考核合格后,方能上岗。

[考点3] 施工安全检查的内容和形式

1. 安全检查的内容

安全检查的内容包括安全生产责任制、安全保证计划、安全组织机构、安全保证措施、安全技术交底、安全教育、安全持证上岗、安全设施、安全标识、操作行为、违规管理、安全记录等。

2. 安全检查的形式

项目部安全检查可分为定期检查、日常性检查、专项检查、季节性检查等多种形式。

形式	组织	频率
定期检查	项目负责人组织专职安全员、相关管理人员	每周、每月
日常性检查	项目专职安全员	每天
专项检查	项目负责人组织专业技术人员、专项作业负责人和相关专职部门	每月
季节性检查	项目部	综合冬雨期施工

[补充] (1)生产安全事故的报告:民报官为1h;官报官为2h。

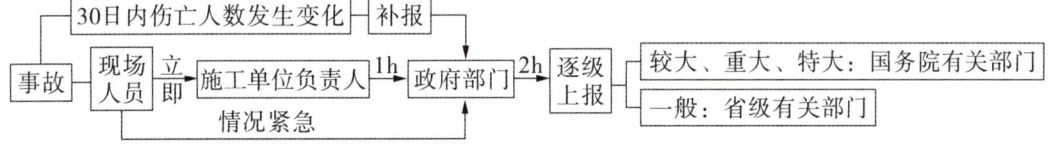

(2)事故调查与事故调查报告

报告	性质	报告者	报告时限
事故报告	大概	事故发生单位	1h内(时间紧)
事故调查报告	详细、肯定	事故调查组	60日+60日(时间充裕)

🌐 精选真题

[2018年真题·单选] 下列属于专项安全检查内容的是(　　)。

A. 临时用电检查　　　　　　　　B. 防洪防汛检查
C. 防暑降温检查、防风检查　　　D. 班组班前检查

[答案] A

[解析] 专项检查主要由项目专业人员开展施工机具、临时用电、防护设施、消防设施等专项安全检查。选项BC属于季节性检查。选项D属于定期检查。故选A。

专题14　明挖基坑施工安全事故预防

备考提示▷ 本专题的命题形式以案例题为主。建议考生在学习时结合城市轨道交通工程技术部分的明挖基坑施工知识点理解记忆。

[考点] 防止基坑坍塌、淹埋的安全措施

基坑工程施工过程中的风险主要是基坑坍塌和淹埋,防止基坑坍塌和淹埋是基坑施工的重要任务。

根据土的分类和力学指标、开挖深度等确定边坡坡度(放坡开挖时),或根据土质、地下水情况及开挖深度等确定支护结构方法(采用支护开挖时)。

(1)基坑周围堆放物品的规定:
①支护结构达到设计强度要求前,严禁在设计预计的滑裂面范围内堆载。
②支撑结构上不应堆放材料和运行施工机械。

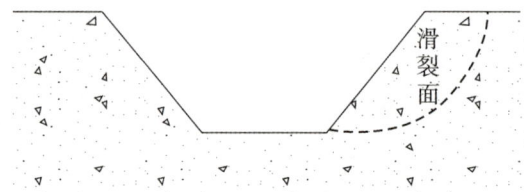

③材料堆放、挖土顺序、挖土方法等应减少对周边环境、支护结构、工程桩等的不利影响。
④基坑开挖的土方不应在邻近建筑及基坑周边影响范围内堆放,并应及时外运。
⑤基坑周边必须进行有效防护,设置警示标志和限重牌,严禁堆放大量的物料。

⑥建筑基坑周围6m以内不得堆放阻碍排水的物品或垃圾,保持排水畅通。

⑦开挖料运至指定地点堆放。

[提示] "基坑周围堆放物品规定"的归纳:材料(材)+机械(机)+土石方(土)。

材+土:①禁堆滑裂面;②不堆坑周6m,保排水通畅;③堆放减小对周边环境影响。

材+机:①不堆支撑。

土:①自身稳定及对周边环境影响验算;②及时外运至指定地点堆放。

(2)严格按设计要求开挖和支护:①严禁超挖(发生异常情况时,应立即停止挖土,并应立即查清原因且采取措施,正常后方能继续挖土。基坑开挖过程中,必须采取措施防止碰撞支撑、围护桩或扰动基底原状土);②在制定开挖方案时,要尽量缩短基坑开挖卸荷的尺寸及无支护暴露时间,减少开挖过程中的土体扰动范围。

🌐 精选真题

1.[2019年真题·案例节选]

背景资料

……………

为防止围护变形,项目部制定了开挖和支护的具体措施:

(1)开挖范围及开挖、支撑顺序均应与围护结构设计工况相一致。

(2)挖土要严格按照施工方案规定进行。

(3)软土基坑必须分层均衡开挖。

(4)支护与挖土要密切配合,严禁超挖。

[问题]

补充完善开挖和支护的具体措施。

[答案]

具体措施:①基坑发生异常情况时,应立即停止挖土,并应立即查清原因且采取措施,正常后方能继续挖土。②基坑开挖过程中必须采取措施,防止碰撞支撑、围护结构或扰动基底原状土。

2.[2018年真题·案例节选]

背景资料

在基坑开挖安全控制措施中,对水池施工期间基坑周围物品堆放做了如下详细规定:

(1)支护结构达到强度要求前,严禁在滑裂面范围内堆载;

(2) 支撑结构上不应堆放材料和运行施工机械;
(3) 基坑周边要设置堆放物料的限重牌。

[问题]

施工方案中,基坑周围堆放物品的相关规定不全,请补充。

[答案]

关于基坑周围堆放物品的相关规定还应补充:①基坑开挖的土方不应在周边影响范围内堆放,应及时外运。②基坑周边6m以内不得堆放阻碍排水的物品或垃圾。

专题15　市政公用工程竣工验收备案

备考提示 ▷ 市政公用工程施工竣工验收与备案中,关于竣工验收程序、竣工验收备案、报告文件的内容等可以采取简答、补充方式考查。

[考点1]　工程竣工验收规定

1. 施工质量验收程序

工程项目		组织者	参与人员
检验批及分项工程		专业监理工程师	施工单位项目专业质量(技术)负责人
分部工程(子分部)		总监理工程师	施工单位项目负责人和项目技术、质量负责人
涉及重要部位的地基与基础、主体结构、主要设备等分部工程			勘察、设计单位项目负责人
单位工程	自检	施工单位	有关人员
	预验收	总监理工程师	各专业监理工程师
	竣工验收	建设单位(项目)负责人	施工(含分包单位)、设计、勘察、监理等单位的(项目)负责人

[提示]　(1)验收程序:检验批验收(专监组织;按主控项目、一般项目验收)→分项工程验收(专监组织)→分部工程验收(总监组织)→单位工程验收(竣工验收;建设单位(项目)负责人组织)。

(2)工程竣工报告≠竣工验收报告。

2. 施工质量验收基本规定

(1)检验批的质量按主控项目和一般项目验收。

(2)工程质量的验收均应在施工单位自检、评定合格的基础上进行。

(3)隐蔽工程在隐蔽前由施工单位通知监理工程师进行验收并形成文件,验收合格后方可继续施工。

(4)单位工程要求验收人员有中级以上技术职称,5年以上相关工作经历;签字人员为各方项目负责人。

(5) 见证取样——涉及结构安全和使用功能的试块、试件以及有关材料；抽样检测——涉及结构安全、使用功能、节能、环保等重要分部工程。

[提示]　(1) 在制定检验批的抽样方案时，可按下表规定采取。

项目	生产风险 α	使用风险 β
主控项目	≤5%	≤5%
一般项目	≤5%	≤10%

(2) 见证取样检测：

①取样：施工单位＋现场＋随机取样。②见证：监理单位或建设单位。③检测：具有见证取样检测资质的检测机构。

(6) 工程的观感质量应由验收人员现场检查，并应共同确认。

3. 施工质量验收不符合要求的处理

工程项目	处理方式	验收情况
验收批	返工返修	重新验收
	由有资质检测单位鉴定达到设计要求	予以验收
	原设计单位验算满足结构安全和使用功能	予以验收
分项分部	返修/加固处理后，满足结构安全和使用功能	按技术处理方案和协商文件验收
分部单位	返修/加固后，不满足结构安全和使用功能	严禁验收

🌐 精选真题

[2020 年真题·多选] 关于工程竣工验收的说法，正确的有(　　)。

A. 重要部位的地基与基础，由总监理工程师组织，施工单位、设计单位项目负责人参加验收

B. 检验批及分项工程，由专业监理工程师组织施工单位专业质量或技术负责人验收

C. 单位工程中的分包工程，由分包单位直接向监理单位提出验收申请

D. 整个建设项目验收程序为：施工单位自验合格，总监理工程师预验收认可后，由建设单位组织各方正式验收

E. 验收时，对涉及结构安全、使用功能等重要的分部工程，需提供抽样检测合格报告

[答案]　BDE

[解析]　选项 A 错误，分部工程(子分部)应由总监理工程师组织施工单位项目负责人和项目技术、质量负责人等进行验收。对于涉及重要部位的地基与基础、主体结构、主要设备等分部(子分部)工程，其勘察、设计单位工程项目负责人也应参加验收。选项 C 错误，单位工程中的分包工程完工后，分包单位应对所承包的工程项目进行自检，并应按本标准规定的程序进行验收。验收时，总包单位应派人参加。故选 BDE。

[考点 2] 工程档案编制与管理

1. 工程档案编制

(1) 工程文件应字迹清楚,图样清晰,图表整洁,签字盖章手续完备。

(2) 利用施工图改绘竣工图,必须标明变更修改依据;凡施工图结构、工艺、平面布置等有重大改变,或变更部分超过图面1/3的,应当重新绘制竣工图。

(3) 所有竣工图均应加盖竣工图章。

2. 建设单位的工程档案管理

(1) 收集和整理工程准备阶段、竣工验收阶段形成的文件,并应进行立卷归档;

(2) 收集汇总勘察、设计、施工、监理等单位立卷归档的工程档案;

(3) 停建、缓建工程的档案,暂由建设单位保管。

(4) **建设单位**在工程竣工验收后**3个月内**,向当地**城建档案馆**移交一套符合规定的工程档案。

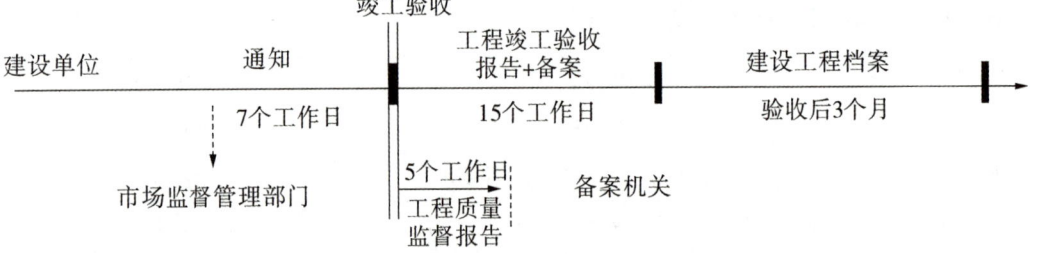

3. 其他单位的工程档案管理

勘察、设计、施工、监理	工程城建档案管理机构
(1) 本单位形成的工程文件立卷后向建设单位移交; (2) 工程项目实行总承包的,工程文件由分包单位→总包单位→建设单位移交; (3) 工程项目由几个单位承包的,工程文件由各承包单位→建设单位	建设单位应在工程竣工验收备案前向城建档案管理机构移交工程档案,并提交移交案卷目录,办理移交手续,双方签字、盖章后方可交接

[提示] (1) 施工资料移交:分包单位→总包单位→建设单位→城建档案馆。

(2) 工程电子文件存储格式表

文件类别	文本(表格)文件	图像文件	图形文件	影像文件	声音文件
格式	PDF、XMLTXT	JPEG、TIFF	DWG、PDF、SVG	MPEG2、MPEG4、AV1	MP3、WAV

🌐 精选真题

[2018年真题·单选] 根据《建设工程文件归档规范》(GB/T 50328—2014)的规定,停建、缓建工程的档案可暂由( )保管。

A. 监理单位　　　　　　　　B. 建设单位
C. 施工单位　　　　　　　　D. 设计单位

[答案] B

[解析] 停建、缓建建设工程的档案,可暂由建设单位保管。故选B。

强化练习

一、单项选择题

1. 投标保证金属于投标文件组成中的( )内容。
   A. 商务部分　　B. 经济部分
   C. 技术部分　　D. 其他部分

2. 由于不可抗力事件导致的费用中,属于承包人承担的是( )。
   A. 工程本身的损害
   B. 施工现场用于施工的材料损失
   C. 承包人施工机械设备的损坏
   D. 工程所需清理、修复费用

3. 索赔的最终报告不包含( )。
   A. 索赔申请表
   B. 批复的索赔意向书
   C. 编制说明
   D. 招标文件及合同

4. 在施工中常见的风险种类与识别中,水电、建材不能正常供应属于( )。
   A. 工程项目的经济风险
   B. 业主资格风险
   C. 外界环境风险
   D. 隐含的风险条款

5. 施工成本目标控制的依据是( )。
   A. 工程承包合同
   B. 项目目标管理责任书
   C. 工程质量管理计划
   D. 企业的项目管理规定

6. 不属于施工组织设计内容的是( )。
   A. 施工成本计划
   B. 施工总体部署
   C. 质量保证措施
   D. 施工方案

7. 根据《危险性较大的分部分项工程管理规定》,下列需要进行专家论证的是( )。
   A. 起吊重力 200kN 及以下的起重机械安装和拆卸工程
   B. 分段架体搭设高度 20m 及以上的悬挑式脚手架工程
   C. 搭设高度 6m 及以下的混凝土模板支撑工程
   D. 重力 800kN 的大型结构整体顶升、平移、转体施工工艺

8. 施工现场的围挡一般应高于( )m,在市区主要道路内应高于( )m,且应符合当地有关主管部门的规定。
   A. 1.6;2　　　　B. 1.6;2.5
   C. 0.8;2　　　　D. 1.8;2.5

9. 在施工现场入口处设置的戴安全帽的标志,属于( )。
   A. 警告标志　　B. 指令标志
   C. 指示标志　　D. 禁止标志

10. 某市政工程网络计划如下图所示,其关键线路是( )。

    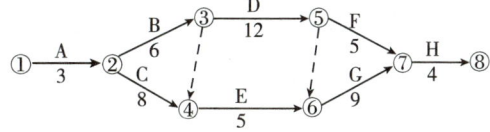

    A. ①→②→③→⑤→⑦→⑧
    B. ①→②→③→⑤→⑥→⑦→⑧
    C. ①→②→③→④→⑥→⑦→⑧
    D. ①→②→④→⑥→⑦→⑧

11. 对单项工程验收进行预验收的是( )

单位。
A. 施工　　　　　B. 建设
C. 监理　　　　　D. 设计

12. 组织单位工程竣工验收的是(　　)。
A. 施工单位　　　B. 监理单位
C. 建设单位　　　D. 质量监督机构

二、多项选择题

1. 市政工程投标文件经济部分内容有(　　)。
A. 投标保证金
B. 已标价的工程量
C. 投标报价
D. 资金风险管理体系及措施
E. 拟分包项目情况

2. 按照来源性质分类,施工合同风险有(　　)。
A. 技术风险　　　B. 项目风险
C. 地区风险　　　D. 商务风险
E. 管理风险

3. 下列选项中属于施工技术方案的主要内容有(　　)。
A. 施工机具　　　B. 施工组织
C. 作业指导书　　D. 网络技术
E. 施工顺序

4. 下图为某道路工程施工进度计划网络图,总工期和关键线路正确的有(　　)。

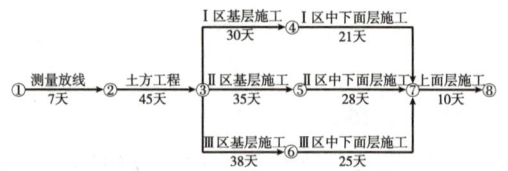

A. 总工期 113 天
B. 总工期 125 天
C. ①→②→③→④→⑦→⑧
D. ①→②→③→⑤→⑦→⑧
E. ①→②→③→⑥→⑦→⑧

5. 下列施工安全检查项目中,属于季节性专项检查的有(　　)。
A. 防暑降温　　　B. 施工用电
C. 高处作业　　　D. 防台防汛
E. 防冻防滑

6. 竣工时,需移交建设单位保管的施工资料有(　　)。
A. 设计变更通知单
B. 施工日志
C. 施工安全检查记录
D. 隐蔽工程检查验收记录
E. 工程测量复验记录

三、实务操作与案例分析题

案例(一)

背景资料

某公司中标修建城市新建主干道,全长2.5km,双向四车道,其结构从下至上为:20cm厚石灰稳定碎石底基层,38cm水泥稳定碎石基层,8cm厚粗粒式沥青混合料底面层,6cm厚中粒式沥青混合料中面层,4cm厚细粒式沥青混合料表面层。

项目部编制的施工机械计划表列有挖掘机、铲运机、压路机、洒水车、平地机、自卸汽车。施工方案中:石灰稳定碎石底基层直线段由中间向两边、曲线段由外侧向内侧的方式进行碾压;沥青混合料摊铺时应对温度随时检查;用轮胎压路机初压,碾压速度控制在1.5~2.0km/h。

施工现场设立了公示牌:工程概况牌、安全生产文明施工牌、安全纪律牌。

项目部将20cm厚石灰稳定碎石底基层、38cm厚水泥稳定碎石基层、8cm厚粗粒式沥青混合料底面层、6cm厚中粒式沥青混合料中面层、4cm厚细粒式沥青混合料表面层等五个施工过程分别用Ⅰ、Ⅱ、Ⅲ、Ⅳ、Ⅴ表示,Ⅰ、Ⅱ两项划分成四个施工段即①、②、③、④。

Ⅰ、Ⅱ两项在各施工段上持续时间如表1所示。

表1 各施工段的持续时间

施工过程	持续时间(周)			
	①	②	③	④
Ⅰ	4	5	3	4
Ⅱ	3	4	2	3

Ⅲ、Ⅳ、Ⅴ不分施工段连续施工,持续时间均为1周。

项目部按施工持续时间连续、均衡作业,不平行、搭接施工的原则安排了施工进度计划,如表2所示。

表2

施工过程	施工进度(周)																					
	1	2	3	4	5	6	7	8	9	10	11	12	13	14	15	16	17	18	19	20	21	22
Ⅰ		①					②															
Ⅱ								①														
Ⅲ																						
Ⅳ																						
Ⅴ																						

[问题]

1. 除背景内容外,现场还应设立哪些公示牌?
2. 请按背景中要求和表2形式,用横道图表示,画出完整的施工进度计划表,并计算工期。

案例(二)

背景资料

某项目部针对一个施工项目编制网络计划图,下图是计划图的一部分:

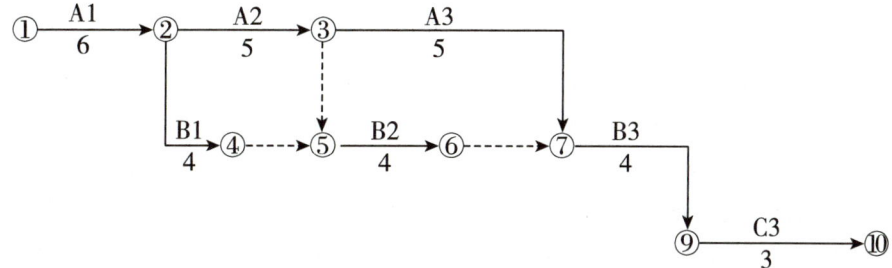

局部网络计划图

该网络计划图其余部分计划工作及持续时间见下表：

网络计划图其余部分的计划工作及持续时间

工作	紧前工作	紧后工作	持续时间
C1	B1	C2	3天
C2	C1	C3	3天

项目部对编制的网络计划图进一步检查时发现有一处错误，C2工作必须在B2工作完成后方可施工。经调整后的网络计划图由监理工程师确认满足合同工期要求，最后在项目施工中实施。

A3工作施工时，由于施工单位设备事故延误了2天。

[问题]

1. 按背景资料给出的计划工作及持续时间表补全网络计划图的其余部分。
2. 发现C2工作必须在B2工作完成后施工，网络计划图应如何修改？
3. 给出最终确认的网络计划图的关键线路和工期。
4. A3工作（设备事故）延误的工期能否索赔？说明理由。

案例（三）

背景资料

某公司承建一段区间隧道……

隧道掘进过程中，突发涌水，导致土体坍塌事故，造成3人重伤。现场管理人员立即向项目经理报告，项目经理组织有关人员封闭事故现场，采取措施控制事故扩大，开展事故调查，并对事故现场进行清理，将重伤人员送医救治……

[问题]

1. 根据《生产案例事故报告和调查处理条例》规定，本次事故属于哪种等级？指出事故调查组织形式的错误之处，说明理由。
2. 分别指出事故现场处理方法、事故报告的错误之处，并给出正确做法。

参考答案及解析

一、单项选择题

1. A [解析]投标文件通常由商务部分、经济部分和技术部分等组成。投标保证金属于投标文件组成中的商务部分内容。故选A。

2. C [解析]不可抗力的原则是谁的损失谁负责，选项C中承包人的施工机械损坏应当是承包人自己负责。故选C。

3. D [解析]索赔的最终报告包括索赔申请表、批复的索赔意向书、编制说明、附件。故选D。

4. C [解析]外界环境的风险包括政治、经济、法律、现场条件、水电供应、建材供应不能保证、自然环境等。故选C。

5. A [解析]施工成本目标控制主要依据有工程承包合同、施工成本计划、进度报告和工程变更。故

6. A　[解析]施工组织设计的主要内容包括:工程概况与特点;施工总体部署(主要工程目标、总体组织安排、总体施工安排、施工进度计划及总体资源配置);施工现场平面布置;施工准备;施工技术方案;施工保证措施[进度保证、质量保证、安全管理、环境保护及文明施工管理、成本控制、季节性施工、交通组织、建(构)筑物及文物保护、应急]。故选 A。

7. B　[解析]选项 A 错误,起吊重力 300kN 及以上,或搭设总高度 200m 及以上,或搭设基础标高在 200m 及以上的起重机械安装和拆卸工程。选项 B 错误,搭设高度 8m 及以上,或搭设跨度 18m 及以上,或施工总荷载(设计值)15kN/m 及以上,或集中线荷载(设计值)20kN/m 及以上的混凝土模板支撑工程。选项 D 错误,重力 1000kN 及以上的大型结构整体顶升、平移、转体等施工工艺。故选 B。

8. D　[解析]施工现场的围挡一般应高于 1.8m,在市区主要道路内应高于 2.5m,且应符合当地主管部门的有关规定。故选 D。

9. B　[解析]应当根据危险部位的性质不同,设置不同的安全警示标志。在施工现场入口处设置的戴安全帽的标志属于指令标志。故选 B。

10. B　[解析]总工期为 3+6+12+9+4=34(天),总工期最长的线路为关键线路。故选 B。

11. C　[解析]单位工程完工后,施工单位应组织有关人员进行自评。总监理工程师应组织专业监理工程师对工程质量进行竣工预验收,对存在的问题,应由施工单位及时整改。整改完毕后,由施工单位向建设单位提交工程竣工报告,申请工程竣工验收。故选 C。

12. C　[解析]建设单位收到工程竣工报告后,应由建设单位(项目)负责人组织施工(含分包单位)、设计、勘察、监理等单位(项目)负责人进行单位工程验收。故选 C。

二、多项选择题

1. BCE　[解析]市政工程投标文件经济部分包括投标报价、已标价的工程量、拟分包项目情况等。故选 BCE。

2. ADE　[解析]从风险的来源性质可分为政治风险、经济风险、技术风险、商务风险、公共关系风险和管理风险等。故选 ADE。

3. ABE　[解析]施工技术方案主要内容包括施工方法、施工机具、施工组织、施工顺序、现场平面布置、技术组织措施。故选 ABE。

4. BDE　[解析]①→②→③→⑤→⑦→⑧与①→②→③→⑥→⑦→⑧,总工期均为 125 天,总工期持续时间最长的线路为关键线路。故选 BDE。

5. ADE　[解析]季节性检查是针对施工所在地气候特点,可能给施工带来的危害而组织的安全检查,如雨期的防汛、冬期的防冻等。主要是项目部结合冬雨期的施工特点开展的安全检查。故选 ADE。

6. ADE　[解析]移交建设单位保管的施工资料:竣工图表;施工图纸会审记录、设计变更和技术核定单;材料、构件的质量合格证明;隐蔽工程检查验收记录;工程质量检查评定和质量事故处理记录、工程测量复检及预验收记录、工程质量检验评定资料、功能性试验记录等;主体结构和重要部位的试件、试块、材料试验、检查记录;永久性水准点的位置、构造物在施工中测量定位记录,有关试验观测记录;其他有关该项工程的技术决定;设计变更通知单、洽商记录;工程竣工验收报告与验收证书。故选 ADE。

三、实务操作与案例分析题

案例(一)

1. 现场还需补充的公示牌:管理人员名单及监督电话牌、消防安全牌、安全生产牌以及施工现场总平面图等。

2. 完善后的横道图如下图所示。

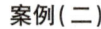

工期应为22周。

案例(二)

1.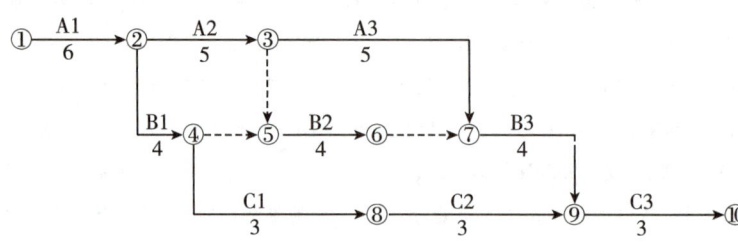

2.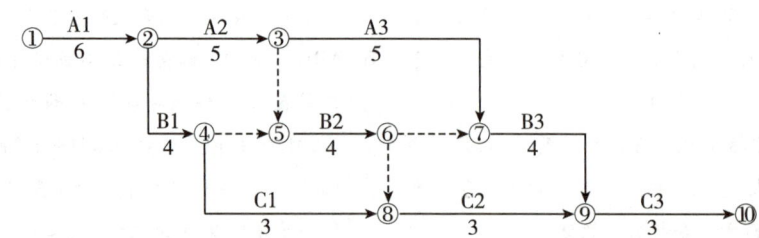

3. 网络进度图的工期为 $6+5+5+4+3=23$(天)。

   关键线路为：$A1 \to A2 \to A3 \to B3 \to C3$(①→②→③→⑦→⑨→⑩)

4. 不能索赔；因为设备事故是施工单位责任。

案例(三)

1. (1)本次事故造成3人重伤，属于一般事故。一般事故是指造成3人以下死亡，或10人以下重伤，或者1000万元以下直接经济损失的事故。

   (2)错误之处：事故调查由项目经理组织。

   理由：一般事故由事故发生地县级人民政府负责调查。其中未造成人员伤亡的，县级人民政府也可委托事故发生单位组织事故调查组进行调查。

2. 错误之处一：项目经理未向本单位负责人报告。

   正确做法：事故发生后，事故现场有关人员(项目经理)应当立即向本单位负责人报告；单位负责人接到报告后，应当于1h内向事故发生地县级以上人民政府安全生产监督管理部门和负有安全生产监督管理职责的有关部门报告。情况紧急时，事故现场有关人员可以直接向事故发生地县级以上人民政府安全生产监督管理部门和负有安全生产监督管理职责的有关部门报告。

   错误之处二：项目经理组织有关人员封闭事故现场并对事故现场进行清理。将重伤人员送医救治。

   正确做法：项目经理无权组织调查，更不能清理现场。事故发生地有关地方人民政府、安全生产监督管理部门和负有安全生产监督管理职责的有关部门接到事故报告后，其负责人应当立即赶赴事故现场，组织事故救援。有关单位和人员应当妥善保护事故现场以及相关证据，任何单位和个人不得破坏事故现场、毁灭相关证据。

第 9 章　市政公用工程项目施工相关法规与标准

考情概述

市政实务中法规与标准均为概念性考点,此部分内容在考纲中所占篇幅较低,考试中一般以考查相关技术标准的选择题目为主。考查内容均为基础性知识。本章知识点在近 5 年考试中平均为 1 分左右。考查频率较低,不做重点记忆。以理解熟悉为主,冲刺阶段针对重点内容加强记忆和巩固。

扫码领取视频课程

近 5 年考试真题分值统计表　　　　　　（单位:分）

序号	专题名	2022	2021	2020	2019	2018
1	相关法律法规	0	—	—	—	—
2	相关技术标准	0	1	1	0	0

思维导图

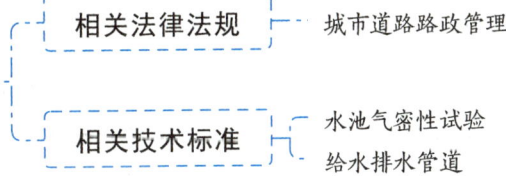

核心考点

专题 1　相关法律法规

备考提示▷ 本专题的学习重点为城市道路路政管理中的占用与挖掘,主要在案例题中考核,备考时建议考生在理解的基础上学习。

[考点]　城市道路路政管理

城市路政管理,包括掘路管理、占用路面管理,以及对人为损坏道路的管理。

1. 城市道路挖掘管理

(1)城市道路挖掘情形及后果如下表所示。

情形	后果
未经市政工程行政主管部门和公安交通管理部门批准	任何单位或者个人不得占用或者挖掘城镇道路
特殊情况需要挖掘	经县级以上城市人民政府批准

(续表)

情形	后果
经批准挖掘城市道路的	在施工现场设置明显标志和安全防护设施
竣工后	及时清理现场,通知市政工程行政主管部门验收

(2)因工程建设需要挖掘城市道路的,应当持城市规划部门批准签发的文件和有关设计文件,到市政工程行政主管部门和公安交通管理部门办理审批手续,方可按照规定挖掘。

(3)新建、扩建、改建的城市道路交付使用后5年内、大修的城市道路竣工后3年内不得挖掘。

2. 城市道路路面占用管理

(1)城市道路路面占用情形及后果如下表所示。

情形	特殊情况需要临时占用	经批准临时占用城市道路	占用期满后	损坏城市道路
后果	经市政工程行政主管部门和公安交通管理部门批准	不得损坏城市道路	及时清理占用现场,恢复城市道路原状	修复或者给予赔偿

(2)城市道路路面占用的禁止事项如下表所示。

范围	禁止	项目
城市道路范围	擅自占用或者挖掘	城市道路
城市道路上	擅自建设	建筑物、构筑物
桥梁或者路灯设施上	擅自设置	广告牌或者其他挂浮物
禁止其他损害、侵占城市道路的行为		

[提示] 市政公用工程施工影响到其他行业的审批部门:

(1)城市道路:

①占、挖、跨、穿:市政工程行政主管部门+公安交通管理部门。②挖:①的部门+城镇规划部门。

(2)城市绿地:城市绿化行政主管部门(办理临时用地手续)。

(3)其他行业:"背景资料"中影响到的其他行业名称+"管理部门"。

🌐 精选真题

[2017年真题·案例节选]

背景资料

…………

施工前,项目部编制了浅埋暗挖隧道下穿道路专项施工方案,拟在工作竖井位置占用部分机动车道搭建临时设施,进行工作竖井施工和出土,施工安排3个竖井同时施作,隧道相向开挖以满足工期要求。

[问题]

工作竖井施工前项目部应向哪些部门申报、办理哪些报批手续?

[答案]

需要办理的手续和部门:

①工作竖井施工前,项目部应向交通管理和道路管理部门申报交通导行方案。

②需要临时占用城市道路的,须经市政工程行政主管部门和公安交通管理部门批准。

③因工程建设需要挖掘城市道路的,应当持城市规划部门批准签发的文件和有关设计文件,到市政工程行政主管部门和公安交通管理部门办理审批手续。

④向市政交通行政主管部门申请渣土运输手续。

⑤因特殊需要必须连续作业的,必须有县级以上人民政府或者其有关主管部门的证明,且公告附近居民。

⑥因建设或者其他特殊需要临时占用城市绿化用地,须经城市人民政府城市绿化行政主管部门同意,并按照有关规定办理临时用地手续。

专题2 相关技术标准

备考提示▷ 相关技术标准是市政行业各专业技术所对应的质量验收规范相关规定,一部分规定与第1章里面的相关知识是重复的,另一部分尤其是钢管焊接人员条件等知识,可能采取改错题、简答题等形式结合案例进行考核。考查频率较低。

[考点1] 水池气密性试验

需进行满水试验和气密性试验的池体,应在满水试验合格再进行气密性试验。(如:消化池满水试验合格后,还应进行气密性试验)

1. 测读气压

(1)测读池内气压值的初读数与末读数之间的间隔时间应不少于24h。

(2)每次测读池内气压的同时,测读池内气温和池外大气压力,并换算成与池内气压的相对单位。

2. 池内气压下降公式

$$P = (P_{d1} + P_{a1}) - (P_{d2} + P_{a2}) \times (273 + t_1)/(273 + t_2)$$

式中 P——池内气压降(Pa);

P_{d1}——池内气压初读数(Pa);

P_{d2}——池内气压末读数(Pa);

P_{a1}——测量 P_{d1} 时的相应大气压力(Pa);

P_{a2}——测量 P_{d2} 时的相应大气压力(Pa);

t_1——测量 P_{d1} 时的相应池内气温(℃);

t_2——测量 P_{d2} 时的相应池内气温(℃)。

3. 水池气密性试验合格标准

(1)试验压力宜为池体工作压力的 1.5 倍。

(2)24h 的气压降不超过试验压力的 20%。

🌐 **精选真题**

[2020 年真题·单选] 下列水处理构筑物中,需要做气密性试验的是(　　)。

A. 消化池　　　　B. 生物反应池　　　　C. 曝气池　　　　D. 沉淀池

[答案] A

[解析] 需进行满水试验和气密性试验的池体,应在满水试验合格再进行气密性试验(如:消化池满水试验合格后,还应进行气密性试验)。故选 A。

[考点 2] 给水排水管道

1. 给水排水管道工程施工质量控制的规定

(1)压力管道水压试验前,除接口外,管道两侧及管顶以上回填高度不应小于 0.5m;水压试验合格后,应及时回填沟槽的其余部分。

(2)无压管道在闭水或闭气试验合格后应及时回填。

(3)每层回填土的虚铺厚度如下表所示。

压实机具	木夯、铁夯	轻型压实设备	压路机	振动压路机
虚铺厚度(mm)	≤200	200~250	200~300	≤400

2. 给水排水管道内外防腐蚀技术要求

(1)管体的内外防腐层宜在工厂内完成,现场连接的补口按设计要求处理。

(2)水泥砂浆内防腐层可采用机械喷涂、人工抹压、拖筒或离心预制法施工。

(3)管道端点或施工中断时,应预留搭搓。

(4)水泥砂浆抗压强度应符合设计要求,且不低于 30MPa。

(5)水泥砂浆内防腐层成型后,应立即将管道封堵,终凝后进行潮湿养护;普通硅酸盐水泥砂浆养护时间 ≥7 天,矿渣硅酸盐水泥砂浆 ≥14 天;通水前应继续封堵,保持湿润。

3. 水泥砂浆内防腐层厚度规定

水泥砂浆内防腐层厚度应符合的规定如下表所示。

厚度(mm)	手工涂抹	—	—	14	16	17	18	20
	机械喷涂	8	10	12	14	15	16	18
管径 D_i (cm)		50~70	80~100	110~150	160~180	200~220	240~260	≥260

第9章 市政公用工程项目施工相关法规与标准

🌐 精选真题

[2021年真题·多选] 关于给水排水管道工程施工及验收的说法,正确的有( )。

A. 工程所用材料进场后需进行复验,合格后方可使用

B. 水泥砂浆内防腐层成型终凝后,将管道封堵

C. 无压管道在闭水试验合格24h后回填

D. 隐蔽分项工程应进行隐蔽验收

E. 水泥砂浆内防腐层,采用人工抹压法时,须一次抹压成型

[答案] AD

[解析] 选项B错误,水泥砂浆内防腐层成型后,应立即将管道封堵,终凝后进行潮湿养护。选项C错误,无压管道在闭水或闭气试验合格后应及时回填。选项E错误,采用人工抹压法施工时,应分层抹压。故选AD。

强化练习

单项选择题

1. 隧道采用( )时,必须事先编制爆破方案,报城市主管部门批准,并经公安部门同意后方可实施。
   A. 降水施工 B. 无水施工
   C. 喷锚暗挖施工 D. 钻爆法施工

2. 下列污水处理构筑物中,需要进行严密性试验的是( )。
   A. 浓缩池 B. 调节池
   C. 曝气池 D. 消化池

3. 关于给水压力管道水压试验的说法,错误的是( )。

   A. 试验前,管道以上回填高度不应小于50cm
   B. 试验前,管道接口处应回填密实
   C. 宜采用注水法的试验测定实际渗水量
   D. 设计无要求时,试验合格的判定依据可采用允许压力降值

4. 对不同级别、不同熔体流动速率的聚乙烯原料制造的管材或管件,不同标准尺寸比(SDR值)的聚乙烯燃气管道连接时,必须采用( )连接。
   A. 电熔 B. 热熔
   C. 卡箍 D. 法兰

参考答案及解析

单项选择题

1. D [解析] 隧道采用钻爆法施工时,必须事先编制爆破方案,报城市主管部门批准,并经公安部门同意后方可实施。故选D。

2. D [解析] 需进行满水试验和气密性试验的池体,应在满水试验合格后,再进行气密性试验(如:消化池满水试验合格后,还应进行气密性试验)。故

选D。

3. B [解析] 选项A正确、选项B错误,压力管道水压试验前,除接口外,管道两侧及管顶以上回填高度不应小于0.5m;水压试验合格后,应及时回填沟槽的其余部分。选项C正确,压力管道水压试验进行实际渗水量测定时,宜采用注水法进行。选项D正确,试验合格的判定依据分为允许压力降值和

允许渗水量值,按设计要求确定。设计无要求时,应根据工程实际情况,选用其中一项值或同时采用两项值作为试验合格的最终判定依据。故选 B。

4. A　[解析]聚乙烯管材、管件和阀门的连接在下列情况下应采用电熔连接:①不同级别(PE80 与 PE100)。②熔体质量流动速率差值大于等于 0.5g/(10min)(190℃,5kg)。③焊接端部标准尺寸比(SDR 值)不同。④公称外径小于 90mm 或壁厚小于 6mm。故选 A。